財務報表分析

理論與實務

Financial Statement Analysis: Where Theory Meets Practice

劉立倫◎著

序

在寫完本書最後一章後，突然有鬆了一口氣並覺得眞正向前跨出一步的感覺！

撰寫一本具有決策意涵與分析用途的財務報表分析書籍，是個人多年以來的企望；而形成這個想法的原因主要有四：

第一，過去個人在財報分析的教學中，常發現在課程中，教給學生許多的財務比率；而多數學生在一個學期的學習結束後，在拿到企業實際的財務報表時，卻常苦於不知如何下手、分析及歸納。

第二，過去在相關的教學與研究中，或討論財務比率、或探討財務比率的統計應用、或討論財報分析的方法（如同業比較、趨勢分析等）；這些方法往往侷限於財務數字本身的解釋，忽略了企業的財務決策、營運決策與營運變動，才是影響財務數字的眞止原因。

第三，在進行全面的企業財務分析時，常會發現各家企業多少都會呈現好壞不一的比率數值，而非全面的好或全面的壞；面對這種好壞不一、方向互異的財務資訊，分析者常常不易在既有的財務線索中，找出影響企業財務現象變化的眞正原因。

第四，企業有其運作的機制與功能，各項財務數值間所存在的因果追溯與歸屬關係，與人體系統的各項指標亦有相當的相似性。然我們仔細檢視醫生在診療過程所採取的步驟、開出的處方及提出的改善建議，卻不難發現他們除了關心造成病癥的病菌（毒）問題，也關心病癥背後的身體機能問題，更觸及病癥可能造成的影響問題（外溢效果）。但我們必須承認，這種部分或全面的診療與分析，卻很少在企業的財務分析中看到。

所以，個人希望此書能夠結合企業營運與財務數值，從一個具有決策意義與分析功能的角度出發，讓分析者能夠逐漸的從企業的財務表象，結合企業的管理運作，看到企業的營運實質，進而其提升實際應用上的效能。

本書雖暫告完成，但個人也知道這只是一個正確的起步，書中仍有許多尚待改進之處；我也相信只要有好的開始，未來就必定會有更好的結果。最後，謹以此書獻給我的家人，及所有關心我的朋友！

劉立倫　謹識

目 錄

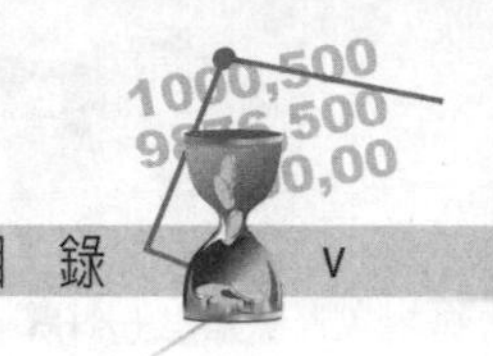

會計資訊與財務報表分析

Part 1

第一章　財務報表分析的目的與功能

第二章　財務報表編製假設與使用限制

第三章　市場效率與證券評價

第四章　企業風險管理

第五章　環境變遷與會計資訊

第一章

財務報表分析的目的與功能

第一節　財務報表分析的角色與功能

第二節　財務報表與企業營運

第三節　財務報表分析的步驟

第四節　本書章次架構

全球歷經七〇年代的傳播與通信整合，及八〇年代以來資訊技術快速發展，一個新的競爭經營環境正逐漸形成；這種變化不僅直接帶動組織流程、運作方式及結構上的變遷，促成新型態之數位交易模式與知識經濟體系，並產生廣泛之經濟與社會影響。這些發展也導致了社會、經濟與政治生態的改變；如企業與政府之間角色重要性正逐漸改變，企業的角色日趨重要，全球一百大經濟體中，超過一半以上是跨國企業，自由貿易與全球化更導致企業擴張，影響力增強。相對的，政府組織在公共事務上所展現的管理能力亦普遍不足，其扮演的角色逐漸轉弱；非營利機構（第三部門）在公共事務上扮演的角色日益加重。而社會意識的普遍覺醒，也導致社會動員與社團組織策略聯盟的能力增強，增強了社會對政府與企業的制衡能力。

面對經濟自由化的國際化浪潮，加上各國逐漸放寬管制，使得企業紛紛進行併購，營運逐步朝向全球化的模式；這也導致所有的企業、所有的產品都必須面對劇烈的國際競爭。因此，所有的企業都必須找到自己賴以生存的利基，追求內部效率與外部效能，才能在競爭的環境繼續存活。美國《世界經理文摘》（*World Executive Digest,* 1995）曾提出，在1980年至1995年間，改變世界的十五大管理趨勢發現，最重要的兩大趨勢便是「品質執著」（the commitment of quality）及「企業轉型」（the transformation of company）。其中品質改變了企業競爭的本質，決定了企業如何製造產品與提供服務；而企業轉型則透過不斷的調整經營模式（轉變），使組織、流程更有彈性，產品、服務更能滿足顧客的需求，以建構企業的核心競爭力（core competence），並維持企業持久的競爭優勢。面對快速變遷的挑戰，財務分析人員如何從財務報表及相關數字中，瞭解其背後的競爭意涵；並引導企業資源，發展企業的核心競爭力，便成為管理者與投資人共同關切的課題。

財務報表分析的作用，旨在協助報表使用人透過企業財務報表內所提供的資料與資訊，來分析企業在市場上的競爭能力；因此，財務報表

分析也是策略分析與經營分析的基礎。唯有瞭解企業的運作效率與市場效能之後，才能據以擬定企業的市場競爭策略，及持續建構企業的核心競爭力。本章計分為四節，第一節概述財務報表分析的角色與功能，第二節討論財務報表與企業營運之間的關係，第三節闡述財務報表分析的步驟，第四節則說明全書的章次架構。

第一節　財務報表分析的角色與功能

一、財務報表分析的意義

「財務報表分析」係指透過分析企業的財務報表上之會計數值，據以評斷企業的經營績效與財務狀況之良窳，掌握公司之營運狀況及成果，以作為未來預測及企業規劃之依據。財務報表分析是針對企業財務資料進行分析的過程，用以評估企業經營績效與財務狀況，藉以評估企業的發展前途及未來價值。過去營運績效良好的企業，未來不一定保持良好的績效，而過去營運績效不良的企業，未來也不一定繼續惡化。因此財務報表分析旨在幫助使用者瞭解財務資訊，透過可公開取得的財務資訊分析，分析企業過去及未來的價值，以提升經濟決策的效益。

二、財務報表資訊的功能

財務報表是特定經濟個體一段期間內，財務性質經濟活動的貨幣性彙總，美國會計師協會（簡稱 AICPA）之會計原則委員會（簡稱 APB）在其第四號公報中，認為「會計是一種服務性之活動，其功能在提供有關經濟個體之數量化資訊（尤其是財務資訊）予使用者，以便使用者藉此資訊在各種行動方案中，做一明智的抉擇」。故會計資訊的主要目的，在定期提供特定企業個體的財務資訊，以方便會計資訊的使用者，瞭解企業的財務狀況及經營結果；而財務報表分析則在擷取財務報表的相關資訊，並遂行經濟決策。

在**圖 1-1** 中顯示會計溝通模型的流程與要素。企業透過內部與外部交易行為，產生各種影響企業權益的經濟事項；會計人員須按照會計的處理規則加以記錄，之後再透過彙整與編表的程序，編製足以顯示企業整體營運效能與財務狀況的財務報表。會計資訊的使用者在閱讀這些財務報表提供的會計資訊後；透過決策者本身的「認知─判斷─決策」心理過程，配合市場提供的各項決策輔助功能（如投資分析、信用評估、審計等），會計資訊使用者便可據以遂行各項經濟決策。這些經濟決策一旦再產生與企業營運有關的經濟事項，會計人員便會再按照會計處理準則加以記錄，如此持續不斷便可形成周而復始的會計溝通循環。

使用者的決策目的不同，需要的會計資訊亦不相同；會計資訊的使用人可分為兩大類：內部使用人及外部使用人。內部使用人指企業內部各階層的管理人員，他們使用會計資訊以釐訂營業方針及政策，選擇計畫與方案，控制日常作業，考核經營績效，這是管理會計的範疇，而管理會計並無一般公認會計原則可循。至於會計資訊之外部使用人，指企

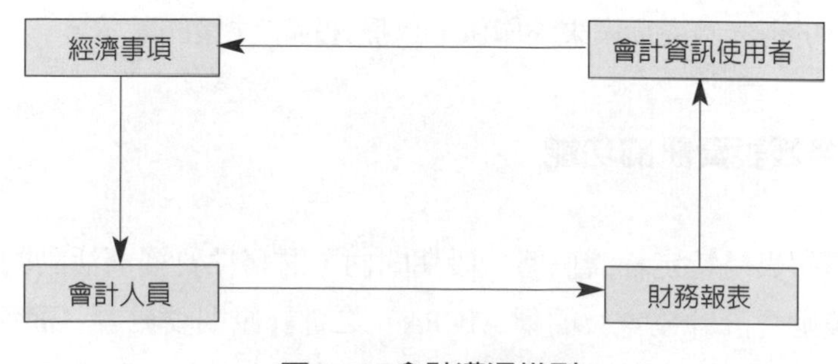

圖 1-1　會計溝通模型

資料來源：修改自 Bedford, N. M. & Baladouni, V. (1962), A Communication Theory Approach to Accounting, *The Accounting Review*, p.653.

業個體以外使用會計資訊之人，包括投資人、債權人、政府、財務分析師、證券經紀商、供應商、顧客、員工、消費大衆等，其中尤以投資人及債權人最爲重要。由於外部使用人不能參與企業之經營，無從瞭解企業之活動及會計資訊之產生，端賴企業定期所編製之財務報表以明瞭企業活動之結果，故必須有一套健全之一般公認會計原則，由各企業共同遵守，以確保會計報表能公正表達企業活動之結果，及不同企業之財務報表可互相比較。

一般而言，提供財務報表資訊的主要目的，按照美國財務會計觀念性架構內容（SFAC#1），顯示財務會計的主要目的有七，分別爲：（1）提供有用的資訊俾協助投資及授信決策；（2）提供有用的資訊俾協助評估未來現金流量的時間、金額及不確定性；（3）提供有關企業的經濟資源、對經濟資源的請求權及資源與請求權變動的資訊；（4）幫助使用者評估管理當局的經營績效與使用資源的責任；（5）協助使用者評估企業的流動性（liquidity）及償債能力（solvency）；（6）協助使用者評估企業在面臨經營環境變更時，處理危機的彈性（flexibility）；（7）解釋財務資料。

而根據我國財務會計準則公報第一號，亦指出會計的基本目的爲：（1）協助作投資及授信決策；（2）協助評估（預測）未來現金流量之金額、時間及不確定性；（3）報導個體之經濟資源，對經濟資源之請求權及其變動；（4）報導個體之經營績效；（5）評估個體之償債能力、流動性及資金流量；（6）評估企業管理當局運用資源之責任及績效；（7）解釋財務資料。鑑於財務報表使用人的使用目的不同，通常財務報表資訊的決策功能，依使用目的不同，約可區分以下幾項：

（一）投資決策

投資人投資的最主要目的在獲取盈餘分配（股利）及出售股份時之差價利得，而企業經營成果及財務結構之良窳，是影響盈餘分配及股價的主要因素。因此，投資人會從財務報表中獲取攸關資訊，作爲投資與否的主要參考。

（二）授信決策

債權人所關心的是債權的安全性，而借款企業獲利能力也代表了企業還本付息能力的強弱，債權人藉由會計資訊可評估其優劣，作爲判斷貸款與否及貸款金額大小之參考。

（三）管理決策

企業管理人員利用會計資訊作爲營運計畫、控制及績效評估之依據，並作爲改進未來業務計畫與方針之參考。

（四）政府機構

政府機關可利用會計資訊，作爲監督企業與課稅之依據。企業主管機關（如中央政府爲經濟部、直轄市爲建設局、地方爲縣市政府），藉由企業提供之會計資訊，監督考核企業是否遵照法令之規定經營，而稅務機關則由企業編製之財務報表，評估其是否依據稅法規定申報，並作爲課稅之依據。

（五）其他利害關係人（stakeholders）

如供應商使用財務資訊，可作爲授信政策之參考；員工則可藉以判斷公司獲利與員工薪資的合理性，或藉以爭取改善工作環境；而同業則可透過攸關資訊的比較，以提高、提升營運效率與競爭力等。

三、代理問題與資訊揭露

從經濟學的契約觀點來看，公司爲便利各種生產要素的取得、分配與交換，便形成許多契約；例如公司與管理當局之間存在著酬勞契約，

使公司能交換管理當局擁有的專業經營知識，而公司與勞工之間存在的勞資契約，其目的是在換取勞力與技術等。交換契約本身並不會產生資訊的不對稱現象，然而在「所有權」與「經營權」分離的大眾公司（public company），以及日益精細的產業分工環境下，如存在主理人（principal）與代理人（agent）之間的代理問題，必然會造成出資股東所獲得的資訊質量，與經營管理者所擁有的內部資訊質量的不對稱。而財務報表資訊的提供，其目的也在縮減股東、債權人與管理者之間存在的資訊不對稱現象。

（一）代理問題

當主理人不克親自執行，需依賴代理人去為其利益採取某些行動時，即會產生代理問題；而代理問題則泛指管理當局與所有權人，二者在企業經營過程中存在利益衝突，而造成的各種問題。主理人與代理人擁有的資訊質量不同，而資訊不對稱常會導致市場失敗（market failure）；亦即資訊較豐富的一方，可能會剝削欠缺資訊的另一方。這種因買賣雙方之資訊不對稱所引起的投機行為，將導致市場失敗，並會破壞完全競爭市場應具之完善性。

由於代理人與委託人雙方的立場不同，彼此間存在著利益衝突。如Jensen & Meckling（1976）認為由股東與管理者間之代理關係，主要是因資訊不對稱問題因而衍生代理成本，即當股東與管理者所追求的目標不一致時，就會產生潛在的利益衝突，而有代理成本的問題。而在追求自利的過程中，雙方各自追求效用的極大化，導致委託人必須採用監督機制與激勵系統，以避免代理人出現偏差的行為；而代理人本身也會自訂限制條款，來向委託人保證他自己不會為了私利而傷及委託人利益。Jensen（1983）曾將代理理論的發展分為「實證主義代理理論」與「主理人一代理人研究」等兩派，前者著重於以實證對象探討代理關係雙方在何種情況下會有目標衝突，以及如何運用統治機制來限制代理人過多享受；著重管理機制的探討，以期解決特定的代理問題。而後者則透過假設前提，透過演繹及證明，找出特定情況下的最適契約，重視代理理論的一般化。換言之，代理人使用主理人的某些資源，代理銷售其產品或服務，須在契約規範下，以滿足自身的目標及主理人的目標；故代理理論主要在探討各種代理關係的發生，及其相關的管理機制。

主理人與代理人間的資訊不對稱，通常會引發兩種代理問題：逆選擇（adverse selection）及道德危機（moral hazard）；前者是合約簽訂前的問題（pre-contractual problems），後者是合約簽訂後的問題（post-contractual problems）。所謂逆選擇是欠缺資訊之一方，由於不知較具資訊之另一方的難察覺特性，而與其交易或訂立契約，並可能遭致被剝削之現象。如保險公司採用固定費率訂立投保契約時，可能導致很多身體欠佳的人來投保，身體健康者反而很少來投保，結果出現造成身體不健康的投保人剝削保險公司之逆選擇現象。而道德危險是指較具資訊之一方，透過觀察不到之行動，來剝削較欠缺資訊之另一方，以圖利自己。如投保人可能漫不經心的從事高風險行為，或不採取合理之預防措施，而提高保險公司的理賠金額與機率。

換言之，逆選擇與道德危機之間的差別，在於觀察不到之特性與觀察不到之行動。面對觀察不到的特性，可能導致剝削保險公司之逆選擇現象；面對觀察不到的行動，則可能出現道德危機的行為。因此，逆選擇是指代理人的能力不具代表性，故其關心的是，代理人是否具備主理人所要求的必要特徵；而道德危機是指代理人缺乏努力，故其關心的是，主理人應如何評估（evaluate）並酬償（reward）代理人的表現，使其能依主理人的意志執行工作。

主理人可透過以下三種方法，縮減主理人與代理人之間的資訊差距，一是監督代理人的行為，蒐集相關的資訊；二是將資訊用於契約條款上，亦即透過激勵系統的設計，使股東的利益與管理當局的利益相結合（如設計以淨利為基礎的管理報償計畫契約）；三是透過公開揭露公司的經營資訊，以共同知識來減低資訊不對稱。這些方法都必須透過正

確的財務資訊，而財務報表的資訊揭露，亦成爲推動市場健全性的必要工具。

（二）資訊揭露

財務資訊的公開揭露，意指上市上櫃公司依照證券交易法規定公告，所應揭露的財務報表、財務預測與重大訊息等。從資本市場的角度來看，公開財務資訊的品質，資訊傳遞的內容、格式、時間將影響投資者的決策，進而影響投資者的財富；因此，財務報表揭露的資訊質量，對資本市場的健全上，扮演著相當重要的角色。如2000年左右全球各地陸續爆發知名企業財報醜聞，如安隆案（Enron）、世界通訊（WorldCom）、訊碟、博達案等，就引發了投資大眾強烈質疑公開資訊的可靠性。

要增加證券市場的透明度與資訊對稱性，就必須借重市場的資訊揭露。主管機關須對公開揭露的內容與格式予規範，以避免資訊不對稱現象；由於不同投資者間本來就具有資訊不對稱的特性，如果再加上公司採取選擇性的揭露（指發行者公開發布公司資訊予投資大眾前，已將重要非公開資訊揭露予某些市場特定人士），則將導致資訊不對稱的問題更爲嚴重，並造成更不公平的現象。如美國證券交易委員會於2000年8月10日，通過公平揭露規則（Regulation Fair Disclosure）法，禁止證券發行單位採取選擇性揭露實務，嚴禁公司揭露重要非公開資訊予特定人士，並釐清與加強現行內線交易法的若干規定。公司管理階層是公開財務資訊的生產者與主要傳遞者；如果法規的設計與執行不夠健全，則公司管理階層可以輕易地透過公開財務資訊的生產與傳遞，來達到操縱股價與財富移轉的目的，並傷害弱勢投資者的權益。

「公平揭露規則」旨在保障投資大眾不因其持有股份多寡，均可享有市場動態資訊均衡與公平權利；而選擇性揭露的行爲，不僅會損害證券市場公平性與完整性，也會降低市場流動性，並提高企業的資金成本。如麥肯錫（McKinsey & Company）的調查以及里昂信貸新興市場研究均指出，投資人願意支付較高的溢價，購買公司治理較佳的股票。而資訊揭露與透明度（disclosure and transparency），亦爲公司治理架構中相當重要的一環。因此，各國政府均陸續研擬更爲嚴格的資訊揭露法規，以規範企業的揭露實務。如日本東京證交所的「上市公司表揚制度」於每年1月發布前一年資訊揭露最佳企業，以評鑑所有在東京證交所上市的企業。同樣的，許多國際知名組織機構，亦相繼發表與企業資訊相關的評鑑，以強化企業資訊透明度、降低內外部資訊不對稱等。如美國標準普爾（S&P）於2001年11月間首度發表「透明度與資訊揭露調查分析」的評鑑結果，當時僅以新興市場的三百多家主要企業作爲訪查對象；但2002年以後擴大辦理，訪查對象則包括全球三十幾個國家約一千五百家企業。而香港會計師公會亦於2000年首度辦理「最佳公司管治資料披露大獎」，由企業自行報名參與，2002年報名的企業達一百二十家。再者，新加坡證券投資人協會（SIAS）亦於2003年9月推出評鑑指標多達一百一十項的「新加坡公司治理獎」。這些作法無非是希望藉由法規以外的一些機制，促使企業自發性地重視資訊揭露的品質，並重拾投資大衆對資本市場的信心。

由於我國的上市上櫃公司，公司的所有權與經營權未有效分離，故公司的外界投資者與具經營權大股東之間的資訊不對稱可能更爲嚴重。資訊優越的大股東可能會利用其資訊優勢，對資訊劣勢的小股東進行如內線交易的不當財富移轉。鑑於資訊透明度與資本市場健全性之間的關聯性甚高，且國內目前仍欠缺獨立、公正、專業的第三者，能對上市上櫃公司的資訊揭露進行評比；故台灣證交所及櫃買中心便委託「證券暨期貨市場發展基金會」進行上市上櫃公司的資訊評鑑作業。現行的資訊評鑑係一年舉辦一次，是以全體上市櫃公司整個會計年度所公布的資訊爲評鑑範圍，本評鑑系統於九十二年第一次辦理，故首度評鑑分析的資訊發布期間爲92年1月1日至92年12月31日，評鑑範圍則以上市上櫃公司輸入「公開資訊觀測站」的資訊爲主。

評鑑工作主要由證基會邀集學者專家組成的「資訊揭露評鑑委員會」，及證基會內部研究員、資訊及行政人員組成之「資訊揭露評鑑工作小組」共同規劃與執行。目前資訊揭露評鑑指標計包括五類，分別是：（1）資訊揭露相關法規遵循情形；（2）資訊揭露時效性；（3）預測性財務資訊之揭露；（4）年報之資訊揭露——分為財務及營運資訊透明度、董事會及股權結構三類；（5）網站資訊揭露。在這五大類下，九十二年度共包括八十八項指標，九十三年度則包括八十五項指標。

而財務報表分析的範疇，除主要財務報表外（資產負債表、損益表、現金流量表、業主權益變動表外）、附註暨揭露資訊（如會計政策、或有事項、流通股數、其他資訊等）外，也包括補充資訊（如物價變動揭露、天然資源資訊）與其他資訊（如經營者討論與分析、致股東函、財務預測及相關經濟統計資料）。國內會計準則委員會在提升資訊揭露上亦不遺餘力，如國內發布的財務會計準則公報「關係人交易之揭露」（第六號）、「合併財務報表」（第七號，93.12.09條文修訂）、「會計政策之揭露」（第十五號）、「期中財務報表之表達與揭露」（第二十三號）、「金融商品之揭露」（第二十七號）、「銀行財務報表之揭露」（第二十八號）、「金融商品之會計處理準則」（第三十四號，較第二十七號新增「避險」事項的揭露要求）、「資產減損之會計處理準則」（第三十五號）、「金融商品之表達與揭露」（第三十六號）等，目的均在提升資訊透明度與資訊對稱性，以期能健全資本市場與經濟體系的整體運作。

第二節　財務報表與企業營運

財務報表是企業按照一般公認會計原則與會計處理程序，於一定時間所編製之有關企業個體財務狀況的報告；財務報表編製的目的，在獲取某一時日之財務狀況，某一期間之經營成果，及現金流量之變動等財務資訊。因此，財務報表主要分為四大類，分別為資產負債表、損益表、現金流量表及股東權益變動表等。

以企業經營來看，企業籌資經營業務，不僅需要購置固定資產與生產設備，亦須建置年度產銷的營運能量，及各種支援性的功能（如人事、財務等），獲取利潤以支持長遠的企業經營。然固定資產與生產設備的耐用期間通常超過一年，故企業除了須考慮短期的年度營運外，亦須思考長期營運的成長與發展。由於長期發展與短期營運的關注期間不同，企業在這兩種期間的資金取得與績效評估上，著眼亦有不同；前者著重於取得長期資金，重視長期的企業成長、競爭力與獲利能力，而後者則重視短期的營運效能，以短期的獲利能力支應年度營運所需之成本。

如以資產負債表的T字帳型態來看，企業的資產負債可概分為流動資產與長期資產（為便於討論，其他資產暫時納入長期資產分類）；負債亦可概分為流動負債與長期負債，股東權益則為資產減除負債之後的剩餘權益，可概分為特別股、普通股與保留盈餘（其關係如**圖1-2**所示）。

首先從**圖1-2**的區塊來看，流動資產與流動負債之間的流動性管理，屬於營運資金管理的範疇；而長期資產的固定資產與生產設備取得，則屬於企業投資決策的範疇；而長期負債與股東權益的部分，則屬於長期資金的融資決策範疇（如何取得長期的資金）。**圖1-2**還可以從T字帳的左右關係來看，右邊負債與股東權益的部分，顯示的是企業的資金來源；而左邊資產的部分，顯示的是企業的資金用途，即企業的資金，投入哪些生產性的資產項下。因此，短期年度營運所需的資金，主要是來自於短期的資金來源（流動負債）；而長期生產性資產所需要的資金，則泰半來自於長期性的資金（長期負債與股東權益）。長期資產透過生產與使用的過程，便可結合年度營運，而顯現出長期資產的效益性。換言之，長期資產必須透過短期營運，才能實現長期資產的獲利性；而企業的長期策略與年度營運的結合，則需透過策略規劃與組織管理的過程，才能具體實現。

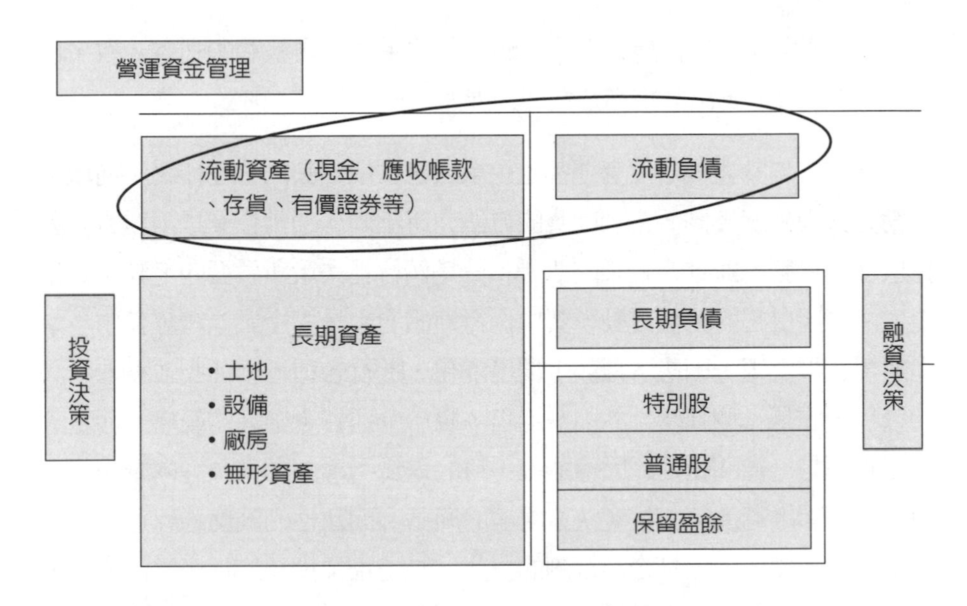

圖 1-2　資產負債表與財務決策

從企業策略的觀點來看，長期的資本支出決策也是企業策略的一環。爲什麼資本預算會與策略規劃發生關聯，主要來自於以下三個原因：

1. 資本預算需投入大量的財務資源，造成企業必須投入財務資源的原因，往往來自於企業競爭有關的「產品／市場／生產科技」因素。
2. 資本預算的程序涉及理性決策的選擇過程，包括：（1）在決策前提下，進行認知、分析與選擇的活動；（2）需透過組織結構、績效衡量、資源分配與獎懲制度。這些問題的複雜程度，均非企業的財務／會計專家「單獨」所能勝任。
3. 透過財務資源的分配過程，以協調各事業部間的策略方向。傳統財務的觀點認爲，各個事業部之間與公司之間的利益並無衝突；然在大型、分權化的公司中，各個事業部均有其事業部的策略，這些事業部的策略發展並非全然一致。由於這些事業部的策略採行，會引導企業整體資源投入新的方向，因此，如何透過管理各個事業部的

財務資源，以協調各事業部的策略效果與公司整體的利益一致，便成爲資本支出計畫必須關切的課題。

資本支出計畫與年度營運都是企業因應環境變動的管理作爲；而環境變動方式與幅度不同，企業因應的方法亦有不同。通常企業以兩種方式因應環境的變動，並進行企業的改變：一是例行性決策所引發的變動；二是重大決策所引起的組織變動。其中例行性的變動是指企業永續經營中不斷地運用企業資源，因應各種競爭環境變化，進行各種經營活動並獲取利潤的過程，它是一個連續性的因應過程，屬於營運資金管理的範疇。而重大的變動則是一種間斷性的因應過程，目的是爲引導企業資源迎向未來的方向；它屬於融資決策與投資決策討論的範疇。間斷性的因應過程通常須透過兩種程序達成：一是企業規劃的程序；二是企業投資的程序。前者主要在決定市場與廣泛的產品目標，而後者則在投入組織的資源，以達成既定的企業目標。故策略規劃與資本預算管理，二者的關係十分密切；而企業連續性的因應過程，與間斷性的因應過程一旦結合，便能將企業策略、年度營運與財務資源管理緊密的結合在一起。

企業的財務報表雖在顯示企業某一特定時日之財務狀況，一段期間之經營成果，及一段期間的現金流量變動等相關財務資訊；然因財務數字的產生源自於企業的經營決策，故財務報表資訊也反映了企業的長期潛能與短期營運效能。所以，我們可採取長期的觀點，分析隱藏在財務數字背後的長期競爭效能，採取短期的觀點，分析隱藏在財務數字背後的短期營運效能；則企業的財務分析結果便可聯結經營決策與企業競爭效能，並產生更有意義的企業競爭效能圖像。

第三節 財務報表分析的步驟

財務報表分析的主要目的，是對企業的整體財務狀況進行研判。雖

然財務報表的使用人不同，分析的特殊考量不同，但一般而言，分析時的基本步驟仍可區分如下：

一、界定財務報表分析的目的

確定分析目的是財務報表分析的起點；不同的財務資訊使用者，其經濟決策的實質內涵不同。如債權人重視債權的保障程度與放款的收益性，故其關心償債能力與獲利能力；投資人重視投資的獲利能力，故其關心企業的獲利能力與成長性；而管理當局則較為關心企業的營運效率、成長性與長期獲利能力。

二、瞭解財務資訊的需求種類

決策者關心的課題不同，財務報表分析所需要的資訊亦不相同。如債權人可能需要蒐集「會計師查核報告」、「利息保障倍數」與「營業淨利」（本業的獲利能力）的相關資料；而投資人則需蒐集「產業前景」、「每股盈餘」、「資產報酬率」等相關的資料。

三、蒐集財務資訊

分析者需要蒐集的財務資訊，通常包括以下幾種：

（一）基本財務報表

包括資產負債表、損益表、現金流量表及股東權益變動表。其中資產負債表顯示特定時日的企業財務狀況，它就像一張特定時點的企業財務狀況相片；相對的，損益表則在顯示企業一段時間的經營成果，它是年度累積的結果，與資產負債表相較，它有點像描述一段期間活動的影片；現金流量表旨在描述一段期間內現金帳戶的變動情形；而股東權益變動表則在說明年度經營與權益融資活動，對股東權益帳戶所造成的影響。

（二）會計師查核報告書

標準化的無保留意見書（unqualified opinion or clean opinion），主要包括三個部分：一是查帳獨立性（independence of the auditor），旨在說明管理當局準備的財務報表，會計師已經進行獨立的評估；二是合理保證的正確性（reasonable assurance of accuracy），亦即會計師根據一般公認會計原則執行審計，並合理的保證財務報表中沒有重大的錯誤；三是查核意見（the opinion），旨在顯示會計師對受查核公司採用的會計原則與相關估計感到滿意。

如果會計師對受查核公司表達的財務狀況與經營成果有其他的看法，則可能會出具無保留意見以外的查核報告；如修正式無保留意見、保留意見、無法表示意見及否定意見，出具這些意見的查核報告，大都必須在無保留意見查核報告中，新增解釋或說明段，以說明其理由。其中修正式無保留意見，按照中華民國審計準則公報第三十三號規定，主要適用於六種特定的情況（採用其他會計師的意見，並區分查核責任；受查公司繼續經營假設存有重大疑慮；受查公司會計原則變動且對財務報表有重大影響；同一會計師對前期財務報表表示之不同的查核意見；前後期不同會計師重簽前期財務報表；強調某一重大事項，如重大關係人交易、期後事件等），而查核人員依據審計準則進行查核後，認爲公司的財務報表的表達尙稱允當，故可簽發修正式無保留意見。「保留意見」適用於雖然財務報表表達違反 GAAP ，或是查核範圍受到限制，但企業的財務報表的整體表達尙稱允當；「無法表示意見」對於財務報表的允當與否無法表示意見；至於「否定意見」屬於負面的意見，顯示財務報表不允當表達。

（三）會計政策與揭露事項

通常以附註方式顯示在主要報表中，財務報表的附註，亦屬於整體財務報表的一部分。會計政策包括固定資產折舊政策、存貨評價方法、長期投資評價等；至於揭露事項，通常包括所得稅負債、退休準備帳戶，或有負債、關係人交易等相關資訊等。

（四）輔助的分析表

如管理當局編製的物價水準變動的衝擊分析表，或主要營業部門的營收淨利資訊等。

（五）管理討論與預測

如管理當局對公司財務與營運狀況的評估、管理當局的財務預測等。

（六）其他相關資料

內部資料如公司年鑑、新聞稿資料、公司定期會議；外部資料如商業刊物、商業報導、投資研究報告、競爭者的評估報告；網路資源如公司網站資料、市場經濟預測資料。

四、財務表達格式化

企業在認定經濟事項時，有時會採取不同的科目分類與會計評價方法，並導致實質相同的公司，出現表達形式上的差異。如在物價上漲時，存貨採取「先進先出法」記帳的公司，其稅前淨利會較採取「後進先出法」記帳的公司為高。故在進行財務比率比較時，須將這些性質相近，但會計處理不同的公司，進行格式化（format）的處理過程；亦即是將企業財務表達上的差異，調整到能夠比較的共同基準。格式化的過程包括三個步驟：第一是檢視科目分類的比較性與適當性，進行會計科目的重分類；第二是計算不同會計評價方法的相對影響性，並據以調整公司之間的差異性；第三則是重編企業的財務報表。

五、選擇分析工具與方法

分析的途徑通常有三：一是比率分析；二是比較分析；三是透過模式進行分析。在比率分析時，分析者或可採取同體（common-size）財務比率分析將財務報表的絕對數字，改變成總額爲100%的百分比，以檢視財務報表的結構比率是否恰當；或可根據分析目的，進行個別比率分析，分別檢視企業的財務狀況、經營結果與經營效能。在比較分析時，分析者或可進行自我比較的分析，此時則須編製比較財務報表，並進行縱斷面的比率趨勢分析；或可與績效基準進行比較，則分析者需比較標竿企業或企業績效標準，進行橫斷面的比較分析。至於模式分析，則透過較爲複雜的多變量統計，同時採用多個財務比率，進行模式建構與預測，如區別分析、Logit 分析等。

六、選擇分析標準與比較

分析標準選定大致可分爲兩個部分：一是橫斷面的比較基準；二是縱斷面的比較基準。在橫斷面比較時，分析者或可選定標竿企業、競爭者或採同業的平均水準，作爲衡量與比較的基準；而在縱斷面的比較時，分析者則可選定企業預定的目標績效，或可採企業過去的績效水準作爲比較的基準。兩種比較基準選定各有其不同的分析意涵，二者亦可混合使用，以提升財務報表分析的周延性。

七、解釋分析結果與預測建議

分析者根據企業的財務狀況與經營結果進行判斷，並需撰寫財務分析報告；報告中除須描繪企業的財務狀況與經營績效的良窳之外，亦須對未來的決策意涵提出建議。在建議時，分析者通常需要預估未來產業環境可能出現的變遷，產業與公司的發展前景，結合公司的競爭能力，預測公司未來達成的經營成果與財務效能。財務報表分析的主要目的，並非僅在瞭解公司的過去；預測公司未來可能的經營成果與獲利能力，並進行經濟決策，才是財務資訊使用者分析報表的主要目的。

一般而言，公司會對外公告許多財務資訊，包括定期資訊（如月資料：營業額、背書保證、衍生性商品交易；季資料：季報表；半年資料：半年報；年資料：年度報告）與不定期資訊（舉凡影響股價或股東權益重大事項，如董事長、總經理或三分之一以上董事變動、股票經裁定禁止轉讓、重大訴訟、退票、重大資產處分、變更會計師等）。分析人員可透過網路、媒體、平面文字等途徑取得被分析公司的相關資料。就公開上市、上櫃公司來看，分析者可透過以下幾個途徑，取得公開發行公司的財務資訊：

1.發行公司：可直接向發行公司相關部門索取。
2.證管機構：證券交易所亦備有公開上市上櫃公司財務資料與公開說明書。
3.研究機構：如經濟研究院的產業分析研究，證券暨期貨市場發展基金會的相關資料與研究報告等。
4.銀行工會：銀行工會下設聯合徵信中心，蒐集向銀行借款的企業財務資料，故可取得聯合徵信中心的資料。
5.報章媒體：如《工商時報》、《經濟日報》、《商業週刊》等平面媒體等。

6.證券承銷機構：承銷之前均備有各發行公司的公開說明書。

第四節　本書章次架構

本書共分爲三篇十五章，分別是第一篇「會計資訊與財務報表分析」、第二篇「財務報表分析技巧」、第三篇「財務報表分析應用」。在第一篇下包括五章，分別是第一章〈財務報表分析的目的與功能〉、第二章〈財務報表編製假設與使用限制〉、第三章〈市場效率與證券評價〉、第四章〈企業風險管理〉、第五章〈環境變遷與會計資訊〉。在第二篇下共包括五章，分別是第六章〈財務比率分析與方法〉、第七章〈財務比率結構分析〉、第八章〈財務比率趨勢分析〉、第九章〈財務比率的因果關係診斷〉、第十章〈企業營運效能分析〉。在第三篇下共分爲五章，分別是第十一章〈比率分析與統計應用〉、第十二章〈信用評估與破產預測〉、第十三章〈盈餘預測與證券評價〉、第十四章〈資本結構與企業併購評價〉、第十五章〈經濟附加價值及表外融資〉。各篇的章次架構關係，如**圖 1-3** 所示。

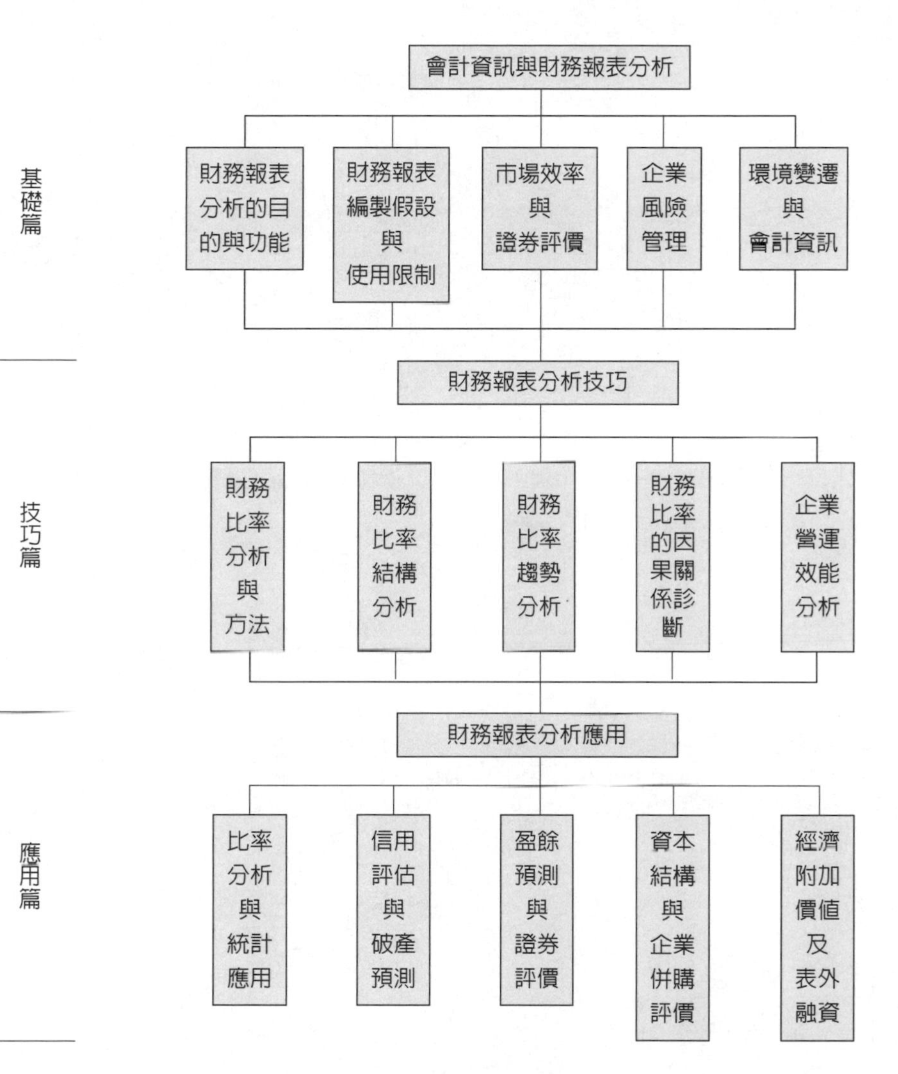
會計資訊與財務報表分析
基礎篇
財務報表分析的目的與功能
財務報表編製假設與使用限制
市場效率與證券評價
企業風險管理
環境變遷與會計資訊
財務報表分析技巧
技巧篇
財務比率分析與方法
財務比率結構分析
財務比率趨勢分析
財務比率的因果關係診斷
企業營運效能分析
財務報表分析應用
應用篇
比率分析與統計應用
信用評估與破產預測
盈餘預測與證券評價
資本結構與企業併購評價
經濟附加價值及表外融資

圖 1-3　本書章次架構圖

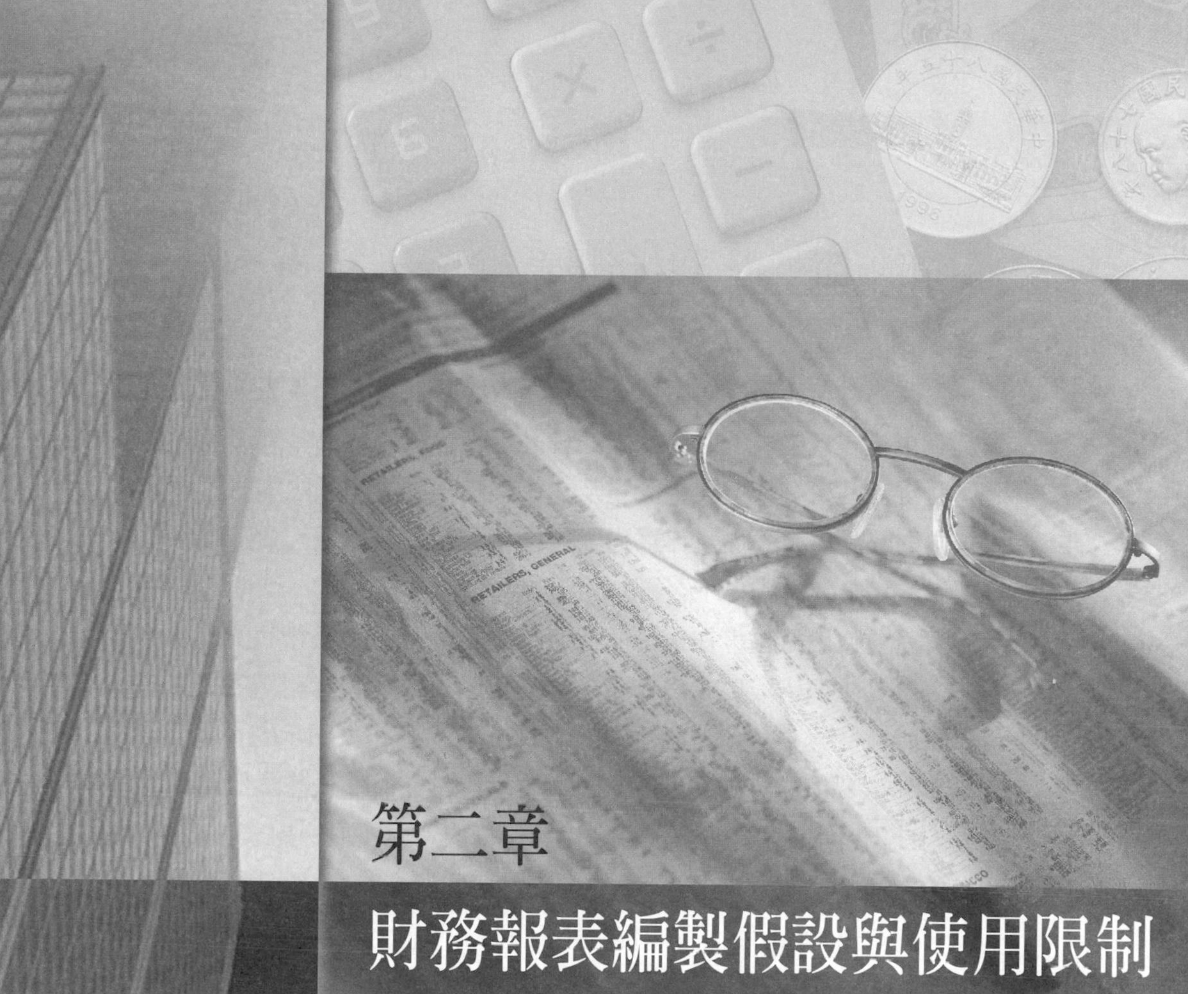

第二章
財務報表編製假設與使用限制

第一節　企業財務報表

企業的財務報表包括四種，分別爲資產負債表、損益表、現金流量表及股東權益變動表。財務報表是會計工作最後之成品，爲商業表達其財務狀況、經營結果、現金流量及業主權益變動等事項之報表；而允當表達之財務報表，不僅可作爲過去經營得失之檢討依據，更可提供經營管理者決定未來經營方針及業務擴展之參考。

資產負債表是報導在某一個特定時點下，公司的財務狀況，屬於靜態報表；其主要構成要素爲資產、負債及股東權益，其關係爲「資產＝負債＋股東權益」。從資金流量的觀念來看，財務報表顯示的也是公司的資金用途（購置資產），以及購置這些資產的資金來源（負債及股東權益），其關係則可轉換爲「資產投資＝債權人融資＋股東融資」。資產負債表的主要功能有五：（1）評估企業財務狀況；（2）評估企業流動能力；（3）評估企業取得長期資金能力；（4）評估企業產生淨現金流量能力；（5）評估企業資本變動情形。

資產負債表內容包括資產、負債及股東權益；資產類科目內涵通常包括流動資產（如現金、有價證券、應收票據、應收帳款、存貨、短期預付款等）、長期投資、固定資產（如土地、房屋、廠房設備等）、無形資產及其他資產等。負債類科目主要包括流動負債（如應付票據、應付帳款、應付費用）與長期負債（如長期應付票據、應付公司債）。股東權益類項目主要包括股本（如普通股、特別股）、資本公積（如股本溢價、重估增值、受贈資產、庫藏股交易損益、合併利益等）、保留盈餘（如指撥盈餘、未指撥盈餘）、其他附加或抵銷科目（如未實現長期投資跌價損失、未實現外匯換算損益、少數股權、庫藏股成本等）。

損益表表示企業在某一特定期間之經營結果，屬於動態報表；其主要構成要素爲收益、利得、費用及損失，損益計算方式爲「收益－費用

＋利得－損失＝淨利」。一般而言，損益表的主要功能有四：（1）報導企業獲利能力；（2）衡量經營績效；（3）揭露舉債之必要性、避免資本清算；（4）保障投資人與債權人。損益表構成要素主要包括收益（如銷貨收入、服務收入等）、費用（如進貨成本、營業費用、管理費用等）、利得（性質特殊、不經常發生，且無相關費用可進行因果關係配合者）及損失（性質特殊、不經常發生，且非由主要營業活動產生）。

現金流量表表示企業在某一特定期間之現金流量情形；其主要構成要素爲來自營業活動之現金流量，來自投資活動之現金流量，及來自理財活動之現金流量，屬動態觀念的報表。現金流量表的主要功能有四：（1）報導現金流量情況，提供回饋資訊；（2）區分會計所得與現金流量差異；（3）增進財務資訊比較性；（4）預測未來現金流量。現金流量表的構成要素四項，分別是營業活動之現金流量、投資活動之現金流量、理財活動之現金流量及不影響現金流量之投資與理財活動。

至於股東權益變動表則表示企業在某一特定期間股東權益之增減變化情形；其構成要素主要爲投資人資本、保留盈餘和其他股東權益的附加及抵銷科目。企業主要財務報表之間的關聯性，可顯示如**圖 2-1**。

表 2-1 至**表 2-4** 分別顯示企業主要財務報表的格式，**表 2-1** 爲兩年度比較「帳戶式」的資產負債表，**表 2-2** 爲兩年度比較的損益表，**表 2-3** 爲兩年度比較的現金流量表，**表 2-4** 則顯示兩年度比較的股東權益變動表。表格資料取自經濟部商業司網站資料，僅供參考；讀者如想瞭解報表的科目內容與相關會計原則，可參閱中級會計教科書內容，此處不加贅述。

財務報表由會計要素（elements）構成，會計要素構成了財務報表的主要結構。美國財務會計準則委員會亦曾於財務會計觀念公報（Statement of Financial Accounting Concept, SFAC）「財務報表之要素」（SFAC#6）中，定義了十個財務報表的基本要素。這十個會計要素共可分爲兩大類，第一類是描述某一時點資源及資源請求權的金額，也是資產負債表描述的資產（Assets）、負債（Liabilities）及權益（Equity）三個

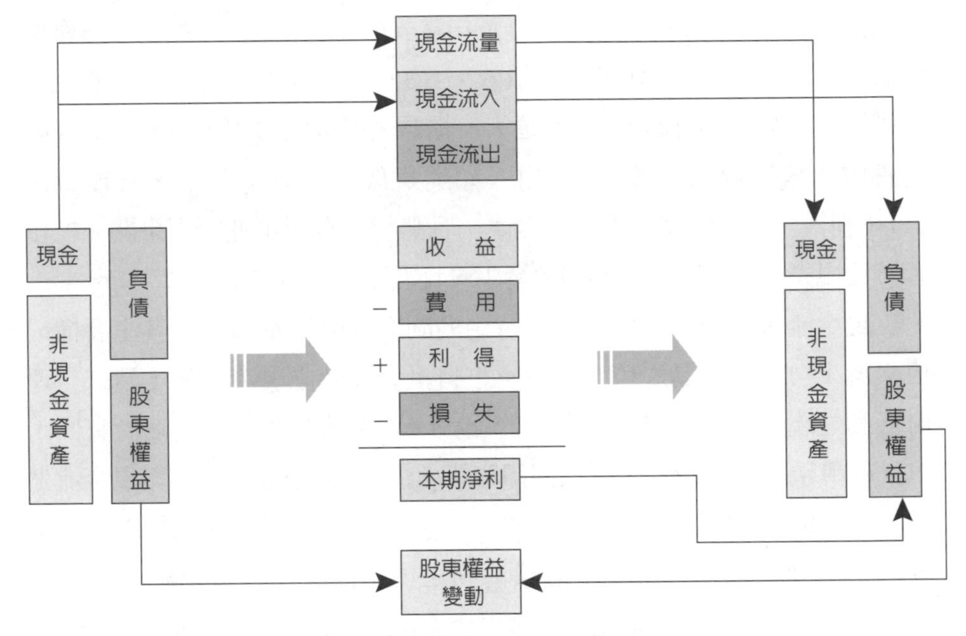

圖 2-1　企業主要報表之關聯性

要素；而第二類則在描述在一段期間內影響企業的交易事項及財務狀況的要素，包含業主投資（Investments by Owners）、分配給業主（Distributions to Owners）、綜合淨利（Comprehensive Income）、收入（Revenues）、費用（Expenses）、利得（Gains）、損失（Losses）等七個要素。各會計要素內容簡述如下：

◆資產

係指企業基於過去交易或事件所獲得或控制之具有未來經濟效益的經濟資源；資產一旦取得，除非企業將其拋棄、移轉給其他個體、耗用或是因其他事項，使資產喪失未來的經濟效益，或剝奪企業取得該經濟效益的能力，否則仍繼續為企業的資產。至於在財務報表中減少或增加資產帳面價值的評價科目（valuation account，如備抵壞帳、累積折舊等），係為該相關科目的一部分，它們既非資產亦非負債。

表 2-1　資產負債表

公司名稱

資產負債表

中華民國　年　月　日至　年　月　日

單位：新台幣　元									
資　產	年月日		年月日		負債及業主權益	年月日		年月日	
	金額	%	金額	%		金額	%	金額	%
流動資產					流動負債				
現金及約當現金					短期借款				
短期投資（減：備抵跌價損失 xx）					應付短期票券				
應收票據（減：備抵壞帳 xx）					應付票據				
應收帳款（減：備抵壞帳 xx）					應付帳款				
其他應收款					應付所得稅				
存貨					其他應付款				
預付款項					預收款項				
其他流動資產					其他流動負債				
基金及長期投資					長期負債				
基金					應付公司債				
長期投資（減：備抵跌價損失 xx）					長期借款				
固定資產					長期應付票據及款項				
土地					其他負債				
房屋及建物（減：累積折舊 xx）					遞延負債				
機（器）具及設備（減：累積折舊 xx）					存入保證金				
租賃資產（減：累積折舊 xx）					雜項負債				
租賃權益改良（減：累積折舊 xx）					負債總計				
雜項固定資產（減：累積折舊 xx）									
未完工程及預付購置設備款									
遞耗資產					資本				
遞耗資產（減：累積折耗）					資本（或股本）				
無形資產					資本公積				
商標權					股票溢價				
專利權					資產重估增值				
著作權					處分資產溢價				
電腦軟體					保留盈餘（或累積虧損）				
商譽					法定盈餘公積				
開辦費					特別盈餘公積				
其他資產					未分配盈餘（或累積虧損）				
遞延資產					長期股權投資未實現跌價損失				
閒置資產					累積換算調整數				
長期應收票據、款項與催收帳款					庫藏股				
出租資產					業主權益總計				
存出保證金									
雜項資產									
資產總計					負債及業主權益總計				

負責人　　　　經理人　　　　主辦會計

註：本表所列示之會計科目，公司得視實際情形增減之。

資料來源：經濟部商業司網站 http://www.moea.gov.tw/~meco/doc/ndoc/s3_p02 _p05_p06.htm

表 2-2 損益表

公司名稱
損益表
中華民國　年　月　日至　年　月　日及中華民國　年　月　日至　年　月　日

單位：新台幣　元						
項　目	本　期			上　期		
	小　計	合　計	%	小　計	合　計	%
營業收入						
銷貨收入						
減：銷貨退回及折讓						
銷貨淨額						
勞務收入						
業務收入						
其他營業收入						
營業成本						
銷貨成本						
勞務成本						
業務成本						
其他營業成本						
營業毛利						
營業費用						
推銷費用						
管理及總務費用						
營業益（或損失）						
營業外收入及費用						
營業外收入						
利息收入						
投資收益						
兌換利益						
處分投資收益						
處分資產溢價收入						
營業外費用						
利息費用						
投資損失						
兌換損失						
處分資產損失						
繼續營業部門稅前純益（或純損）						
所得稅費用（或利益）						
稅後純益（或純損）						
停業部門損益						
停業前營業損益						
處分損益						
非常損益						
會計原則變動累積影響數						
本期純益（或純損）						

負責人　　　　經理人　　　　主辦會計

註：1.表列明細會計科目商業得視實際情形增減之。
2.利息收入與利息費用應分別列示。
3.處分資產溢價收入與損失應分別列示。
4.停業部門損益非常損益及會計原則變動累積影響數，應以稅後淨額表示。

資料來源：經濟部商業司網站 http://www.moea.gov.tw/~meco/doc/ndoc/s3_p02 _p05_p06.htm

表 2-3 現金流量表

公司名稱
現金流量表
中華民國 年 月 日至 年 月 日及中華民國 年 月 日至 年 月 日

單位：新台幣 元				
項目	本 期		上 期	
	小 計	合 計	小 計	合 計
營業活動之現金流量：				
本期純益（或純損）				
調整項目：				
壞帳費用				
折舊費用				
專利權攤銷				
出售資產利益（損失）				
應收票據增加（減少）				
應收帳款增加（減少）				
存貨增加（減少）				
預付票據增加（減少）				
應付帳款增加（減少）				
應付費用增加（減少）				
應付利息增加（減少）				
應付所得稅增加（減少）				
遞延所得稅增加（減少）				
營業活動之淨現金流入（出）				
投資活動之現金流量：				
出售設備				
購買土地及房屋				
投資活動之淨現金流入（出）				
理財活動之現金流量：				
銀行借款				
發放現金股利				
購買庫藏股票				
現金增資				
理財活動之淨現金流入（出）				
匯率影響數				
本期現金及約當現金增（減）數				
期初現金及約當現金餘額				
期末現金及約當現金餘額				
現金流量資訊補充揭露：				
本期支付利息（不含資本化利息）				
本期支付所得稅				
不影響現金流量之投資及理財活動：				
一年內到期之長期負債				
可轉換公司債轉換成股本				
僅有部分現金收付之投資及理財活動：				
土地				
房屋				
合 計				
減：長期應付票據				
支付現金數				

負責人 經理人 主辦會計

註：1.本表係採間接法報導營業活動之現金流量，公司如採直接法報導時，參閱財務會計準則第十七號公報之相關規定編製。
2.本表所列明細項目，公司得視實際情形增減之。

資料來源：經濟部商業司網站 http://www.moea.gov.tw/~meco/doc/ndoc/s3_p02 _p05_p06.htm

表 2-4 股東權益變動表（公司組織適用）

公司名稱

股東權益變動表

中華民國　年　月　日至　年　月　日及中華民國　年　月　日至　年　月　日

單位：新台幣　元

項　目	股本	資本公積	保留盈餘（或累積虧損）			長期股權投資未實現跌價損失	累積換算調整數	庫藏股	合計
			法定盈餘公積	特別盈餘公積	未分配盈餘或累積虧損				
____年度期初餘額									
前期損益調整									
____年度期初調整後餘額									
出售資產溢價收入轉列資本公積									
分配或指撥：									
（本年度分配或指撥上年度保留盈餘）									
法定盈餘公積									
特別盈餘公積									
股東股息									
股東紅利									
董監酬勞									
員工紅利									
資產重估增值準備									
其他資本公積變動									
____年度稅後純益（或純損）									
長期股權投資未實現跌價損失變動數									
累積換算調整變動數									
現金增資									
資本公積轉增資									
購買及處分庫藏股									
____年度期末餘額：									
（次年度表達內容同上）：									

負責人　　　　經理人　　　　主辦會計

註：表列明細項目，公司得視實際情形增減之。

資料來源：經濟部商業司網站 http://www.moea.gov.tw/~meco/doc/ndoc/s3_p02 _p05_p06.htm

◆負債

係指企業基於過去交易或事件，所產生的經濟義務，須於未來移轉資產或提供勞務給其他個體，並犧牲未來的經濟效益者。同樣的，負債一旦發生，除非企業清償或因其他情況，解除企業未來清償之責任，否則仍繼續為企業之負債。

◆權益

係指企業之資產減除負債後之剩餘（residual）權益。

◆業主投資

係指其他個體移轉有價值的事物給特定企業，以圖獲取或增加對該企業之業主權益，因而使該企業之資產增加者。業主可以資產投資，亦可以勞務出資，或轉移對於企業之債權作為資本；而無論以何種型態投資，業主投資都會增加業主權益。

◆分配給業主

係指企業對其業主移轉資產、提供勞務或承擔負債，因而造成企業淨資產減少，並減少業主權益。當股利宣告時，企業即承擔一項負債，須於未來移轉資產給業主，因此會減少業主權益，並增加負債；而企業移轉資產給業主，或對業主承擔負債，以買回自己的權益證券，亦屬於分配給業主。

◆綜合淨利

係指企業在一定期間由除了業主來源交易外，企業在某特定期間其業主權益的增減變動數；亦即除業主投資及分配給業主以外之權益變動均屬於綜合淨利。此資訊可說明除了業主來源交易外，權益金額因營業活動、投資活動與理財活動所發生的增減變動。由於這些金額的計算都是現有資產、負債與權益的增減變動，因而可以說明企業在現有環境中所受的衝擊，就企業存續期間而言，其綜合淨利即等於該存續期間內，除業主投資之現金流入及分配給業主之現金流出外，所有現金流入扣除現金流出之淨額。

◆收入

係指企業在一定期間，因主要或中心業務而交付或生產貨物、提供勞務或其他活動，所產生的資產流入或負債之清償（或兩者之組合）。一般而言，收入代表的是企業在一定期間因主要或中心業務，已經收到或預期將會收到的現金流入（或是約當現金流入）。

◆費用

係指企業在一定期間，因主要或中心業務而交付或生產貨物、提供勞務或其他活動，所產生的資產流出或其他消耗，或負債之發生（或兩者之組合）。一般而言，費用代表企業在一定期間因主要或中心業務，已經發生或預期將會發生的現金流出（或是約當現金流出）。

◆利得

主要是企業在一定期間由於周邊或附屬交易（即收入與業主投資以外的交易事項），所產生之權益（淨資產）的增加。

◆損失

主要是指企業在一定期間由於周邊或附屬交易（即費用與分配給業主以外之交易事項），所產生之權益（淨資產）的減少。

第二節　會計資訊的品質特性

面對國際競爭環境的快速發展，會計實務面臨的挑戰亦相對嚴苛；因此，美國財務會計準則委員會便提出財務會計觀念公報，以引導會計實務的發展。截至目前為止，財務會計觀念公報計發布了七號公報，分別是財務會計觀念公報第一號：企業財務報導之目的；財務會計觀念公報第二號：會計資訊之品質特性；財務會計觀念公報第三號：企業財務報表之要素；財務會計觀念公報第五號：企業財務報表之認列與衡量；財務會計觀念公報第六號：財務報表之要素；財務會計觀念公報第七號：會計衡量中使用現金流量資訊及現值觀念。財務會計觀念公報提出的目的，一則在作爲財務會計準則發展的依據，提升準則的實用性；二則是以現有的基本理論，協助會計人員面對並解決新興的實務問題。故未來會計準則的發展與會計資訊表達，都必須建立在財務會計觀念公報的基礎之上。

有關會計資訊應該具備哪些特性，美國財務會計準則委員會在第二號財務會計觀念公報「會計資訊之品質特性」（SFAC#2）中，曾提出良好會計資訊應具備之品質特性（quality characteristics），並認爲資訊的提供主要爲了達成最高品質的「決策有用性」（dccision uscfulness）（亦即對決策者的經濟決策無所幫助，即不值得提供該項會計資訊）。因此，在SFAC#2中不僅提出品質特性的層級架構，使用人亦可透過定義之品質特性，以區別會計資訊的優（有用的）與劣（無用的）。但「決策有用性」是一個籠統而廣泛的名詞或概念，在評估資訊的效用時，仍應就其主要品質及次要品質加以考量。

資訊若要對決策有用，則所提供的資訊必須能使使用人可瞭解，即資訊必須具備可瞭解性（understandability）；資訊如不能爲使用人所瞭解，儘管品質再好，亦爲無用之資訊。故「可瞭解性」爲「決策人」及「決策有用性」的連結點。資訊是否能被使用人所瞭解，決定於資訊本身是否易懂，及決策者本身的能力。因此，「可瞭解性」不僅是資訊的一品質，也是一個與使用人有關的品質。會計人員應盡可能使會計資訊易於被人瞭解，而使用人亦應設法提高瞭解資訊的能力，會計資訊才能發揮最大功能。故使用者本身亦應具商業知識，並願意花時間致力於瞭解F/S所隱含的意義，此即使用者的品質特性（user-specific qualities）。

會計資訊之品質特性可區分爲主要品質（primary qualities）與次要品質（secondary qualities）。其中攸關性（relevance）及可靠性（reliability）是美國財務會計準則委員會認爲，對決策有用之會計資訊所應具的兩項主要品質。所謂攸關性是指具備影響決策的能力，故會計資訊具有攸關性，係指其具有證實或改變決策者之預期的能力。確保會計資訊的攸關性，需具備時效性、預測價值及回饋價值三個特性。資訊要具攸關性，必須在其喪失影響力之前提供給使用者；一項資訊若太晚提供給使用者，將失去其影響決策的能力，故時效性（timeliness）是攸關性的一項重要組成因素。此外，預測價值（predictive value）及回饋價值（feedback value）亦是攸關性的組成因素。一項資訊具有預測價值，是指其可作爲決策者預測過程的輸入，能幫助決策者預測過去、現在及未來事項的可能結果。資訊具有回饋價值，是指其可以幫助決策者證實或更正過去決策時的預期結果。

會計資訊的可靠性，係指其能被驗證、能夠忠實表達其所要表達之現象或狀況，並能合理地免於錯誤及偏差。它由三個特性構成，分別是可驗證性（verifiability）、忠實表達（representational faithfulness）及中立性（neutrality）構成。所謂可驗證性，意指由多位獨立的衡量者，採用相同的衡量方法，對同一事項加以衡量，可獲得相同的結果，此與「客觀性」的概念相近。而忠實表達意謂會計數字及所敘述的情形實際存在，或與所發生的事實一致或吻合。至於中立性則是指會計資訊的選擇上，不能偏袒或圖利特定利益團體，即使所提出的會計準則對某特定行業或某特定企業造成不受歡迎的經濟效果，制定準則者亦不應有所動搖，眞實不偏的資訊應優於一切之考量。

會計資訊之次要品質有二，分別是可比較性（comparability）及一致性（consistency）。所謂可比較性是指經濟實質類似的不同企業，應採類似的方式衡量與報導，它著重在橫斷面跨公司的比較；而一致性是指同一會計個體在不同會計期間，處理類似的經濟事項，應採用相同的會計處理，它著重在縱斷面公司本身的比較。經濟資源的分配及投資方向的選擇，需進行不同投資途徑優劣的比較，故不同公司之會計資訊或同公司不同期間之會計資訊如能互相比較，會計資訊將更爲有用。因此，比較性及一致性或亦爲良好會計資訊應具備的品質。但這些品質並非資訊本身的品質，而是兩項資訊（例如兩公司之財務報表）之間的關係所應具備的品質，故列爲次要品質。

會計資訊的品質特性中還包括品質特性的限制因素，分別是成本效益關係（benefits versus costs）與重要性（materiality）。雖說前述的品質特性分析提出了良好會計資訊應具備的要件，但並非所有攸關及可靠的會計資訊都應該提供，應考慮到成本效益關係與重要性兩項限制因素。蓋資訊的蒐集、處理、解釋與運用皆須花費成本，因此，只有當資訊所能產生的效益高於資訊的成本時，才值得提供資訊，此爲會計資訊提供與否的基本前提，也是全面性的限制因素。而重要性意指：「當一項會計資訊被遺漏或錯誤表達時，檢視當時情況，可能會使依賴該資訊之人士所作的判斷受到影響或改變。」重要性問題產生的根源，乃是使用者指出有些財務資訊的提供者，常會以重要性爲藉口，遺漏他們不想揭露的資訊，故重要性原則對於會計資訊的使用者別具意義。由於重要性是會計資訊應否提供的關口，唯有通過重要性的考驗，才要考慮攸關性及可靠性，也才需要單獨表達此項資訊，故重要性亦爲「會計認列之門檻」。品質特性的層級關性，顯示如**圖 2-2**。

第三節　會計基本假設與原則

企業編製財務報表須建立在會計基本假設之上；而經濟事項的紀錄，亦需要根據基本的會計原則處理。這些會計基本假設與原則分述如下：

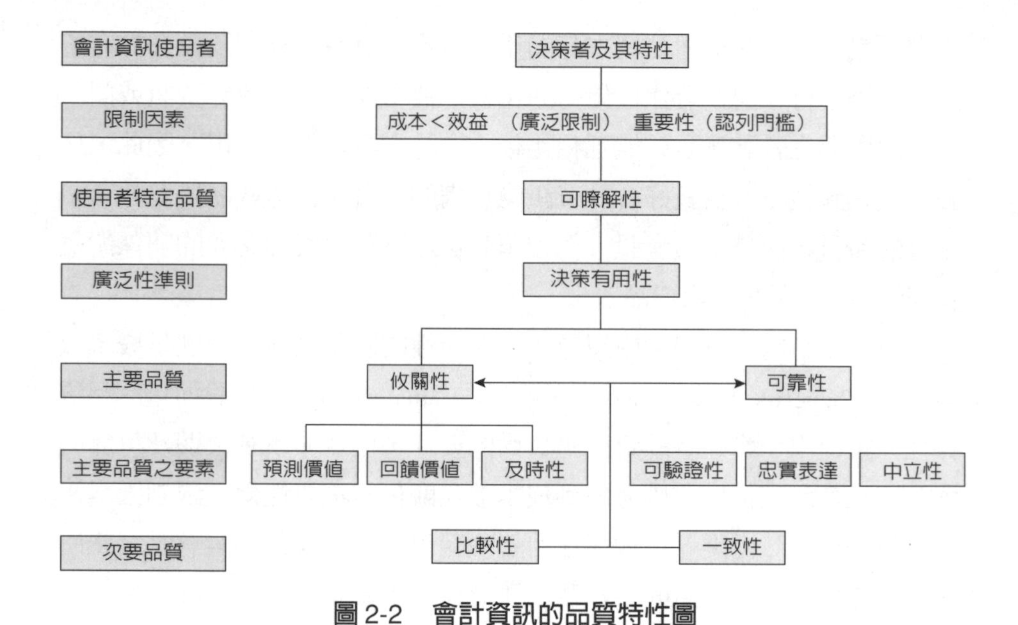

圖 2-2 會計資訊的品質特性圖

資料來源：SFAC#2 "Qualitative Characteristics of Accounting Information", (Stamford, Conn.: FASB, 1980), p.15.

一、會計基本假設

會計基本假設（或稱會計慣例 Accounting Convention）有四，分別是企業個體假設（Business Entity Assumption）、繼續經營假設（Going-Concern Assumption）、會計期間假設（Periodicity Assumption）、貨幣評價假設（Monetary Unit Assumption）。

（一）企業個體假設

近代企業組織，無論是獨資、合夥或公司組織，也無論其出資人為自然人或法人，如就會計觀點來說，都是將企業本身視為一個獨立的個體，能獨立擁有資源並承擔負債。經濟活動可歸屬至特定的會計個體，企業個體假設在區分企業和業主的關係，並在會計上表達企業眞實的財務狀況和經營成果。企業個體的活動必須與其業主或其他企業個體之活動區分，並保持獨立。因此，企業的財務應與其業主私人的財務分開處理；而企業的各種營業行爲，與其業主的私人活動，也不能混在一起；企業與業主之間，如果有業務上的往來，在會計上也應視同與他人往來一樣處理。母子公司編製合併報導是基於會計與報導的目的予以合併，並不違反企業個體假設。

（二）繼續經營假設

假定企業是一個繼續經營的組織，因爲縱使企業個體有時會發生虧損，但只要業主能合理地經營管理，預期在未來可以產生利潤，則企業必將能夠繼續經營下去，並履行應盡的義務及完成預定的計畫。通常繼續經營假設，僅假設在可預見的未來（企業完成現有正在執行的計畫），不會出現解散或清算的結果，並不意圖保證企業永遠存在。此一假設與會計評價方法有關，大部分的會計方法皆假設企業個體會繼續存在；且只有在假設企業個體可以存續一段長期時間，折舊和攤銷政策才屬合理與適當。在繼續經營假設之下，經濟事項通常會採客觀的成本原則進行評價；若未假設長期存在，則歷史成本原則的適用性相當有限。當企業有不能繼續經營下去的情況發生時，則將變賣一切資產，獲取現金以償還各種債務，此時會計人員便應放棄繼續經營假設，改採清算價值（變現價值）來評價資產。且若企業未能長期存在，則資產與負債區分爲流動和非流動則不具任何意義。

（三）會計期間假設

會計人員將企業生命劃分爲等長的段落，稱爲會計期間，以便定期計算損益，並編製財務報告。會計期間若以一年爲一段落者，又稱爲會計年度。會計年度依起訖日期之不同可分爲：

1.商業會計年度：以每年之 1/1 至 12/31 爲會計年度，又稱曆年制。

2.自然營業年度：亦可依行業特性，以一年中業務最清淡之月份作為會計年度結束之月份；故其會計年度以開始月份為所屬年序。

（四）貨幣評價假設（又稱幣值不變假設）

會計人員以貨幣作為記帳的單位，凡不能以貨幣衡量者即不予入帳。在溝通經濟資訊及制定合理的經濟決策時，貨幣單位具有表達攸關、使用普遍、容易瞭解、有用的特性。然年度間存在著通貨膨脹，導致不同年度的貨幣價值可能互異。在通貨膨脹不劇烈的年度，會計人員基本上假定貨幣價值不變，或變動不大而可以忽略。按照商業會計法第七條規定，商業應以國幣為記帳單位，其由法令規定以當地通用貨幣為記帳單位者，從其規定。至於因業務需要，而以外國貨幣記帳者，仍應在其決算表中將外國貨幣折合國幣或當地通用貨幣。因此，貨幣評價假設同時涉及記帳的貨幣單位，與貨幣單位的幣值穩定性。

二、會計基本原則

常見的會計基本原則（Basic Principles of Accounting）有六，分別是：歷史成本原則（Historical Cost Principle）、收益認列原則（Revenue Recognition Principle）、配合原則（Matching Principle）、充分揭露原則（Full Disclosure Principle）、一致性原則（Consistency Principle）、穩健原則（Conservatism Principle）。

（一）歷史成本原則

所謂成本，係指已成之交易所支付的代價，代表資產或勞務取得時，交易市場存在的客觀價值；且成本應包括到達立即可供使用狀態前一切合理且必要的支出。大部分的資產與負債均應按其取得成本入帳，這是基於「可靠性」的考量。資產或勞務之取得成本，為其所支付的現

金。若以非現金資產支付，則應以所交付資產之現金等值（cash equivalent）（公平市價）或所收到資產之現金等值，取其較為明確者，作為取得資產或勞務之成本。此原則同時適用於資產、負債、業主權益及損益等會計要素之評價。會計上以成本作為評價及入帳的基礎，除非有新的交易發生或消耗，否則入帳的成本即不再變動。

（二）收益認列原則

收益認列原則是會計人員用來決定何時應該承認收益的一個指導準則。收益認列應同時符合兩個條件，一是已實現（realized）或可實現（realizable）；二是已賺得（earned）。所謂已實現，係指具備現金及對現金之請求權；而已賺得，意指交易個體為賺取收益所必須履行之活動已經全部或大部分完成。收益應以所收到資產之現金等值或所清償之負債金額衡量。若所收到資產之公平市價無法確定，則以所交付資產或提供勞務之公平市價衡量。一般而言，根據前述兩項要件，企業應於銷貨時可認列收益，包括現銷及賒銷，但亦有例外的情況，如在生產期間承認收益（如長期工程合約的完工百分比法），在生產完成時承認收益（如貴金屬、有保證收購價格的大宗農產品），或於收款時承認收益（如分期付款銷貨或帳款收現可能性極不確定之賒帳款）。

（三）配合原則

又稱為成本收益配合原則或收益配合費用。當某項收益已經在某一會計期間承認時，所有與該收益產生有關的費用皆應認列於同一會計期間，以便與收益配合而計算出正確的損益；亦即只要合理可行，則努力（費用）應與成就（收益）相配合。因此，會計上先確定收益何時認列，之後才確定費用的配合。取得成本與費用轉銷、損失之關係，可顯示如**圖 2-3**。

一般而言，收益與費用配合的方法可分為三種，分別是：

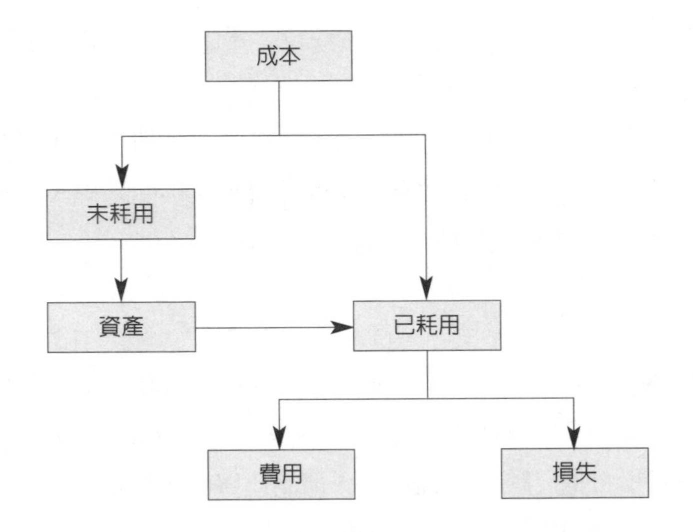

圖 2-3　成本、資產、費用、損失關係圖

1.因果關係直接配屬：銷貨收入與銷貨成本、應收帳款與壞帳、產品銷售與產品保證服務費用。

2.系統而合理的分攤：如折舊、折耗、攤銷。

3.立即認定：在無法得到因果關係配屬與合理而有系統的分攤下，只要認爲此一支出與當前或未來的獲利有關，便可採取立即認定；如薪津、銷售費用、研究發展費用等。

（四）充分揭露原則

又稱財務報告原則。充分揭露足以影響使用人決策的資訊。爲使閱讀報表者於閱讀財務報表時不至於產生誤解起見，財務報表的內容須力求完整詳細。充分揭露並不能取代適當的會計處理，亦不能彌補不良的會計處理。充分揭露方法包括財務報表主體（Main Body，包括資產負債表、損益表、業主權益變動表及現金流量表）、報表附註（Note）及補充性資訊（Supplementary Information）。因此，充分揭露涵蓋的範圍，包括

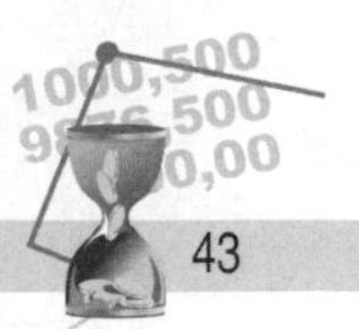

主要報表的內容須完備、分類須適當、補充報表的採用、括弧說明、有關科目的相互引註，以及附註說明（如重要會計政策、會計變更或有負債及重大之期後事項等）等。爲期使資訊容易爲使用者所瞭解，揭露時亦應適度濃縮資訊。

（五）一致性原則

爲使前後期的財務報表可以比較，故原則上會計政策、會計方法、會計原則一經採用，即不隨意變動；除非客觀環境改變，以新方法更能表現公允的財務狀況和經營成果時，才採用新的會計政策或會計原則。在改採新的會計政策或會計原則時，應將變更情形、理由及其影響於財務報表中附註說明。

（六）穩健原則

即預計可能發生的損失，不預計可能發生之利益，對於資產評價及損益計算存有疑慮時，應選擇最不致高估資產及純益的方法。不高估資產價值，不低估負債金額。在資產評價及損益取決有疑慮時，如存在兩種以上的方法或金額可供選擇時，則會計人員應選擇對本期淨值及淨利較爲不利的方法或金額。

第四節　會計資訊的使用限制

由於會計資訊的編製須遵循會計假設與基本原則，加上編製時，也難免涉及會計政策的選擇與判斷；因此，使用者在使用報表的財務資訊時，就必須瞭解報表資訊可能面臨的限制。以下將簡述會計資訊使用時，可能面臨的重要限制：

一、貨幣表達問題

財務報表只能表達貨幣量化的會計資訊，無法揭露與企業息息相關的管理品質；如財務報表根本無法對管理當局及員工的動機、經驗等提供直接的資訊，亦無法提供有關企業研究發展活動之品質，或有關企業行銷之彙總資訊。再者，對於企業人員才能的重要性評估、產品線發展、機器運轉效率或是前瞻性的策略規劃等相關重要資訊，亦不會顯示在財務報表中。因此，在使用財務報表時，使用者必須補強非量化資訊的部分，才能得到企業營運的整體概念。

二、資訊簡化及彙總

會計資訊在記錄經濟事項時，難免會經歷簡化與彙總的過程。簡化是將經濟交易事項分類成較易處理的有限類別；而彙總則是重在調整財務報表的篇幅與詳細程度。事實上，經濟事項的詳細程度，在組織層級的傳遞過程中，也會出現簡化與彙總的現象。由於財務報表資訊表達存在簡化與彙總特性，故分析人員亦須具有分析及重建交易事件的能力，才能瞭解企業的經營成果與財務狀況。

三、歷史成本衡量問題

會計系統幫助報導公平且客觀的資訊，歷史成本的客觀性淩駕任何其他各種的會計評價方法，故財務報表中使用歷史成本價值是常見的。然採用歷史成本，不僅無法反映公司目前之價值，亦無法確保企業未來營運。當經營環境變動，造成資產價值變動劇烈時，客觀性會損害財務報表的有用性。在多數情況下，歷史成本不等於現時市場價值；但現時市場價值才是決策者關心的課題。故財務報表的使用者往往須在財務報

表的客觀價值及現時市場價值之間取得平衡；純粹依賴歷史成本衡量的財務報表資訊，並不能幫助決策者脫離決策面臨的價值評估困境。

四、通貨膨脹問題

財務報表主要在處理貨幣性的經濟事項；然貨幣之購買力會因爲物價持續攀升，而呈現幣值下跌的現象。在通貨膨脹劇烈的時代，貨幣本身已無法作爲良好的「價值標準」，故將不同年度的帳面餘額相加，必然會產生嚴重的扭曲現象。從財務比率的角度來看，通貨膨脹會造成進貨成本攀升，造成企業獲利降低，並導致利息保障倍數減少；然通貨膨脹也會造成存貨價值增加，改善企業的流動比率及短期償債能力。同樣的，固定資產增值及存貨價值上升，均可能導致資本結構改善的假象。實務上雖瞭解此一限制，然而，目前尚無會計準則要求企業必須根據購買力變動來重編財務報表。

五、會計資訊與揭露問題

會計方法之選擇，需涉及估計及判斷，不僅會影響財務報表之品質及可比較性，也提供企業操縱帳面損益之空間，扭曲報表之功能。從代理理論的觀點來看，管理當局和財務報表具有重大利益關係，因此管理當局對於財務結果的運算與揭露，勢必發揮其影響力；故儘管查核人員增強了財務報表的客觀性及可信度，但由於獨立性及會計系統固有存在的問題，其成效可能仍相當有限。再者，隨著企業經營環境與經濟交易的日趨複雜，會計原則的處理與內涵亦日趨複雜，往往導致資料衡量及揭露更趨於複雜。而從會計準則制定的過程來看，會計準則必然會受到各種利益團體的影響；這些團體也會對主管機關施加壓力，以確保制定符合本身利益的會計準則。

面對日趨複雜的經濟現象與交易實質，主管機關除會積極研擬公認會計原則以資因應外，亦會要求更多、更有意義的揭露事項，以期改善財務報表的品質與可信度。因此，財務報表使用者須留意會計資訊與會計原則存在的基本限制與缺陷，故在面對財務報表數據時，須深入分析數字背後的隱含意義，才能獲致接近企業眞實的財務狀況與經營成果的圖像。

六、期中揭露與估計問題

會計資訊的及時性，與決策效能有密切的關聯；因此，如果能夠於期中提供攸關決策的資訊，必然較期末提供更有意義。然就損益計算而言，報導的頻率愈高，所涉及的估計成分也愈大，尤其是在尙未實現的損益報導上；如應收帳款收現的金額與時間、銷貨收入的售價與銷售量預估、未來的產品保證費用支出等。這種估計的不確定性，加上損益計算本身就存在的估計成分，將使得期中報告報導數字的不確定性大幅提升。財務資訊的報導頻率、涵蓋期間及會計資訊之不確定性程度間有相當密切的關聯。由於，企業有許多交易及業務，需長時間才能完成，最後才能確定其結果。故當我們在要求提供期中財務報導資訊時，必須瞭解資訊的攸關性與可靠性存在著換抵（tradeoff）的現象；期中財務報表雖可提升資訊的決策攸關性，但也會導致報表中的估計成分增加，使得揭露的可靠性大幅降低。

面對財務報表存在的假設與使用限制，財務報表分析者在進行分析之前，除應瞭解可能造成企業窗飾[1]（Window Dressing）財務報表與揭露不實之誘因及可能方式外，亦須同時兼顧以下幾點，以彌補財務報表

[1]即經理人採取一些非正當的作法，以美化公司的財務報表，如低估壞帳、虛增應收帳款(事後再以退貨處理)、漏列應付費用等，以虛增當期獲利。

可能存在的限制：

1.瞭解企業的經營概況及其所處之產業環境，廣泛的閱讀財經新聞，以期能掌握企業經營及市場變化。
2.正確認識企業營運變化的原因，合理掌握企業財務報表以外之資訊，並由其他財務資訊驗證財務報表。
3.兼採訪談與實地調查，多和企業負責人及員工接觸，瞭解其企業文化及經營心態，並與財務報表相驗證。
4.注意公司財務報告簽證會計師之品質及其所出具之審計意見書。
5.慎選同類標竿比較之企業財務報表，已期能獲致有意義的比較結果。

第三章 市場效率與證券評價

第一節　效率市場

第二節　資本資產訂價模式

第三節　股票與債券評價

財務報表資訊不僅可顯示企業的財務狀況與經營成果，亦會影響股票投資人與債權人對公司未來營運成果與營運風險的預期。由於股票與債券是企業透過資本市場，取得長期資金的工具；因此，資本市場是否能夠有效率的反映財務資訊，會直接影響投資決策與授信決策的成效。本章中將分就效率市場、資本資產訂價模式、股票與債券評價三個部分進行說明。

第一節　效率市場

一、效率市場假說

資本市場的效率性與公平性向為關切的重要課題；而市場的資訊效率更為學者過去廣為討論與爭議的焦點。效率市場假說（Efficient Market Hypothesis, EMH）向為財務學界中一個被廣泛應用的理論。在經濟學層面，效率性（efficiency）多以巴勒圖效率性（Pareto Efficiency）表示，而財務學則多以資訊效率性（information efficiency）表示。所謂Pareto效率係指在極大化過程中，珍貴的稀少資源已被最佳生產與分配；故在不減少其他人福利下，再也無法增加某人福利之狀態。

Fama（1970）認為一個具備資訊效率的金融市場，證券價格能迅速且充分地反映所有攸關、可獲得的資訊。在1970年代以後，許多理論和研究都支持這個假說成立，使得效率市場假說逐漸成為資本市場研究的重要依據；而Jensen（1978, p.95）也認為在經濟相關的理論中，沒有任何理論像效率市場假說有那麼多的文獻證據支持（There is no other proposition in economics which has more solid empirical evidence supporting it than the Efficient Market Hypothesis）。

具備資訊效率的證券市場，須強化資訊在經濟決策的效率性，故市場應具備三個充分條件：（1）資訊可以自由取得，且不需成本（或只需極低的成本，故決策時可以忽略）；（2）所有的投資者均可立即取得相關的資訊，沒有取得障礙，也沒有內幕消息的存在；（3）每個投資人均在追求經濟效用的極大化。因此效率市場認爲，在理性決策前提下，股價應已反應所有的相關資訊，即使股價偏離基本價值，也是因爲資訊的不對稱，或資訊解讀的時間差所導致。然隨著時間的經過，投資人的資訊取得會越來越完全，且投資人也會藉由學習而正確的解讀相關資訊，股價必定會回歸基本價值，故價格偏離只是短期的現象。

效率市場假說假設現實世界中的金融市場，都符合前述的定義；既然金融市場的商品價格都很有效率的反映所有可獲得的資訊，故市場價格在任何時刻都可以當作資產價值的最佳估計值。因此，在一個效率市場中，任何投資人都無法持續擊敗市場，而賺得超額報酬。

Shleifer（2000）曾指出，效率市場假說主要建立在三個假設之上：（1）投資者是理性的，因此能理性的評估證券價格；（2）即使有些投資者是不理性的，但由於他們的交易是隨機的，所以能抵消彼此對價格的影響；（3）若部分投資者有相同的不理性行爲，市場仍可利用「套利機制」使價格回復理性價格。茲分述如下：

(一) 投資者是理性的，能理性的評估證券價格

亦即市場存在衆多相互競爭又獨立決策的理性投資人，參與證券的評價；由於投資者是理性的，故他們會用證券的基本價值來評估證券價格。所謂的基本價值是指以證券風險爲折現因子，以評估未來現金流量的淨現值。當新的資訊出現時，理性投資人能夠迅速的做出反應，促使證券價格立即反應相關的市場資訊，並進行證券價格的調整，以吻合未來的淨現金流量。當故投資人藉由資訊價值的客觀認知，應可建立競爭性的金融商品價格，此一均衡的商品價格，應能無偏誤的（unbiasedly）

且有效的（efficiently）反映現有的可獲得資訊。

（二）即使有些投資者是不理性的，但由於他們的交易是隨機的，所以能抵消彼此對價格的影響

亦即效率市場假說雖然是建立在投資理性的假設前提下，但仍允許市場上存在著一些非理性的投資人。市場上既然存在非理性的投資人，市場價格爲何仍然維持其效率性呢？這是因爲非理性投資人的交易行爲泰半是隨機的，隨機的交易行爲不會出現系統性的影響，且會彼此相互抵消；故在交易過程中，會彼此抵消掉對市場價格的影響力。因此，不理性的隨機行爲只會影響市場交易量，市場價格依然是有效率的。在隨機的前提下，相互競爭的投資人迅速地調整市場價格（可能過度調整或調整不足），以反映市場中的新資訊；無任何投資人的力量足以單獨影響金融市場商品價格的變動。

（三）若部分投資者有相同的不理性行爲，市場仍可利用套利機制[1]使價格回復理性價格

亦即新資訊出現後，縱然市場出現相同的不理性行爲，但由於理性投資人會按照金融商品的基本價格評估其市價，故市場還是存在著矯正的機制。因此，非理性的投資人在某些情況雖會有相同的投資行爲，但市場會藉由套利的力量，使得商品價格仍會回歸其基本價值。再者，若不理性的投資者持續的買進價格高估的證券，或賣出價格低估的證券，其報酬率必然不如被動的投資人與套利者，而持續賠錢的結果，最後他們終將被市場淘汰。因此，從市場力量與矯正機制的套利功能來看，金融市場必能維持其長期效率性。

[1]所謂套利係指投資人在金融市場中，無需使用自己的資金，且無需負擔額外風險的情況下，藉著同時買進與賣出金融商品來賺取資產報酬的行爲。套利機會與市場效率有關；通常金融市場的效率越高，則套利機會就消失的越快。

綜言之，效率市場假說市場主要是由理性投資人組成，他們能夠整合所有相關資訊，並根據金融商品的基本價值進行正確的評價。縱然市場上存在非理性的投資人，然由於其交易行為是隨機的，故對價格並不具影響力；如其交易行為不隨機，市場存在著矯正機制，透過投資人的套利行為，便可將偏離的市場價格導回其基本價值。據此衍生之效率性均衡價格可供企業主、經理人、債權人與股東等，制定投資、融資、營運與股利決策時參考；然若證券市場存在資訊不對稱性，則極易形成逆向選擇與道德危機問題，進而破壞效率的均衡價格與資訊的效率性。

從資訊的角度來看，效率市場假說也認為金融市場的商品價格，已經反應商品資產中所有可預期的資訊；故投資人得以根據這些可預期的資訊，評估資產未來可能產生的淨現金流量。商品價格既以反映所有可預期的資訊，則在交易之後，投資人為何還會持續的進行交易呢？那是因為非預期的市場資訊導致的市場交易。因為市場與經營環境持續的變動，新的資訊持續出現，改變了投資人原有的預期，因此新的交易行為得以持續不斷地產生；換言之，市場的後續交易是根據「非預期的資訊」，而非「已經預期的資訊」。從資訊的預期性與非預期性來看，非預期的資訊是隨機發生的，故商品價格的變動也是隨機而不可預測的。

效率市場可根據其反映的資訊型態不同，而區分為三種類型，分別是弱式效率市場（weak form efficiency market）、半強式效率市場（semi-strong form efficiency market）與強式效率市場（strong form efficiency market），茲分述如下：

◆弱式效率市場

目前金融商品的價格已經完全反映歷史資訊；因此，投資者利用各種方法對證券過去之價格從事分析與預測後，並不能提高其市場的獲利能力。因此在一個弱式效率市場中，單憑過去的量價資訊進行技術分析，將無法獲取超常報酬。

◆半強式效率市場

目前金融商品的市場價格，已完全充分地反映所有市場上已經公開的資訊。例如一公司所發布的財務狀況、盈利表現或是整體經濟與產業表現等資訊，一旦公開釋出之後，股價會立刻反映。因此若投資人再分析財務報表、報章雜誌或電子媒體看到公開資訊，進行金融商品的買賣決策，已無法從中得超利潤。故投資者無法透過基本分析的途徑，分析公開的產業與公司資訊，而獲得超常的市場報酬。

一般而言，專業分析師在報章雜誌推薦的股票屬於一種公開資訊。如果台灣的股票市場具備半強式效率市場的資訊效率，則根據效率市場假說，則前述專家公開推薦的資訊，將無法爲投資人帶來任何超常報酬。如果這些推薦的股票仍可獲致超常的市場報酬，則：（1）可能意味著此台灣的資本市場並不符合半強式效率市場假說；（2）這些推薦的股票隱含著若干私有的內部資訊，具有一般公開資訊之外的資訊價值。

◆強式效率市場

即目前金融商品的價格，已經完全充分反映已公開及未公開之所有資訊。只要是會影響金融商品價格的事件發生，不論訊息是否已公開，均會立即反映在股價上，任何投資人皆無法從中獲得超利益，即使是知道內幕消息的人亦然。對於尚未公開的內幕消息，投資者也可透過各種方式取得，並使其成爲公開的秘密；故金融商品的市場價格，會隨著新的資訊進行調整，沒有人能透過分析資訊，在市場交易中獲得超額報酬。

根據前述三種效率市場假說[2]可知，在弱式市場假說下，投資人雖

[2]Fama（1991）亦曾將有關效率市場之研究，根據市場效率性區分爲三類：（1）股票報酬率預測（針對弱式效率市場進行測試）：包括過去股價與未來股價的關聯，過去財務資訊（股利、利率等）與未來股價關聯的研究；（2）事件研究（event study）（乃針對半強式效率市場進行測試）：特定公開資訊對股價與報酬率衝擊的研究；（3）私有資訊（針對強勢效率市場進行測試）：探討投資人是否擁有尚未完全反映於股價之私有資訊之研究。

無法從歷史價格中獲得超常利潤，但仍可以由攸關的公開資訊或內幕消息，而得到超常報酬；在半強式效率市場假說成立下，投資人不能從公開的資訊中得到超額利潤，但仍可從未公開的內部消息，得到較佳的報酬；至於強式效率市場中，所有與股價相關的因子均已完全表現在股價上，包括所有過去已公開、未公開的資訊，因此任何投資人皆無超額利潤可圖，只能獲得投資的正常利潤。

二、資本市場組成結構

資本市場是長期資金供給與需求的市場，產業組織與投資人透過資本市場，完成資金供給與資金需求的交易行爲。各國的資本市場約可分爲三種型態，分別是初級市場（primary market）、次級市場（secondary market）及櫃檯市場（over-the-counter market）；其中初級市場是上市、上櫃公司首次募集資金的證券發行市場，而次級市場則是證券的交易市場，而櫃檯市場則是規模較小發行公司的證券交易市場。鑑於我國的證券市場爲淺碟型的市場，散戶所占的比例非常高，易受各種市場因素的影響，而產生劇烈的波動；政府爲擴大市場的廣度與深度，故於民國 80 年先開放外資投資台灣證券市場，於民國 91 年元月成立興櫃市場，將未上市（櫃）股票納入制度化管理，以保護投資大衆。之後，更於民國 92 年 10 月 2 日正式取消外國專業投資機構（Qualified Foreign Institutional Investors, QFII）制度，大幅簡化華僑及外國人投資國內證券市場中請程序。QFII 制度正式取消後，境外的外國法人都無投資額度上限；因此，除境外的外國自然人投資台股仍有額度限制之外，境外外國法人投資台股都將無額度限制。因此，在我國的資本市場結構中，還有一個「上櫃先修班」的「興櫃市場」。

投資人提供資金給產業組織，其目的在獲取報酬；因此，產業組織須透過產品與市場的競爭，賺取資金借貸者所需要的報酬，並追求企業長遠的發展。企業爲顯示其階段性的財務狀況與經營成果，就必須定期提供財務報表，讓資金借貸者瞭解企業資金的運用效能。由於市場資金流動的管道甚多，因此資金的供需運作往往需要透過市場中介機構與輔助功能（如審計、企業評等、投資顧問、財務分析等各種財務決策的支援功能）。這些市場中介機構與輔助功能，在引導市場資金流向營運效能較佳的企業，在資本市場的健全性上，扮演著非常重要的功能。資本市場的結構功能關係，顯示如**圖 3-1**。

效率市場的資訊效率，是建立在大量的市場分析與投資分析上，也就是那些提升市場資金運作效能與健全性的各種輔助功能；它假定市場有許多投資人與市場輔助功能，會進行投資研究與資訊分析。只要有新的資訊進入市場，投資人與投資機構基於理性投資的自利動機，就會分析此一資訊，並以資訊進行交易；故金融資產的價格已反映了所有公開

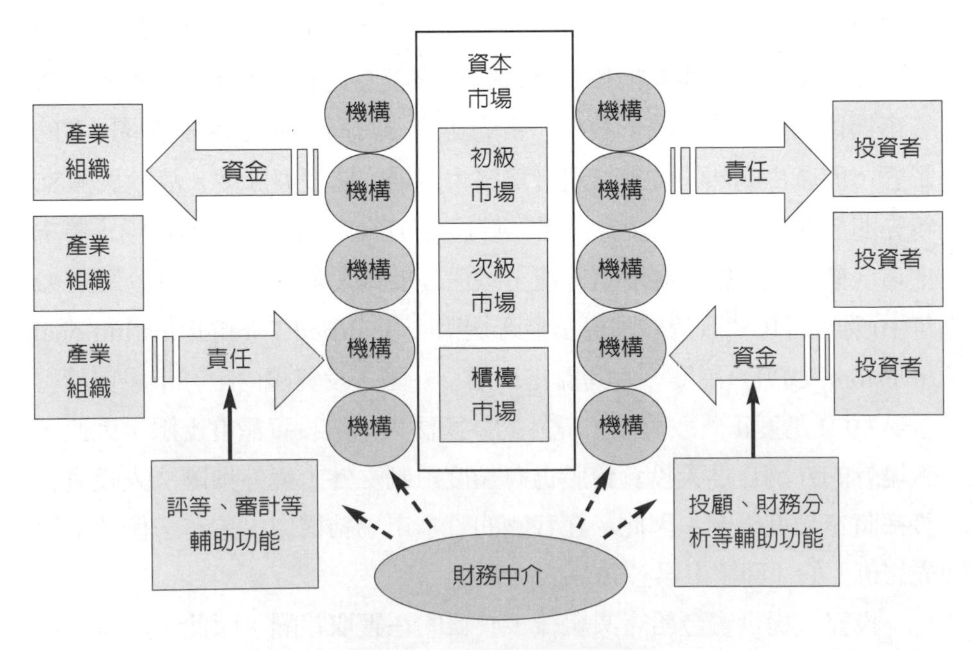

圖 3-1　資本市場結構圖

可得的資訊。但從另一個角度來說，如果市場投資人不再分析資訊，也不再研究金融商品的市場價格，則市場就會開始變得無效率。

效率市場金融商品的價格不會出現偏差，投資人無法經由分析資訊，而賺取超額的報酬。效率市場假說並不意謂投資人無法獲利，效率市場只在說明，投資人一旦承擔風險，通常只能賺取「適當」的報酬（與風險相稱的報酬）。市場效率也不能保障投資人不受錯誤的決策傷害；如果投資人不採取風險分散措施，市場不會因投資人「自行」承受的額外風險，而給予「其他」的額外報酬。

三、效率市場與行為財務

效率市場假說認爲股價是難以預測，甚至不可預測的，因爲所有的市場資訊會立即而迅速的反映在股價上；而非預期的訊息是隨機的，故股價也是隨機而不可預測的。但效率市場假說並非沒有爭議，如1987年10月19日，美國道瓊指數在一天內下挫了23%，市場急速崩解，使許多人懷疑市場是否眞的將股票做了合理的訂價。從理論來看，在經濟前景未出現劇烈變化之前，市場訊息不可能在一天之內出現如此大的負面效果；故統計的機率來看，一天之內觀察到如此大幅價格下跌的機率幾乎爲零。因此，許多學者與實務界人士認爲市場並不是有效率的，也就是股票的訂價可能過高或過低：故可藉由適當的分析及買賣，讓投資人獲得超額的報酬。

相關研究顯示，資本市場上確實存有許多非理性的投資行爲，包括市場的過度反應或是延遲反應（DeBondt & Thaler, 1985; Ross, Westerfield & Jordan, 2006）；雜訊交易人（noise trader，如DeLong et al., 1990; Shleifer & Summers, 1990）；過高的股價波動性與交易量（Statman, Thorley & Vorkink, 2003）；投資人對於初次公開發行證券出現的過度反應（Loughran & Ritter, 1995; Brav et al., 2000）；公司被選爲指數成分股

後，投資人產生過度預期，而出現超額報酬的現象（Dhillon & Johnson, 1991；葉銀華，1999）；投資人面對損失時傾向於喜好風險，面對利得時傾向於厭惡風險（Edwards, 1995）；投資人存有繼續持有輸家股，而提早賣出贏家股的處分效果（disposition effect，或稱錯置效果）（Odean, 1998; Odean, 1999）；投資人高估自我分析能力而產生不良投資決策的過度自信投資行為（Gervais & Odean, 2001）；投資人的注意力會影響其投資決策（Barber & Odean, 2001）等。

除此之外，市場上還出現一些市場資訊的無效率現象（異常現象，anomalies）；如規模效應（即股本較小的公司，其股票報酬率較高）、元月效應（即一月份存在的異常報酬；Tong, 1992）、週末效應（即週末存在的異常報酬現象）、新股效應（即新股上市會出現一段期間的超常報酬）、盈餘宣告效應（即經營績效好的公司，公司股票會出現超常報酬）。這種市場的超常報酬，顯示市場股價確實存在著非隨機的可預測性（無效率現象），導致投資人能夠有系統的從市場中獲利。而這種股價可預測現象導致的市場獲利機會，則常被學者引用並質疑市場效率性的重要依據。

隨著越來越多的異常現象被發現，學者開始對過去財務理論的理性行為假設與金融資產價格的評價產生懷疑，轉而尋求其他領域的解釋；導致1980年以後，以心理學對投資人決策過程的研究成果為基礎，重新檢視整體市場價格行為的「行為財務學」（behavioral finance）便逐漸獲得重視。

Haugen（1999）曾將財務理論的發展區分為三個階段：舊時代財務（old finance）、現代財務（modern finance）與新時代財務（new finance）。所謂「舊時代財務」代表的是1960年代以前，純然以會計及財務報表為分析主體的研究；「現代財務」（亦稱標準財務，standard finance），係以自1960年代起興起的財務經濟學為其主要理論，研究以理性假設為主的資產評價。至於「新時代財務」則是1980年代後期起逐漸受到注意的行為財務學為代表，其研究主題則為「無效率市場」。此一

分類是否恰當，並非本書討論範疇，但這也顯示學者對於效率市場與評價模式的假設前提確有疑惑。

行為財務學是以Kahneman & Tverskey（1979）提出之展望理論（prospect theory）為其基礎，探討人們在不確定性情境下的決策模型，再配合其他心理學與行為學對於投資人行為模式的發現，用以解釋傳統預期效用理論與實證結果的分歧。展望理論的觀點，認為投資人並不厭惡風險，只是厭惡損失；且人們對負面刺激的反應比較敏感，故當人們在財富愈多之後，就愈不願意承擔風險，以期避免財務上的損失。由於投資人在面臨判斷與選擇的時候，常會受到心理、情緒的影響，因此人類的決策行為常常不符合效率市場的基本假設。而探討心理、情緒、風險態度對投資行為的影響，亦為行為財務學關注的重要課題。Shleifer（2000）曾指出，行為財務學主要在質疑效率市場假說的三個基本假設：（1）投資行為非理性；（2）投資不理性行為的非隨機發生；（3）套利有其限制，致使其無法發揮預期力量。

（一）投資行為非理性

個人面對投資決策時，並非採用傳統效用理論假設的考慮最終財富水準，而是根據參考點（reference point）去看是獲利或虧損；所以可能會因每次參考點的選擇不同，使得每次決策都會因情況不同而改變。再者，投資人在面對不確定的情況時，往往不能充分瞭解到自己所面對狀況，會有認知的偏誤（cognitive bias），且常以經驗法則或直覺作為決策的依據，導致違反貝氏法則或客觀機率的相關理論。

（二）投資不理性行為的非隨機發生

投資人的情緒因素並非隨機產生的錯誤，而是一種很常見的判斷錯誤；而非理性投資者的決策並不完全是隨機的，常常會朝著同一個方向，所以不見得會彼此抵消。當這些非理性的投資者的行為社會化，或大家都聽信相同的謠言時，這種現象會更加的明顯。因此，效率市場假說認為非理性投資人的交易是隨機的，且會彼此抵消的說法，並不成立。

(三) 套利有其限制，致使其無法發揮預期力量

Shleifer & Vishny（1997）和 Thaler（1999）認為，在實務上以套利來修正價格需具備一些條件，這些條件卻未必會存在；這些條件構成了 Shleifer & Vishny（1997）所稱的「套利極限」（limits of arbitrage）。如理性投資人要套利時，須建立在市場上「準理性投資人」（quasi-rational，即努力做好投資決策，卻常會犯某些決策錯誤的投資人）的存在數量與套利行為假設上，以及「準理性投資人」最後能否觀察到資產的眞實價值，否則「準理性投資人」不會調整他們的行為，偏離的情形也會持續下去。

其次，就實務上來說，套利本身還是具有風險，套利的風險來自於兩方面，分別是：（1）完美的替代品是否存在；（2）投資期限的長短。就替代品而言，套利需要有完美的替代品；對於大部分股票而言，完美的替代品並不好找，只能選擇相近的替代品，因此套利有其風險。就投資期限的長短而言，在到達資產的理論價格之前，市場價格可能會逐漸逼近理論價格，也可能更為偏離，之後再擺盪回到理論價格。如果投資者有投資組合變現的時間壓力，則其在回到資產的理論價格之前是否能夠套利，就相當有爭議。

Shefrin（2000）歸納過去行為財務的研究，認為這個領域的研究約可分為三類，分別是經驗法則謬誤（heuristic-driven bias）、框架效果（framing effect）以及無效率市場（inefficient market）。經驗法則謬誤主要是說明投資者根據過去資訊、事件，所形成的先驗機率，會錯估後續資訊、事件的客觀機率（Tversky & Kahneman, 1974; Yaniv, 1997）。而在框架效果下，投資者往往會因為問題的陳述方式或表達方式不同，而作出不同的決策；亦即不同的決策選取過程，會影響到投資者對風險與報酬所持有的態度。框架效果的產生，可採圖示理論的觀點，從投資者的圖

示框架進行解釋（Waller & Felix, 1984）。至於有關無效率市場的研究，則是綜合經驗法則謬誤及框架效果的偏誤，會造成市場價格偏離資產的基本價格，而呈現無效率市場的現象。

在效率市場假設下，股票市場的技術分析與基本分析是沒有意義的；而財務報表分析資訊屬於半強式效率市場的公開資訊，故分析財務報表與其他公開資訊，無法幫助投資人獲得超過市場績效的超額報酬。但行爲財務則提出投資人的心理偏誤可能造成金融市場的無效率，導致金融資產的訂價偏離基本價值，而產生許多財務實證上的股價可預測性，並可用以作爲制定實際投資策略；因此，技術分析與基本分析確有其存在與獲利的空間。

股價具有可預測性是否就表示市場沒有效率，且投資人可從中獲利呢？這必須從兩方面進行探討：

第一，從行爲財務的觀點來看，市場的效率或無效率，對「理性投資人」與「準理性投資人」可能是不同的相對觀念。對於部分擁有快速獲得資訊及分析能力的理性投資人，市場無效率現象可能提供其獲利機會；但對多數可能出現心理偏誤的「準理性投資人」來說，這些市場無效率未必能夠爲投資人創造出獲利機會。

第二，統計上的顯著意義與經濟決策上的顯著意義並不相同，雖然許多行爲財務的研究結果，指出投資人的投資策略，可以獲得投資上的超額報酬，且具有統計上的顯著性。但投資人是否會將其視爲經濟決策呢？這就必須考慮經濟上的實務意涵。也就是說投資人在扣除一切交易的必要成本（如手續費及買賣價差等）後，此一投資策略上是否仍具有成本效益上的吸引力？如果答案是肯定的，則這些研究的結果不僅具有統計上的意義，也兼具決策上的經濟意義；如果答案是否定的，則統計上的顯著性，並不能代表經濟決策上的可行性，故亦無法讓投資人獲得超額報酬。截至目前爲止，大部分的研究都只證明了投資策略的統計顯著性，但對於投資決策的經濟意涵，都未能深入探討。

第二節　資本資產訂價模式

效率市場雖可說明金融商品價格與市場資訊之間的關聯，但如何驗證效率市場假說，則需要實際可操作的驗證工具，也就是必須找到一個足以代表金融資產市場報酬的比較基準。過去驗證效率市場與超額報酬，學者泰半採用資本資產訂價模式（Capital Asset Pricing Model, CAPM）；並根據模式預測的報酬結果與實際資產報酬結果的比較，據以判斷金融市場是否具備應有的效率。若投資者所使用的資產訂價模式，無法正確地預測資產的預期報酬與風險間的關係，將使投資者蒙受重大損失，因此一個資產訂價模式的價值，在於能適切地描述或預測資產預期報酬與風險間的關係。由於資產訂價模式提供投資者一個對資產預期報酬與風險的評估方法，故也導致金融市場的運作產生極大的改進。故從實證研究的角度來看，效率市場的驗證，須在「假設」資本資產訂價模式合理的前提下，才能據以驗證金融市場的效率性。

一、投資組合理論

資本資產訂價理論建立在Markowitz 投資組合理論之上，而投資組合指的是由一種以上的證券或資產構成的集合。在金融市場所謂的資本資產（capital asset）係指股票、債券等有價證券，具有對未來報酬求償權利的資產。一般而言，金融市場大多數的投資人都有風險規避的傾向，當投資標的風險越大，投資人希望獲得的資產報酬率也要越高；因此，風險與報酬率之間，存在著正向的關係。由於資本市場本身具備的效率性，若風險相同的證券所提供的報酬率不一樣，則市場會出現套利的現象，投資人套利的結果，會使風險相同的證券在供需達到均衡時，報酬率趨於一致，此即報酬率均等原則（equal rate of return principle）。

投資組合理論探討的是，投資人應如何制定投資決策，才能讓投資組合得到最佳的組合效率；也就是在風險固定的情況下，報酬率達到最大，或在報酬率固定的情況下，風險得以降到最低。投資組合的預期報酬率，指的是投資組合下每種個別資產預期報酬率的加權平均數，其關係如下：

$$E(R_p) = \sum_{j=1}^{m} w_j E(R_j)$$

其中

$E(R_p)$：m種資產投資組合的預期報酬

w_j：各種資產價值占投資組合價值的相對權重，且$\Sigma w_j = 1$

$E(R_j)$：第j種資產的預期報酬

由公式可以得知，投資組合的預期報酬，是個別資產的預期報酬，乘上個別資產所占的權重，加總之後計算而得。由於個別資產預期報酬率之間並無互動關係，故投資組合的預期報酬率，完全受個別資產的權重與預期報酬率影響，與資產組合數量的多寡並無關聯。

而投資組合的風險，則是由個別資產的變異數與資產之間的共變數，共同構成的投資組合變異數。如以兩種資產爲例，其投資組合的變異數關係如下：

$$V_p = \omega_1^2 \delta_1^2 + \omega_2^2 \delta_2^2 + 2(\omega_1 \omega_2 \delta_{12})$$
$$= \omega_1^2 \delta_1^2 + \omega_2^2 \delta_2^2 + 2(\omega_1 \omega_2 \rho_{12} \delta_1 \delta_2)$$

其中

V_p：投資組合的變異數

ω_1，ω_2：分別為兩種資產價值占投資組合價值的相對權重

δ_1，δ_2：分別為兩種資產預期報酬的個別標準差

$\omega_1 \omega_2 \delta_{12}$的相乘結果則為兩種資產預期報酬的共變數，等於個別資產的標準差乘上兩種資產報酬變動關係的相關係數

從投資組合中個別資產的變異數與共變數的關係來看，不難發現，個別資產報酬的變異數，是隨著資產數目的增加，而呈現等加級數的增加；但是資產之間的共變異數，則呈現等比級數的增加。隨著組合中證券數目的增加，個別證券變異數的影響越來越小，而證券與證券間共變數的影響越來越大；亦即投資組合中的變異數，主要將由資產之間的共變異數構成；個別資產的報酬變異數反而只能發揮有限的影響力。變異數與共變異數之間的關係，顯示如**圖 3-2**；其中對角線的部分爲個別資產報酬的變異數，而非對角線的部分，則爲個別資產報酬之間的共變異數。當組合中的證券數目非常多時，個別證券變異數的影響幾乎消失，而組合中的變異數幾乎全由共變數構成。

然由公式中可以發現，投資組合中的共變異數是由個別資產報酬的標準差，乘上資產報酬之間的相關係數；故個別資產報酬本身的標準差的加權，即等於投資組合。其關係如下：

$$V_P = \omega_1 V_1 + \omega_2 V_2 + \cdots + \omega_m V_m$$

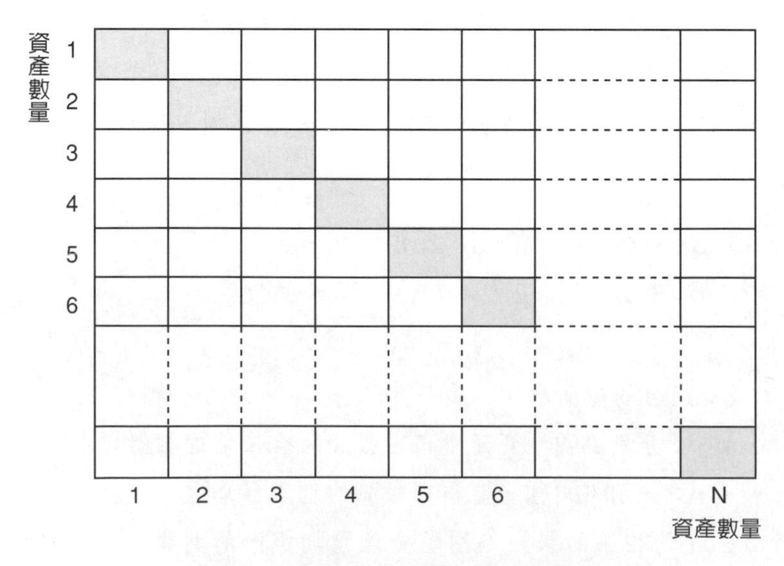

圖 3-2　投資組合的變異數、共變數矩陣

由於這種資產報酬之間相關係數的特性，使得投資人可以透過持有多種不同證券的方式，將隱含在個別證券中的風險分散掉；但這種投資的多角化（diversification）雖能藉著持有多種不同證券來分散風險，對於存於證券與證券間的共同風險則無法分散。可經由多角化投資分散掉的風險稱爲非系統風險（unsystematic risk）或公司特有風險（firm specific risk）；至於無法使用多角化投資分散掉的風險，通常也是所有資產雖無法消除，但透過資產報酬之間的相關係數，卻可能讓投資組合的變異數與標準差得以降低。透過各種資產之間相關係數的不同，投資組合在逐漸增加資產數日後，共變數之間相互抵消之後，最後投資組合的變異數會等於個別資產報酬變異數都會承受的風險，則稱爲系統風險（systematic risk）或市場風險（market risk），其關係如**圖 3-3**。圖中顯示單一股票的風險（標準差）爲 49.2%，當投資組合內的個別資產增加至十種

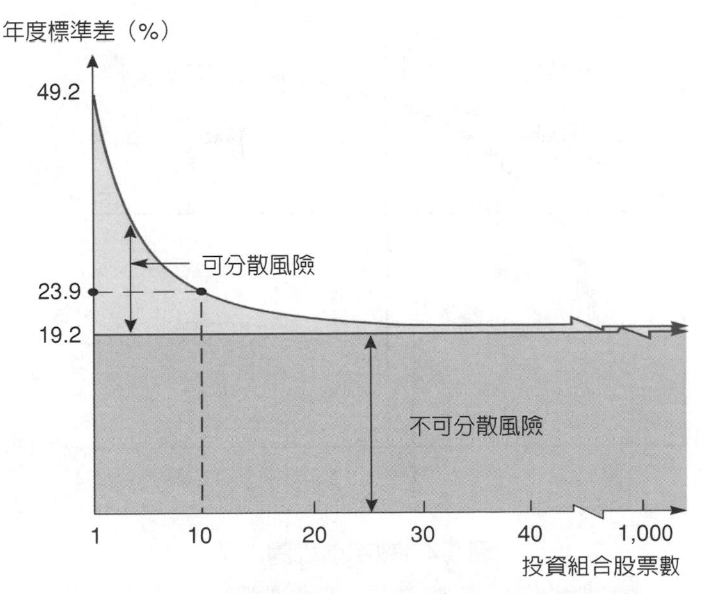

圖 3-3　投資組合的可分散風險與不可散風險

資料來源：Ross, S., Westerfield, R., and Jordan, B. D.(2003), *Fundamentals of Corporate Finance,* 6th eds., McGraw-Hill Companies, Inc., p.428.

時，該投資組合的風險會逐漸降低至 23.9% ；但當資產數量增加超過一定的數量（如三十種）後，風險的下降幅度會趨緩，最後會停留在接近於系統風險（標準差 19.2%）的水準，無法再降低。

由於投資組合的預期報酬率不受個別資產數量多寡的影響，但投資組合的風險卻可隨著資產數量的增加而逐漸降低。因此，投資者也可以選擇「高風險／高報酬」的資產，並透過風險分散的過程，保留個別資產的高報酬，而分散掉個別資產的部分風險。透過持續選擇資產與分散風險的過程，投資組合的範圍將會逐漸擴大，可行投資組合（feasible set）的數量也會增加，而可行投資集合的效率前緣[3]（efficient frontier）也會朝向「高報酬／低風險」的方向逼近，如**圖 3-4** 。效率前緣除了指出哪

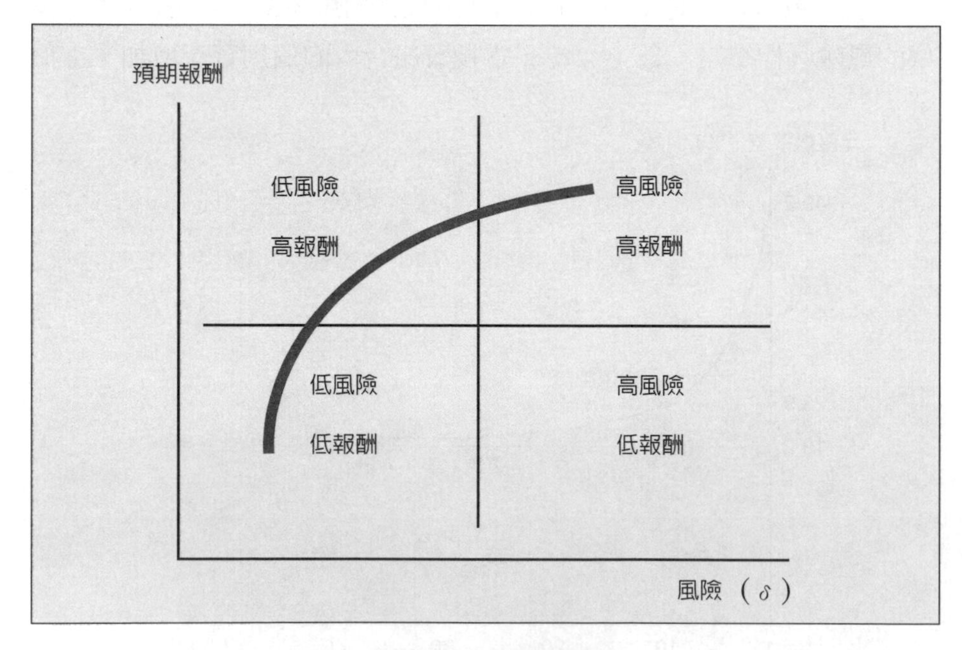

圖 3-4　效率前緣圖

[3]效率前緣係指由「在既定風險下，報酬率最高」或「在既定的報酬下，風險最低」的投資組合構成的投資機會集合。

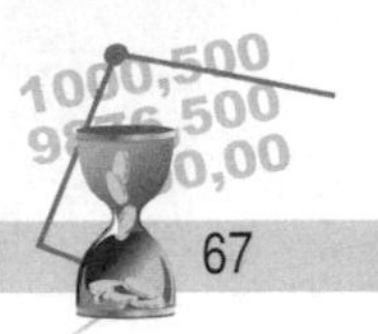

些投資是具有效率的，同時也暗示位於效率前緣右下方的投資組合都是不值得投資的，稱爲無效率的投資組合。

二、資本資產訂價模式

資本資產訂價模式（CAPM）是由美國財務學家 Treynor（1961）、Sharpe（1964）、Lintner（1965）、Mossin（1966）等人於 1960 年代所發展出來，其目的是在協助投資人決定資本資產的價格，亦即在市場均衡時，風險性資產預期報酬率與市場風險（系統性風險）間的線性關係。CAPM 又稱爲證券市場線（Security Market Line, SML），它結合了市場投資組合（market portfolio）與資金借貸關係，認爲所有投資人都會持有由市場投資組合與無風險資產所構成的組合，並將資金分配在風險性資產構成的市場投資組合，與無風險資產上（此即兩種資金分離原則，two-fund separation principle）。

從資本市場的觀點來看，資本資產訂價模式認爲證券的風險由公司特有風險（非系統風險）與市場風險（系統風險）構成。由於公司特有風險（非系統風險）可透過多角化投資的方式加以分散，而市場風險無法透過風險分散消除，故只有市場風險才是攸關投資的風險。因此，投資人只有在承擔無法藉由多角化消除的市場風險時，市場才會給予投資人補償；承受一單位的市場風險，市場將會給予市場報酬與無風險利率之間的報酬差額（即風險溢酬，risk premium）。

證券市場線（Security Market Line, SML）既是市場均衡點的代表，因此它可用以衡量市場上所有風險性的資產。以個別風險性資產上，投資人承受的風險數量，則可用個別資產與市場投資組合之間的風險比值加以衡量，也就是由貝他係數（beta coefficient）反映。而資產報酬的風險越大，投資人所要求的報酬率越高。個別風險性資產的預期報酬與市場風險之間的關係，可顯示如下：

$$E(R_i) = R_f + \beta_i [E(R_m) - R_f]$$

其中

$E(R_i)$：個別風險性資產i的預期報酬

R_f：持有無風險資產所得到的報酬，可採無風險利率衡量

β_i：個別風險性資產i承受的風險數量

$E(R_m) - R_f$：承擔市場風險所得到的報酬，以市場報酬減去無風險利率作為衡量依據

因此，式中顯示了風險性資產的預期報酬率是等於「無風險利率」加上「資產的風險溢酬」；而資產的風險溢酬等於「市場風險溢酬」乘上「風險的數量」。「市場風險溢酬」等於「市場報酬」減去「無風險利率」，也就是市場風險的價格。至於承受的風險數量，則可用β進行衡量。其中SML的斜率，就是風險報酬的比率〔$=(E(R_m) - R_f)/\beta_m$〕，此一線性關係可顯示如**圖3-5**。

此一模式顯示，在市場均衡的情況下，所有資產及投資組合在承擔風險時，都會給予相同的報酬；而此一風險報酬的比率，與整體市場的

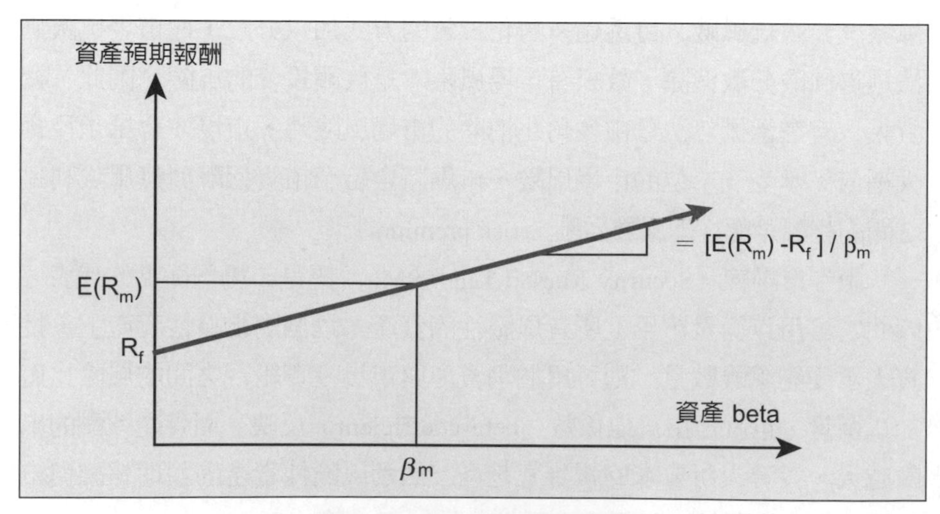

圖3-5 資本市場訂價模式

風險報酬比率相同。其關係如下：

$$\frac{E(R_A)-R_f}{\beta_A}=\frac{E(R_M-R_f)}{\beta_M}$$

再者，如果我們知道一種資產的系統風險，我們就可使用CAPM來決定它的期望報酬；這種關係不僅適用在金融資產上，也適用在實體資產的報酬決定。估計貝他係數時，通常可採用過去某一段期間個別資產的報酬率，與市場投資組合報酬率之間的變動關係，來估算個別風險性資產的β值，亦即採用市場模式（market model），以個別資產報酬率與市場投資組合報酬率之間的線性迴歸係數，作爲風險性資產的β估計值。應用時，則會假定該項風險性資產的未來報酬率，與市場投資組合報酬率之間的變動關係，與過去的估計期間完全相同。

風險性資產的訂價模式，除了資本資產訂價模式外，還有兩種較爲重要的模式，分別是Ross（1976）[4]與Ross & Roll（1980）[5]提出的套利訂價模式（Arbitrage Pricing Model, APT），及Fama & French（1993）[6]提出的三因子模型（Three-Factor Model）。茲分述如下：

（一）套利訂價模式

套利訂價模式認爲相同風險的風險性資產，不可能存在兩種不同的價格；若市場存在不均衡情況，則投資人可組成一個「套利投資組合」，直到市場回復均衡爲止。套利訂價模式認爲市場風險非決定風險性資產報酬率的唯一因素，故引入多個總體經濟因素來解釋資產報酬；模式中

---

[4]參見Ross, Stephen A., The arbitrage theory of capital pricing, *Journal of Economic Theory,* Vol.13, 1976, p.341.

[5]參見Roll, Richard & Stephen A. Ross, An empirical investigation of the arbitrage pricing theory, *Journal of Finance,* Dec. 1980, p.1073.

[6]參見Fama, E. F., French, K. R., Common risk factors in the returns on stocks and bonds, *Journal of Financial Economics* 33, 1993, 3-56.

假定任一資產的報酬爲多個總體經濟因素的線性函數，其公式如下：

$$E(R_j) = R_f + \lambda_1 \beta_{j1} + \lambda_2 \beta_{j2} + \ldots\ldots + \lambda_k \beta_{jk}$$

由於APT認爲，有k個共同因素會影響風險性資產的預期報酬率，故此一模式又稱多因素模式（multi-factors model）。至於總體因素包括哪些，一般認爲包括長短期利率差、短期利率變動率、匯率變動率、實質GNP變動率、通貨膨脹率變動率等因素，可視爲共同性總體經濟的代表因素。

（二）三因子模式

Fama & French的三因子模式認爲，市場風險是由三個因素構成，分別是「市場因素」、「規模因素」及「帳面值對市值因素」；且「小規模公司」與「高淨值／市價比公司」的市場報酬較高。由於Fama & French二人是效率市場的支持者，而在效率市場下，只有承擔額外的風險，才會得到額外的報酬；故Fama & French三因子模式的觀點，其實也是在顯示「小規模公司」與「高淨值／市價比公司」的風險比較高。三因子模式可顯示如下：

$$(R_{it} - R_{ft}) = \alpha_i + b_i(R_{mt} - R_{ft}) + si(SMB_t) + hi(HML_t) + \varepsilon_{i,t}$$

其中

R_{it}：標竿投資組合i在t期的報酬

R_{ft}：第t期的無風險利率

R_{mt}：第t期市場投資組合的報酬率

SMB_t：第t期小規模公司投資組合的平均報酬，減去第t期大規模公司投資組合的平均報酬

HML_t：第t期高淨值市價比投資組合之平均報酬，減去第t期低淨值市價比投資組合之平均報酬

$\varepsilon_{i,t}$：模式的殘差項

除了前述兩個模式外，Breeden（1979）[7]亦曾提出消費資產訂價模式（Consumption Asset Pricing Model）與消費貝他（Consumption Beta）。消費貝他認爲CAPM模式重在描述市場風險造成的財富不確定性，但投資人投資的目的是在取得未來的消費，財富僅是消費的中間階段；故報酬不僅要和「市場貝他」發生關聯，更應與消費的不確定性發生關聯，亦即應測量「消費貝他」，而非只是測量「市場貝他」。而在Breeden, Gibbons & Litzenberger（1989）[8]的研究中，亦曾發現消費資產訂價模式確實能解釋資產報酬與風險間的關係。

第三節　股票與債券評價

金融市場的商品評價，主要是透過該項商品未來的現金流量折現（discounting）過程，而建立商品的合理市場價格，股票與債券的評價亦然。在經濟決策時，當我們談論有關某資產的價值時，通常指的也就是現值（Present Value, PV）；而折現一詞則是意指在找出「未來某一現金流量」的現在的價值。「現值」與「終值」（Future Value, FV）描述的是一條時間線上兩個相對的時點，兩種價值透過折現與複利的過程，而能進行價值的轉換。就單一現金流量來看，現值是未來價值的折現，其公式爲 $PV = FV / (1 + r)^t$；而終值則是現值多期複利的結果，其公式爲 $FV = PV(1 + r)^t$。從前述的公式內容來看，單一現金流量的現值與終值轉換，會受到折現率、折現期間的影響。在折現率不變的情形下，折現期間愈長，未來現金流量的現值將會愈低；同樣的，在折現期間不

[7]參見Breeden, D. T. An intertemporal asset pricing model with stochastic consumption and investment opportunities, *Journal of Financial Economics,* Vol.7, 1979, pp.265-296.

[8]參見Breeden, D. T., M. R. Gibbons & R.H. Litzenberger, Empirical tests of the consumption-oriented CAPM, *Journal of Finance,* Vol.44, No.2, 1989, pp.413-444.

變的前提下，折現率愈高，未來現金流量的現值將會愈低。

股票與債券的價格決定，也是建立在未來現金流量與折現的基礎上，並涉及「一系列」未來現金流量的評估與折現過程，故可結合年金的概念，以年金現值與複利現值進行評價。以下將就股票與債券的價格決定分別說明。

一、股票評價

股票價格的決定，取決於它的獲利能力。投資人投資股票時，主要的獲利來源有二，一是賺取公司發放的股利部分（也就是股利收益率），二是賺取股票價格上漲的部分（也就是資本增值，或稱資本利得收益率）；此一未來現金流量的折現值，將成為投資人出價購買的價格上限。如果股票購入價格低於未來現金流入的折現值總額，對投資人而言，這將是一筆划算的交易；相對的，如果股票購入價格高於未來現金流入的折現值總額，這對投資人而言，將是一筆賠本的交易。在有效率的市場狀態下，這種市場價格偏離獲利能力的現象，將會透過市場的套利行為迅速消除，導致投資人只能根據其所承受的市場風險程度，獲取正常、應有的報酬。基本的股票評價模式如下：

$$P_0 = D_1 / (1+R) + D_2 / (1+R)^2 + D_3 / (1+R)^3 + \cdots + (D_n + V_n) / (1+R)^n$$

其中 P_0 為現在的股票價格，D_1 至 D_n 分別表示企業在第 1 期至第 n 期的股利支付，而 V_n 則是第 n 期股票出售時的價值。當 n 趨近極大時，$(D_n + V_n)$ 在經過 n 期折現後，數值將會趨近於 0，對經濟決策的影響力也較為有限，故常可略而不計；如五十年以後收到的 \$100，在 5% 的折現率下，只等於現在的 \$8.72，對投資決策的影響力甚為有限。從前述的模式來看，股票價格增值是股票出售時，未來單一時點的現金流量，只

需採取複利現值的觀念折現即可；但是股票持有期間的股利支付，則可能是多個時點、不同金額的未來現金流量。因此，在現金流量折現的估計上，股票增值不會影響模式的複雜性；但股利支付的型態與金額不同，就會導致評價模式出現完全不同的結果。

換言之，只要我們能夠掌握股利支付的型態，應該就可以掌握股票的價格。一般而言，股利有三種不同的支付型態：（1）固定股利模式（Constant Dividend Model, CDM）；（2）固定成長模式（Constant Growth Model, CGM）；（3）非固定成長模式（Non-Constant Growth Model, NCGM）；其評價模式亦有不同。

（一）固定股利模式

這是假定投資人預期未來公司支付的股利永遠不會成長，且投資人計畫無限期的持有這張股票；故投資人領取股利的方式，與永續年金（perpetuity）相似。每期發放的股利持續不變，類似永續年金的發放方式，則股價評估自然也可採永續年金方式進行，只要將任何一期的股利折現即可，其公式爲 $P_0 = D / R$。永續年金評價方式並非罕見，如特別股的固定股利發放方式，加上特別股並允許不訂定到期期限，其評價方式就如同永續年金。

一般而言，特別股都不具有投票權，但特別股股利有以下幾個特色，分別是：（1）優先發放：亦即特別股股利須在發放普通股股利之前發放；（2）可無限遞延：股利並非企業負債，特別股股利可以無限期的遞延；（3）可累積：大部分的特別股股利均可累積，且上期未發放的特別股，須在本期發放普通股之前發放；部分的特別股在還有參加權，亦即盈餘在扣除普通股股利發放之後，還能夠再參加一定比率的盈餘分配。

（二）固定成長模式

這是假定投資人預期未來公司支付的股利會依循一固定成長率

(g)；亦即股利「每期」將以固定比率持續的成長（此一模式又稱爲戈登成長模式，Gordon Growth Model）。在這種情形下，股價的決定可由各期的股利折現計算而得，其公式爲：

$$P_0 = D_1 / (1 + R) + D_2 / (1 + R)^2 + D_3 / (1 + R)^3 + \cdots$$

然由於 D_n 與 D_{n+1} 之間，是成固定比率的成長，故股票評價公式，可改寫爲：

$$P_0 = D_0 (1 + g) / (1 + R) + D_0 (1 + g)^2 / (1 + R)^2 + D_0 (1 + g)^3 / (1 + R)^3 + \cdots$$

仔細觀察各項次之間的關係，不難發現此一公式各項次間存在等比級數的關係，故可再進一步轉換，得到股票評價公式如下：

$$P_0 = \frac{D_0(1+g)}{R-g} = \frac{D_1}{R-g}$$

（三）非固定成長模式

這是假定投資人預期未來公司支付的股利雖會成長，但股利成長的方式會呈現階段性的變化；通常是初期的股利成長較爲快速，但到後期股利則會下滑到固定的成長率。這種成長方式與產品的生命週期相似，當新產品剛開始引介到市場時，市場的大量需求，往往使得公司獲利甚豐；當產品競爭激烈，市場到達飽和時，公司獲利也將日趨穩定。如果公司的股利發放與盈餘之間保持穩定的關係，則非固定成長模式便可描述此一產品的市場競爭與獲利軌跡。

在非固定的成長階段下，股票評價模式也必須分段處理。首先投資人需將 t 期以後固定成長階段的股利發放，採「固定成長模式」的評價方式，折現爲 t − 1 期的現值；之後再根據下列基本的股價評價模式，將「非固定成長」階段各期發放的股利，逐一折現並累加爲第 0 期的股票現值。

$P_0 = D_1 / (1 + R) + D_2 / (1 + R)^2 + D_3 / (1 + R)^3 + \cdots + (D_n + V_n) / (1 + R)^n$

其中

V_n：t－1期的年金現值

由於公司成長需要資金，如將賺得的盈餘全數發放股利，則公司必然欠缺成長所需的資金；因此，股利支付與公司成長之間便有相當密切的關聯。假如公司選擇支付較低的股利，保留資金再投資，則可能促成公司的成長，未來獲得更高的股利，而導致股價將會上揚；亦即股東雖犧牲了短期的股利收益率，但卻可換得較高的資本利得收益率。故公司保留資金，將資金投資在報酬率較高的投資計畫，將會導致未來的現金流量現值升高；而此一投資導致股票價值升高的部分，就是未來成長機會的現值總額（Present Value of Growth Opportunity, PVGO）。

故股票的價值實由兩個部分構成，一部分是由非成長部分的現值（PV of No Growth Component），另一部分則是未來成長機會的現值（PV of Growth Component）。一般而言，公司成長率可由股東權益報酬率（ROE）和保留盈餘再投資率[9]（plowback ratio or retention ratio）相乘而得。

g＝股東權益報酬率×保留盈餘再投資率

在估計公司的成長率時，除採用「股東權益報酬率」×「保留盈餘再投資率」的估計方式外，亦可採用市場分析師的預測値進行估計，如果投資人對此一估計成長率仍不放心，則可再參考市場上經營項目相近的一群公司的成長率，作爲估計公司成長率的參考値。只要公司的成長與獲利能夠估計，透過公司的股利政策，則股利便能夠合理估計，便可充作股票評價的依據。

[9]保留盈餘再投資率係指將盈餘保留起來再投資之比率，等於1減去股利支付率（payout ratio）；而股利支付率則是指每股盈餘中，被當作股利發放給股東的比率。

二、債券評價

債券是企業舉借長期資金的證券，債券發行條款是發行公司與債權人之間的契約，通常內容包括：債券的基本事項、債券發行金額、擔保資產（如有擔保時）的描述、償債基金條款、贖回條款（call provisions）及其他的保護性條款。債券按照記名與否，可分爲記名債券與不記名債券；按照債券安全性區分，則可分爲擔保債券（使用財務證券擔保）、抵押債券（使用實質財產，通常使用土地或建築物來做擔保）及信用債券（沒有擔保的債券）。而債券亦須載明債券面額（face value）、票面利率（coupon rate）與到期日等重要事項。

債券價格的決定，也是取決於它的獲利能力。投資人投資債券時，主要的現金流量有二，一是公司逐期發放的債券利息，二是債券到期公司贖回所支付的本金；這兩項現金流量合計的折現值，將成爲投資人出價購買債券的價格上限。換言之，「債券價格」等於「票面利息的年金現值」加上「債券面額的複利現值」。從商品價格決定的折現過程來看，影響債券價格決定的因素有三，一是未來的現金流量，二是期間（折現、複利計算的依據），三是折現率。由於債券的票面利率在發行時已經載明，發行面額亦已知，故債券未來的現金流量給付是完全確定，加上給付時間亦已確定，故唯一會影響債券評價的因素便只有折現率。投資人如何選定折現率呢？通常是市場上根據債券風險與到期期間，所要求的必要報酬率[10]，它是債券售價隱含的利率，也就是債券到期收益率（Yield-to-Maturity, YTM，或稱到期殖利率）。由於市場利率（到期收益率）與債券現值呈現反向的變動關係，故當市場利率上升時，債券價格就會下跌，反之，債券價格就會上升。其關係如**圖 3-6**。

[10]根據債券定價定理，相同風險與到期期間的債券，不論其票面利率高低，債券的到期收益率應該相同。因此，如果已知一種債券的價格，我們便可用以估計它的 YTM，之後，在比較不同債券的到期時間與風險後，即可求出第二種債券的價格。

市場利率變動時，可能會造成債券的票面利率高於或低於市場利率，而票面利息與市場利息之間的差異，便可能出現債券折價與溢價的現象。**圖 3-6** 顯示，當債券票面利率（8%）等於市場利率時，債券不會出現折價與溢價的現象；但如市場的到期收益率高於票面利率時（超過 8%），則債券便會出現折價的現象，反之則會出現溢價的現象。當市場利率高於票面利率時，債券折價差額會等於「（市場利息－票面利息）× 年金現值」；相對的，當票面利率高於市場利率時，債券溢價差額也會等於「（票面利息－市場利息）× 年金現值」。

債券是企業舉借長期資金的有價證券，通常發行的時間較長，故到期收益率可能面臨兩種風險，一是通貨膨脹風險，二是利率風險。其中「通貨膨脹風險」是在描述貨幣的實質購買力在債券發行期間變動的情況；至於利率風險則由兩個部分的風險構成，分別是「價格風險」與「再投資報酬率風險」。所謂價格風險，指的是由於利率變動造成債券價格改變；通常長期債券的價格風險高於短期債券，且票面利率較低的債

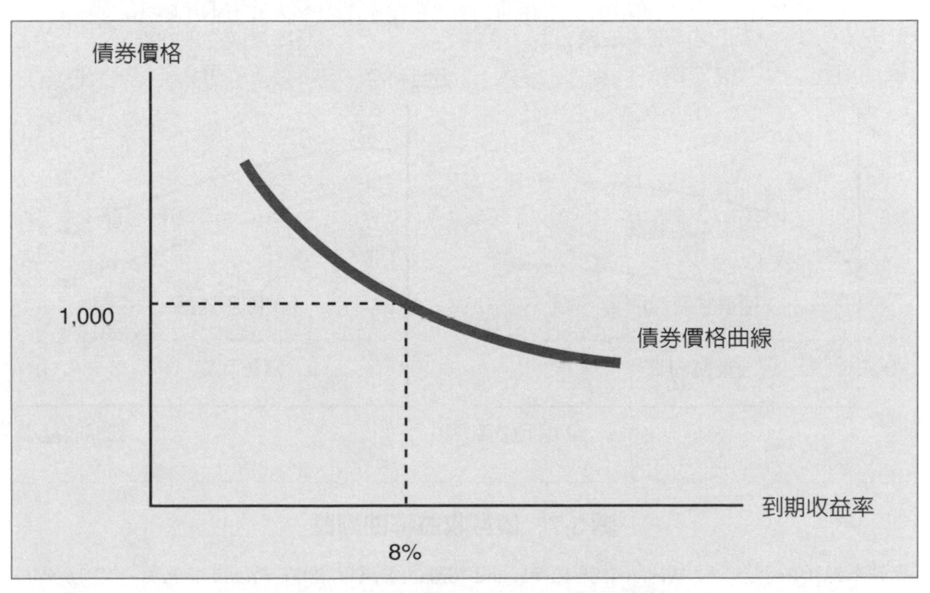

圖 3-6　債券價格與市場利率關係圖

券，利率風險也比較高。所謂再投資報酬率風險，指的是現金流量再投資，無法確定是否能夠獲得相同的報酬率；通常短期債券的再投資風險高於長期債券。當投資人承受這些風險時，市場通常須在債券的到期收益率上，給予投資人適當的補償。

故面對通貨膨脹風險與利率風險，債券的收益率曲線會呈現由左下方向右上方傾斜的型態，也就是長期收益率大於短期收益率的現象。但如果市場預期市場緊縮，經濟成長停滯，通貨膨脹率預期將會下跌，則可能出現由左上方向右下方傾斜的收益率曲線型態，也就是長期收益率小於短期收益率的現象。其關係如**圖 3-7**。

至於不支付期間利息的零息債券（zeros，或稱折價債券），則是採貼現發行方式；這種債券到期收益率計算，須根據債券購價和面額之間的差額，配合債券的到期期間計算而得。國庫券是零息債券的最佳實例，其計算方式與未來現金流量折現的資產評價方式並無不同。

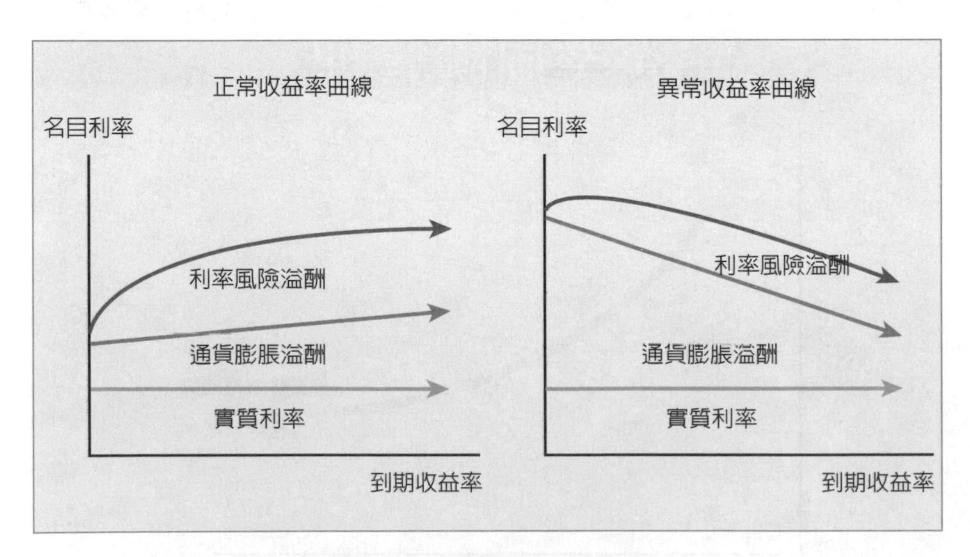

圖 3-7　債券收益率曲線圖

資料來源：Ross, S. A., Westerfield, R. W., and Jordan, B. D.(2003), *Fundamentals of Corporate Finance*, 6th eds., McGraw-Hill Companies, Inc., p.233.

第四章 企業風險管理

企業經營的過程中必然面臨營運風險，也必須進行風險管理；如何辨識及管理企業營運風險，便成為保障企業價值的重要課題。企業的營運風險包括了策略風險、事業風險、財務風險與作業風險等諸多範疇；不同層次的風險，其管理策略亦有不同。在本章中將分別探討三個主題，第一節將闡述企業營運風險的內涵，第二節將說明企業風險管理的架構與程序，第三節將觸及近年來大家經常討論的一個課題——「風險值」，並簡要說明風險值的應用。

第一節　企業營運風險

企業在營運的過程，會面臨各種不同性質的風險；包括來自外部環境不可控制的「外部風險」，以及自企業產銷、財務決策與營運管理的「內部風險」。「風險」一詞，指的是「不確定性」或「變異性」，也就是不同於預期的可能結果；這種結果可能對未來有利，亦可能對未來造成某種傷害。由於決策者並不擔心超乎預期的好結果，但非常在意超乎預期的壞結果；因此，通常決策者關心的是，事件的不確定性可能造成的未來損失。

企業風險與財務危機之間的關聯性甚高，但二者均源自於「不確定性」，特別是資產或負債價值的非預期結果與波動。一般而言，危機是產生於決策者對於事件發展、發生機率與損害程度的錯估，當管理者錯估事件發展的可能性與損害程度，便可能造成企業財務危機。面對企業可能存在的風險與財務危機，投資人與債權人於閱讀企業財務報表時，如能瞭解企業可能存在的風險，以及管理當局的因應策略，則對於企業價值評估將更為合理，也將更為精確。隨著非核心產品及服務紛紛委外處理，導致顧客、供應商、合作夥伴及競爭者間之關係越加複雜，風險的來源也愈不易掌握。

企業面臨的營運風險來自許多方面，亦有許多企業因為風險管理不當而承受嚴重的後果；如思科系統（Cisco System）在市場預測（market forecasting）上的錯誤，導致2001年上半年的網路設備存貨堆積，出現22.5億美元的損失。不僅公司單季銷售額下跌了30%，公司股價亦因此下跌80%，最後公司不得不進行裁員。如美商巨積公司（LSI Logic）亦因2001年市場需求不足，未能在產能管理（capacity management）採取因應的措施，導致當年度因閒置產能而支付約1.5億美元的固定成本與生產費用。或如福特汽車公司（Ford Motor）1999年生產觸媒轉換器時，鈀、白金及銠等稀有金屬之市價已下滑六成，而福特仍以昂貴的合約價進貨，原料採購上未能採取避險措施，導致公司損失10億美元，並使得二萬三千人失去工作機會。相對的，面對能源價格高漲，達美航空公司（Delta Airlines）與西南航空公司（Southwest Airlines）均曾運用原油避險交易，在1999年至2000年間，分別為公司節省了6億美元與4,300萬美元。現代的企業已為結合產品風險、市場風險、供應鏈風險、營運風險、財務風險及作業風險的集合體；企業在為股東爭取利潤最大化時，亦需考慮降低獲利的不確定性。風險管理已然成為企業整體競爭環境下不可或缺的必要手段。

企業營運過程可能出現的風險，大致可分為四類，分別是：策略風險（strategic risk）、事業風險（business risk）、財務風險（financial risk）與作業風險（operating risk）。茲分述如下：

一、策略風險

策略風險則是來自於總體環境（如政治、經濟、法律、科技環境）與產業競爭環境的變動，造成策略規劃與執行出現變化，並影響預期策略效果的達成，它是企業策略事業部門（SBU）（含）以上的層級所面臨風險。由於策略具有長期性、方向性的引導功能，需透過資源投入與企業營運才能實現，故企業的策略規劃／執行，亦需透過企業營運才能落實。因此策略風險與企業其他層面的風險，如產品研發、生產科技、成本管理、財務運作及作業管理等方面的運作息息相關；而策略風險與企業的事業風險、財務風險與作業風險連結也會在一起，在整體風險體系中，並在企業策略方向指引上扮演著重要的角色。

二、事業風險

或稱營運風險，亦即企業在不考慮財務風險的前提下，營業獲利上所面臨的不確定性。影響事業風險的因素有許多，舉凡影響企業收益與產品成本的重要因素，如營業獲利有關之營業收入、營運變動成本、營運固定成本，均會影響企業的事業風險，也都是造成企業營運結果變異的因素。因此，事業風險的影響因素中，通常包括市場需求的變異性、產品售價的變異性、生產投入因素的價格變異性、投入因素價格變動的售價調整能力、產品成本的固定程度。營運風險的高低與市場發展及產品競爭狀態有關。當市場處在成長期階段，市場需求與產品價格的變異性必然會比較大，導致經營獲利的不確定性增大；相對的，市場處在成熟期時，市場需求、產品競爭及生產技術都相對穩定，產品收益與產品成本，都會相對穩定，且比較好預測，獲利的變異性會相對縮小。換言之，企業的事業風險除了會因某一時點的產業競爭與企業生產技術不同而出現變化外，個別企業的事業風險還會隨著產品與市場的發展狀態，在不同時點出現風險的變化。

衡量事業風險程度的方法，可直接衡量稅前息前盈餘（Earning Before Interest and Taxes, EBIT）變動，與資產報酬率（ROA）變動（稅前息前盈餘／總資產；EBIT ／ TA）的標準差；如果這些指標的變異性（variance）較大，則表示事業風險越高，管理當局便應詳加監控，找出造成變異的原因，否則便可能引發企業危機。除了前述的單一指標外，

企業亦可採用營運槓桿程度（Degree of Operating Leverage, DOL）進行測量。由於營運槓桿程度能夠顯示銷貨變動與稅前息前盈餘（EBIT）變動之間的因果關係，故在事業風險的測量，一般多採「稅前息前盈餘」變動與「銷售額」變動的相對幅度爲衡量依據，其公式如下：

$$DOL = \frac{\%\Delta EBIT}{\%\Delta Sales}$$

其中，$\%\ \Delta\ EBIT = \Delta\ EBIT / EBIT$，指的是稅前息前盈餘的變動程度，而 $\%\ \Delta\ Sales = \Delta\ Sales / Sales$ 則表示銷貨變動的程度。從公式中可以得知，營運槓桿程度是指銷貨收入變動 1%，稅前息前盈餘變動的百分比。可以看出企業營業收入的變動程度，亦即企業經營風險程度。

除了對企業直接衡量以上定義之營運槓桿程度外，在某些簡單假設下，營運槓桿程度可以等於如下的較簡單操作性定義：

$$DOL = \frac{Sales - VC}{Sales - VC - FC} = \frac{Sales - VC}{EBIT} = \frac{EBIT + FC}{EBIT}$$

由上述的定義中，不難發現當固定成本占產品成本的比重愈高時，營運槓桿程度就會越高；因此在一定銷貨收入變動百分比下，企業營業收入變動之百分比增加，亦即營運風險程度增加。

三、財務風險

財務風險是指企業因融資活動所產生之固定支出，在每股盈餘（EPS）所造成的不確定性；亦即財務槓桿（finance leverage）帶給普通股股東的額外風險。每股盈餘的計算，係採營業收入減去營業成本（變動成本與固定成本），再減去企業融資的利息費用、所得稅費用及特別股股利之後，除以普通股流通在外的股數而得，這是普通股股東可以分配的盈餘；這是企業考慮融資所產生的固定費用後，計算而得的股東盈餘指標。財務槓桿係指公司使用固定收益證券（如負債與特別股）融資的程度；企業使用它們的程度越高，帶給普通股股東的獲利不確定性就越大，這種風險就是財務風險。

財務風險的衡量指標，除了可測量每股盈餘的變動程度外，另一種方式就是測量財務槓桿程度（Degree of Financial Leverage, DFL）。由於財務槓桿程度能夠顯示稅前息前盈餘變動與每股盈餘變動之間的因果關係；故在事業風險的測量，一般多採「每股盈餘」變動與「稅前息前盈餘」變動的相對幅度為衡量依據，亦即每股盈餘對 EBIT 變動率的敏感度。其公式如下：

$$DFL = \frac{\% \Delta EPS}{\% \Delta EBIT}$$

其中，$\% \Delta EPS = \Delta EPS / EPS$ 指的是每股盈餘變動的程度，而 $\% \Delta EBIT = \Delta EBIT / EBIT$ 則是指稅前息前盈餘的變動程度。因此，式中財務槓桿程度顯示的是稅前息前盈餘變動 1% ，普通股東每股盈餘變動的百分比。由於每股盈餘計算是以 EBIT 減去利息費用、所得稅費用及特別股利後，再除以發行流通在外的普通股股數；而 EBIT 至 EPS 之間，主要是受到企業固定融資支出（舉債及發行特別股）的影響，故財務風險程度也是在衡量固定融資支出對每股盈餘的衝擊影響。營運槓桿程度與財務槓桿程度是 EPS 計算過程的兩個階段，二者的影響因素與計算關係，顯示如**圖 4-1** 。

由於前述兩種槓桿程度之間有相當程度的計算關聯，故我們可將其結合起來，以衡量企業的綜合槓桿程度（Degree of Combined Leverage, DCL），據以顯示銷貨收入變動，對 EPS 變動的影響程度，作為瞭解及控制企業風險的依據。綜合槓桿程度的計算，是採營運槓桿程度與財務槓桿之乘積。故綜合槓桿程度在衡量銷貨收入變動 1% 時，每股盈餘變動的

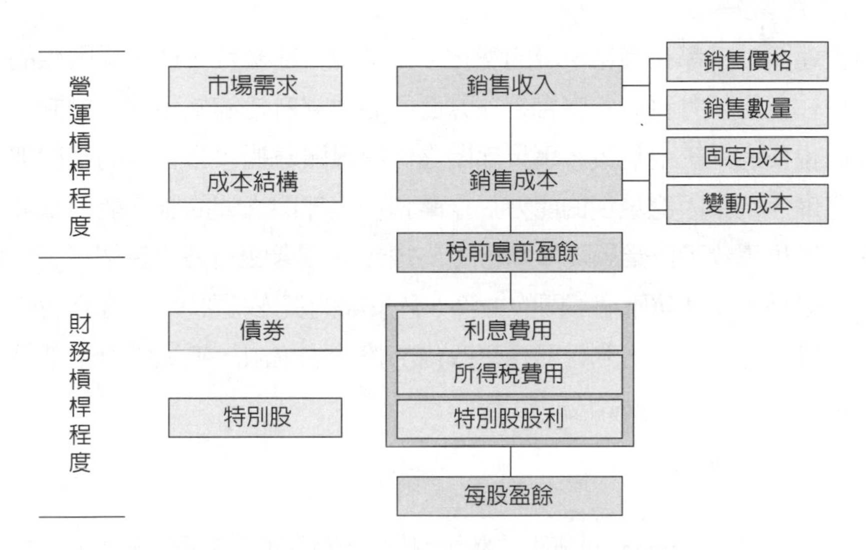

圖 4-1　營運槓桿、財務槓桿與損益計算關係圖

百分比，其公式如下：

$$DCL = DOL \times DFL = \frac{\%\Delta EBIT}{\%\Delta Sales} \times \frac{\%\Delta EPS}{\%\Delta EBIT} = \frac{\%\Delta EPS}{\%\Delta Sales}$$

四、作業風險

亦即在營運過程中，能夠確保企業內部在政策、制度、法令規章上的合理遵循，據以確保企業目標達成，及獲致合理可靠的經營資訊，作爲企業風險控管的依據。這種風險的產生，是源自於內部作業程序與管理制度的目標偏離，通常源自於內部控制不當、人爲舞弊貪污或管理疏失，使企業面臨潛在的損失。作業風險通常包括以下幾項：

（一）基礎架構風險

基礎架構風險（infrastructure risk）是源自於企業內部管理制度、法令規章與軟硬體作業環境、人員素質及作業流程層面的風險。企業的各項營運活動，都在因應環境的變化；當環境日趨複雜，則企業因應的作爲往往就必須有更好的整合。一方面要能建立有效的風險報告機制，二方面也要有系統地追蹤各事業部門之作業風險數據。當企業的基礎架構不完備，企業因應環境的能力、作業彈性與部門之間的整合能力都會欠佳，這也導致了作業風險都會升高。1995年霸菱銀行發生倒閉，其主要原因就是李森身兼兩個部門的主管（營業部門與支援部門），在進行衍生性金融商品的交易，利用職權更改內部控管的權限，導致銀行內部控制與稽核對其完全失效造成的結果。

（二）正直風險

正直風險（integrity risk）是強調作業流程的人員可信賴性，亦即作業人員須確實遵照公司的制度規章，執行公司既有的作業規範與步驟。它也包括對資產安全性的保護，如確實執行作業流程投入正確性的檢查，避免及拒絕未經核准、授權的作業處理，以及對意外警訊指標負起應有的注意等等。降低企業的正直風險，可避免資訊的不當扭曲，有助於提升企業內部管理資訊的正確性。

（三）可獲性風險

所謂可獲性風險（availability risk）是指當決策者需要決策資訊進行風險管理時，企業現有的資訊處理系統，無法及時提供該項資訊的風險。它通常包括兩個層面，其一是不知道哪些決策者需要哪些攸關的決策資訊，故無法將「正確」之資訊，傳達給「正確」的決策者，讓他在「正確」的時間內做出「正確」之決策。其二則是內部資訊系統的能力問題，在急迫的情況下，如纜線切斷造成通訊中斷、斷電或工廠操作人員失誤造成生產停頓等，企業如何在短時間內提供相關資訊，形成解決危機的決策方案，便成爲風險管理中管理當局關注的課題。

2004年間COSO委員會（Commission of Sponsoring Organizations of

the Treatway Commission，簡稱 COSO 委員會）曾由內部控制整合及風險稽核的角度，發布「企業風險管理—整合架構」報告（Enterprise Risk Management-Integrated Framework），建立一套能夠辨認、評估及管理風險的組織架構；管理企業的風險，協助組織目標達成，並在執行過程中，使其不超過企業能夠承受的風險總量。在報告中顯示企業的風險管理的領域有四，分別是：策略性、營運、報導、遵循[1]，如圖 4-2 所示；面對這些不同層次與範圍的領域，組織內不同層級與部門的人員，在這四種領域的風險管理上，投入的時間與管理作爲亦有不同。其中公司治理單位與高階管理人員投入策略性目標較多的時間；營運主管主要負責

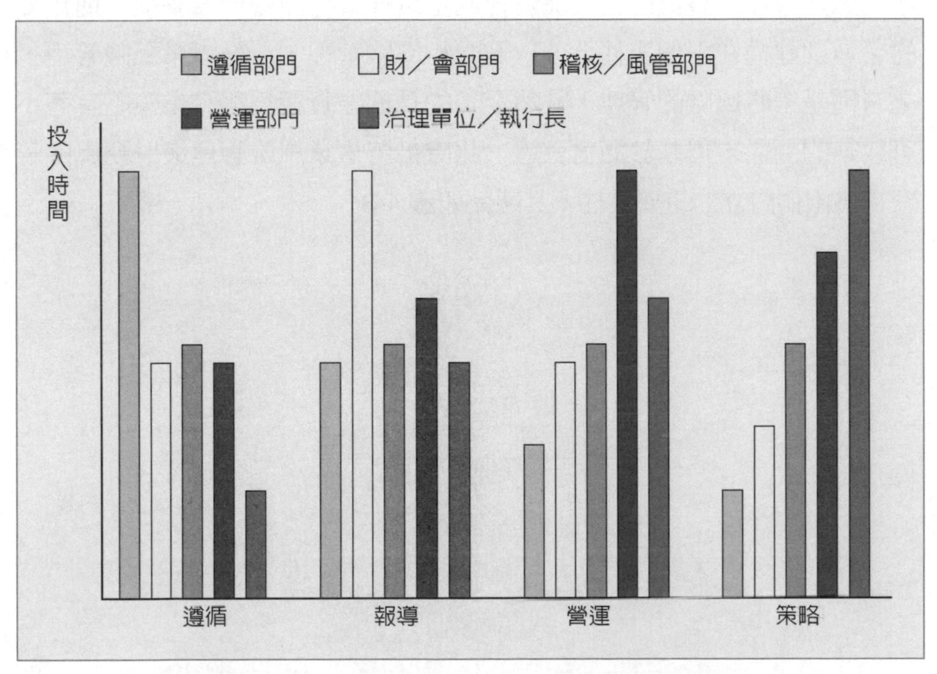

圖 4-2 企業風險管理與部門風險權責關係圖

資料來源：改繪自賴森本（2005），〈風險管理之迷思與眞相〉，《會計研究月刊》，238 期，頁 58。

---

[1] 參見賴森本（2005），〈風險管理之迷思與眞相〉，《會計研究月刊》，238 期，頁 48-59。

營運目標的達成；財務／會計部門、內部稽核與風險管理部門，在報導目標達成上，需投入較多的心力；至於遵循目標則重在企業內各部門法規與制度的遵循，企業的遵循主管（Compliance Officer）需在此一目標上投注較多的心力。

如果我們仔細檢視這四個領域的風險目標，不難發現它們與本書所提的內容大致相同；其中策略風險對應策略領域的風險管理，事業風險對應的是營運部門的風險管理，財務風險除包括允當報導的消極性目標外，還包括財務運用的積極性目標，對應了報導領域的風險管理；至於作業風險涵蓋的範圍亦較消極的內部控制遵循為廣，但也對應了遵循領域的風險管理。整體的企業風險管理是以作業風險管理為基礎，而年度的營運則建構在兩個支柱上，一是財務風險管理，一是事業風險管理，上層則是策略風險的管理。雖然企業的長期融資行為與企業策略有著不可或缺的關係，但基於簡化表達，此處仍將事業風險管理與財務風險管理視為兩個對立的重要支柱，其關係如**圖 4-3**。

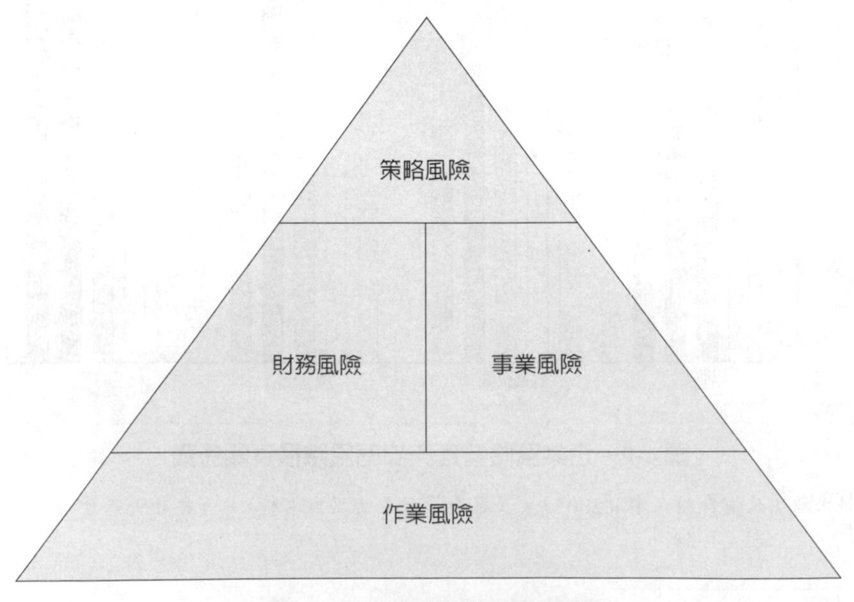

圖 4-3　企業風險架構關係圖

第二節　企業風險管理

企業風險管理與企業評價有非常密切的關聯。如第三章所述，在資本資產評價模型，或是股票評價模型中，資本資產的預期報酬率或股票的基本價值評估，都和風險有關。資本資產評價模式的風險顯示在β，而股票評價模式的風險則反映在折現率。同樣的，債券的價值評估亦然，須以同等級風險債券的到期收益率進行評估。因此，投資人在閱讀企業財務報表，評估企業資產價值時，必須瞭解評估對象所面臨的經營風險。

所謂企業風險管理（Enterprise Risk Management, ERM），乃是企業個體運用其有限資源，以最低成本將對企業營運衝擊之意外損失降至最低的過程。COSO委員會認爲「企業風險管理」是一套透過企業各階層人員，在各相關領域，設計用以辨識潛在影響企業個體的事件，將其風險限縮在希望的範圍，以確保企業目標達成的程序（「ERM...a process, effected by an entity's board of directors, management and other personnel, applied in the strategy setting and across the enterprise, designed to identify potential events that may affect the entity, and manage risk to be within its risk appetite, to provide reasonable assurance regarding the achievement of entity objectives」）。故企業風險管理即是透過風險鑑定、評估／衡量、風險管理、控制等管理措施，以最低成本將企業的風險損失降至最低的管理過程。而風險管理的積極功能，便是將風險控制在可容忍範圍內，並追求企業最大的可能獲利。

有效的企業風險管理，須建構在以下幾個基礎要件上，分別是風險管理整體架構（R. M. Framework）、風險管理部門（R. M. Department）、風險管理程序（R. M. Process）與風險管理策略（R. M. Strategy）上。茲分述如下：

一、風險管理整體架構

這是企業對於風險管理的整體規劃與組成架構，旨在建立並溝通管理階層所設定之各項風險管理目標，包括對風險的容忍程度，以及風險管理的層級管理體系。因此在整體架構中應包括風險管理的願景（vision）與目的（objectives，量化可測量的指標）、風險管理政策（R. M. Policy），及構成企業風險管理的重要環節（如風險組織結構、企業文化、資訊系統與整合、標準作業程序、監督與報告、風險資訊揭露等）。

風險管理的願景、目的與政策通常是由高階管理者與風險管理部門共同擬定，這些都應該顯示在企業的風險政策說明書中，故企業的風險政策說明書中，應包括風險管理願景形成的過程（如總體經濟環境評估、產業競爭評估、企業面臨的主要風險與保險市場發展現況等）、風險管理部門的分工與職掌、風險管理實務的執行與修正等。至於風險管理的年度報告中，則應揭露公司總體的風險評估、部門風險評估、風險管理策略、危機處理機制、損失事件與金額、年度風險管理費用、風險策略的成本效益分析、檢討與建議等。企業的年度風險管理報告，通常可作爲投資人與債權人評估企業風險管理成效與經營風險的依據。

二、風險管理部門

一套有效的管理控制制度，通常須具備一組結構（structure）與一套程序（process）；所謂結構指的是執行管理與控制的實體單位，而程序則是指管理控制程序的執行過程與方式。風險管理部門的主管是風險長（Chief Risk Officer, CRO），而風險長亦爲企業風險的溝通平台，協助各部門導入風險管理機制。如同內部稽核的角色定位，風險管理部門的組織隸屬也有兩種方式，第一種方式是直接隸屬於董事會，執行董事會有關風險管理決策，並彙整執行結果向董事會報告。第二種方式是隸屬於執行長（CEO），屬於高階管理階層的一環。這兩種組織隸屬方式各有優劣，前者的角色較爲超然獨立，主要扮演董事會的耳目，監督管理當局在風險管理措施，彙整風險管理活動的執行成果，評估風險管理措施的成本效益，及撰擬風險管理評估報告等等。而後者則須融入企業的經營活動，建立整體的風險管理架構，建立風險調整後的績效衡量與管理（Risk Adjusted Performance Measurement/Management, RAPM），及協助業務單位執行日常的風險管理活動。

在第一種組織隸屬方式下，雖將經營與風險視爲企業營運的兩個重要支柱，但由於風險管理措施需配合企業營運活動，如將其直接隸屬於董事會，則可能導致CEO的權責與績效評估受到影響。在第二種組織隸屬方式下，亦將經營與風險視爲企業營運的兩個重要支柱，並認爲這兩個支柱，都是構成CEO整體營運績效不可或缺的要件，此一運作方式較能結合CEO的權責與績效評估。而根據Diloitte（2004）對北美、南美、歐洲及亞太地區國際銀行的調查結果顯示[2]，面對全球風險管理的需求，有84%的銀行均已設置風險長的職位；相對的，在2002年時，僅65%的銀行設置風險長。在2004年的調查結果顯示，30%的風險長對董事會負責，12%的風險長對風險委員會負責（與董事會同等級），33%的風險長向執行長負責，三者合計已達75%；同樣的，在2002年之際，三者合計百分比僅爲66%，顯示風險管理日益受到重視。

三、風險管理程序

風險管理程序在確保企業能夠即時、有效的透過適當的人員與流程，妥善的執行風險管理作業。通常風險管理程序會包括以下幾個步驟：

[2]參見莊蕎安（2005），〈掌控風險的舵手——風險長〉，《會計研究月刊》，239期，頁28。

（一）風險辨識

風險辨識（risk identification）是風險管理的起點，目的在確認潛在的風險事件與可能出現的損失與問題；風險辨識須從企業的環境因應作爲著手。環境變動的方式有二，一是重大的變化，二是持續性的變動；而企業因應前述兩種環境變動的方式亦有不同。面對環境出現的重大變化，企業通常採取策略規劃與政策的手段，以重大的企業運作調整方式因應；相對的，面對環境出現的持續性變動，企業通常採取日常的營運活動，以逐次、微量的組織調整作爲因應。而企業風險的產生，主要也是源自於企業在這兩方面的因應作爲，可能超出企業能夠容忍範圍的發展，並導致企業可能出現重大的損失。

因此在策略層次的風險辨識，主要在辨識總體環境與產業競爭環境重要因素變動的可能衝擊；故需依賴企業的環境監控（environmental scanning）機制，並須進行環境因素可能變化與變動幅度的預測。而在作業層次的風險辨識，則須透過作業流程分析與實地考察的方式，以發掘及辨識可能存在的潛在風險。一般而言，企業的作業風險可分爲三類，一是人力不可抗拒的天然災害，二是忽略作業安全所導致的人爲災害，三是作業環境工作組成要素的物理衰敗造成的災害。而要辨識作業風險，通常可透過作業環境實地勘驗、作業流程分析、作業人員問券調查等途徑，以瞭解作業層次潛藏的風險事件。至於風險事件的可能損失，則可透過風險機率與損失的法律分析計算而得。

（二）風險衡量

風險衡量（risk measurement）是以量化的表達方式，評估風險之重大性及發生之可能性；常見的「風險」衡量方式有三[3]，其一是採用「機率」的方式衡量，其二是採用「期望値與變異數」的衡量方式，其三則

[3]參見鄧家駒（1998），《風險管理》，台北：華泰，頁80。

是採用「損失」的衡量方式。所謂機率，指的是不利事件發生的可能性（或是比率）。而期望值與變異數的衡量，則將價值與機率分配結合，並以「變異數」（或標準差），或其他類似的指標[4]，來作爲衡量達成「預期成果」的風險（也就是離散程度）。至於損失的衡量則常以「損失頻次」（loss frequency）或「損失嚴重性」（loss severity）作爲評估的基礎。損失頻次是以事件在一特定期間內可能發生次數多寡爲衡量依據；至於損失嚴重性則是以特定損失發生可能造成損失金額大小爲衡量依據。這三種衡量方法，各有其適用情況，但一般認爲採用損失的衡量方式，是一種較佳的風險表達方式。

（三）風險回應

風險回應（risk response）重在風險事件的對應管理策略；而風險管理策略的採行，須配合危機事件（失控的風險事件）成因與結果共同思考。從危機成因上來看，解釋危機發生的理論主要有二[5]：

第一種是「骨牌理論」（Domino Theory），即意外結果是由許多環節環環相扣而成，只要其中一個環節能夠不受影響，則危險事故便不會發生。如作業環境出現的「人身傷害」通常是「管理不良的作業環境」（第一張骨牌），加上「人爲操作過失」（第二張骨牌），出現「機械異常導致個人危險」（第三張骨牌），並導致「意外事故」（第四張骨牌）環環相扣而造成。因此，只要建立事前的風險控制，透過管理、監督與標準作業程序，便可降低危機事件發生的可能性。

---

[4]然由於「風險」一詞主要在衡量不利事件發生的可能性，因此變異係數（coefficient of variance, C. V.，即標準差除以平均數）與半變異數（semi-variance，只測量不利部分的機率，不測量有利部分的機率），亦可作爲衡量風險的有利工具。參見陳隆麒（1999），《當代財務管理》，台北：華泰，頁101。

[5]骨牌理論係由 H. W. Heinrich 於 1957 年提出；能量釋放理論係由 W. Haddon Jr. 於 1970 年提出。

第二種是「能量釋放理論」(Energy Release Theory),認爲意外事故發生是作業要素構成的系統,能量失控造成的現象。自然系統的能量囤積到一定程度時,必然會產生瞬間爆發,能量釋出的結果;而人爲意外的出現,亦由作業系統各種因果變數相互激盪,能量累積與釋放的結果。在能量釋放理論下,事前的管理防範並不能讓企業完全免於危機事件的出現;故此時便應根據危機事件的成本效益分析,選取適切、必要的風險管理策略,如風險規避、風險自承、風險移轉或風險接受等不同的策略,以降低風險事件的不利衝擊。

企業亦可根據風險事件的「損失頻次」與「損失嚴重性」進行交叉分析,如將損失頻次分爲「高、低」兩種水準,將損失嚴重性區分爲「大、小」兩種水準,據以形成企業的風險管理策略。對於頻次高且損失大的風險事件,企業必須採取適當避險措施,支付合理的避險成本,以阻絕不利的事件發生。至於頻次低且損失小的風險事件,企業避險支付的成本,並不符風險管理的效益,因此,企業無須透過風險管理策略避險,可等到發生時再說。介於前述兩種情境之間,還有「頻次高但損失小」及「頻次低但損失大」兩種狀態,企業亦可根據企業可承受的風險總量,分別決定對應的風險管理策略。

(四)執行評估與回饋

執行評估(evaluation)旨在透過適當的風險監控程序,以瞭解企業內部風險管理之執行績效,並找出必須改善之作業流程及管理方法,至於回饋(feedback)則是透過「PDCA」(Planning-Do-Correct-Action)的管理途徑,將風險管理監控所發現之各項改進措施,傳達給相關營運部門與作業層級,以達到持續改善風險管理成效的目標。

四、風險管理策略

由於風險本身隱含著不利的產出結果，因此理性的決策者通常會採取適當的措施來處置或管理風險。一般而言，風險管理的策略主要有四，分別是[6]：（1）風險自承與降低（risk retention and reduction）策略；（2）風險規避（risk avoidance 或 hedging）策略；（3）風險分散（risk sharing and diversification）策略；（4）風險轉嫁（risk transfer）策略。

在「風險自承與降低」的策略下，我們不僅須將風險控制在可以承受的範圍，更需要儲存一筆資源，以備不時之需，它重在事前的風險防範。在「風險規避」的策略下，我們應對可能發生的風險預為規劃，採取某種必要的措施（或稱為避險策略，通常需要支付一些代價），以降低非預期因素所造成的不確定性。在「風險分散」的策略下，則強調如何將重要的活動與事務，形成一種組合，利用不同活動之間風險的相互抵消關係，以降低或抵消風險對我們的影響程度。至於採取「風險轉嫁」策略時，則以有限的代價或利益進行交換，將自身特定的風險移轉（主要是透過契約行為）給其他個體（個人或組織），並由該個體吸收風險的一種方法。

亦有學者提出不同的風險管理分類[7]，認為風險管理措施包括風險取消（risk elimination）、風險減輕（risk reduction）、風險承擔（risk assumption）及風險移轉（risk transfer）。所謂「風險取消」即採停止某項服務業務、取消某種作業流程或是禁止某種行為等諸多措施，以避免非預期的損失出現。而「風險減輕」則是在現有的作業基礎上，設置許多安全的防護措施（如預算執行彈性、備用計畫、內部審核等等），以降低非預期損失發生的機率。「風險承擔」即組織需儲備一筆備用資源，

[6]參見鄧家駒（1998），前揭書，頁 191-301。

[7]參見徐仁輝（1998），《公共財務管理》，台北：智勝，頁 325-329。

將意外發生的損失成本內部化，如企業的存貨跌價損失，或是國防預算的撫卹預算即屬此類。至於「風險移轉」則常採用契約協議與保險的方式，將風險轉嫁給其他有能力承擔的個體來承擔。這四種風險管理的措施，除了增加第一種的「風險取消」之外，其他內容與前述的分類架構大致相同。

面對企業經營環境中必然存在的風險，管理當局通常會設計適當的風險管理策略以為因應；並指派專人負責管理各種風險，設定明確的績效標準，以判斷經理人的管理績效。企業必須瞭解風險思考須與公司的營運決策結合，且各種風險管理策略，均有其使用上的限制。因此，如何發展出一套激勵員工進行風險管理，且能監控並評估企業風險管理活動的制度，便成為影響風險管理策略執行成效的重要關鍵。

第三節　企業風險值

在風險管理的過程中，企業除需辨識風險來源外，亦需衡量風險。傳統的風險衡量，源自於 Abraham de-Moivre（1730）提出的常態分配與標準差觀念，此兩項觀念通稱平均律（Law of Average），為現代量化風險之發展奠立重要之根基[8]。傳統風險衡量方法只能就個別的風險來源，分別考慮其變動的影響，而無法同時考慮、比較不同資產的風險；故其雖然能得到個別資產風險的資訊，卻無法明確判斷一投資組合的風險是否過高。再者，企業的資產投資組合常由各種不同類型的資產工具（如流動資產、固定資產、無形資產、各種投資計畫等）組成，故傳統的風險管理不易達到整體的風險管理效益。最後，就資產價格與獲利的變動

[8]參見陳安斌、王信文（2001），〈供應鏈之風險值控管——模式建構、策略與案例分析〉，《中華管理評論》，3月, Vol.4, No.2, 頁 61-74。

來看，管理當局與投資人對於與期望結果不同的異常變動，反應並不相同；大部分管理當局與投資者擔心的是「負向變動」所導致的可能損失。故風險值（Value-at-Risk, VaR）便應運而生，並發展成為衡量投資組合或企業價值可能損失程度的工具。

一、風險值定義與衡量

「風險值」指的就是最大損失的預估值，乃指在一段特定資產持有期間內，在特定的信賴水準下（α的機率），投資組合因市場風險可能發生的最大損失預估值[9]。風險值旨在提供量化的、客觀的風險衡量方法，並將最大估計損失額予以量化，故可提供管理當局監管各部門與作業階層營運作業結果的參考依據。風險值的估計，最主要精神在捕捉資產價格或報酬分配的尾端分布情況，以求在一定期間內，特定風險水準下，最差的情況（最大損失）不會超過風險值，故其考量的是在極端情況下的損失。至於企業風險值指的則是企業資產組合因市場總體與競爭因素的變動，在一段既定的期間內，在既定的信賴區間下，可能發生的最大損益金額。因此企業風險值須從各種角度評估企業所面臨的潛在風險，它不僅可提供企業風險管理資訊，作為企業設定部位限額的參考，更可作為企業規劃資源分配與營運績效衡量的依據。

由於管理當局與投資者關心的是企業投資組合的損失，故 VaR 通常會採資產組合的單尾信賴區間定義，如 Prob（$\triangle V < -$ VaR）$= \alpha$，其中$\triangle V$ 表示投資組合的期望損失金額。風險值的最大期望損失值計算，主要受到兩個變數影響，分別是期間（T）與α風險（與信賴區間有

---

[9] 亦有其他類似的定義，如 Jorion（1997）提出風險值是指在一主觀給定的機率（$1-\alpha$）下，衡量在一目標期間（T），因市場環境變動的緣故，使某一投資組合產生最大的期望損失值。或如 Hull & White（1998）則提出的「（$1-\alpha$）% 的信心水準，確定在未來的 T 天內，此投資組合的損失不會超過 V 元（風險值）」。

關）；不同的資產持有期間和信賴水準（＝1－α）選擇，必然會導致風險值計算結果的不同。當α越小，信賴水準（1－α）越大，要求的保障程度愈高，計算得出的風險值愈大。其次，在計算持有期間的風險值時，須假設持有期間內，企業投資組合的資產持有比率維持不變；故當持有期間越長，風險值計算的結果，通常也會相對越大。監測頻次與持有期間衡量有相當密切的關聯；通常監測期間愈短、愈頻繁，愈能及早發現問題，避免企業危機發生，但也會產生較高的監控成本。

二、風險值估計模式

估計風險值的方法有許多，較廣爲使用之方法包括歷史資料模擬法、參數估計法（Parametric Form；如 Variance Co-Variance Matrices）、蒙地卡羅模擬法（Monte Carlo Simulation）（Das, 1998）。其中歷史模擬法是將過去的價格時間序列資料，應用在目前的投資組合，並以目前的投資組合重建出假設性的投資組合歷史資料及價值變化。參數估計法中，以變異數—共變數法爲其代表，也是應用變異數—共變數矩陣計算的方法；模式中通常有兩個重要的假設，分別是常態性假設及線性假設。所謂常態假設意指投資組合中所有個別資產的報酬率都呈現常態分配；而線性假設意指投資組合的報酬率爲個別資產報酬率的線性組合。如以兩種個別資產 a，b 的投資組合來看，投資組合報酬的線性組合將爲：

$$R_p = \omega_a R_a + \omega_b R_b$$

其中

ω_i：個別資產的相對權重

R_i：個別資產的報酬率

至於兩種資產形成的投資組合，其報酬率的變異數則爲：

$$V_p = \omega_a^2 \delta_{a2} + \omega_b^2 \delta_b^2 + 2\omega_a \omega_b \rho_{ab} \delta_a \delta_b$$

故投資組合報酬率的變異數須透過變異數－共變數矩陣計算而得。

在變異數－共變數法下，目前最常使用且最廣為人知的求解方法為JP Morgan提出的Risk Metrics（Smithson & Minton, 1996）；其假設前提便是投資組合之報酬率為常態機率分配，且投資組合報酬與風險因子（risk factors）變動間，呈現著線性關係。因此，投資組合的風險值便可由風險因子的標準差及相關係數計算而得。在常態分配的假設下，變異數－共變數法在計算不同的信賴水準下投資組合的VaR相當容易；只須調整風險水準α值即可，投資組合的VaR便可輕易計算。再者，如果我們假設報酬率在不同期間為序列獨立（serial independence），再假設期間報酬率變異為同質變異（homoskedasticity），則投資組合的變異數為常數（即每一期都固定），則可轉換不同持有期間投資組合的VaR。亦即，當投資組合的持有期間為N倍時，變異數亦將為N倍，而標準差自然就變為根號N，乘上原有的標準差。

蒙地卡羅模擬法是目前計算VaR最常見的方法；它是模擬未來特定期間，資產價格可能發生的變化，據以建立投資組合報酬之分配並推估風險值VaR。蒙地卡羅模擬法屬有母數的方法，因其價格變動值△P須由假設的分配中抽取亂數產生[10]。此法對電腦計算的依賴程度甚高，投資組合的風險因子數與抽樣次數，會影響蒙地卡羅模擬的次數；當投資組合的個別資產數目增多（100種資產增至200種），或資產報酬率的抽樣次數增多（100次模擬增至500次），都可能導致模擬的成本大幅攀升（模擬次數10,000次增至100,000次）。

---

[10] 在分配假設上，Jorion（1997）曾提出可採傳統拔靴法（Classical Bootstrap）從有限的樣本中隨機重複抽樣，來模擬期末的投資組合報酬的分配，並決定風險值VaR。傳統拔靴法是採一組有限數目的樣本，給定每個觀察值相同的機率，隨機抽取後放回，允許重複抽取，且容許重抽出來的觀察值數目多於原有的樣本數目，藉以從有限樣本的抽樣中重建出母體真實的分配。當重複抽取出的樣本數目夠多，抽樣的次數分配將會趨近於母體的分配，並可據以估計出母體的動差（如平均數、標準差、偏態、峰態與其他統計量）。

茲以歷史模擬法（Historical Simulation）來簡要說明風險值的計算方式，此法重在直接觀察投資組合的經驗分配（empirical distribution）。假設企業有 N 種資產，每一種資產的報酬率並不相同，根據過去 M 期的歷史資料，個別資產在各期間的資產報酬率爲 $R_{i,t}$，我們可將資產權重固定爲 ω_i（假定其與目前投資組合權重相同）；並可將每一期的觀察值，模擬出投資組合在該期的報酬率 $R_{p,t}$。之後，再由投資組合的報酬或損失的機率分配結果，計算出一定信賴區間下投資組合的 VaR，作爲下一期 VaR 的估計值。舉例來說，如我們根據過去 100 期的歷史資料，模擬出 100 個投資組合的報酬率，並轉換成高低排列的 100 個利潤或損失；在 99% 的信賴水準下，第二個最小利潤值（或損失值）與當前的預估值相減的結果，就是風險值 VaR。其價值關係可簡化爲：

$$\Delta V_{\tau} = V_{t+\tau} - V_t$$

其中

V_t：第 t 期的價值

$V_{t+\tau}$：第 t 期加上一段持有期間 τ 後的價值

ΔV_{τ}：持有期間的價值損失

在採用前述三種方法時，亦可配合採用「壓力測試」的方法，以瞭解當某一風險因子出現大幅變動時，對投資組合報酬率可能造成的影響。此時，管理當局可主觀的設定風險因子情境（S_x）與發生機率，計算出在情境 S_x 下的投資組合報酬率 R_pS_x，藉以和原有的投資組合報酬率 R_pS_o 相較，就能計算風險值 VaR。而此法的好處是以一些過去未發生的極端情境，迫使管理當局重新面對風險因子與變動來源，並檢視企業風險管理措施的妥善性。

三、風險值使用限制

風險值雖以一個易於瞭解的簡單金額表現，可包含整個投資組合的所有資產，可衡量不同產業、企業或風險因素間的整體風險，具有應用上的優勢。但此法也面臨一些挑戰，如：

（一）歷史環境結構的延續性

風險值的計算須根據過去既定環境狀態下的歷史資料，並假設未來這些環境狀態不會出現結構性的變化；當市場發生結構性改變時（如政府的兩岸政策、市場交易制度等），根據歷史資料計算的獲利機率狀態可能就不適用。

（二）模型假設的適用性

風險值的估計模型有許多種，模型的假設不同，導致算出來的風險值可能並不相同。面對這種情況，建議不妨兼採多種模型的估計方式；不同模型估計出來的風險值愈接近，則不僅可顯示測量的收斂效度（convergent validity）愈佳，愈接近眞實的情況。從工具性的觀點來看，此一結果也可以間接證明估計模式的有效性。

（三）信賴區間的局限性

風險值是在衡量再給定的信賴區間下，最大的可能發生的損失數額；它在衡量「正常情況下的損失」，而非衡量企業面臨極端狀態下，可能遭受的損失。就風險管理而言，雖然事件過去發生機率非常小，但它可能造成的損失非常大時，企業就必須採取對應的風險管理措施；但在風險值的計算中，卻沒有告訴我們，當企業面臨極端、異常狀態時，可能出現的損失額是多少？

（四）主觀經驗的依賴性

風險值估計在極端狀態的補救措施，是採取壓力測試；而壓力測試需依賴管理當局的主觀經驗，給定事件狀態及機率。經驗豐富的管理當局，可透過壓力測試掌握事件狀態的可能發展與衝擊，但對於沒有經驗的風險管理人員而言，過度依賴風險值反而可能造成企業虧損，並成爲風險管理人員推卸責任的藉口。

因此，在應用風險值進行企業風險控管時，亦需配合風險管理的整體架構、風險管理程序與激勵制度、風險管理策略一併思考，企業風險值的應用才能發揮顯著的意義。

四、投資計畫的增量風險

投資計畫是企業因應環境變動的競爭行爲，透過投資計畫，企業不僅可進行企業策略與年度營運的調整，也可以籌措長期發展的資金。企業透過持續的選擇 NPV ＞ 0 的投資計畫，使得企業的價值得以持續的成長，這些都會反映在股價中；故在股東購入的股票價格中，除了已經反映企業當前的獲利外，也包括股東對企業即將採取的各項投資計畫，預期未來能夠獲得的成長機會現值（Present Value of Growth Opportunity, PVGO）。而持續的選擇 NPV ＞ 0 的投資計畫，亦將造成企業的規模持續擴張。在資本預算分析中，亦須透過孤立原則（stand-alone principle），單獨分析公司每一個投資計畫的增額現金流量（incremental cash flow）；故在投資計畫的報酬分析時，所謂「攸關的」現金流量，指的就是因爲執行某一投資計畫而產生的現金流量。

投資計畫的風險評估，通常會反映在投資計畫的折現率上，如果我們使用公司加權平均資金成本（Weight Average Cost of Capital, WACC）作爲計畫的折現率，則表示計畫本身的風險與公司整體的風險相近；但如一項計畫的風險水準與公司目前的風險水準不同（如開發新產品、投

入新市場等），則我們必須找出計畫適用的折現率，不能沿用公司的WACC作為折現率。如果計畫的風險高於公司的風險，則採用較WACC更高的折現率；相對的，如果計畫的風險低於公司的風險，則採用較WACC為低的折現率。

在投資計畫分析，雖是採用增額觀念進行分析，但卻很難避免投資計畫與其他資產共同運用時，產生的外溢效果（spillover effect）；亦即新的投資計畫加入，可能會影響舊有產品與市場的營運結果。由於資本支出計畫評估僅能就計畫的淨現值（NPV）或報酬率（內部報酬率IRR或獲利指數PI）進行比較；無法解釋單一投資計畫對企業整體風險的衝擊與影響程度。面對這種可能出現的營運改變，增量風險值（Incremental Value-at-Risk, IVaR）無疑是一個可以提供決策上許多輔助資訊的有效工具。增量風險值的計算，是在原有的投資組合加入新的資產後，風險值的變化程度。其計算如下：

$$IVaR = VaR_{new} - VaR_{old}$$

IVaR的結果，僅在顯示單一投資計畫對原有資產組合可能造成的衝擊；由於新的投資計畫採行結果，可能會欠缺歷史資料以供估計，故可採用市場上類似投資計畫執行結果的相關資料，作為估計的依據。

由於企業風險管理與風險值，重在防範企業危機的發生，故其與財務報表分析有相輔相成的效果。財務報表分析須依賴財務報表，而財務報表發布通常出現延遲的現象，導致企業評價或財務危機預警，可能欠缺決策的時效性。再者，企業未來的現金流量，如能併同風險值變化提供給會計資訊使用人，必更有助其正確的評估企業價值。企業對於風險資訊的詳細揭露有兩方面的好處，就積極的層面來看，是有助於會計資訊使用人辨識企業的潛在風險，並協助其評估企業的基本價值；就消極的層面來看，一旦面臨訴訟事件，企業只要能夠舉證已經揭露風險資訊，並進行適切的風險管理措施，便可降低企業本身面臨的訴訟風險。

第五章
環境變遷與會計資訊

資訊社會的來臨，帶來了與工業社會截然不同的改變。在工業社會中，生產要素、技術與資金是生產過程中重要的資源，而實體產品與資產是經濟體系運作的核心；相對的，在資訊社會中，知識與資訊逐漸成爲企業最重要的資源，資金的重要性已經不如以往，而與知識有關的無形資產正逐漸受到重視。本章中將討論近年來面臨的幾個重要的課題，及其目前發展的狀態，希望能協助閱讀財務報表的利害關係人，瞭解這些資訊對企業評價可能帶來的衝擊。

第一節　社會責任與環境會計

一、企業的社會責任

企業經營的目的原在創造股東利益的最大化，然鑑於企業在經濟體系內影響甚鉅，其營運活動影響社會層面既深且廣，故期望企業扮演「好企業公民」（Good Corporate Citizen），善盡社會責任角色呼籲日益強烈。2001 年安隆（Enron）與 2002 年世界通訊的會計醜聞引發的破產案，不但造成經濟動盪不安，更引發嚴重的社會信心危機；2004 年國內的博達與訊碟案，同樣也嚴重衝擊台灣的資本市場與投資人權益，影響社會的安定。故企業經營的目標，已非單純的追求股東財富最大化可以描述，影響層面已擴及公司供應商、客戶、員工、股東、社區與人民福祉，涉及了各層面利害關係人的權益問題。這導致了企業日漸開始講求社會責任（Social Responsibility），重視商業倫理（Business Ethics），而不再只是一味的追求股東財務的最大化。

企業的社會責任意指企業對社會所應付的責任；一個願意付出社會責任的企業，必須盡量讓企業行爲帶給社會正面效用，同時盡量降低負

面影響。Carroll（1979）曾提出四部分模式（four-part model），認爲企業的責任可爲四種，分別是經濟責任、法律責任、道德責任與自願承擔的責任。其中「經濟責任」指的是獲利責任，亦爲企業的主要責任；「法律責任」是指企業必須遵循相關的法律；「道德責任」認爲企業必須兼顧社會一般接受的道德規範；「自願承擔的責任」則指企業基於大衆利益所承擔的自願性責任。社會責任指的就是「超出」最基本「經濟責任」與「法律責任」以外的「其他責任」。

全球第一份確保生產商及供應商所提供的產品，皆符合社會責任相關道德規範的國際標準，是Council on Economic Prioritics（CEP）的附屬組織Social Accountability International（SAI）於1997年10月，根據國際勞工組織公約、世界人權宣言及聯合國兒童權益公約，公布的社會責任標準Social Accountability 8000（SA 8000）。SA 8000發布的背景，是當時越來越多消費者及相關人士發現產品的生產過程中，可能存在著剝削勞工權益、濫用童工及歧視的情況；而許多公司現行的生產管理方法，也都不符勞工法令、企業的行爲守則（Codes of Conduct），及相關團體提出的要求。

CEP是位於紐約的一個公衆服務研究機構，成立於1969年，其使命則是客觀與中立的分析企業在社會責任方面的表現；SAI則成立於1997年初，成立之初便組成一個諮詢委員會，協助起草SA 8000，作爲世界各種行業，不同規模公司遵循社會責任的依據。SAI的諮詢委員會成員包括來自工會、人權組織、兒童權益組織、學術組織、企業、非政府組織、顧問公司、會計師事務所及其他相關代表，成員的廣泛性在確保該企業利益得到充分的表達，讓諮詢委員會的整體意見能夠取得平衡。

SA 8000是一套必須經過獨立認證機構審核之國際標準，與ISO 9000品質管理系統及ISO 14000環境管理系統相同。截至2004年5月，全球已經有四百家以上的企業申請並通過SA 8000認證，顯示全球企業對於社會責任的日趨重視。

企業對利害關係人的社會責任，與公司治理之間亦有相當密切的關聯，而公司治理便是在確保公司投資者和各利害關係人，都得到合理、公平的對待，並確保企業遵守法律以及社會期待的價值規範。如證交所及櫃買中心於民國 91 年 10 月頒布「上市上櫃公司治理實務守則」，其中第一條便明述「上市上櫃公司應與往來銀行及其他債權人、員工、消費者、供應商、社區或公司之利益相關者，保持暢通之溝通管道，並尊重、維護其應有之合法權益。當利害關係人之合法權益受到侵害時，公司應秉持誠信原則妥適處理。」同樣的，經濟合作暨發展組織（OECD）在其推出之「公司治理基本原則」也認為公司治理架構除應保障股東權益為重心，亦應同時建立其他利害關係人依法所享有的權利，並鼓勵企業與這些利害關係人充分溝通、合作，以促進財富、就業與奠立財務健全機制，讓企業得以此為永續經營之標竿。

企業主動承擔社會責任，通常可獲致三方面的好處，一則有助於企業保障利害關係人的權益，有助於企業價值得到正面評價；二則可強化企業自律，避免企業在營運過程的違法或疏失，產生社會成本負擔與浪費，衝擊企業營運與形象；三則是可激發並整合更多利害關係人向心力與凝聚力，促進社會整合的效益，提升企業長遠的競爭力。故如果公司能夠於財務報表的附表或附註資訊中，適時、適當地揭露企業承擔社會責任的相關資訊，必然有助於提升企業的社會形象。

二、環境會計

為改善企業的生態效益（eco-efficiency），邁向永續發展，企業必須採用產品生命週期的觀點，進行環境生態的思考，包括產品設計、原料選定、製程改善、污染防治、售後服務、廢棄物回收處理等整個生命週期，降低其對環境生態的影響。然過去財務會計與管理會計的領域，並未辨識與衡量這些與環境生態有關的成本；為達到鼓勵企業與環境共存

的積極目標，我們必須逐一辨識、衡量及揭露與環境保護、生態維持有關之內部及外部成本，才能具體彰顯企業努力的程度，並負起環境保護的責任。

(一) 環境會計定義

環境會計（Environmental Accounting）亦稱綠色會計（Green Accounting）。環境會計有不同的定義，如環保署認爲環境會計係一套針對環境活動所發展出來的會計程序，透過此項程序，企業和組織能夠適當的評估企業和組織投入環境保護的成本和效益[1]。台灣環境管理會計學會認爲環境會計係透過一套有系統的方法，將環境的活動（包括環境保護、工安及衛生）轉換成財務或會計資訊，並以此資訊爲基礎，透過管理的手段或方法，解決或改善環境的問題，以促成企業的永續經營[2]。美國會計學會（American Accounting Association, AAA）在1973年認爲「環境會計是企業組織行爲對自然環境（空氣、水和土地）影響的衡量與報告」[3]。

這些定義雖然略有不同，但都在強調企業行爲對環境的衝擊，以及企業如何透過管理作爲以降低其對環境的影響。鑑於企業在環境產出的效益衡量不易，因此，環境會計須從投入面著手，它也可以說是一種環境成本分類與表達的方法，其範疇包括從事環境保護（environmental preservation）及避免或降低對環境衝擊（environmental impact）所花費的各項支出（expenditure）。因此，環境會計也是在企業經營中，尋找、辨認及量化與環境相關的直接或間接成本，作爲評估產品及設備，減少產品或製程對環境影響，進而改善環境績效的重要工具。

---

[1]參見行政院環保署環境會計制度，網站 http://www.epa.gov.tw/

[2]參見台灣環境管理會計學會，網站 http://www.eman-tw.net.tw/main02.htm

[3]李涵茵（2002），〈企業永續經營的環境成本會計基礎〉，《台灣綜合展望》，11月，No.6，頁65-66。

（二）環境成本的分類

環境會計重視企業尋找、辨識以及量化這些與環境有關的成本，作為產品決策、成本分攤、投資分析（財務評估）、製程設計等相關領域的決策參考。然由於環境會計的發展尚屬於起步階段，除了歐洲的丹麥、荷蘭是採取強制性環境報導之國家外，各國目前仍多停留在重視管理改善與環境資訊揭露，故對企業的環境會計資訊分類，仍多侷限於內部的管理分類，且停留在非強制之自願性政策。如美國環保署資助許多知名企業做環境會計的研究，南韓、日本等國也已要求產業必須要採行環境會計制度，我國環保署自民國89年起已開始進行產業環境會計制度的研究。但截至目前為止，各國都只是提供一套環境會計帳的分類指引，並未強制企業約束應該如何表達及揭露環境資訊。

雖然如此，但我們從各國對於環境會計的資訊分類，仍可找出大致遵循的法則。如根據美國環保署（U.S. Environmental Protection Agency）對企業環境成本會計之概念，以及有關環境會計上的科目與成本之規劃，大致包括[4]：

1.傳統公司成本：包括資訊設備、原料、人工、燃料設備等成本。

2.前期（upfront）成本：包括廠區分析、廠區規劃、研究發展、工程採購等。

3.法規（regulatory）成本：包括通告、矯正改善、檢測、監控、環境保險、污染控制、廢液監測等成本。

4.自願（voluntary）成本：包括社區關係、環境評估報告、保險、環境研究、景觀、其他環境計畫、支援捐助環境團體與研究機構等成本。

---

[4]參見 Mitchell L. Kennedy (1998), *Total Cost Assessment for Environmental Engineers and Managers,* pp.6-7. 引自李涵茵（2002），〈企業永續經營的環境成本會計基礎〉，《台灣綜合展望》，11月，No.6，頁71-72。

5.後期（back end）成本：包括封閉／除役、存貨處分、基地調查等成本。

6.或有成本：包括罰款／賠償、法律成本、經濟損失補償、人員傷亡補償等成本。

7.形象與關係成本：包括組織形象、顧客關係、勞工關係、供應商關係、社區關係等成本。

日本環境廳則將環境成本分為六大類，而各大類下又細分成二十三個中類，分述如下[5]：

1.企業營運成本：包括三類成本，分別是「污染預防成本」、「全球性環境保護成本」、「資源循環使用成本」等。在企業營運成本三個中類下，又分成十八個小類。

2.上下游成本：包括六類成本，分別是「綠色採購衍生的成本」、「產品回收、再製、再修正的衍生成本」、「產品容器包裝回收、再製、再修正的衍生成本」、「環保產品服務之衍生成本」、「降低環保衝擊產品服務之衍生成本」及「其他成本」。

3.管理活動成本：包括五類成本，分別是「環保教育訓練之衍生成本」、「環保驗證之衍生成本」、「監測環保影響衝擊之衍生成本」、「環境損害之保險成本」、「測量環境衝擊之人力及其他成本」。

4.研究發展成本：包括三類成本，分別是「環保研究、產品開發之衍生成本」、「產品製造降低環境衝擊之衍生成本」、「產品銷售降低環境衝擊之衍生成本」。

[5]參見日本環保廳報告，Study Group for Developing a System for Environmental Accounting, Environment Agent, Japan, 2000, *Developing an Environmental Accounting System*（2000 Report）, p.33.

5.社會活動成本：包括四類成本，分別是「造林、綠化環境改善之衍生成本」、「環境公益活動之衍生成本」、「環保團體贊助之衍生成本」、「環境資訊宣導之衍生成本」。

6.環境損失成本：包括兩類，主要是「土壤污染整治成本」、「環境問題罰款、訴訟之衍生成本」。

至於我國環保署的環境成本分類，則參考日本的環境成本分類制度，除分爲六大類與二十三中類外，並將中類以下改採「費用」一詞表示；各大類分述如下[6]：

1.企業營運成本：包括三類成本，分別是「污染防制費用」、「全球性環境保護費用」、「資能源節約循環使用費用」。三中類費用下，又區分爲十九小類的環境費用。

2.供應商及客戶之上下游關連成本：包括五類費用，分別是「綠色採購所衍生費用」、「產品回收、再製、再修正的衍生費用」、「產品容器包裝回收、再製、再修正的衍生費用」、「環保產品服務之衍生費用」、「降低環保衝擊產品服務之衍生費用」。

3.管理活動成本：包括七類費用，分別是「環保教育訓練之衍生費用」、「環保驗證之衍生費用」、「監測環保影響衝擊之衍生費用」、「環境損害之保險費用」、「測量環境衝擊之人力及其他費用」、「環境規費」、「其他」。

4.研究發展成本：包括三類費用，分別是「環保研究、產品開發之衍生費用」、「產品製造降低環境衝擊之衍生費用」、「產品銷售降低環境衝擊之衍生費用」。

5.社會活動成本：包括五類費用，分別是「造林、綠化環境改善之衍生費用」、「環境公益活動之衍生費用」、「環保團體贊助之衍生費

[6]參見環保署環境會計制度資料，網址 http://www.epa.gov.tw/ main/index.asp

用」、「環境資訊宣導之衍生費用」、「其他環境活動——認養道路之綠化」等。

6.損失及補償成本：包括五類，主要是「土壤污染整治費用」、「環境問題罰款、訴訟之衍生費用」、「土壤污染整治費用」、「水污染所衍生之費用」、「空氣污染所衍生之費用」等。

除此之外，還有其他的環境成本分類，亦有學者與機構[7]將環境成本分爲內部環境成本和外部環境成本。其中「內部環境成本」是指公司已付出與環境相關的成本，這些成本長期以來被隱藏在其他各種不同的項目之下，可經由會計分類將其重新歸納至相關的製程或產品，以瞭解其眞實的成本。至於「外部環境成本」則是公司製程與產品對環境和社會的衝擊，這是公司傳統財務報表上無法掌握的部分。內部環境成本中，則包括「傳統成本」、「潛藏成本」、「偶發成本」及「形象及公關成本」。

所謂「傳統成本」即環境成本中的直接成本，是指使用之原料、設備、工資等其他經常出現於成本會計與資金支出。而「潛藏成本」亦稱間接成本，即與產品、程序或設備非直接有關之成本；包括達到環保法規的前期環境成本、污染防治設備營運成本及未來環境成本等三類。所謂「偶發成本」則指如因環保意外疏失所招致的罰鍰、賠償和處理費用等支出。至於「形象及公關成本」則包括公司出版的環保刊物、環境年報、贊助社區相關環保活動（如植樹），或頒發獎金獎品等給環保有功或污染防治專案工作人員等。

從我國與日本的發展來看，可以發現環境會計的資訊分類大致涵蓋三個範圍，一是在環境公害防止及廢棄物處理所投入的費用，二是進行

[7]參見李涵茵（2002），〈企業永續經營的環境成本會計基礎〉，《台灣綜合展望》，11月，No.6，頁70-71；及財團法人企業永續發展協會對環境成本的分類，網站http://www.bcsd.org.tw/304.htm

環境教育所投入的間接費用，三是產品銷售過程的回收再製所產生的費用。目前仍多止於內部成本分類及成本決策，與自願性環境資訊揭露的層面，並未結合到財務報表的公開報導的體系。

（三）企業實施現況

國內在環保署的推動下，已有多家公司開始推動及實施環境成本會計，包括永光化學、聯華電子、正隆紙業、裕隆汽車、台灣通信、台積電、良澔科技、榮民總醫院、中華映管、廣源造紙、富積電子、力晶半導體、南亞塑膠、台灣電力、中國石油、中國鋼鐵、穎西工業、尙志半導體、旺宏半導體、三陽工業中衛體系、裕隆汽車中衛體系及統一超商等。

以聯華電子爲例，聯華電子參考了日本環境廳的環境保護支出分類，作爲環境會計制度的基本架構；其環境保護支出區分爲六個部分，分別是企業營運成本（Business Area Costs）、供應商及客戶之上下游關連成本（Upper/Lower Stream Costs）、管理活動成本（Management Activity Costs）、研究開發成本（Research & Development Costs）、社會活動成本（Social Activity Costs）、損失及補償成本（Environmental Damage Costs）。在記錄環保相關支出之方式，聯華電子則導入SAP系統專案代碼（Internal Order）的觀念，在現有系統中以獨立欄位的方式記錄環保支出，而不新增會計科目及成本中心。而專案代碼之編碼方式以易記爲原則，分成四碼：第一碼爲性質別，如E（Environmental）表環保之專案代碼，S（Safety）爲安全之專案代碼，H（Health）爲衛生之專案代碼；第二碼爲大分類代碼；第三碼爲中分類代碼；第四碼爲小分類的代碼。

日本環境廳曾針對在股票交易所上市的公司及從業人員在五百名以上的非上市公司，共六千四百家企業進行一份調查報告；調查結果顯示，到2001年3月底，已有三百五十家企業採用了環境會計制度， 比一年前增加了十二倍，另外還有六百五十家企業正準備採用這一制度，顯

示環境會計制度在日本普遍受到企業重視[8]。

至於其他的國外公司，許多美國先進企業其內部已開始使用綠色帳簿（green ledger），以預防公司對環境會計之疏失，造成競爭力喪失或無法永續經營的結果。如美國杜邦公司將環境成本資訊進行三階的編碼，第一層是環境資訊分類，第二層是污染源分類，第三層才是會計科目。第一層又按照支出範圍區分爲六類，包括預防污染、支付給政府預防污染、降低污染的資本支出、處理儲存、廠區淨化及其他預防污染。之後再按照空氣、水及固體廢棄物各種污染源，展開至第二層的分類，至於第三層則是會計科目分類與編碼。或如韓國POSCO大型鋼鐵製造公司則將環境成本分爲三層，第一層是污染源分類，其分類方式是將現有的會計科目，按照污染源彙集之後，再予以命名；目前第一層分成三類，第一類是維護空氣及水品質的成本，第二類是清除及回收廢棄物的成本，第三類是其他成本。至於第三層則是會計科目的輔助與明細帳戶，其作法相對的較爲簡單。而韓國三星電子（Samsung Electronics）也是採用類似的污染源分類，將環境成本區分爲空氣、水、廢棄物及其他等類別，並在這四種污染源上區分直接成本與間接成本。

(四) 環境會計資訊的用途

企業提供環境會計資訊，大致可獲以下五項好處：

1.降低營運風險：企業將環保意識與法規遵循納入經營考量，故於平時的營運決策中，會考慮作業流程與經營決策對環境的衝擊，故可免於因環境污染、環保糾紛及其他環境衝擊，所帶來之企業停工、罰款或賠償事件發生。

2.成本與訂價決策：在瞭解製程相關之環境成本與環境績效後，將有助於瞭解不同產品的相對成本，避免產品之間的交叉補貼與分攤錯

[8]前揭註，李涵茵，頁75。

誤，並可提升企業產品訂價的精確性，有助於提升企業的競爭力。

3.提升國際競爭力：面對國際間環境保護的聲浪，國際間產業的綠色競爭日趨劇烈，企業必須建立充分的環境會計資訊作爲相關決策的依據，才能提升其國際競爭力。

4.提升企業形象：環境會計資訊不僅可作爲向股東、相關利害關係人說明的具體資訊，亦可顯示企業重視環境保護與生態效益的社會責任，可提升企業的社會形象。

5.生態投資效益：就長遠來看，國際間呼籲重視環保的聲浪只會愈來愈強，國家基於產業競爭力的考量，也會要求產業重視環境保護與生態維持。如果企業能夠及早起步，未來獲得國家政策重視與補助的可能性也就相對愈高。

企業如要採用產品的生命週期觀點，進行環境保護與生態維持，以達到企業與環境共生的永續發展目標時，勢必要發展出環境會計系統。由於污染者付費已然是普遍接受的觀念，企業造成環境與生態的損害，就必須付出相對的代價；故從企業社會責任的角度來看，提供環境財務資訊給利害關係人，確實能夠讓企業提高環境績效，並迫使企業重視生態環境的對應策略。然由於目前企業的財務報表，仍建立在財務會計資訊表達的架構之上；故如果財務報表中能在附表或附註的補充資訊上，揭露環境會計的相關資訊，則必然有助於投資人與利害相關人正確評價企業的基本價值。

(五) 環境資訊、環境事件及市場反應

國內目前在環境資訊的規範上，仍多放在環境保護資訊揭露上；如「公司募集發行有價證券公開說明書應行記載事項準則」第十五條第四項，「公開發行公司年報應行記載事項準則」第十條第四項，「證券發行人財務報告編製準則」第十八條第二項，及「台灣證券交易所股份有限公司對上市公司重大訊息之查證暨公開處理程序」第二條第二十六

項，均以不同程度的方式，規範了企業應揭露防污設施、防污費用、污染糾紛事件、損失賠償及相關因應對策等資訊。

過去相關的研究也顯示，通常規模較大的企業，對於環境資訊與環保資訊的揭露程度較高（如鄭傑珊，2003；汪怡娟，2003；蕭運炎，2005）。在蕭運炎（2005）的研究中，則進一步將國內產業區分爲環境敏感性產業與環境非敏感性產業，但結果發現，環境敏感性程度與企業環境資訊揭露的關聯性不明顯。亦即企業仍多以符合法令依據的最低標準方式揭露環境資訊，而對環境影響較大的產業，並未承擔較高的社會責任，主動揭露較多的環境資訊。因此，在環境資訊的揭露上，國內上市公司仍有相當大的改進空間。

由於環境保護支出，可能會增加企業的成本（如環保成本、資訊揭露導致的產業競爭成本等）；則環境資訊揭露的效益爲何？也就是說，企業在環保資訊上的主動揭露，會不會影響投資人對企業價值的判斷？國外相關的研究顯示（Blacconiere & Patten, 1994; Blacconiere & Northcut, 1997; Patten & Nance, 1998），企業在環保資訊上的事前揭露，在公司面臨環保事件或是環保法規的強制要求時，確實有減緩對公司股價衝擊的作用。在國內的研究，如翁霓、張伊易（2003）的研究中，曾採內容分析法，以台塑的汞污泥事件，探討事件發生後對台塑及塑膠產業的影響；結果發現，環境事件發生當日，對台塑及塑膠產業的股價確實會產生負面的影響，但在事前環保資訊揭露程度與市場負向反應之間，則未發現公司在事前環保資訊的揭露上，具有此一負面衝擊的「緩衝」作用。

而陳宥杉（2004）則從企業績效的觀點，探討綠色環保壓力、綠色創新與企業競爭優勢之間的關係；結果發現，環保壓力與綠色創新績效之間有正向的關聯，而綠色創新績效又與企業競爭優勢有正向關聯。換言之，綠色環保壓力可藉由綠色創新的途徑，對企業競爭優勢帶來正面的影響；因此，適度的環保壓力對企業而言，基本上是有幫助的。

第二節　智慧資本與鑑價

傳統經濟體系主要是由土地、勞力及資本三項生產要素支撐其發展，這也是經濟學自亞當・史密斯（Adam Smith, 1723-1790）在其出版的《國富論》（*Wealth of Nations*），揭櫫國家財富的三個重要來源。但在知識經濟體系中，掌握知識的創造與應用，成爲支持經濟持續發展的動力；知識將取代機器設備、資金、原料或勞工，成爲企業經營最重要的生產要素，而知識工作者則成爲最重要的管理課題。而一個國家是否已是一個「知識經濟體」，更決定於其生產活動中，知識這項生產要素所扮演的角色；對所有以知識爲基礎的企業而言，智慧資本無疑是決定未來競爭的重要關鍵。知識與資訊不同，而智慧資本的基礎是「知識」而非「資訊」。Ross et al.（1997）認爲知識是由個人過去主觀的經驗及當前客觀的事物結合而成，需要一段時間才能建立；但資訊卻只顯示環境狀態的客觀事實，它通常可藉由資訊科技的協助，達到蒐整、分析與儲存的目的。

一、智慧資本的定義

何謂智慧資本（Intellectual Capital, IC）？學者對其定義略有不同[9]，Stewart（1997）認爲，智慧資本就是每個人能爲公司帶來競爭優勢的一切知識、能力的總合，亦即舉凡能夠爲企業創造財富的知識、資訊、智慧財產、經驗等智慧材料（intellectual materials），就稱爲智慧資本。從企業的觀點來看，企業的知識、技術、智慧財產、經驗、組織學習能力、團隊溝通機制、顧客關係、品牌地位等，這些能夠創造企業財

[9]如 Agor（1997）認爲智慧資本是由技能、知識與資訊等構成的無形資產；或如 Bell（1997）認爲智慧資本是組織中的知識資源，包括組織創造競爭、理解及解決問題的模組、策略、特殊方法及相關的心智模式（mental model）等。

富的項目，其實都是智慧材料組合構成；這種組合方式與一般企業所熟知的土地、工廠、機器、現金等有形資產，在性質上並不相同。因此，智慧資本就是一種對知識、實務經驗、組織技術、顧客關係和事業技能的掌握，讓企業或組織得以在特定領域開創其競爭優勢。

二、智慧資本組成結構

學者對於智慧資本組成的看法，在分類與名稱上略有不同[10]，但整體上仍以人力資本（human capital）、結構資本（structural capital）及顧客資本（customer capital）三者爲主軸，故此處僅提出 Stewart（1997）的智慧資本三分類結構。Stewart 將智慧資本分爲三個部分，分別是人力資本、結構資本及顧客資本三大類。其中人力資本，係指公司全體員工與管理者的知識、技能與經驗，重在滿足顧客需求之個人技巧，是以「組織員工」爲基礎所構成的企業資本。其範疇涵蓋公司的價值、文化和哲學，以及企業內部管理階層和所有員工個人具備的經驗、專業知識（know-how）、技能（skill）等，同時亦必須包括組織的創造力（creativity）及創新能力。

至於結構資本，也是「知識系統的資本」，亦即公司如何建立並保存一套解決問題與創造價值的整體系統及程序。結構資本在於掌握與運用人才資本，以及善用員工擁有的各種知識，故其包括了組織知識庫

[10] 如 Ross, et al.（1997）認爲智慧資本包括人力資本與結構資本（structure capital）；前者指員工的知識、技能與經驗，後者爲人力資本再創新、企業運作與上下游關係的表現。Edvinsson（1997）則提出流程資本，認爲它包括這是企業內部的作業流程、特殊的處理方法（如 ISO 9000、管理資訊系統 MIS、銷售體系自動化 SFA 等），以及擴大並加強產品製造或服務提供效率的計畫。吳思華（2000）針對軟體及網際網路業的特性，綜合文獻及個案結果，發展出以人力資本、流程資本、創新資本及關係資本四個構面。詹文男、范錚強、張朝清（2002）則提出顧客資本、人力資本、創新資本與流程資本等四個構面。

（knowledge bank）的建立、存取、傳遞、交流及學習等範疇。知識庫系統的建立，不僅有助於員工經驗交流、相互學習，並可在知識交流中發揮綜效。再者，組織也瞭解一旦員工離職，其知識價值可能也會隨之化爲烏有，故會採取一些有系統的方法，保存現有的知識，作爲未來發展的基礎。故結構資本重視的是知識的系統化建構與運用，與知識的基礎架構建設有非常密切的關連，其目的是在將人才資本化爲組織的財富。

顧客資本（或稱關係資本，relation capital），係指企業和他們來往的顧客、供應商與合作夥伴之間關係的價值，可評估顧客繼續和我們交易的可能性。顧客資本所以重要，主要是因爲產品與市場的快速變革，大多數的市場面臨競爭激烈、產品生命週期縮短，導致企業必須投入高行銷成本，而獲利卻大不如前；而維持舊顧客之成本卻遠低於爭取新顧客，故維持顧客的忠誠度，降低顧客的背離率，可以獲致顯著的效益。

三、智慧資本評價

智慧資本是否存在，或可從市場價值與帳面價值之間的差異窺知。傳統會計與企業評價模式經常被批評的地方，就是較爲重視歷史成本，無法測量公司目前及潛在的眞實價值，導致公司帳面價值與實際市場價值差距甚大；故智慧資本其實也就是實體資本的市場價值與企業整體的市場價值之間的差距。如Handy（1994）曾指出，企業智慧財產權的價值，往往是其帳列有形資產價值之三至四倍；而Bradley（1997）亦曾表示，以1992年爲例，美國上市公司的平均價值中，大約有40%並未顯示在資產負債表上。從智慧資本的角度來看，在知識經濟體系下，企業帳面價值與市場價值的差距來源，主要來自營運過程中知識不斷地投入所致，包括各種隱性（tacit）與顯性（explicit）的知識。所謂隱性知識指的是經驗、智慧、創造力與學習，難以言傳或詳述的知識；而顯性知識指的則是具體化的知識，並能系統性存取與傳播的資訊。

雖然我們知道智慧資本存在，但這並不等於我們能夠客觀的評估。智慧資本的評估其實是很複雜的，截至目前爲止，尙無一套客觀普遍接受的衡量方法。如 Stewart（1997）認爲智慧資本整體的評量可以透過三種方式計算，分別是：（1）市場價值與帳面價值差異；（2）Tobin's Q＝市場價值／重置成本；（3）計算無形資產價值（Calculated Intangible Value, CIV）。如 Ross et al.（1997）曾提出智慧資本指標方法（IC-Index），透過不同層級的指標，乘上指標對應的權重，將所有智慧資本的評量標準整合成單一的指數；並希望瞭解智慧資本指標變動與市場價值變化之間的關聯性。Edvinsson & Malone（1997）的智慧資本指標，則由五個不同的焦點領域組合而成，分別是財務、顧客、流程、更新與開發、人力；在這五個焦點領域下，作者也提出一百一十一個細部指標，以衡量企業的智慧資本。而吳思華等人（1999）針對軟體及網際網路業的特性，則提出以人力、流程、創新及關係資本等四個構面十八個指標，以衡量企業的智慧資本。

前述這些評估方法與分類內容並不相同，評估得到的結果亦不相同。如採指標法評估智慧資本，通常僅能評估企業智慧資本的狀態，而非評估其智慧資本價值；如採市場價值與帳面價值的差距「間接」計算智慧資本，則智慧資本包括的範圍可能又過於廣泛，甚至可能涵蓋企業所有的無形資產與部分有形資產（如未辦理價值重估的資產）。如採智慧資本的直接評估方法，往往也必須夾雜人爲主觀的判斷，使得價值評估難以客觀。而對智慧資本評價的方法不一[11]，且評估結果又充滿不確定

[11]如 Bose & Oh（2003）採用選擇權方式進行智慧資本的評價，Chen（2003）採用賽局理論的觀點進行智慧資本的評估，Chang, Hung & Tsai（2005）採用實體選擇權的方式進行智慧資本的評估。相關文獻請參見 Bose, Sanjoy & Kok-Boon Oh (2003), An empirical evaluation of option pricing in intellectual capital, *Journal of Intellectual Capital,* 4, 3, pp.383-395. Chen, Stephen (2003), Valuing intellectual capital using game theory, *Journal of Intellectual Capital,* 4, 2; pp.191-201. Chang, Jow-Ran, Mao-Wei Hung; Feng-Tse Tsai (2005),

性，故如何以客觀可信的方式，評估智慧資本的價值，便成為知識經濟時代最迫切的課題。

由於智慧資本的實質產出，可得到無形的資產與權利（亦即智慧財產權），故亦可從資產鑑價的觀點來評估智慧資本。按照商業會計法第五十條與商業會計處理準則第十九條內容來看，無形資產項目計包括商譽、商標權、專利權（包括營業秘密，trade secret）、著作權、特許權、電腦軟體及開辦費等項目。但就其是否屬於智慧財產權來看，則可發現除特許權與開辦費不屬於智慧財產權外，其他如商譽、商標權、專利權、著作權、電腦軟體等，均屬於智慧財產權的範圍。而劉江彬（1998）亦認為智慧財產權（Intellectual Property Right, IPR）係指專利權、著作權、商標權、營業秘密及半導體晶片保護等，保護人類思想發明創造之結晶的無形財產權。若我們採取智慧財產權鑑價的觀點，則須個別的對無形智慧財產權進行評價，並以此鑑價數額作為智慧資本評價的參考依據。

但我們須留意的是，智慧財產權（如專利、商標、商譽）只是智慧資本這座冰山的一角；其他如廣告支出、流程改造、企業與外界的關係，經銷商、策略聯盟廠商、顧客、大眾投資者等，都屬於智慧資本企業價值創造的一部分，但它們卻都不屬於智慧財產權鑑價的範圍。故採用智慧財產權評價雖然會比較客觀，但它並不等於企業全部的智慧資本。

四、衝突與解套：智慧資本資訊揭露

目前財務會計的處理方式，並不能充分顯示智慧資本價值與財務績效之間的關係。舉例來說，當企業投資在增加未來競爭力的智慧資本

Valuation of intellectual property: A real option approach, *Journal of Intellectual Capital;* 6, 3; pp.339-356. 除此之外，傳統上智慧資本常用的評價方式還包括成本法（cost method）、市場法（market method）、損益法（profit and loss method）及經濟所得法（economic income method）等多種方法。

時，如教育訓練、資訊科技、研究發展、顧客關係、流程改造、廣告支出等方面，會計上通常將其作爲費用處理，故必然造成當期獲利降低，並造成公司保留盈餘、帳面價值隨之降低。換言之，當企業在智慧資本上投資愈多，企業的市場價值應該會愈高，但資產負債表的帳面值卻可能會愈低；亦即企業的帳面價值與市場價值的偏離會愈大。而智慧資本的投入與財務績效之間，也存在著落後的遞延效果；亦即目前在智慧資本上的投入，不是爲了短期的財務績效，而是爲了長期、未來的財務績效。

在知識經濟體系下，投資人面對目前市場上的明星公司，關心產品創新與知識方面的程度，均遠超過於關心企業的實質資產。面對財務會計處理與智慧資本辨識之間存在偏離現象，管理當局實有必要提供智慧資本方面的投資與評估，以協助財務報表使用人建立正確的企業評價。從另一個角度來說，投資人也必須留意企業與智慧資本有關的各種支出，如研究發展支出（與產品、專利、商標有關）、廣告支出（與商譽有關）、人力教育訓練（與人力資本有關）、流程改造的相關費用（與結構資本有關）；如此才能在閱讀財務報表時，同時又能彌補智慧資本的評價缺口，並能以較完整、健全、前瞻的評估方法，建立允當的企業價值評估。

第三節　人力資本與人力資源會計

一、人力資本的重要性

人力資源與企業績效之間的關連無庸置疑，相關研究（Friedman et al., 1998; Davenport, 1999; Mitchell, 2000; Woods, 2001; 譚浩平，2001；

林欣吾，2001）都顯示組織的人力資本（包括知識、能力與經驗等）與組織績效有正面的關聯；且在知識經濟時代，人力資本的重要性更勝於以往。因此，企業必須在人力資本上進行持續的投資，如人員選任、教育訓練、知識管理等方面，以確保組織能夠維持既有的競爭力，並提升其經營績效。

二、人力資本的本質

智慧資本雖可分爲三個部分，但其實是建立在兩個基礎之上，一是人力資本，一是顧客資本。結構資本是透過組織的作爲，將原屬於員工的人力資本，有系統的彙集成爲企業整體的競爭知識。在知識經濟體系下，組織成員掌握的知識、技術，代表企業先進的生產力與管理能力，正是決定一個企業競爭優劣的關鍵因素。

人力資源的觀點緣起甚早，近年來隨著智慧資本的提出，組織對於員工的看法，便逐漸從人力資源觀點移轉成人力資本觀點。雖然知識經濟時代助長了人力資本[12]的觀點，紓解了組織對於能創造績效價值之員工的渴求與依賴，但人力資本價值的衡量，卻始終無法獲得妥善的解決。雖有學者（Brown, 1999; Berkowitz, 2001; Libert, 2001; Zimmerman, 2001）認爲，人力資本觀點雖演化自人力資源觀點，但在人力資本的評量上，應當有一套不同於人力資源觀點的評量指標，方足以眞正表現人的價值。但截至目前爲止，對於人力資本仍欠缺一套普遍接受的衡量指標。

人力資本是否能夠入帳，視爲企業的資產，與企業是否擁有資產的

[12]美國1993年的政府績效評估法案（Government Performance Review Act; GPRA）在公務人力的裁減成效上頗具成效，導致美國聯邦政府開始對聯邦公務員採用人力資本觀點；而在1999年以後所出版的報告書中，便多以「人力資本」此一名詞取代「人力資源」（參見GAO年度報告，1999，2000，2001，2002）。

控制權有相當密切的關聯。在資本主義的私有財產體制下，只要是企業出具代價取得，具有未來經濟效益的實體物件，均可視爲企業的資產，這是因爲企業對實體資產有控制權，故在合理的資產使用期間內，使用資產所產生的未來經濟效益與現金流量，可以歸屬到企業的營運活動。但對人力資本來說，知識員工平時雖從企業中取得薪資報酬，但企業並不完全擁有員工知識與技術的控制權；人力資本的所有者（組織員工）對其本身的知識與技術，才擁有自然的控制權。亦即，人力資本所有者本身擁有的先進生產力、管理能力與知識，不可能自然地讓渡給企業；企業擁有的只是在特定時期和特定條件下人力資源的使用權。所以，企業是透過購買員工知識與技術，再經過企業內部的轉化過程，讓員工的知識與技術創造出超額的報酬，並合法地擁有組織人力資源所創造的超額利潤。

雖然過去許多企業認爲組織員工爲重要的資源，但就諸實際，則不難發現多數企業仍將企業員工當作生產因素。在組織面臨財務與績效壓力時，企業泰半以人事精減的措施，降低用人成本，以期能突破績效瓶頸；企業之所以會把人當作成本的原因，常常就是因爲忽略了人在組織相關價值與資本創造的角色（Libert, 2001; McDonald & Colombo, 2001; Oliver, 2001; Zemke, 2001）。然由於知識經濟時代之來臨，導致大家對於企業人力資源的重視，並對人力資本的觀點，產生了推波助瀾的強化效果。然面對企業在人力資本上的控制不確定性，加上衡量指標建構不易；我們或可採取過去人力資源會計的經驗，採取兼顧會計與人力資源評估的處理作法，作爲評估人力資本的參考依據。

三、人力資源會計的定義

根據美國會計學會之定義，所謂人力資源會計，是一種辨識與衡量有關人力資源相關之資料，並將衡量結果報告給利害關係人的過程（the process of identifying and measuring data about human resource, and communicating this information to interested users，參見HRA委員會報告，1973，頁169）。

一般而言，認爲人力資源具有未來的價值，應將其認列爲企業資產，支持的原因大致有五，分別是：

1.人力資源資產的性質，與過去的實體資產、金融資產等資產迥異；人力資源是一種使實體資產、金融資產發揮功能的資產。
2.管理階層的才能及公司的聲譽，確實會影響投資人與債權人對公司的評價。
3.在購併過程中，人力資源確實會影響企業併購的價格；尤其是當購併目的是在進入一個新的產品、市場、製程的相關領域時，員工擁有的知識與購併之後企業可能面臨的風險，就有非常大的關聯。
4.與人力資源有關之支出，如招募、僱用、訓練員工等，其目的都在改善員工素質、生產技術與產品品質，故實質上就是企業對未來的投資。
5.企業獲利有其背後原因，當企業會因其生產力較高而獲利時，往往是因爲這些公司經營團隊擁有的集體知識所致。

四、人力資源衡量

人力資源有許多不同的方式可資衡量，可採非貨幣性的量化指標的說明，亦可採貨幣性的方式進行量化衡量。前者如教育訓練次數、員工素質（教育程度、技能）分析、人員專長盤點等各種指標，重在說明當前公司在人力資源投資的狀態；後者則多透過折現模式（discounting model），採用貨幣性的估計值來衡量公司的人力資源狀態。如Ogan（1976）曾提出組織人力資源的估計模式，模式中認爲企業總體的人力資源，企業員工剩餘服務年限的淨效益折現值，累加之後得到的總額；其

模式如下：

$$HR_V = \sum_{j=1}^{n} \sum_{k=t}^{m-t} - \frac{1}{(1+r)^k} \times V_j$$

其中

HRv：企業總體人力資源的估計值

Vj：員工 j 在 k 期之估計淨效益，亦即員工創造的收益扣除給付薪津之後之差額

m：員工預期在組織服務的工作年限

m-t：員工的剩餘服務年限

j：企業員工數，j ＝ 1, 2, ..., n

r：淨效益的折現率，個別員工分採不同的折現率

模式中不難發現，人力資源估計與折現的過程，不僅涉及許多的主觀性，且需採取逐一員工進行價值估計的方式，才能彙整成爲企業整體的人力資源。或如 Flamholtz（1985）提出的衡量模式，模式中也是對個別企業成員的未來服務現值進行估計，最後才彙集成整個企業的人力資源價值；其模式顯示如下：

$$E(HR_V) = \sum_{1}^{n} Qs_j \times PV(S_j)$$

其中

E (HRv) ：表示企業整體的人力資源估計值

QSj：係指 j 員工預期的服務品質

PV (Sj)：係 j 員工預期服務淨現金流量的累積現值，亦即 j 員工提供服務，各期間賺得淨現金流量的折現值

n ：企業的員工數

而其他如 Morse（1973）或是 Jaggi & Lau（1974）提出的模式，也

都採取類似的估計與折現觀點。從模式中不難瞭解，無論我們採取投入成本時，或是採用產出價值折現的估計值來衡量，人力資源會計都存在衡量上的問題。因此，如何建立量化的貨幣性方式，衡量企業的人力資本，並描述企業人力資源的價值，亦爲知識經濟時代相當富有挑戰性的工作。

五、衝突與解套：人力資本資訊揭露

在知識經濟時代，智慧資本已成爲企業的競爭工具，故人力資本與人力資源會計資訊，不僅對於企業管理當局有重要的意義，對投資人來說，亦具有企業價值評估上的攸關性。然鑑於人力資本及人力資源的價值估計，仍存在許多尚待克服的困難，故目前似仍宜以補充資訊的方式，提供給會計資訊使用者參考，以協助其進行投資與貸款的經濟決策。

由於企業部門與層級之間人力資本的非同質性，故在人力資本資訊揭露時，宜根據組織層級所需的知識進行分類。基本上，人力資本的揭露資訊可以分成三類，其一是低階的作業性人力資本，這是描述各部門作業層級所具備的知識存量；其二是中階層的管理性人力資本，這是描述部門管理階層所具備的知識存量；其三是高階的策略性人力資本，則是描述經營管理團隊所具備的知識存量。由於三個層級領域所需要的智能與經驗並不相同，結合三方面的企業人力資本狀態描述，必然有助於會計資訊使用人評估企業整體的人力資本。

財務報表分析技巧

Part 2

第六章

財務比率分析與方法

- 第一節　財務比率與財務報表分析方法
- 第二節　經營能力分析
- 第三節　償債能力分析
- 第四節　財務結構分析
- 第五節　獲利能力分析
- 第六節　現金流量分析
- 第七節　生產力分析
- 第八節　比率分析應注意事項

第一節　財務比率與財務報表分析方法

一、財務比率的意義

會計是一種以數據爲核心的管理工具，財務報表本質上是歷史性的紀錄，是經由各種經營數據，清楚反映企業經營管理的成效優劣。財務報表爲會計資訊的主要傳遞工具，其主要功能是在協助會計資訊使用者瞭解及分析公司的經營成果與財務狀況；故使用人在使用財務報表之時，需要將財務報表中的會計科目及數字，轉換成有意義的決策資訊。雖然財務報表中顯示的財務資訊，均爲重要的經營管理指標，但報表使用人如何讀解報表內容，透過比率、比較、結構和趨勢分析等技術，確切地掌握財務報表內「數字背後」的涵義，或是超越數字本身的意義，評估企業經營成效並預測未來可能的發展，才是財務報表分析的眞正目的。

在評估企業財務狀況與經營成果時，通常可採取兩種方式，其一是採取絕對數字比較（如資產總額、收益總額、營業費用額單一項目的數值）或數字增減變動比較（如去年銷貨與今年銷貨間的差異等）等方式進行比較。其二是採取兩個財務數值（不同期間相同科目，或是相同期間不同科目）的相對關係值進行比較，如單一財務數字增減變動百分比（如去年銷貨額與今年銷貨額之間的變動百分比差異等），或是不同財務數字的比率關係（如稅後淨利與資產總額，或是流動資產總額與銷貨收入等）。這兩種比較方式的比較基礎與產出結果都不相同，前者比較的標準是一個絕對數字（如預算，產業的財務數字，或去年的標準），產出也是一個絕對的數值；而後者則是希望透過財務數字之間的比較關係，以說明經營管理與財務數字變化之間的關連性，它得到的是一個相對的比較值。

這兩種比較方式各有其適用性，在第一種絕對值比較的方式下，我們假定比較對象各方面的條件相當（包括企業本身與比較對象），故我們只要就關鍵性的單一財務數值進行比較，便可得到相對的企業效能比較結果。但這種方式，並不能告訴我們爲什麼企業的效能會出現改變，而且也不適用於比較對象條件「不相當」的狀態。就好像全國運動會中，所有短跑選手一起在起跑點比賽跑百米，既然大家狀態差不多，誰跑百米的秒數少，誰就是冠軍；或是說，某甲去年的百米跑十一秒三，今年跑十一秒，故今年比去年有進步，但爲什麼有進步呢？我們卻無法從絕對數值的差距中，分析出影響運動效能的原因。再者，由於男女生理結構不同，如果我們將男子組與女子組混合一起跑百米，那麼結果必然會對女子短跑選手比較不利。這是採用絕對值的比較方式，可能面臨的問題。

但在第二種比率値的比較方式下，比較對象的假設條件就比較放寬，只要營運方式與作業流程相近的企業，都可以進行相對效能的比較。由於財務報表中的各個會計科目，可分別代表企業中各種營運活動的財務投入與產出，因此，透過相對兩個財務數字的比率值，就可以顯示營運的效率與效果。因此，只要是訓練頻次不同、訓練內容不同、飲食營養不同、生理結構不同，則選手百米短跑的結果必然不同。鑑於男女生理結構是先天不可改變的，而訓練與飲食則是後天可以培養的，故比賽時須先對男女選手進行區分，之後運動分析專家便可根據訓練過程、飲食營養與比賽結果進行分析，以瞭解選手進步或退步的原因，並作爲後續提升選手運動效能的依據。

因此比率分析可以透過投入產出的效率與效能計算關係，避免企業規模因素對財務分析的干擾。如我們看到A公司的稅後淨利爲5億元，B公司的稅後淨利是1億元，投資人可能會認爲賺5億元的A公司經營效能比較好。但如果我們再仔細檢視A公司與B公司的股東權益，可能會發現A公司的股東權益是100億，但B公司的股東權益只有10億；此時投資人的答案可能就會不同，因爲A公司用了100億賺到了5億，報酬率是5%，但B公司用了10億賺到了1億，報酬率卻是10%。這種前後比較結果的差異，關鍵主要在於投資分析時有沒有發現兩家公司在股東權益上的差異，也就是規模上的差異；如果有發現，則其投資決策會比較正確，但如果沒有發現，則其投資決策可能會錯誤。在比率分析時，只要放在一起比較的公司，其營運流程與作業方式相近，企業的規模相不相同並不重要。但如採取絕對數字的比較分析時，比較對象的規模大小就是分析人員必須留意的因素。

因此，財務報表分析主要就是以財務報表內容構成要素的互動消長關係，應用分析的工具及方法，透過財務比率的投入產出變動關係，以評估企業相對的財務狀況與經營效能，並作爲改善企業營運效能的依據。

二、財務比率分析的方法

財務比率分析中有兩個核心的概念，分別是比率與比較；所謂比率指的就是財務比率，而比較指的就是評估的基準，它既可和企業自己比較，也可和競爭同業比較，更可和產業平均值比較。我們可以根據比較的時點不同，區分爲靜態單一時點的分析及動態的趨勢分析兩類。茲分述如下：

(一) 靜態分析

所謂靜態分析，係指就同一年度財務報表各項目間的比較分析，尋求其有意義的關係。靜態分析或可進行企業當年度的各項比率分析，亦可進行企業當年度由多個比率組成的比率結構分析；同樣的，靜態分析亦可與同業進行當年度的財務比率與比率結構的比較分析。企業爲顯示各種財務比率表達的屬性不同，常會將財務比率進行分類，這種分類或採主觀方式行之，或採客觀的多變量統計方式行之，都是由多個單項財務比率所組成的比率結構。靜態分析是就同一期間財務報表各項目之間

的關係加以分析，未牽涉到不同期間的增減變動，故稱為靜態分析。

(二) 動態分析

所謂動態分析，係指就不同年度財務報表之相同項目加以比較分析，以明瞭其增減變動情形及其變動趨勢。動態分析同樣亦可進行企業本身與同業的比較，或可進行企業本身跨年度的各項比率變動趨勢分析，亦可進行比率結構的趨勢變動分析；同樣的，動態分析亦可與同業進行跨年度的財務比率與比率結構的趨勢變動比較分析。但動態分析中還有一項值得注意的地方是，產業有生命週期，不同的成長階段，產業的財務比率可能並不相同，故在動態分析時，還可進行跨年度比率結構的穩定性分析，以瞭解各年度之間的比較基礎是否已經改變。靜態分析常須將兩年或兩年以上的財務報表並列，分析財務報表內各項目與各項財務比率之間的增減變動與變動趨勢，以期能發現不同時點之間企業營運效能的變化，故又稱為趨勢分析（trend analysis）或縱向分析（longitudinal analysis）。

在動態分析時，分析者必須選擇某一年為基期，計算不同期間內各項目對「基期」同一項目之變動趨勢百分比， 藉以顯示各項目在各期間之變動趨勢。而基期選定有三種方式，分別是：（1）固定基期：亦即每年都以同一年的科目金額為基期金額，故每年的基期都一樣；（2）變動基期：以前一期的科目金額作為後一期的基期金額，故每年的基期都不一樣；（3）平均基期：以每一科目過去幾期的平均金額作為基期金額；這是為了和過去平均值進行比較時，才會採用的平均基期比較法。財務比率分析的核心概念、比較依據與分析方法顯示如圖 6-1 。在本章中，我們僅就各項財務比率進行說明，之後各章才分就複雜的比率結構與比率趨勢進行說明。

如前所述，會計有其衡量上的限制，故量化的貨幣性數字，可能並非企業營運結果的全部。故分析人員仍須配合質化的（qualitative）的訪

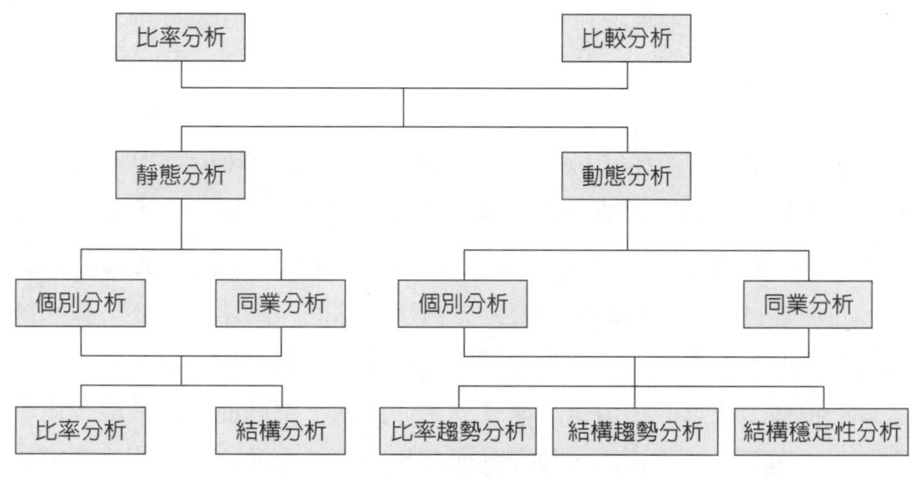

圖 6-1 財務比率分析方法關聯架構圖

問與觀察經驗，以協助判斷企業全面的營運效能。或可採取實地訪查的方式，或可透過約訪方式，與企業經營者、管理幹部或一般員工接觸，以瞭解企業內部者的主觀性資訊，或可透過與社區居民或企業上下游往來廠商訪談，以瞭解企業外部的客觀性資訊。再者，或可觀察企業在危機處理上的因應能力，或從報刊的報導，或從公開說明書的內容，廣泛的蒐集企業資訊，以協助建立企業整體價值評估的依據。

第二節　經營能力分析

企業的財務比率有許多，如依其屬性進行性質歸類，亦有許多不同的分類方式；此處不準備詳述相關學者的分類，僅就實用的角度，將其分爲經營能力、償債能力、財務結構、獲利能力與現金流量等五種不同的性質財務比率。以下並分別於第二節、第三節、第四節、第五節及第六節，分別說明經營能力分析、償債能力分析、財務結構分析、獲利能力分析與現金流量分析的相關財務比率。至於在第七節中，則就企業附

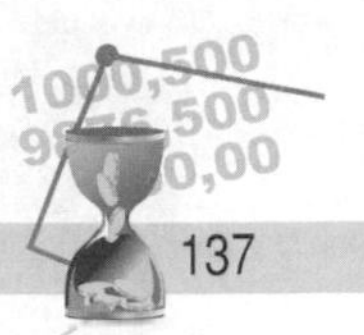

加價值的生產力分析部分，提出一些衡量的比率。

企業的營運效能反映在兩個方面，其一是投入與產出之間的轉換速度，其二是在於企業內部資產的使用效能（是否有閒置或不當運用）。在衡量投入與產出的轉換速度時，通常須從企業的營運週期進行分析，也就是企業進料產生應付帳款開始，經過生產、銷售、收現到償還應付帳款（應付帳款消失）的週期。至於資產的使用效能，則根據企業擁有的資產，如流動資產、營運資金、長期資產等，探討企業的銷售規模與營運資產之間，配置是否恰當。從前述的說明中，我們不難發現投入產出的轉換速度與資產使用效能之間，其實有相當程度的關聯，因爲企業的營運週期，面對的就是企業的流動資產及營運資金，且須使用企業的長期資產，亦爲創造利潤的過程，故財務比率之間往往必須相互配合分析，才能得知企業的財務狀況與經營成果。

而在衡量這兩方面的財務指標，第一類常見的指標包括了應收帳款週轉率、應收帳款收現天數、應付款項週轉率、應付帳款付現天數、存貨週轉率、存貨週轉天數等指標。第二類常見的指標包括了流動資產週轉率、營運資金週轉率、固定資產週轉率、總資產週轉率、淨值週轉率等。

一、公司財務報表資料

爲便於解釋各種財務比率的計算，及比較年度之間的營運效能變化，此處僅以某科技公司91至93年度的財務報表爲例，包括損益表（**表6-1**）、資產負債表（**表6-2**）及現金流量表（**表6-3**）。經營能力相關財務比率計算方式與意義，則分別說明於「投入產出轉換指標」與「資產使用效能指標」兩個部分。而此一引用的財務報表，亦將應用在本章的各項財務比率計算與分析中。

表 6-1　91-93 年度比較損益表－A 公司

損益表（單位：新台幣百萬元）	91 年度	92 年度	93 年度
營業收入	30,742	39,778	41,885
減：銷貨退回	(1,229)	(1,714)	(1,831)
營業收入淨額	29,513	38,064	40,054
營業成本	(14,841)	(18,409)	(20,439)
營業毛利	14,672	19,655	19,615
營業費用			
推銷費用	(224)	(183)	(434)
管理費用	(229)	(440)	(911)
研究發展費用	(1,496)	(3,950)	(3,518)
營業費用合計	(1,949)	(4,574)	(4,864)
營業利益	12,723	15,081	14,752
營業外收支淨額	105	1,528	(410)
稅前淨利(損)	12,828	16,609	14,342
營利事業所得稅利益(費用)	(595)	(87)	(18)
稅後淨利	12,233	16,522	14,324

表 6-2　91-93 年度比較資產負債表－A 公司

資產負債表（單位：新台幣百萬元）	91 年度	92 年度	93 年度
流動資產			
現金及約當現金	12,092	21,603	22,770
短期投資	3,826	1,087	870
應收票據及帳款	3,791	3,706	3,489
存貨	1,667	2,076	3,252
預付款項 & 其他流動資產	1,422	726	1,685
流動資產合計	22,798	29,198	32,065
長期投資	6,497	11,460	12,052
固定資產	895	1,049	2,027
無形資產	213	275	1,397
其他資產	3	5	8
資產總計	30,406	41,987	47,550
流動負債			
應付票據 & 帳款	3,385	4,181	2,622
其他流動負債	3,106	1,706	2,215
流動負債合計	6,491	5,887	4,837
長期負債	31	11	0

(續) 表 6-2 91-93 年度比較資產負債表－A 公司

資產負債表（單位：新台幣百萬元）	91 年度	92 年度	93 年度
其他負債	36	54	74
負債合計	6,558	5,952	4,911
股東權益			
股本（含增資準備）	4,605	6,415	7,693
資本公積	82	116	156
法定 & 特別盈餘公積	1,272	2,495	4,197
累積盈餘	17,890	27,008	30,592
股東權益合計	23,848	36,035	42,638
負債及股東權益總計	30,406	41,987	47,550

表 6-3 91-93 年度比較現金流量表－A 公司

現金流量表（單位：新台幣百萬元）	91 年度	92 年度	93 年度
營業活動之現金流量			
本期損益：	12,233	16,522	14,323
遞延所得稅資產減少（增加）	(14)	(215)	(506)
折舊與各項攤提	199	321	503
應收票據及帳款減少（增加）	(935)	85	240
存貨減少（增加）	(1,061)	(475)	(1,585)
預付款項及其他流動資產減少（增加）	(413)	68	(454)
應付票據及帳款增加（減少）	1,525	796	(1,560)
其他流動負債增加（減少）	287	(1,404)	376
其他營業活動之現金流入（流出）*	182	245	515
營業活動之淨現金流入（出）	12,004	15,943	11,851
投資活動之現金流量			
長期投資增加	(5,000)	(5,365)	(1,347)
其他投資活動現金流入（流出）*	335	3,143	(2,227)
投資活動之淨現金流入（流出）	(4,635)	(2,222)	(3,574)
理財活動之淨現金流量			
發放員工現金紅利	(181)	(455)	(659)
發放股東現金股利	(1,264)	(3,684)	(5,453)
其他理財活動現金流入（流出）*	(48)	(71)	(998)
理財活動之淨現金流入（流出）	(1,493)	(4,210)	(7,110)
本期之現金及約當現金增加（減少）數	5,876	9,511	1,167
期初現金及約當現金餘額	6,217	12,092	21,603
期末現金及約當現金餘額	12,092	21,603	22,770

*爲便於讀者閱讀，不致因爲現金流量表的項次太多而模糊焦點，故簡約的將多個金額不大的分項加總計算，並以總額方式顯示於現金流量表中。

資料來源：台灣證券交易所公開資訊觀測站，網址 http://newsmops.tse.com.tw

二、投入產出轉換指標

（一）應收帳款週轉率

應收帳款週轉率＝銷貨淨額／（平均應收帳款＋平均應收票據）

應收帳款週轉率在測量銷貨額與應收帳款之間的關係，企業銷貨必然會產生應收帳款。造成應收帳款週轉率高的原因時，通常是銷貨淨額（或稱營業收入淨額）增大，或是應收帳款降低；前者表示企業的營業狀況良好，而後者表示企業的收款能力增強。產業內有其交易付款的習慣期限，爲何企業能夠降低其應收帳款呢？這表示企業在買賣的過程中，賣方的談判能力較強，故能迫使買方以低於產業的付款期限提早支付貨款。不管是什麼原因，對企業來說，都是好事。

相對的，如果應收帳款週轉率變差，則結果正好相反；或則表示企業的營業狀況緊縮，或則顯示企業的銷售對象未經篩選，導致影響了企業的收款，造成應收帳款攀升的現象。如果應收帳款週轉率維持在原來的水準，分析者也需要觀察銷貨淨額與平均應收帳款是否出現了改變。如果銷貨淨額與平均應收帳款同時都增加，則可能表示企業爲了擴張營業，採取了較爲寬鬆的信用政策（如客戶選擇寬鬆、延長收款期間），或是改變通路政策（如較長的通路鏈，導致應收帳款增加），都會導致分母與分子都同時增加。此時分析者就必須留意信用政策調整，是否確具調整的邊際利益；否則，將可能導致企業承受重大的損失。

此一比率無一定標準，須配合產業的標準與企業過去的營運水準，但一般而言，比率值較高，通常顯示企業的銷貨與收款較有效率。一般而言，寬鬆的信用政策與應收款週轉期間拉長，帳上較易累積較高的應收款餘額。以前述的 A 公司爲例，92 年度的應收帳款週轉率爲 10.61 次，93 年度爲 11.64 次，顯示 93 年度的應收帳款收款較有效率。應收帳

款週轉率計算時，通常需採兩年度的平均數額；由於A公司資料並未列示90年度的財務報表，故91年度的應收帳款週轉率無從計算。以下對於需要兩年平均資料才能計算的比率，均簡化以n.a.（not available）顯示，以免重複贅述浪費版面。

	91年度	92年度	93年度
應收帳款週轉率	n.a.	10.61次	11.64次

（二）應收帳款收現天數

應收帳款收現天數＝365日／應收帳款週轉率

這是將應收帳款週轉率轉換成爲天數的指標，它告訴我們應收帳款從帳款發生（銷貨）到帳款消滅（收現）需要多久的時間。應收帳款收現天數愈短，則表示收款能力愈強，企業的現金愈充足，也愈具備短期償債能力。A公司的應收帳款週轉率經過換算成爲收款天數後，92年度的收現天數爲34.40天，而93年度的收現天數爲31.35天，確實也顯示93年度應收帳款的收款較有效率。

	91年度	92年度	93年度
應收帳款收現天數	n.a.	34.40天	31.35天

（三）應付帳款週轉率

應付帳款週轉率＝銷貨成本／（平均應付帳款＋平均應付票據）

應付帳款週轉率是測量企業因營業行爲產生的應付帳款，產生與消滅的速度；這是測量企業付款的效能，從企業資金流量與存量的觀點來看，資金流入的速度需大於資金流出的速度，這樣企業才有多餘的資金

擴張營業；如果企業資金流出的速度大於資金流入的速度，則企業必須準備額外的資金以應付經營上的資金短缺，也不可能有額外的資金供其擴張營業之用。故此一比率分析時，應配合應收帳款週轉率一起分析。

應付帳款週轉率降低有兩種可能，其一是銷貨成本（營業成本）總額降低，其二是平均應付帳款增大。在企業營運正常的情況下，則銷貨成本降低，表示在進貨上的有利；而應付帳款增大，則表示企業有能力延遲付款。一般而言，產業內有其付款習慣，會影響應付帳款的額度，企業能夠延緩付款，通常也表示買方的談判能力較強。但如果企業營運失常的情況下，應付帳款週轉率降低，也可能表示進貨減少（銷售不利），及營運資金不足、積欠貨款的現象。如果應收帳款週轉率較低，但應付帳款週轉率較高，則表示企業有週轉困難的可能性；純就資金週轉觀點言，在正常營運的企業，週轉次數愈低、付款愈慢，通常表示的就是企業可以週轉的資金愈多，故是好的現象。以A公司的財務報表來看，92年度的應付帳款週轉率爲4.87次，93年度的應付帳款週轉率爲6.01次，顯示93年度A公司的帳款償付較爲快速。此一結果，或則是受到產業的交易慣例的影響，或則是因爲公司在買賣雙方的相對談判能力影響，但都會導致A公司93年度可供週轉的營運資金較爲緊縮。

	91年度	92年度	93年度
應付帳款週轉率	n.a.	4.87次	6.01次

（四）應付帳款週轉天數

應付帳款週轉天數＝365日／應付帳款週轉率

這是將應付帳款週轉率轉換成爲天數的指標，它告訴我們應付帳款從帳款發生（進貨）到帳款消滅（付現）需要多久的時間。應付帳款付現天數愈長，則表示企業具有不對稱的交易談判能力，有能力延遲付

款，企業的現金愈充足，也愈具備短期償債能力。以A公司的計算結果來看，92年度的應付帳款週轉天數爲75.01天，93年度的應付帳款週轉天數爲60.74天，顯示A公司延緩付款的能力降低約14天。至於成因爲何？則需要分析人員進一步探究各種可能的原因。

	91年度	92年度	93年度
應付帳款週轉天數	n.a.	75.01天	60.74天

（五）存貨週轉率

存貨週轉率＝銷貨成本／平均存貨

這是測量存貨發生到消滅的歷程，企業進貨的主要目的在於銷售，存貨消失就表示企業銷售成功；因此，它可測量產品的市場接受程度與營業部門的銷售能力。存貨週轉率高，通常來自於兩個原因，一是銷貨成本數額增大，二是平均存貨降低；前者表示企業的銷貨增加（銷貨成本與銷貨有關），而後者則表示企業積壓在存貨上的資金降低，而卻仍能維持原有的營業水準（企業發展出一套有效的存貨管理方式）。無論是何種原因，對企業來說都是好的現象。

相對的，當存貨週轉率降低，則通常顯示進貨減少或是存貨積壓；而前者表示營業效能不佳，後者則表示存貨過多，或是產品銷售困難。故存貨週轉率降低，對企業來說通常並非好的現象。如果存貨週轉率維持不變，但銷貨成本與平均存貨均同時增加，則顯示企業正在擴張其營業規模，故出現進貨增加，且平均存貨水準也向上攀升的現象。一般而言，此一比率可測量存貨週轉速度及存貨水準之適度性，比率高低有其適切性。如存貨水準低，可導致存貨週轉率升高，但也有可能顯示公司的存貨不足，導致銷貨機會喪失；反之，若此存貨週轉率越低，則可能表示企業的營運不佳與過多的存貨。故在合理的範圍內，週轉次數愈

高，通常對企業資金的運用愈有幫助。

以A公司的財務報表來看，92年度的存貨週轉率為9.84次，93年度的存貨週轉率為7.67次，顯示公司的存貨與銷貨之間出現了較為不利的異常變化。但至於是「銷貨不利」或是「存貨水準攀升」，則須透過同業水準的比較，及A公司其他的財務比率進一步檢視才能得知。

	91年度	92年度	93年度
存貨週轉率	n.a.	9.84次	7.67次

（六）存貨週轉天數

存貨週轉天數＝365日／存貨週轉率

這是將存貨週轉率轉換成天數的指標，它告訴我們存貨從發生（進貨）到消滅（銷售產生應收帳款）需要多久的時間。存貨銷售的天數愈短，則表示企業的營業部門的銷售能力愈強，或是生產與存貨管理的能力愈強，故對企業有正面積極的幫助。以A公司的結果來看，92年度的存貨週轉天數為37.11天，93年度的存貨週轉天數為47.57天，顯示A公司在93年度在銷售上出現了較為不利的結果。而綜合「營業收入淨額」、「存貨週轉率」與「存貨週轉天數」來看，不難發現，A公司「可能」是預期93年度的「營業收入」較高，但實際的營收成長卻不如預期，而導致公司的存貨水準攀升所致。

	91年度	92年度	93年度
存貨週轉天數	n.a.	37.11天	47.57天

（七）營業週期天數

營業週期天數＝應收帳款週轉天數＋存貨週轉天數

這是衡量企業的營業週期，也是企業從賺取收益所需要的營運時間；從營運效率的觀點來看，企業將投入轉換爲產出的時間愈短，企業獲利的能力就愈強（收入減成本及相關費用）。爲確保獲利的投入產出轉換過程能夠順利進行，故企業在營運轉換的過程中，每個步驟都必須保有不同型態的半成品或是成品，通常也會積壓資金。當營業週期天數愈長，則積壓的資金愈多；而營業週期天數愈短，積壓的資金忌諱相對減少。故此一營業週期天數可以顯示企業整體的營運效率；至於計算的天數的長短，通常則是期間較短爲較佳。

以A公司的財務報表來看，92年度的營業週期天數爲71.51天，93年度的營業週期天數爲78.92天，顯示A公司93年度的營業效能較92年度爲低。對照「應收帳款週轉天數」、「存貨週轉天數」兩項計算值，不難發現，A公司93年度可能是受到「市場銷售」的衝擊，導致營運效能受到影響。

	91年度	92年度	93年度
營業週期天數	n.a.	71.51天	78.92天

（八）淨營業週期

淨營業週期＝營業週期天數－應付帳款週轉天數

或稱現金循環天數，這是從現金流量的觀點，自現金流出購買原物料，到最後應收帳款收現獲得現金流入，此一循環稱之爲現金循環。現金循環天數等於存貨週轉天數加上應收帳款週轉天數，減去應付款週轉天數。因此，現金循環天數越長，表示現金的週轉越慢，也表示需要的週轉資金越多。故就現金循環天數來看，計算的天數愈短，通常對企業愈有利。

如就生產轉換來看，企業也可以計算生產過程的各種週轉率，以衡量從原物料、半成品、製成品之間的生產轉換效率；其方法與計算存貨週轉率、應收帳款週轉率的方式相近，此處不加贅述。以A公司的財務報表來看，92年度的淨營業週期為－3.5天，但93年度的淨營業週期則為18.18天，兩年之間差距已達21.68天；而此一結果，也必然會導致A公司需要更多的週轉資金。

	91年度	92年度	93年度
淨營業週期	n.a.	－3.50天	18.18天

三、資產使用效能指標

（一）流動資產週轉率

流動資產週轉率＝銷貨淨額／平均流動資產

這是測量企業的流動資金配置與營業規模之間的關聯，企業銷貨收入（營業收入）產生，需要流動資產配合，如現金（收現與付現）、應收帳款（銷貨產生）、存貨（進貨產生）等。因此，營業規模與流動資產週轉率之間，有相當密切的關係。如果此一比率較高，它顯示可能是企業的營業收入增加，或是企業的營運資金積壓減少。資產配置與獲利高低有關，通常流動性高的資產（獲得的報酬如現金與銀行存款），承受的風險較少，故獲得的報酬較低；相對的，生產性的長期資產，通常能夠獲致較高的報酬。故企業必須思考如何在流動資產與長期資產之間進行適切的配置，以獲致較佳的報酬率。

流動資產週轉率是說明公司每投資一塊錢在流動資產上，能產生多少銷貨收入；或者是，以目前的銷貨水準，廠商的流動資產一年可以週轉幾次。流動資產週轉率是一個衡量整體流動資產配置的指標，故它與

應收款項週轉率、存貨週轉率，有相當密切的關聯。故在合理的範圍之內，流動資產週轉率愈高，顯示企業在流動資產上的配置愈好，資金運作愈有效率。

以A公司的財務報表來看，92年度的流動資產週轉率爲1.46次，93年度的流動資產週轉率爲1.31次，顯示A公司在流動資產的配置額度上，93年度呈現漸增的趨勢。或許讀者也留意到，A公司爲何會配置如此龐大的流動資產？這是國內高科技公司存在的一種較爲特殊的現象。鑑於資訊電子產業的策略窗口稍縱即逝，而籌資的時間過程過於冗長，故高科技公司爲保有市場競爭力，常會保留較高額度的現金與約當現金，以因應市場需求，故也導致產業的流動資產週轉率普遍偏低。

	91年度	92年度	93年度
流動資產週轉率	n.a.	1.46次	1.31次

(二) 營運資金週轉率

營運資金週轉率＝銷貨淨額／（流動資產－流動負債）

流動資產週轉率只包括資產配置的層面，而營運資金週轉率則同時包括資產與負債的層面。因此，它不僅與應收款項週轉率、存貨週轉率有關，也包括應付款項週轉率。這是一個整體性流動資產、流動負債配合運作的指標，衡量的是整個營運週期的營運資金管理效率。一般而言，企業的流動資產通常會高於流動負債，因此當營運資金週轉率高時，通常是表示銷貨淨額高，或是營運資金低。在營運資金低的情形下，顯示企業沒有在流動資產上積壓較多的資金，且以相當有效的經營方式，爲企業創造利潤。故在正常合理的情況下，營運資金週轉率愈高，顯示企業的流動資產配置較佳，且營運也愈有效率。

以A公司的財務報表來看，92年度的營運資金週轉率爲1.92次，

93 年度的營運資金週轉率為 1.59 次，顯示 A 公司 93 年度在營運資金的成長幅度上，高於公司在銷貨淨額上的成長幅度。至於營運資金的配置是否過高？則須進一步檢視同業水準及公司未來的策略發展而定。

	91 年度	92 年度	93 年度
營運資金週轉率	n.a.	1.92 次	1.59 次

（三）固定資產週轉率

固定資產週轉率＝銷貨淨額／平均固定資產淨額（扣除折舊後淨額）

固定資產（property, plant and equipment, PP&E，通常指不動產與設備）是資產負債表中最重要的長期資產；此一比率是測量公司投資多少的固定資產，以支撐目前的營業規模。從企業的角度來說，以最少的投入獲致最大的產出，這是企業一貫追求的目標。為瞭解企業在資產上的配置與營運效率，我們可以衡量固定資產週轉率，以瞭解企業在固定資產上的運用效能，以及在固定資產投資之適度性。固定資產週轉率所衡量的，就是每投資一塊錢的固定資產能產生多少銷貨淨額。一般而言，週轉率幾乎都是效率值，故就資金運用觀點言，週轉次數愈高，通常表示企業在固定資產上的配置較有效率，且企業的營運成果愈佳。

以 A 公司的財務報表來看，92 年度的固定資產週轉率為 39.16 次，93 年度的固定資產週轉率為 26.04 次，顯示 A 公司 93 年度在固定資產的成長幅度上，遠高於當年度在銷貨水準上的幅度；這是顯示 A 公司在 93 年度進行了相當大幅度的產能投資，產能擴增與營業規模擴增，必然導致公司的存貨與應收帳款增加。由於公司固定資產創造出來的產值甚高，這也是固定資產週轉率居高不下的原因。

	91 年度	92 年度	93 年度
固定資產週轉率	n.a.	39.16 次	26.04 次

(四) 總資產週轉率

總資產週轉率＝銷貨淨額／平均資產總額

總資產週轉率是測量企業總體資產額度與銷貨淨額之間的關係，可以測量企業總資產的運用效能及總資產投資之適切程度。同前所述，週轉率指的就是效率值，故就資金運用觀點而言，週轉次數愈高，通常表示企業在總體資產的配置較有效率，且企業的營運成果愈佳。以A公司的財務報表來看，92年度的總資產週轉率爲1.05次，93年度的總資產週轉率則降爲0.89次，顯示公司的總資產配置額度與營業規模之間，似乎出現了資產配置略高，而營運效能卻未能同幅增長的現象。對照「總資產週轉率」與「流動資產週轉率」的比率數值，不難發現兩個比率的數值其實有點接近，這也顯示公司主要是將資產配置在流動性的項目上。

	91年度	92年度	93年度
總資產週轉率	n.a.	1.05次	0.89次

(五) 淨值週轉率

淨值週轉率＝銷貨淨額／平均業主權益

淨值週轉率表示自有資本在一年期間內從營業收入收回的次數多少；這是衡量企業自有資本運用效能及自有資本之適度性。淨值（net worth）指的就是業主權益，或是股東權益；通常淨值週轉率太高，表示銷貨淨額較高，而自有資本不足，這會對企業的營業擴張產生不利的影響。而淨值週轉率太低，則可能表示企業的自有資本太多，或營業額太少。同前所述，在合理的範圍下，週轉率指的就是效率值，故就自有資金運用的觀點而言，週轉次數愈高，通常就是表示企業的自有資金運用相當有效率，且企業的營運成果甚佳。

以A公司的財務報表來看，92年度的淨值週轉率爲1.27次，93年度的淨值週轉率爲1.02次，顯示公司93年度的股東權益增加幅度，超過當年度銷貨收入淨額的增加幅度。對照「總資產週轉率」與「淨值週轉率」二者的比率數值，不難發現公司的自有資金非常充裕，營運上不太需要外部資金的挹注，在財務運作上採取相當穩健的政策。或許讀者會問，財務理論上不是告訴我們，公司舉借外部資金所支付的利息，不是可以透過稅盾（tax shield），爲公司創造價值嗎？爲什麼A公司不舉借外部資金呢？要回答這個問題，讀者或可從公司年度的所得稅費用觀察；這是由於高科技公司擁有租稅上的優惠，故導致A公司無需運用長期負債，便可享有租稅效益所致。

	91年度	92年度	93年度
淨值週轉率	n.a.	1.27次	1.02次

第三節　償債能力分析

企業的償債能力可分爲短期償債能力與長期償債能力。短期償債能力指的是年度營運應付帳款的償還能力，故須與企業的營業循環結合；而長期償債能力，則是分析企業定期償還長期債務利息的能力，因此須分析利息費用的償還能力；至於長期債務的本金償還，則與企業長期的獲利能力，或長期再次舉債的能力有關。一般而言，分析償債能力時，通常是以短期償債能力及長期債務利息償還作爲分析的重點，故常採用以下幾個指標：

一、流動比率

流動比率＝流動資產／流動負債

由於流動資產與流動負債的到期期間大致相當，流動比率（current ratio）是一個流動力的關鍵指標。流動比率大於1代表著公司能以流動資產變現償還流動負債，也是表示每一元的流動負債有多少元的流動資產作爲保障。流動比率越高表示短期償債能力越強，通常營業週期越短者，所須保留的流動資產愈少，故其流動比率通常愈低。此一比率值與產業營運方式有關，不同產業的比率高低未必相同；一般而言，此一比率值在150%至200%間可視爲正常。以A公司的財務報表來看，91年度的流動比率爲3.51倍，92年度的流動比率爲4.96倍，93年度的流動比率爲6.63倍，不難發現A公司持續的高獲利水準，加上產業在資產配置的特性，致使公司的短期償債能力逐年增強，遠超出一般產業要求的150%至200%。

	91年度	92年度	93年度
流動比率	3.51倍	4.96倍	6.63倍

二、速動比率

速動比率＝（現金＋短期投資＋應收帳款＋應收票據）／流動負債

所謂速動資產是流動資產中流動性最高的資產，也是企業能夠快速變現，卻不需承受額外損失的資產，速動比率（quick ratio）又稱酸性測試比率（acid-test ratio）。速動資產通常包括現金（及約當現金）、短期投資、應收帳款與應收票據，也就是流動資產減去存貨與短期預付款之後的數額。雖然企業的流動比率值大於一，但公司仍可能面臨短期流動性問題，這是因爲流動資產中有若干項目並不容易立即變現，如存貨、短期預付款等（存貨變現通常會承受重大的損失）。由於短期投資可迅速於資本市場售出，應收帳款也可以向金融機構進行貼現融資或讓售，故速動比率測量的是企業在短時間的變現能力，也是緊急狀態的短期償債能力。一般而言，速動比率的比率值，在不同產業中亦有不同，通常介於100% 至 150% 之間均可視為正常。

以 A 公司的財務報表來看，91 年度的速動比率為 3.04 倍，92 年度的速動比率為 4.48 倍，93 年度的速動比率為 5.61 倍，顯示公司的短期償債能力正逐年增強。由於此一比率與前述的流動比率的數值相當接近，故我們可知公司配置在「存貨」與「短期預付款」上的數額不高。鑑於 A 公司在 93 年度的速動比率與流動比率之間的比值差距加大，這顯示了公司可能存在「存貨積壓」的現象。雖然如此，讀者仍不難發現，A 公司的速動比率仍較其他產業 100% 至 150% 的正常值高出許多，顯示公司具有非常不錯的短期償債能力。

	91 年度	92 年度	93 年度
速動比率	3.04 倍	4.48 倍	5.61 倍

三、現金比率

現金比率＝（現金＋短期投資）／流動負債

現金比率（cash ratio）是測試企業在最緊急的狀態下，能夠動用流動資產立即償還流動負債的程度，也是對債權人最起碼的保障程度；此處的現金包括約當現金，也是掌握公司利用立即可變現資產償付流動負債的能力。此一比率值愈高，雖對債權人愈有保障，但通常也暗示企業的閒置資金可能過多，顯示企業在營運資金的政策上過於保守。以 A 公司的財務報表來看，91 年度的現金比率為 2.45 倍，92 年度的現金比率為 3.85 倍，93 年度的現金比率為 4.89 倍，顯示公司在現金與短期投資上的資產配置，亦呈現逐年快速成長的現象。

	91 年度	92 年度	93 年度
現金比率	2.45 倍	3.85 倍	4.89 倍

四、短期借款償還能力

短期借款償還能力＝流動資產／短期銀行借款

短期借款償還能力（short-term solvency）是測量企業短期銀行借款之償債能力，此一比率通常也表示企業是否具有額外的財務彈性，在貨幣市場舉借額外資金的能力。一般而言，此一比率值應高於 200% ；從債權銀行的觀點來看，此一比率值愈高，通常對銀行愈有保障。

由於 A 公司的財務報表中，並未單獨顯示銀行短期借款（短期融資）數額，故此處暫不計算此一比率數值，亦不探究其變動原因。

五、利息保障倍數

利息保障倍數＝稅前息前淨利／利息支出

利息保障倍數（coverage ratio）是測量年度營運獲利能夠支付長期債務利息的程度，如果企業的稅前息前淨利（earning before interest and tax, EBIT）無法支付利息，則表示企業無法支付長期債務的利息，企業馬上就會面臨違約風險。故長期債務的債權人關心的是，企業的稅前息前淨利會不會出現無法支付利息費用的情況。因此利息保障倍數的計算，是讓債權人評估企業違約的可能性有多高。如果目前的利息保障倍數只等於 1 ，則表示靠著公司的營業活動「剛剛好」可以支付利息費用；故企業未來經營時，任何營運上的波動，都可能讓債權人心驚膽跳，擔心企業可能因此而無法支付債務利息。此一比率值愈高，表示對債權人利息

支付的保障程度愈高，通常也表示企業的營運成果甚佳，且舉債程度仍在企業的控制範圍，故財務結構亦佳。

另一種計算利息保障倍數的方式是計算現金基礎的利息保障倍數，其公式是以稅前息前現金流量（＝營業現金流量＋所得稅費用＋利息費用）除以利息費用而得；現金基礎的利息保障倍數是採取一種不同盈餘的現金觀點，顯示正常營運所產生的現金流量，對債權人利息費用的保障程度。

同樣的，由於A公司的財務報表中，並未單獨顯示利息支出數額，故此處暫不計算此一比率數值，亦不探究其變動原因。

第四節　財務結構分析

財務結構分析的是企業資產、負債與業主權益之間的配置狀態，主要是看長期營運所需的長期資金與固定資產之間的關聯性；它可顯示企業財務結構中，自有資金與外部資金（舉債）之間的相對關係。在企業快速成長、獲利能力高的時候，舉債經營的利息費用可抵稅（稅盾），其資金成本較低，故企業可透過舉借外部資金，讓企業得到更高的成長與獲利。一般而言，財務結構比率高低與公司的財務政策有關，故可分析公司財務政策的有效性。通常我們會觀察這種配置包括個別資產與總資產之間，分項資產與總資產之間，分項資產與負債之間，總資產與總負債之間，或是業主權益（股東權益）與資產之間的關係。常用的財務比率分述如下：

一、淨值比率

淨值比率＝股東權益總額（淨值）／資產總額

此一比率在測量自有資本占企業資產總額的比例；當此一比率愈高，顯示股東對企業的主導權愈高，愈能按照企業的策略與預期發展方向營運。若此一比率偏低，則表示債權人對企業擁有較大的控制權。而債權人爲了保障債權，必然會干預企業的決策，避免企業投入風險較高但獲利可能較爲豐厚的投資計畫，並影響企業的營運。此一比率計算會受到企業財務政策的影響；在一般產業通常會超過50%以上，但在此一比值金融服務業則不適用。就財務結構觀點而言，比率愈高，表示企業的自有資金較爲充裕，股東對企業營運比較有信心。以A公司的財務報表來看，91年度的淨值比率爲78.43%，92年度的淨值比率爲85.82%，93年度的淨值比率爲89.67%，顯示該公司在91年至93年間公司自有資金非常的充裕。

	91年度	92年度	93年度
淨值比率	78.43%	85.82%	89.67%

二、負債比率

負債比率＝負債總額／資產總額

此一比率與上一個比率正好相反，它是測量負債占企業資產總額的比例；比率值高低與生產營運方式有關，故因行業特性而異，並無一定標準。然就財務結構觀點而言，比率值愈低表示企業自有資金較多，且舉借外部資金的彈性較佳。以A公司的財務報表來看，91年度的負債比率爲21.57%，92年度的負債比率爲14.18%，93年度的負債比率爲10.33%；這顯示該公司在91年至93年間，公司對外部資金的依賴程度正逐漸降低。

	91年度	92年度	93年度
負債比率	21.57%	14.18%	10.33%

三、財務槓桿比率

財務槓桿比率＝負債總額／股東權益

除了前述兩個比率之外，我們還可以根據負債總額與股東權益的相對關係，計算出財務槓桿比率。此一比率可顯示組成企業資產的資金結構，內部資金與外部資金的相對比率。財務槓桿比率愈高，不僅企業必須支付的利息成本會增加，債權人在考慮風險之後，也會提高放款利率，導致企業的利息支出負擔更爲沉重。故當此一比率攀高時，公司可能會面臨無力償付本利的財務危機。即便是企業沒有出現財務危機，往往也必須面對債權人可能引用負債契約條款，對公司管理當局的多方約束，並對公司的營業、投資與融資決策多所掣肘。故對債權保障與企業而言，此一比率值均不宜過高。

除財務槓桿比率之外，我們亦可計算兩個類似的比率，其一是權益乘數（equity multiplier），以資產總額除以股東權益，以瞭解企業以自有資金的股東權益，透過外部舉債後，創造出幾倍於股東權益的資產。故權益乘數比率與財務槓桿比率是一體的兩面，都在顯示企業資本結構的狀態。其二是長期負債對淨值比率，也就是以長期負債除以股東權益的數值，這是純粹測量長期資金的相對比重，只不過計算時不包括短期負債的部分。以 A 公司的財務報表來看， 91 年度的財務槓桿比率爲 27.50% ， 92 年度的財務槓桿比率爲 16.52% ， 93 年度的財務槓桿比率爲 11.52% ；這顯示該公司在 91 年至 93 年間，公司外部資金占內部資金的比重正逐漸降低，也顯示了公司的自有資金非常充裕。

	91 年度	92 年度	93 年度
財務槓桿比率	27.50%	16.52%	11.52%

四、長期資金適合率

長期資金適合率＝（股東權益淨額＋長期負債）／固定資產淨額

這是在衡量長期營運的固定資產中有多少是由長期資金來支應。理論上來說，流動資產與流動負債是年度營運所需，而固定資產與長期負債、股東權益則是長期營運所需；前者可透過流動性進行衡量，而後者則重在財務結構的支撐程度。如果長期資金取得不足，則企業必須透過其他短期融資的管道，以支應長期固定設備所需；如此一來，可能導致企業的短期融資長期化（融資必須不斷展期），並增加年度營運上的財務風險。因此，如果此一比率大於 1 ，則表示企業的長期資金充足，多餘的部分並可支應短期營運所需，故有助於企業的營運與長期發展。反之，則必須依賴短期融資，才能支應長期的營運需要。

要瞭解固定資產與長期資金的關係，還可以測量另一個比率，也就是股東權益對固定資產比率，以股東權益除以固定資產，以得知長期營運資產中，有多少是來自於自有資金，有多少來自於外部資金。以 A 公司的財務報表來看， 91 年度的長期資金適合度爲 33.97 倍， 92 年度的長期資金適合度爲 40.03 倍， 93 年度的長期資金適合度爲 23.46 倍，顯示公司這三年間在固定資產上的積極投資與快速成長。由於此一比率的數值甚高，故一方面顯示該公司在 91 年至 93 年間，公司長期資金相當充裕；另一方面也顯示了公司的固定資產，持續的創造出相當高的產值。

	91 年度	92 年度	93 年度
長期資金適合度	33.97 倍	40.03 倍	23.46 倍

五、長期負債對長期資金比率

長期負債對長期資金比率＝長期負債／（股東權益＋長期負債）

這是測量長期的外部資金，占公司整體長期資金的比重。公司的長期資金來源主要有二，一是外部資金的長期負債，二是內部資金的股東權益。計算此一比率的目的，有助於我們瞭解長期資金的組成結構，並可據以評估企業是否已經充分運用低資金成本的負債融資。從資本結構理論來看，不同產業的舉債與企業價值間確有其最適值，並可能呈現拋物線的型態關係，故此一比率值應以接近產業平均值較爲適宜，不宜偏離過多。此一比率還有另一種計算方式，那就是計算長期債務對股東權益的比率，以長期債務除以股東權益，以得知長期資金中內部資金與外部資金的的相對比重。

以A公司的財務比率來看，91年度的長期負債對長期資金比率爲0.13%，92年度的長期負債對長期資金比率爲0.03%，93年度的長期負債對長期資金比率則降爲0（不舉借長期外部資金），這也反映出公司對內部自有資金與外部資金的相對依賴程度。

	91年度	92年度	93年度
長期負債對長期資金比率	0.13%	0.03%	0

六、固定比率

固定比率＝固定資產／資產總額

這是衡量固定資產占企業資產總額的比例；它可顯示企業資金在流動資產與固定資產之間配置的狀態。此一比率因產業特性與營運方式不同而互異，故並無一定標準；基本上，與產業標準不要出現太大的差異即可。如果公司配置較多的固定資產，但公司的獲利能力並未顯著提升，則表示資產運用沒有效率，且會影響公司的流動性，對資金運用與管理不利。

在測量固定資產的相對比重上，還有一個「營運槓桿度」的測量指標；這是測量固定成本占營業收益的百分比。營運槓桿指標的計算，是

以「營業收入淨額」減去「變動營業成本及費用」後，再除以「營業利益」，得到的比率值。以產品來說，就等於邊際貢獻除以產品售價。如果固定成本占的比重較高，則產品銷售時，就可能必須注意規模經濟的問題，亦即可能需要銷售較多的產品數量，才能達到銷售的損益兩平點。如果變動成本所占的比重較高，則固定成本比重較低，產品銷售的損益兩平點（Break-Even Point）也會相對較低。

此一比率通常用以衡量公司的事業風險程度。若營業槓桿度越高，即營業彈性越大，表示銷售水準之改變對於營業利益發生擴大效果，損益兩平點會在較高之銷貨水準；反之，若營業槓桿度越低，則發生縮小效果，損益兩平點會在較低之銷貨水準。產品成本結構，會直接影響企業在市場能夠運用的競爭工具（如能否降價？）；故營運槓桿程度指標在產品銷售的市場競爭上，具有相當重要的意涵。

以A公司的財務比率來看，91年度的固定比率為2.94%，92年度的固定比率為2.50%，93年度的固定比率為4.26%，這顯示這三年間公司在產能上的持續投資。讀者或許會好奇，為何A公司的固定資產比率這麼低，卻能創造如此亮麗的營收成果？這就是知識經濟下，成功的高科技研發公司賴以生存的訣竅。如果讀者仔細檢視公司各年度損益表中的邊際獲利，便會發現該公司的營業毛利居然高達50%左右；這顯示公司創造了產品成本與市場價值之間鉅額的附加價值，故能以低比率的固定資產，創造出高額的銷貨收入。

	91年度	92年度	93年度
固定比率	2.94%	2.50%	4.26%

第五節 獲利能力分析

企業的主要目的在爲股東賺取最大的利潤，如果企業營運不能賺錢，則計算其他一切的比率都沒有意義。故此一比率重在衡量企業營運的效果（effectiveness），而非衡量企業內部運作的效率（efficiency）。衡量企業獲利能力時，通常有以下幾個比率：

一、總資產報酬率

總資產報酬率＝稅後淨利／平均資產總額

這是從企業個體觀點衡量整體企業資產運用所產出的效能，資產報酬率（Return on Assets, ROA）顯示的是所投資的每一塊錢資產能獲取多少利潤。這是一個企業營運的效果值，可顯示投入與產出之間的關係，故通常資產報酬率比率值高會比較好。

總資產報酬率有兩種計算方法，其一是採取稅後淨利的股東觀點，其二是採取企業個體的觀點；而稅後淨利的股東觀點，也是一般較爲普遍接受的觀點。採取稅後淨利的股東觀點時，股東與管理當局亦可透過稅後淨利，從營運效能與管理的角度，探討企業資產的使用效率，如在分母與分子分別加入銷貨收入，則資產報酬率便可由稅後淨利率與資產週轉率構成。公式如下：

總資產報酬率＝稅後淨利／資產

＝（稅後淨利／銷貨收入）×（銷貨收入／資產）

總資產報酬率＝稅後淨利率 × 資產週轉率

這顯示了資產報酬率的高低，是由銷貨獲利能力以及資產週轉能力共同構成；其中稅後淨利率又可稱爲邊際利潤或銷貨報酬率（Return on

Sales, ROS）。以 A 公司的總資產報酬率來看，92 年度的總資產報酬率爲 45.65% ，93 年度的總資產報酬率爲 31.99% ，顯示公司在 93 年度的獲利能力略微下滑，但仍保有非常高的報酬率。

	91 年度	92 年度	93 年度
總資產報酬率	n.a.	45.65%	31.99%

以企業個體觀點來看，企業資金來源有二，其一是自有資金，其二是外部舉債，總資產是由負債與股東權益構成；故計算總資產報酬率時，應同時將股東與債權人的報酬納入考慮。然由於稅後淨利與利息支出的計算觀點不同，前者屬於稅後的觀念，後者屬於稅前的觀念；故此時總資產報酬率，亦有兩種不同的計算基礎，第一種是依股東與債權人各自的報酬型態，分採稅後與稅前的計算方式；此時資產報酬率計算時，需將利息支出加回。其計算方式爲：

總資產報酬率＝（稅後淨利＋利息費用）／平均資產總額

第二種是採稅後的股東觀念，計算股東與債權人所獲致的報酬率；故資產報酬率計算時，需將「稅後」的利息支出加回。其計算方式爲：

總資產報酬率＝〔稅後淨利＋利息費用（1－稅率)〕／平均資產總額

總資產報酬率的比率值計算上，還有兩種衡量上的變化，分別是淨資產報酬率（Return on Net Asset, RONA）與營業資產報酬率（Return on Operating Asset, ROOA）；茲分述如下：

◆淨資產報酬率

淨資產報酬率的測量是以「稅後淨利」除以「股東權益＋長期債務」。這是因爲比率既然在測量淨資產報酬率，則應排除營運資金的影響；故在計算時，應將無息資金（如應付帳款、應付票據等）剔除，才能有效衡量股東權益與長期債務的報酬率。

◆營業資產報酬率

這是以營業淨利為分子，營業資產為分母所計算之比率，營業資產中通常不含超額現金、長短期投資及閒置（參見「營利事業所得稅不合常規移轉訂價查核準則」第十八條——可比較利潤法，2005-01-05）。營業資產報酬率的測量是以〔稅後淨利＋（利息費用－利息收入）×（1－稅率）〕除以（權益＋舉債－現金與短期投資）；這是排除金融性資產的獲利後，專注於本業正常營運的利潤，所計算出來的資產報酬率。這也是各項報酬率中較能衡量本業營運績效的指標，因為已經剔除金融性資產的利潤，純粹衡量營業性資產的報酬率。

二、股東權益報酬率

股東權益報酬率＝稅後損益／平均股東權益

股東權益報酬率（ROE）是管理當局運用自有資金獲取盈餘的能力，也是檢視公司績效的一個綜合性指標。就長期來說，企業價值決定於股東權益報酬率與權益資金成本之間的關係；如果股東權益報酬率大於權益資金成本，則必然導致企業的價值持續成長；反之，如果股東權益報酬率低於權益資金成本，則企業的價值必然會逐漸下跌。以A公司的股東權益報酬率來看，92年度的股東權益報酬率為55.18%，93年度的股東權益報酬率為36.41%，顯示公司在93年度的獲利能力略微下滑，但仍保有非常高的報酬率。

	91年度	92年度	93年度
股東權益報酬率	n.a.	55.18%	36.41%

同樣的，股東權益報酬率也可以透過在分母與分子代入資產總額，將股東權益報酬率轉換成資產報酬率與權益乘數（Equity Multiplier）兩

個因素。換言之，股東權益報酬率高低，可由資產報酬率與資本結構兩個因素分析得知；當企業資產獲利能力高時，如再加上舉債經營的好處，則對股東而言，報酬率將會更高。

股東權益報酬率＝稅後淨利／平均股東權益
＝（稅後淨利／資產總額）×（資產總額／平均股東權益）
＝稅後資產報酬率 × 權益乘數

既然股東權益報酬率等於稅後資產報酬率乘上權益乘數，則我們可將稅後資產報酬率的分解比率代入式中；則股東權益報酬率便會轉換成稅後淨利率、資產週轉率及權益乘數三者的乘積。亦即股東權益的報酬率高低，是由產品銷售的邊際利潤、營運資產的運作效率及財務結構（是否舉債經營）共同構成；故企業要提升股東權益報酬率，亦可從此三方面著手。其公式如下：

股東權益報酬率＝稅後淨利率 × 資產週轉率 × 權益乘數

由於股東權益報酬率是以稅後淨利除以平均股東權益得之，它代表的是企業的獲利能力。稅後淨利可有三種不同的處理方式，其一是全數發放股利，其二是全數保留，資金作爲日後企業發展之用，其三是部分發放股利，部分保留作爲未來發展之用。通常股利發放與公司的股利政策有關，而我們可根據公司的股利的發放數，計算出股利支付率（＝現金股利數／稅後淨利）與盈餘保留率（＝1－股利支付率）；並可進一步根據股利支付率計算出可維持成長率（Sustainable Growth Rate）。所謂可維持成長率係指公司在資源獲利能力與財務政策不變的情況下，僅使用稅後淨利保留下來的資金，繼續投資所能夠達到的最大成長率。其公式如下：

可維持成長率＝股東權益報酬率 ×（1－股利支付率）

三、營業純益率

營業純益率＝營業利益／銷貨淨額

這是測量銷貨與獲利之間關係的比率。銷貨在扣除銷貨成本、管銷費用、利息支出之後，才能得到稅後淨利；因此，此一比率高低與產品售價、產品成本，管銷費用有相當密切的關連。它不僅可反映產品的競爭性，亦可反映內部管理的營運效率；故此一比率通常愈高愈好。純益率計算時，可採兩種不同的方式，一是採用稅後淨利的觀念計算，二是採用稅前淨利的觀念計算；無論採用哪一種方式計算，比率值通常是愈高愈好。此一比率如可採稅後的觀念計算，則須再扣除所得稅費用。

以A公司的財務比率來看，91年度的營業純益率為43.11%，92年度的營業純益率為39.62%，93年度的營業純益率為36.83%，這顯示公司這三年間的營業純益正持續下滑，公司有必要進一步檢視其他的比率，以確定營業利益下滑的原因。

	91年度	92年度	93年度
營業純益率	43.11%	39.62%	36.83%

四、營業毛利率

營業毛利率＝營業毛利／銷貨淨額

這是測量銷貨收入與銷貨成本之間的關係。如果銷貨毛利率較低，或則表示產品售價不高，或則表示產品成本較高。前者可能暗示市場競爭激烈，或是產品生命週期已趨成熟期，不太有價格拉抬的空間；而後者則可能表示賣方的談判能力較強，導致進貨價格居高不下。由於每個產業的毛利率可能不同，故在比較時應先和同業比較，比率值通常是愈高愈好，它顯示公司的經營績效衡量較佳。

以A公司的財務比率來看，91年度的營業毛利率為49.71%，92年度的營業毛利率為51.64%，93年度的營業毛利率為48.97%，顯示公司這三年間的營業毛利率仍維持正常水準。在比較「營業毛利率」與「營業純益率」後，可以確定A公司92年度與93年度營業利益下滑的原因，是因為年度的營業費用攀升所致。

	91年度	92年度	93年度
營業毛利率	49.71%	51.64%	48.97%

五、每股盈餘

每股盈餘＝稅後淨利／加權平均流通在外普通股股數

這是將公司的稅後淨利除以加權平均流通在外的普通股股數，計算出來每一股的獲利情形。每股盈餘（EPS）和股東的股利發放有關；在正常情形下，每股的股利發放數應低於每股盈餘，這樣公司才能保有資金（保留盈餘）繼續成長。但如果每股的股利發放數高於每股盈餘，則表示公司必須從過去保有的資金中，拿出錢來發放股利給股東，此時必然會影響公司長遠的發展，甚至可能表示公司準備結束營業，故打算將資金以股利的型態退還給投資股東。

雖然釋例的財務報表中並未提供流通在外的股數，但通常財務報表中會包括此一資訊，故此處「假設」A公司流通在外的股數1,600,000,000股，據以計算該公司的EPS。此時A公司91年度的每股盈餘為7.65元，92年度的每股盈餘為10.33元，93年度的每股盈餘為8.95元，顯示公司這三年間的每股盈餘維持相當不錯的水準。

	91年度	92年度	93年度
每股盈餘	7.65元	10.33元	8.95元

企業獲利、每股盈餘都和產業競爭有關係；因此在檢視每股盈餘時，我們須對該產業進行瞭解；在進行每股盈餘比較時，也需要先看同業的水準，之後，才能得到企業營運效能的初步印象。由於每股盈餘是最後綜合計算的指標值，故每股盈餘愈高，通常也就表示公司整體的營運狀況愈好。如果公司的資本結構比較複雜，有特別股、認股權證、可轉換公司債等，則公司在計算每股盈餘時，稅後淨利須先減去特別股股利，才能計算出普通股的每股盈餘，其公式如下：

每股盈餘＝（稅後淨利－特別股股利）／加權平均流通在外普通股股數

至於資本結構複雜的公司，則需依照會計原則計算兩種每股盈餘，一種是基本的每股盈餘（primary EPS），這是按照目前的加權流通在外普通股股數，算出來的每股盈餘；第二種就是充分稀釋的每股盈餘（fully diluted EPS），這是假設各種可轉換爲普通股的權證，都進行轉換，計算出來的加權流通在外的普通股股數，因爲普通股轉換之後的分母加大，故可顯示稀釋過後的每股盈餘。

六、本益比

本益比＝每股股價／每股盈餘

這是衡量普通股每股市價對每股盈餘的比率，本益比（price-earnings ratio）的倍數通常表示「假設」公司未來的獲利保持不變，則原始投資金額可以回收的年數，而本益比的倒數（每股盈餘／每股股價）就等於普通股的投資報酬率。通常本益比愈高，也代表市場投資者對於公司的未來獲利前景愈樂觀，反之，則表示投資人對於公司的獲利前景較爲悲觀。通常景氣階段不同、產業環境不同，其本益比數值的高低亦會不同；故其對投資報酬的影響並非絕對。一般而言，判斷公司當前本益比

的恰當與否，通常是透過「相對」比較的方式得知，包括與市場的本益比、產業的本益比、競爭對手的本益比、公司過去的本益比進行比較。

同樣的，釋例的財務報表中並未提供公司的股價，此處假設公司91年度、92年度及93年度的年底股價分別爲$250、$300及$280。此時A公司91年度的本益比爲32.70倍，92年度的本益比爲29.05倍，93年度的本益比爲31.28倍，顯示這三年間市場投資人對公司的獲利前景，大致仍維持相當穩定的看法。

	91年度	92年度	93年度
本益比	32.70倍	29.05倍	31.28倍

第六節　現金流量分析

現金流量是企業在特定期間內，因爲經營業務及投資理財等相關活動，所產生的現金流入及流出之情況。企業的資產負債表及損益表等財務報表，雖能反映企業的財務狀況與經營成果，但並不能反映企業的現金流量狀況。由於企業經營時，現金須投入應收帳款、存貨及固定資產與設備，不會保留太多的閒置現金；因此企業是否能取得足夠的現金，來支應企業的日常經營所需要的現金支出，便成爲企業能否繼續經營下去之關鍵因素。爲避免企業在經營上獲利甚佳，卻出現一時週轉失靈而陷入財務危機的結果，故我們必須留意企業的現金流量。

現金流量表中包括幾個部分，其一是來自營業的現金流量，其二是來自投資活動的現金流量，其三是來自理財活動的現金流量；其目的在協助報表閱讀者瞭解企業現金流量產生的主要來源。在分析現金流量時，通常須分析上述各類現金流入及流出之額度，並確保企業在各時間點皆能擁有足夠的現金，支應現金流出的需要。故當我們採用資產負債表、損益表評估企業財務狀況與經營效能時，亦須配合現金流量表進行分析；透過現金流量的分析，協助我們評估企業的獲利能力、流動性、管理能力及財務風險。常見的現金流量比率有以下三個，分別是現金流量比率、現金流量允當比率及現金再投資比率；分述如下：

一、現金流量比率

現金流量比率＝營業活動淨現金流量／流動負債

又稱營業現金流量比率（operating cash flow ratio），此一比率主要在測量營業現金流量，支應企業短期負債的能力，故在應用時可結合流動比率一起分析。而就短期債權保障而言，通常比率值愈高，對債權人的保障程度愈高。以 A 公司的財務報表來看，91 年度的現金流量比率爲 1.85 倍，92 年度的現金流量比率爲 2.71 倍，93 年度的現金流量比率爲 2.45 倍，顯示公司這三年間的短期償債能力正持續攀升。而結合「現金流量比率」與「流動比率」一起分析，亦不難發現 A 公司的短期償債能力，仍遠高於一般產業的平均水準。

	91 年度	92 年度	93 年度
現金流量比率	1.85 倍	2.71 倍	2.45 倍

二、現金流量允當比率

現金流量允當比率＝最近五年度營業活動淨現金流量／最近五年度（資本支出＋存貨增加額＋現金股利）

這是衡量企業由營業活動產出之現金流量，占企業長期、短期營運支出與股利的比重；這也是測量營業的現金流量，是否足敷企業長期營運支出所需。比率值愈大，則表示企業從營業而來的現金較多，無須透

過融資與理財活動籌措長期的營運資金。固比率值大於 1 時，通常就是表示企業從營業活動而來的現金，已足敷企業長期營運所需，無須對外融資。由於此一比率需要過去五年的相關資料，釋例提供的資料不足以計算，故此處暫時略過，讀者有興趣可自行找尋上市公司的相關資料計算得知。

三、現金再投資比率

現金再投資比率＝（營業活動淨現金流量－現金股利）／（固定資產毛額＋長期投資＋其他資產＋營運資金）

用以衡量營業活動之現金被保留部分，與各項資產比較，作爲其再投資各項營業比率之評估；此一比率可配合盈餘保留率進行分析。一般而言，比率值愈高，顯示企業扣除現金股利發放後，可用於投資各項資產的現金愈多。由於此一比率需要「現金股利」資料，無法經由釋例提供的資料計算得知，故此處亦暫時略過，有興趣的讀者可自行計算。

在分析現金流量時，還有一個重要的計算指標，即淨現金流量（free cash flow）。淨現金流量等於「來自營業的現金流量」減去「投資支出的變動數」（包括資本的淨支出與營運資金淨變動）之後，計算而得的現金流量，這也是可供分配給債權人與股東的現金流量，故其也是投資人與債權人較爲關心的現金流量指標。

第七節　生產力分析

分析時亦可結合財務資訊以外的人力資源資訊，作爲計算員工產值與生產力的依據。生產力分析中常見的比率，主要包括員工營業額、附加價值率、員工附加價值及固定資產生產力等四個比率。由於這些比率

均不易直接從財務報表資訊中得出，故此處僅列示公式，不作進一步的比較說明。茲分述如下：

每一員工營業額＝銷貨淨額／平均員工人數

此一比率旨在測定公司內每一從業員工的平均營業金額，通常可作爲員工產值的參考依據，亦可作爲衡量公司營業規模與員工人數配適度的參考依據。

附加價值率＝附加價值／銷貨淨額

附加價值＝銷貨淨額－（材料費＋託外加工費＋折舊費＋動力費）

「附加價值」等於「售價」減去「中間投入」，係企業得到勞動者的投入而創造出來的新的價值；此一比率的目的在測量每一元營業收入所創造的附加價值。附加價值是由從銷售額中扣除了原材料費、動力費、機械等折舊費後，由剩餘費用及人工費、利息和利潤等組成。附加價值的高與低只是個相對的、比較的概念。同一商品隨著時間、地點、人等種種條件的變化而發生變化。附加價值率爲不同單位及不同期間，績效優劣比較之重要指標。

員工附加價值＝附加價值／員工人數

此一比率在測量每位從業人員對附加價值之貢獻。由於產品的成本結構，除材料成本外，主要係由人工成本與機器成本構成，故此一比率愈大者，通常也表示公司的自動化程度愈高。

固定資產生產力＝附加價值／固定資產

此一比率在測量每投入一元固定資產，可產出若干倍之附加價值。如前所述，產品的成本結構組成方式不同，會導致生產力指標計算結果不同，故此一比率可配合「員工附加價值」進行分析，以分析產品全面

的價格競爭力。

生產力比率的指標，與傳統的財務比率指標略有不同。由公式中，讀者不難發現生產力指標計算時，對資訊的廣度與深度要求更高；一則是它常需要結合其他非財務資訊進行分析（如人力資源相關資訊），二則是它需要更精細的成本資料解構（如附加價值計算）。由於此方面的資料獲得與計算略微複雜，故此處雖加以介紹，但在後續的財務比率分析時，則將其略過不納入討論。

第八節　比率分析應注意事項

財務報表分析常因目的不同而有不同的作法。例如：若欲挑選投資或合併的對象，則財務報表分析可作爲初步甄選的工具；若欲瞭解公司未來的財務狀況與經營結果，則財務報表分析可作爲預測的工具；若想探究管理、營運及其他各方面的經營問題，則財務報表分析可作爲診斷的工具；若想知道經營者的績效，則財務報表分析亦可作爲評定績效的工具。雖然財務報表分析的用途甚多，但在進行分析企業的財務報表之際，亦須注意以下諸點：

一、財務報表的攸關性

財務報表係爲根據一般公認的會計原則及會計處理方法，而彙總編製之財務報告，因此在與未來價值攸關的資訊上，常須借重附表與附註的揭露方式表達。如財務報表中的會計數值係以原始的歷史成本爲基礎，須經貨幣時間價值與物價水準的調整重估，以反映眞實的市價現值。故報表使用人在分析財務報表時，亦應研究財務報表的附表與附註事項，因其中常常會包含比報表本身更重要的未來資訊。

再者，在編製財務報表的作業過程中，會計處理常須涉及估計或判斷等人爲因素，故會計資訊使用人亦須瞭解，財務報表的資訊內容，仍無法完全排除企業在會計政策的選擇與人爲估計的影響。而會計估計本身亦可能面臨正確性的問題，當壞帳及折舊估計不正確時，則財務報表必然相對失眞。

二、產業特性差異

由於各行業之產業特性有所差異，想要評判企業的經營成績是否良好以及未來的成長性如何，往往必須配合產業的財務比率之平均水準，最後才能進行綜合的分析判斷。在與同業相較時，須留意過與不及，都應該注意。如果公司的營運效能相關比率超越同業太多，則須留意公司是否還隱藏著其他問題；這是因爲同業競爭中，大家都以類似的方式營運，也都在追求營運效率與效能，爲什麼其他企業落後分析公司這麼多？至於在同業均值比較上，或可參閱銀行公會聯合徵信中心的「台灣地區主要行業財務比率」，或採經濟部標準產業分類碼（SIC），選擇營運相近的競爭同業，均可充作比較的依據。

三、總體與產業環境變遷

企業的經營運作很容易受到外部環境因素的影響，譬如經濟的景氣變動或產業突發的事件，皆有可能損及企業的獲利大小。而企業的財務報表的公開發布，往往落後於財務報表的編製時間，故企業營運的環境可能已然出現重大的改變。因此，應用財務報表分析之際，須注意財務報表的時效性，留意相關的產業資訊，與非量化的產業訊息，如媒體報導和財務報表當中的附註事項，密切觀察財務報表公布後之企業的經營變動，才能建立較爲正確的企業評價。

四、非量化資訊表達

財務報表僅能顯示貨幣價值的會計資訊，對於非量化的質性資訊，則無法評估。如前所述，智慧資本中之人力資本，在知識經濟體系下具有甚高的價值，但卻無法以貨幣型態顯示在財務報表中。故在分析企業的財務報表時，須同時結合財務資訊、非貨幣性的質化資訊，加上對產業特性的瞭解，才能深入地評估企業的經營成績與發展能力。

五、企業代理問題

由於企業資訊使用人，不易獲得確切的企業資訊，以評估企業經營績效與財務狀況，故管理當局也可能存在個人誘因，刻意操縱所發布的經營成績，或惡意虛飾財務報表的內容。針對「資產負債表」進行資產美化、壓低負債並高估權益；針對「損益表」則膨脹收入、減列成本及費用並掩飾損失。如當企業的經營成績良好的時候，可能會基於稅務上的考量，可能會調整存貨差異，或調轉會計科目及虛列費用，採取保守的低調處理。或者爲維持銀行貸款之目的，將重大費用轉列遞延資產、或辦理現金增資，以降低負債比例等。反之，當企業的經營成績欠佳時，則有可能爲求粉飾其經營失敗以免企業利害關係人產生信心動搖而損害公司利益，將成品或產料在季末或年底大量出貨給經銷商、關係企業或海外發貨倉庫以創造營收，美化財務報表的內容。故當會計資訊使用人在評估企業營運績效之際，須同時參酌財務比率、以非會計的質化資訊、經營團隊正直程度、產業相關資訊共同判斷，才能深入瞭解財務報表數字背後隱藏的意義，有效掌握企業的眞實價值。

六、比較基礎問題

採用財務比率比較時，可能面臨兩個比較基礎的問題，第一是同一產業競爭公司，可能會採用不同的會計評價方法，如存貨的先進先出法與後進先出法、固定資產折舊的加速折舊法與直線折舊法等，這些差異都可能影響財務比率的分析結果。第二是公司的多角化經營，產業內的公司都只有部分的產品與其他公司競爭，公司之間的營運基礎不同，導致公司的比較性降低。再者，不同國家編製財務報表的準則可能並不相同，這使得許多國際性的公司，同時存在營運基礎與會計基礎差異的問題，因而限制了財務分析的使用。

七、工具性原則

工具性原則主要有二，其一是「重點分析原則」，其二是「綜合分析原則」，這是針對財務報表分析進行時，進行程序的原則性建議。首先，就「重點分析原則」而言，這是就成本效益的考量。雖然每個科目、每項比率各有其不同的營運意涵，但在財務報表分析時，可按照科目相對的價值進行分析方向與重點的選擇。如應用ABC的分析方式，按會計科目相對價值的高低及發生頻率之次數，選擇分析的重點；而在比率的差異探討時，亦可選擇差異較大的比率項目優先探討，以兼顧財務報表分析的理想性與實用性。

其次，就「綜合分析原則」來看，這是基於分析效度的考量。由於不同的分析方法假設不同，故在應用時可能各有其限制，如果能夠採用多種資訊來源，多項比率或分析方法，則較能顯示企業營運的全貌。如果各方面資訊顯示的結果都相當一致，則表示此一財報分析與價值評估，具有測量工具上的收斂效度（convergent validity），結果甚為正確。如果各方顯示的結果不一，則財務報表分析者便應謹慎應對，並應以此作為分析的方向與重點，找出不一致現象產生的原因。

第七章
財務比率結構分析

第一節　同體財務報表

所謂同體財務報表（common size financial statement）是將財務報表中的各個項目，以共同的基準值，將各個項目按照基準值換算成基準值的百分比；亦即以該基準值作爲100%，再將其他各構成項目之金額換算爲該基準值的百分比，藉以瞭解財務報表中各構成項目的重要性。在損益表中，是以銷貨淨額爲100%，分別計算各分項收益、費用占銷貨淨額的百分比；至於在資產負債表中，則以資產總額爲100%，分別計算各類資產、負債及股東權益占總資產的百分比。編製同體財務報表可避免兩家（或多家）公司因規模因素的影響，造成財務報表中單一數值比較上出現錯誤的結論。如A公司年度銷貨淨額爲50億，B公司年度銷貨淨額爲30億；而A公司年度稅後淨利爲4億，B公司的年度稅後淨利爲3億，如我們只看單一數值，無論是銷貨淨額或是稅後淨利，都可能認爲A公司的獲利能力高於B公司。但如編製同體財務報表後，則會發現A公司的稅後淨利率爲8%，而B公司的稅後淨利率爲10%，故反而是B公司的獲利能力較佳，而非A公司。

同體損益表可顯示收益、費用占銷貨淨額的百分比，而同體資產負債表可顯示各類資產、負債及個別股東權益項目占資產總額的比率。這種化爲100%的比率表達方式，不僅在單一年度比較時可排除規模因素造成的影響；在多個年度比較時，同體財務報表更可透過相同的比率基礎，得知企業的營運效能變化。茲以第六章引述的高科技公司與另一家公司的釋例，而爲便於比較，茲將兩家公司財務報表的科目略加調整，其同體損益表（如**表7-1**）與同體資產負債表（如**表7-2**）格式，顯示如下：

表 7-1　同體損益表

	A 公司		B 公司	
（單位：新台幣百萬元）	93 年度	%	93 年度	%
營業收入淨額	40,054	100%	255,992	100%
營業成本	(20,439)	51.03%	(145,831)	56.97%
營業毛利	19,615	48.97%	110,161	43.03%
營業費用	(4,864)	12.14%	(23,338)	9.12%
營業利益	14,752	36.83%	86,823	33.92%
營業外收支淨額	(410)	1.02%	4,946	1.93%
稅前淨利（損）	14,342	35.81%	91,779	35.85%
營利事業所得稅利益（費用）	(18)	0.05%	538	0.21%
稅後淨利	14,324	35.76%	92,316	36.06%

表 7-2　同體資產負債表

	A 公司		B 公司	
（單位：新台幣百萬元）	93 年度	%	93 年度	%
流動資產	32,065	67.43%	173,667	35.62%
長期投資	12,052	25.35%	0	0%
固定資產	2,027	4.26%	227,976	46.75%
無形及其他資產	1,405	2.95%	12,617	2.59%
資產總額	47,550	100%	487,553	100%
流動負債	4,837	10.17%	60,639	12.44%
長期負債	0	0%	27,949	5.73%
其他負債	74	0.16%	0	0%
負債總額	4,911	10.33%	88,588	18.17%
股本（含增資準備）	7,693	16.18%	232,520	47.69%
資本、法定及特別盈餘公積	4,353	9.16%	56,537	11.60%
累積盈餘	30,592	64.34%	113,730	23.33%
股東權益合計	42,638	89.67%	398,965	81.83%
負債及股東權益總計	47,550	100%	487,533	100%

兩家高科技公司的同體財務報表放在一起，不難發現兩家公司的營收結構雖然接近，但資產負債組成結構卻有許多差異。如 A 公司的流動資產比重甚高，對固定生產設備的依賴程度甚低；但相對的，B 公司的流動資產比重略低，但對固定資產的依賴程度較高。再者從資本結構來

看，A公司資金來源，主要來自內部資金；相對的，B公司的資金來源，雖主要來自內部資金，但也會使用外部舉債的資金，顯示兩家公司的財務政策略有不同。由於兩家公司的營運內容並不相同，故必然導致兩家公司在營收結構與資產負債結構上出現差異。如我們僅從營業淨額、營業利益或稅後淨利等單一數值來看兩家公司，可能會誤以爲A公司的獲利僅爲B公司的六分之一，但其實不然，這兩家公司都是獲利能力甚佳的公司。這種數值上的差異，純然只是兩家公司的規模與營運方式不同所致，而這正是同體財務報表希望克服的問題。

我們也可以將A公司兩年度的同體損益表進行比較（如表7-3），此時便不難發現A公司兩年度營收結構、資產負債結構之間的變動情形；此亦爲同體財務報表所具備的比較優勢。以公司93年度爲例，A公司的營業成本占銷貨淨額的比率是51.03%，營業費用占銷貨淨額的12.14%，營業利益占銷貨淨額的36.83%，而稅後淨利占銷貨淨額的35.76%。再從93年度的資產負債表來看（如表7-4），公司的流動資產占了總資產的67.43%，顯示了極高的流動性；固定資產占4.26%。負債

表7-3　92-93年度同體損益表

損益表（單位：新台幣百萬元）	92年度	%	93年度	%
營業收入淨額	38,064	100%	40,054	100%
營業成本	(18,409)	48.36%	(20,439)	51.03%
營業毛利	19,655	51.64%	19,615	48.97%
營業費用				
推銷費用	(183)	0.48%	(434)	1.08%
管理費用	(440)	1.16%	(911)	2.27%
研究發展費用	(3,950)	10.38%	(3,518)	8.78%
營業費用合計	(4,574)	12.02%	(4,864)	12.14%
營業利益	15,081	39.62%	14,752	36.83%
營業外收支淨額	1,528	4.01%	(410)	1.02%
稅前淨利（損）	16,609	43.63%	14,342	35.81%
營利事業所得稅費用	(87)	0.23%	(18)	0.05%
稅後淨利	16,522	43.41%	14,324	35.76%

表 7-4　92-93 年度同體資產負債表

資產負債表（單位：新台幣百萬元）	92 年度	%	93 年度	%
流動資產				
現金及約當現金	21,603	51.45%	22,770	47.89%
短期投資	1,087	2.59%	870	1.83%
應收票據及帳款	3,706	8.83%	3,489	7.34%
存貨	2,076	4.94%	3,252	6.84%
預付款項及其他流動資產	726	1.73%	1,685	3.54%
流動資產合計	29,198	69.54%	32,065	67.43%
長期投資	11,460	27.29%	12,052	25.35%
固定資產	1,049	3.36%	2,027	4.26%
無形資產	280	0.67%	1,405	2.95%
資產總額	41,987	100%	47,550	100%
流動負債				
應付票據及帳款	4,181	9.96%	2,622	5.51%
其他流動負債	1,706	4.06%	2,215	4.66%
流動負債合計	5,887	14.02%	4,837	10.17%
長期負債	11	0.03%	0	0%
其他負債	54	0.13%	74	0.16%
負債合計	5,952	14.18%	4,911	10.33%
股東權益				
股本（含增資準備）	6,415	15.28%	7,693	16.18%
資本、法定及特別盈餘公積	116	6.22%	156	9.16%
累積盈餘	27,008	64.32%	30,592	64.34%
股東權益合計	36,035	85.82%	42,638	89.67%
負債及股東權益總計	41,987	100%	47,550	100%

總額占資產總額的 10.33%，其中流動負債就占了 10.17%；股東權益占資產總額的 89.67%，股本占資產總額的 16.18%，而累積盈餘就占資產總額的 64.34%，顯示公司的獲利能力甚強。但這並無法顯示 A 公司的營運狀態與財務狀況，在不同時點上的變化（進步或退步）。

但以**表 7-4** 的兩年度同體資產負債表來看，則不難發現 A 公司的營業成本占銷貨淨額的比率由 92 年度的 48.36%，上升到 93 年度的 51.03%；營業費用占銷貨淨額的比重由 92 年度的 12.02%，略升至 93 年度 12.14%，但研發費用占銷貨淨額的比率，在 93 年度卻下跌了 2.6%。再者，流動資產占資產總額的比率，也由 92 年度的 69.54%，下滑至 93 年度的 67.43%，兩年度之間下跌 2.11%；流動資產其中的現金及約當現金占資產總額的比重，亦由 92 年度的 51.45%，下滑至 93 年度的 47.89%，下滑了 3.56%。

故同體財務報表不僅可在同一年度的不同公司間，提供有意義的比較數據；跨年度之間的比較，亦可提供相當大的分析助益。但本章只探討靜態的結構性比較，有關年度之間的趨勢比較，可詳見第八章。

第二節　財務比率結構分析

財務比率項次甚多，如以本書第六章所引述的各種比率來看，就將近有四十種常用的比率。從解釋與預測的角度來說，以簡御繁，以最少的財務比率，解釋最多的企業能力與現象，一直是社會科學追求的目標。爲達到這種以簡御繁的目的，我們就必須適度處理這些財務比率，或者從許多比率中篩選出幾個重要的比率，或者透過性質歸屬的方式，將財務比率歸納成爲經營能力的幾個構面，以便全方位的檢視企業經營能力。

在篩選重要的財務比率時，我們或可採取下列三種方式：（1）採取前述的主觀分類方式，根據比率的相對重要性，擷取重要的財務比率爲代表，作爲公司財務良窳判斷的基礎；（2）根據財務比率的相關性分析，由比率之間變動的相關性高低，進行財務比率的歸屬與命名，並建立財務比率的層級結構；（3）我們亦可採用客觀統計分類的方式，透過因素分析進行財務比率的歸屬與命名，並以因素分析的結構，作爲建立財務比率層級結構的基礎；之後再配合其他方法的應用（如分析層級程序法），建立財務比率的相對權重與配分，以評估企業的經營能力。如何篩選重要的財務比率，並非本書的討論重點，此處僅針對財務比率的結構性進行探討。

一、比率分類結構

(一) 本書的分類結構

◆經營能力

1.應收帳款週轉率＝銷貨淨額／（平均應收帳款＋平均應收票據）
2.應收帳款收現天數＝365日／平均應收帳款週轉率
3.應付帳款週轉率＝銷貨成本／（平均應付帳款＋平均應付票據）
4.應付帳款週轉天數＝365日／應付帳款週轉率
5.存貨週轉率＝銷貨成本／平均存貨
6.存貨週轉天數＝365日／存貨週轉率
7.營業週期天數＝應收帳款週轉天數＋存貨週轉天數
8.現金循環天數＝營業週期天數－應付帳款週轉天數
9.流動資產週轉率＝銷貨淨額／平均流動資產
10.營運資金週轉率＝銷貨淨額／（流動資產－流動負債）
11.固定資產週轉率＝銷貨淨額／平均固定資產淨額
12.總資產週轉率＝銷貨淨額／平均資產總額
13.淨值週轉率＝銷貨淨額／平均股東權益

◆償債能力

1.流動比率＝流動資產／流動負債
2.速動比率＝（現金＋短期投資＋應收帳款＋應收票據）／流動負債
3.現金比率＝（現金＋短期投資）／流動負債
4.短期借款償還能力＝流動資產／短期銀行借款

5.利息保障倍數＝稅前息前淨利／利息支出

6.利息保障倍數（現金基礎）＝稅前息前現金流量（營業現金流量＋所得稅費用＋利息費用）／利息費用

◆財務結構

1.淨值比率＝股東權益總額（淨值）／資產總額

2.負債比率＝負債總額／資產總額

3.財務槓桿比率＝負債總額／股東權益

4.長期資金占固定資產比率＝（股東權益淨額＋長期負債）／固定資產淨額

5.長期負債對長期資金比率＝長期負債／（股東權益＋長期負債）

6.固定比率＝固定資產／資產總額

◆獲利能力

1.資產報酬率＝〔稅後損益＋利息費用（1－稅率）〕／平均資產總額

2.股東權益報酬率＝稅後損益／平均股東權益

3.營業純益率＝稅前淨利／銷貨淨額

4.營業毛利率＝營業毛利／銷貨淨額

5.每股盈餘＝稅後淨利／加權平均流通在外普通股股數

6.本益比＝股價／每股盈餘

◆生產力

1.每一員工營業額＝銷貨淨額／平均員工人數

2.固定資產生產力＝附加價值／固定資產

3.附加價值率＝附加價值／銷貨淨額

4.每員工附加價值＝附加價值／員工人數

◆現金流量

1.現金流量比率＝營業活動淨現金流量／流動負債

2.現金流量允當比率＝最近五年度營業活動淨現金流量／最近五年度（資本支出＋存貨增加額＋現金股利）

3.現金再投資比率＝（營業活動淨現金流量－現金股利）／（固定資產毛額＋長期投資＋其他資產＋營運資金）

（二）五力分析的分類結構

五力分析是實務上廣爲運用的一種整體性經營分析技術。其目的是透過各種比率，以瞭解企業五個方面能力的狀態，協助企業及早發現企業營運問題，並提升企業的獲利能力。這五種企業能力分別是收益力、安定力、活動力、成長力及生產力。其中收益力是在評估企業投入資金（資本）的獲利能力；安定力是在評估短期償債能力及財務結構的安全性分析。活動力是分析企業資本（資產）運用效益與管理能力；而成長力則是在評估企業的成長性，以各生產要素（固定資產、經營資本或員工人數）與經營成果（營業收入、經營利潤或附加價值）之增減率高低，作爲成長性評估的依據；至於生產力，則是著重在生產過程中，生產要素投入與產出之間的比值，據以衡量企業之生產效能。五力分析的比率結構及常用的相關比率，顯示如下：

◆收益力

1.資產報酬率＝稅前利潤／平均資產總額＝營業純益率 ×總資產週轉率

2.股東權益報酬率＝稅後淨利／股東權益

3.營業純益率＝稅前利潤／銷貨淨額

4.營業毛利率＝營業毛利／銷貨淨額

5.每股盈餘＝稅後淨利／加權平均流通在外普通股股數

◆安定力

1.速動比率＝速動資產（現金＋短期投資＋應收款項）／流動負債

2.流動比率＝流動資產／流動負債

3.固定比率＝固定資產淨額／股東權益

4.財務槓桿比率＝負債總額／股東權益

5.淨值比率（自有資本率）＝股東權益 ／ 平均總資產

◆活動力

1.總資產週轉率＝銷貨淨額／平均總資產

2.存貨週轉率＝銷貨淨額／平均存貨

3.存貨週轉天數＝ 365 天／存貨週轉率

4.應收帳款週轉率＝銷貨淨額／（平均應收帳款＋平均應收票據）

5.應收帳款週轉天數＝ 365 天／應收帳款週轉率

6.固定資產週轉率＝銷貨淨額／平均固定資產淨額

7.淨值週轉率＝銷貨淨額／平均股東權益

◆成長力

1.營業成長率＝（本年銷貨淨額－上年銷貨淨額）／上年銷貨淨額

2.附加價值成長率＝（本年附加價值－上年附加價值）／上年附加價值

3.稅前利潤成長率＝（本年稅前利潤－上年稅前利潤）／上年稅前利潤

4.固定資產成長率＝（本年固定資產－上年固定資產）／上年固定資產

◆生產力

1.每一員工營業額＝銷貨淨額／平均員工人數

2.總資本投資效率＝附加價值／平均資產總額

3.用人費生產力＝附加價值／用人費

4.固定資產生產力＝附加價值／固定資產

5.附加價值率＝附加價值／銷貨淨額

6.每位員工附加價值＝附加價值／員工人數

當仔細檢視五力分析的架構，不難發現這五個構面其實並非同一時點的靜態結構分析，它還包括了動態不同時點的成長力分析指標。本書所提出的比率分類結構與五力分析的比率分類結構，只是歸屬方式與切入構面的不同，都是根據財務比率之間的性質歸屬，得到的分類結果而已，並無分類上優劣比較的意義。由於我們進行比率分析的目的，是爲了瞭解企業的經營能力，而前述兩種比率分類的方式，雖能讓我們進行個別比率的高低優劣比較，但卻無法協助我們將這些不同比率的結果，整合成爲企業不同構面的能力，並瞭解企業整體的競爭能力。因此，我們還需要其他的工具，以協助我們將相關的財務比率，整合成企業的經營能力。

二、財務指標的層級結構

（一）財務比率結構

財務比率的層級結構是採用財務比率性質歸屬的方式，將個別財務比率納入適當的企業經營能力層面，便於我們檢視企業在該層面上的能力表現。換言之，如以五力分析來看，我們可將資產報酬率、每股盈餘、營業純益率、營業毛利率、股東權益報酬率五個比率，作爲收益力的組成因素；將速動比率、流動比率、固定比率、財務槓桿比率、淨值比率等，作爲安定力的組成因素。其他層面亦可依序由相關財務比率組成，故五力分析的比率結構圖可顯示如**圖 7-1**。

這種屬性分類的財務結構，雖然能夠將個別的財務比率放到對應的企業能力之上，但由於個別公司在各項財務比率的表現並不相同，故比率混合的結果，反而無法告訴我們兩家企業的相對狀態。如 A 、 B 兩家

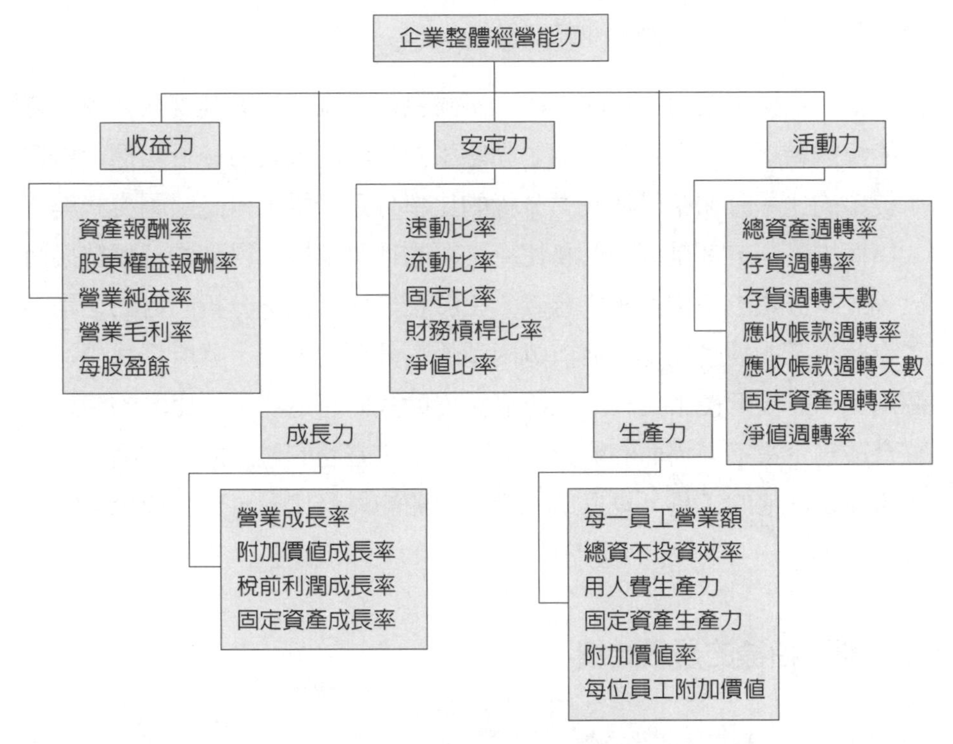

圖 7-1　五力分析的比率架構圖

公司，A 公司的資產報酬率、每股盈餘上表現較佳；相對的，B 公司在營業純益率、營業毛利率與股東權益報酬率上表現較佳，試問在收益力上，是 A 公司較佳？還是 B 公司較佳？除非是 A 公司在該項能力的所有比率，都超過 B 公司，否則這種 A 、B 公司優劣混雜的現象必然導致財務分析人員難以判斷兩家公司的經營能力差距。換句話說，如果沒有其他的配合措施，這種屬性分類的比率結構，會面臨客觀比較上的困難。

因此，要客觀比較兩家公司的經營能力與財務狀況，至少還要具備兩個要件，第一是建立客觀比較的基準，故須將各項比率值進行轉化並重新配分，如流動比率爲 200% 時，得分多少？流動比率爲 150% 時，得分爲何？資產報酬率爲 8% 與 4% ，各得多少分？由於每一個財務比率計算的基礎與標準都不相同，未經轉化前，各財務比率根本無法進行運算；而經過轉化及配分後的財務比率，不僅能夠加總、平均，也可以進行較爲複雜的統計運算。在比率值轉化並重新配分上，分析人員只要找出財務比率的標準值，或採產業均標，或採財務比率應有的理論值，配合比率值的區間，便可完成單項財務比率配分的工作。

第二個要件是要建立財務比率間的相對權重，以協助分析人員加總、運算及判斷；如資產報酬率與淨值報酬率二者，哪一個比較能夠代表公司的收益力？以及這兩個比率各能解釋多少百分比的收益力？在第二個要件下，各項財務比率可依不同的權重分別計算，再各自乘上相對的權重，加總得出企業各層面經營能力的得分。在財務比率的相對權重上，則需透過主觀分類或客觀分類的分析工具，才能建立比率值的相對權重。以下僅先介紹一種建構在專家基礎上主觀分類的方法，也就是分析層級程序法（Analytical Hierarchy Process, AHP）；在下述「統計的分類結構」中，才介紹另一種建立在客觀統計技術的因素分析方法。

（二）分析層級程序法

「分析層級程序法」爲專家意見法的一種，係由 Saaty 於 1971 年所提出之量化技術（Saaty & Vargas, 1990），當時的應用目的是在解決埃及國防部應變計畫的評估問題。AHP 不僅簡明易用，而且成效顯著，應用於政策規劃、預測、判斷、資源分配以及投資組合等各方面，能夠提供建立系統化結構清晰的層級體系，並賦予相同層級中的不同要素指標相異但具關連性的權重，從而提供決策者選擇與作決策判斷的依據，據以作出較佳的決定。AHP 因其理論簡明易懂且容易應用，因而受到學術研究和實務工作者相當的重視。這也是一種將研究者建立的主觀分類，透過專家意見的表達與評估，而形成客觀結果的分析過程。

AHP 的主要功能在於決定多個變項之間的相對權重，而且除了可以求得同級各個變項的權重分配數值外，並可測出所求得結果的一致性。

在方法上，分析層級程序法可使複雜的系統簡化爲簡明因素之層級系統，並彙集學者專家及實際參與決策的意見，比例尺度（ratio scale）彙集各專家之評估意見，在各要素間執行因素間的成偶比對（pairwise comparison）。比對之後，建立比對矩陣，並求出特徵向量（eigenvector），以該向量代表層級中某一層次中各因素間的優先順序（priority）。求出矩陣的特徵向量後，接著求算其中最大特徵值（maximized eigenvalue），用以評定比對矩陣一致性的強弱，評定之結果可作爲決策資訊取捨或再評估的參考指標。如此一來，不僅可有效去除個人主觀的項目權重分配，對於複雜度與更迭性高的定性或定量問題，皆能得到客觀的結論。一般而言，AHP的基本架構內容大致可分爲以下四個步驟：

◆將複雜的評比問題結構化

利用層級結構關係，將複雜的問題採用指標的方式，由高層次（high level）往低層次（low level）逐步展開，建立一個指標的層級架構體系，以便交由專家進行評估。

◆設定尺度，建立成偶比對矩陣

將同一層級的所有指標，請專家進行兩兩指標之間相互重要性的比較；評估時，並以比例的方式顯示指標之間的相對重要性，建立成偶比對矩陣。

◆求取優先向量及最大特徵值

透過矩陣運算與正規化解（normalized solution），求取優先向量（priority vector）W與最大特徵值λ max。此一部分通常可透過AHP程式的電腦軟體計算而得。

◆測定一致性

計算成對比較矩陣之一致性指標C.I.值（consistency index）及一致性比率C.R.值（consistency ratio）。其中一致性指標，是AHP法用來衡量

評估者之判斷過程是否合乎一致性的指標；而一致性比率值係AHP利用來衡量成對比較矩陣的整體一致性。通常C.R.值必須小於0.1，才是可接受的一致性水準；如果C.R.值大於0.1，則表示專家判斷具有隨機性，必須考慮重新評估或修正。而C.R.值的計算須依賴一致性指標與隨機指標R.I.（random index）；即C.R.＝C.I.／R.I.。隨機指標是由隨機產生的倒值矩陣之一致性指標，其值會隨著矩陣階數的增加而增加。

應用分析層級法評選每個層次各因素之相對權重，通常要經過幾個步驟，分別是設計評估問卷，專家問卷塡寫和利用電腦程式進行問卷分析。分析層級可計算出兩個以上層次所構成之因素層級系統中，每個層次之因素的優先率，再將每個層次連接起來，便可計算出最低層次之各個因素對整個層級之優先率。故分析層級程序法不僅能運用專家的意見解決複雜的決策問題，同時亦可藉比對矩陣及特徵向量來決定各影響因素之間的相對權重，故頗具實用價值。

舉例來說，如本書的財務比率分類結構或五力分析結構，在AHP法下，假設得到如**表7-5**的結果。而透過逐層的財務比率與權重計算，便可彙整出企業整體經營能力的得分，這也是實務運作上常見、必須採取的作法。如銀行貸款時，便可根據個別申貸公司的財務狀況進行比較，並以各構面能力的得分高低，作爲財務判斷的依據。因此，我們可透過AHP的方法，將財務比率依其屬性，建立主觀分類的比率結構，經由不同專家的參與評估，而提升了財務比率在權重上的客觀性。且經過AHP評估之後，個別財務比率與比率構面便可得出相對權重，可供作爲專業判斷與經濟決策的參考依據。

三、統計的分類結構

在「財務指標的層級結構」中，我們提出將主觀分類的比率結構，轉換成客觀能夠計算得分與權重的分析層級程序法，但這種方法應用

表 7-5　財務比率相對權重配分表——分析層級程序法

五力分析的財務比率結構				本書採取的六構面比率結構			
收益力	30%	資產報酬率	13%	經營能力	18%	（略）	
		股東權益報酬率	22%	償債能力	15%	流動比率	35%
		營業純益率	20%			速動比率	19%
		營業毛利率	15%			現金比率	12%
		每股盈餘	30%			短期借款償還能力	15%
安定力	16%	（略）				利息保障倍數	14%
活動力	20%	（略）				利息保障倍數（現金基礎）	5%
成長力	15%	（略）		獲利能力	35%	（略）	
生產力	19%	（略）		財務結構	14%	（略）	
				生產力	10%	（略）	
				現金流量	8%	（略）	
合　計	100%			合計	100%		

說明：此處的權重係假設性的數字，目的在說明 AHP 的產出結果以供參考，並非實際的研究結果。

時，須先根據財務比率性質建立分類的層級結構，否則將無法進行兩兩比較；因此 AHP 法比較不適合層級結構未知，或是結構性較差的評比問題。故在面對結構性不佳的情境下，我們必須採取不同於 AHP 的分析途徑，從一堆財務比率中建立比率的結構以進行比較。因素分析（factor analysis）就是一種由財務比率本身自行分類的方法，在理論與實務的層面，經常引述的一種統計分類方法。

因素分析係以少數的潛在變數，以解釋一群可觀察的變數的統計方法，例如一個人的智商可能就是解釋學生數學成績與英文成績差異的共同因子。因素分析的目的在於解釋變數間有什麼型態（pattern）的關連，甚至可說，它企圖想知道「我們能否用少數稱爲因素（factor）的潛在變數，去解釋大部分的可觀察變數間的相關」。因素分析重視的是影響應變數的因素以及其影響力，並認爲每一個樣本的反應變量均由一些共同因

素[1]（common factor）F_i，$i = 1\sim m$ 和唯一因素（unique factor）U_j，$j = 1\sim p$ 構成的線性函數，其模式如下：

$$Z_j = a_{j1}F_1 + a_{j2}F_2 + a_{j3}F_3 + a_{j4}F_4 + \cdots + a_{jm}F_m + U_j$$

其中

Z_j：為第 j 個變項的標準化分數

F_i：為第 i 個共同因素上之因素分數（factor score）

m：共同因素的數目

U_j：變項 Z_j 的唯一因素

A_{ji}：因素負荷量（factor loading），此值反映出觀察變項與因素之間的關係

因素分析假設個體在變數上之得分，係由兩個部分組成，一是各變數共有的成分，即共同因素或潛在因素（latent factor），共同因素可能是一個、兩個或數個；另一個是各變數獨有的成分，即獨特因素。若每個受測者有 k 個變數分數，由於每個變數均有一個獨特因素，故有 k 個獨特因素；但共同因素的數目 g，通常少於變數的個數（$g \leqq k$），而因素分析的目的，就是要抽取出此共同因素或潛在因素。模式中 A_{ji} 與 F_i 的乘積爲各因素能解釋之共通的部分；而 U_j 爲變項 Z_j 的唯一因素，亦爲誤差的部分。以財務比率來說，因素分析模式即是：

$$財務比率觀察值 = \sum_{1}^{n}（因素負荷量）\times（因素分數）+ 誤差$$

因素分析可分爲兩種，第一種是探索性因素分析（exploratory factor analysis, EFA），它的目的是在承認有測量誤差的情形下，以少量的因素

[1] 因素分析係由英國心理學家 Charles Spearman 於在 1927 年提出；他利用這些測驗結果間的相關性，計算出一個可以代表所有測驗共通部分的單一因子，並稱爲共通因子（general factor），或簡稱爲 g。

來解釋許多變項間的相關關係；第二種是驗證性因素分析（confirmatory factor analysis, CFA），重在驗證既有的因素與結構，以及是否能解釋資料變項間的共變關係。這兩類分析之間的差別，在於我們對財務比率因素結構的瞭解程度。如果我們對於財務比率的因素性質、結構及個數不太清楚，便可透過探索性因素分析，根據財務比率變動之間的相關關係，以期能夠找出少數幾個重要因素，代表所有重要的財務比率。但如果我們已經從相關文獻中得知，財務比率的因素數目與結構，便可使用驗證性因素分析，以驗證該財務比率的因素結構，與實際財務比率相符的程度。故驗證性的因素分析，重在因素結構關係之確立（model specification），以及驗證實際資料與假設模式之間的適合度（fitness）。

面對比率結構不明確的情境，探索性因素分析無疑是一種相當有效的分類方法。在分析中，它可將與因素軸相關程度較高的個別財務比率，歸屬到相同的共同因素，並以單一的共同因素來解釋多個財務比率。這種作法不僅可達到決策上以簡御繁的目的，亦可避免個別財務比率的高度相關與重複測量的問題。探索性因素分析採取的步驟包括：

（一）估計共通性

計算各變數間的積差相關係數，組成一相關係數矩陣，以估算共同性（h_2）（communality）。

（二）決定因素的數目

抽取因素太多或太少時，可能會將一個因素拆成兩個或扭曲因素空間；一般而言，因素的數目愈少愈精簡，但相對統計解釋量也會較少。在因素分析之前，通常會先以 Bartlett 球形檢驗法，以確定變項之間的相關係數是否適合進行因素分析。而在因素數目選擇時，通常會透過陡階檢驗（scree test），選取特徵值（eigenvalue）大於 1 的因素[2]。

（三）估計因素負荷量

因素負荷量（factor loading estimation）估計與因素分析的估計模式有關；一般常採的作法是，以因素分析中內設（default）的主成分法（principal component method）來估計因素負荷量。其他還有主軸因素法（principle axis factors）、最小平方法（least squares method）、疊代主因子法（iterative principal factor, IPF）、最大概率法（maximum-likelihood method）等多種方法。其中以主軸因素法是分析變項間的共同變異量，與分析全體變異量的主成分分析法不同，且其淬取出來的因素內容較易瞭解。決定哪些變項較受哪些因素的影響，須觀察變項的因素負荷量大小；一般較常採取的標準是因素負荷量大於 0.30 或 0.40 以上，作爲判斷取捨的依據。

（四）因素轉軸

一般進行因素分析的步驟，是先以因素分析中統計軟體內設的主成分法來估計因素負荷量，保留特徵值大於 1 的因素，之後再以直交轉軸（orthogonal rotations）的最大變異法（varimax）進行因素轉軸。直交轉軸法的優點是因素之間提供的訊息不會重疊，因素之間彼此獨立互不相關，故其結果較爲簡單，易於解釋，但在實際的生活中，因素之間彼此相關的可能性卻常常存在。

轉軸（rotation）的目的在使因素負荷量易於解釋，但進行轉軸之後，也會導致變項在每個因素的負荷量變大或變小，而非原先每個因素負荷量均等的情況。轉軸的方式有許多種，如最大變異法、四次方最大值法（Quartimax）、相等最大值法（Equamax）、直接斜交轉軸法（Direct

---

[2]亦有學者認爲以特徵值大於 1 作爲因素個數判斷的方式並不恰當，並導致常會抽取太多的因素。參見 Lee H. B., Comrey A. L. Distortions in a commonly used factor analytic procedure. *Multivariate Behavioral Research,* 1979, 14, pp.301-321.

Oblimin）、Promax 轉軸法。前三種方法屬於「直交轉軸法」，在直交轉軸法中，因素與因素之間沒有相關，因素軸之間的夾角等於 90 度；而後兩種方法屬於「斜交轉軸」（oblique rotations），表示因素與因素之間彼此有某種程度的相關，因素軸之間的夾角不是 90 度。

（五）結果解釋

這是根據抽取出之因素進行命名及進行解釋；一般而言，我們會根據因素中包括的觀察變項內容，進行因素命名。基本上，因素命名是一個發揮研究創意的過程，沒有一個絕對的命名標準；通常研究者會參酌過去的文獻及理論，對因素進行命名及解釋分類結果。

茲以國內以財務比率及相關指標進行危機預測的研究為例[3]，研究中作者首先篩選出與財務報表有關的變數，共計得到十五個財務指標值；之後，透過因素分析與 varimax 轉軸、陡坡檢定與特徵值檢視後，選取特徵值大於 1 的四個因素。四個因素與相關財務比率之間的因素負荷量，顯示於**表 7-6**。

表中的數字是個別財務指標在不同因素下的因素負荷量，它也是財務指標與因素的相關係數；我們可根據因素與財務指標之間的相關程度，選擇財務指標歸屬的方式。如作者將 1 至 5 的財務指標，命名為流動性因素（以前四個比率為命名依據）；6 至 8 的財務指標，則命名為獲利能力因素（如以相關係數絕對值超過 0.4 為選擇依據，應為 6 至 12 的財務指標）。13 與 14 的財務指標，命名為規模因素；而第 15 個財務指標，則命名為經營效率因素。而因素分析後，選擇四個因素所達到的累積變異解釋量為 71.78%；選擇的因素越多，累積變異解釋量必然愈高，但因素過多，將會影響專業判斷與經濟決策，並影響因素分析結果的解釋。

至於在因素軸的配分上，我們可採四個因素相對的變異解釋量進行

---

[3]參見高偉柏，〈企業財務危機預測〉，中山大學財務管理研究所碩士論文，九十年七月，頁 37-51。

表 7-6　因素分析的因素負荷量

		因素一 流動性	因素二 獲利能力	因素三 規模	因素四 經營效率
1	可動用資金 * ／流動負債	0.91496	0.26138	-0.02300	0.03494
2	可動用資金／總資產	0.88769	0.23352	0.06180	0.06444
3	速動比率	0.85972	0.29306	-0.06237	-0.11152
4	可動用資金／流動資產	0.77868	0.40034	0.07482	-0.05773
5	利息保障倍數	0.67772	0.00404	0.06604	-0.06599
6	股東權益報酬率	0.14265	0.86069	0.23739	-0.15720
7	總資產報酬率	0.26157	0.81101	0.23699	-0.12937
8	營業利潤率	0.20224	0.78376	-0.01611	0.07844
9	現金流量比率	0.42798	0.45135	-0.06276	-0.37105
10	盲目擴張 **	-0.15959	-0.57959	-0.11236	0.12080
11	應收帳款週轉天數	-0.13449	-0.58444	-0.09568	-0.27423
12	財務槓桿比率	-0.28938	-0.62610	-0.06493	0.33535
13	總資產	-0.00314	-0.12154	0.92977	0.10967
14	年營收淨額	-0.02321	-0.25565	0.91760	-0.13007
15	存貨週轉天數	-0.01910	-0.07424	-0.01922	0.91993
	累積解釋量	0.4033	0.5578	0.6455	0.7178

*可動用資金係指現金、約當現金及短期投資三者之和，較速動資產更具流動性；再者，（可動用現金／流動負債）即爲本書第六章第二節償債能力中所述的「現金比率」。

**以 CFI ＞（CFO －新增舉債）代表盲目擴充。

資料來源：修改自高偉柏（2001），〈企業財務危機預測〉，中山大學財管所碩士論文，頁 51。

配分；故採財務報表變數預測財務危機時，流動性配分權重爲 56%（0.4033 ／ 0.7178），獲利能力配分權重爲 22%（0.1545 ／ 0.7178），規模因素配分權重爲 12%（0.0876 ／ 0.7178），而經營效率因素配分權重則爲 10%（0.0724 ／ 0.7178）。另外，採用因素分析進行財務比率歸屬時，雖可採因素之間相對的累積變異解釋量，轉換成各因素軸的配分，但這種轉換的作法，並不適用於個別財務比率與因素之間的因素負荷量（它們僅是相關的關係）。故如要進一步建立個別比率之間的相對權重關係，則必須借重其他的方法進行轉換，無法完全只透過因素分析，便可達到建立財務比率相對權重與配分的層級結構。

第三節　產業與規模

一、產業因素

就理論上來說，財務數字反映企業的營運流程，因此不同的產業，其財務比率應該不同。如以產業結構中第二級的製造業與第三級的金融服務業爲例，製造業的營運流程中，有採購、生產、銷售、收現的流程，故存貨（原物料與製成品）、應收帳款與應付帳款等，在製造業中扮演了相當重要的角色。但金融服務業則以從事金融借貸、資金融通、投資理財的業務爲主，它既沒有實體產品的生產過程，且生產與消費是同時發生，故其營運循環與製造業並不相同，其常用的財務比率與製造業相較亦應不同。**表 7-7** 列示製造業與金融服務業常用的財務比率，也顯示製造業與金融服務業中，相同與相異的財務比率。從表中不難發現，製造業中與營運循環有關的財務比率，通常不適用於金融服務業；而在金融服務業適用的財務比率中，也有流動準備比率、存放比率等十餘個與製造業不同的財務比率。由於產品產銷與營運循環的內涵不同，故製造業適用的財務比率，與服務業適用的財務比率並不相同，也不宜相互比較。

表 7-7 中我們得知生產實體產品、間接消費的製造業，與生產抽象產品、直接消費的金融服務業，二者之間適用的財務比率會出現相當大的差異；而吾人關心的是，同樣是生產實體產品、間接消費的製造產業，其財務比率的適用性是否也會不同。由於財務比率是描述營業循環與產銷流程的財務數值，故同樣生產實體產品、間接消費的不同產業，其財務比率的適用性理應相同，但在財務比率數值的相對水準則可能略爲不同。

表 7-7 一般製造業與金融服務業財務比率比較表

一般製造業		金融服務業	
相同財務比率	相異財務比率	相同財務比率	相異財務比率
總資產週轉率	流動比率 *	總資產週轉率	流動準備比率
淨值週轉率	應收帳款週轉率	淨值週轉率	存放比率
負債比率	應收帳款週轉天數	負債比率	逾放比率
財務槓桿比率	應付帳款週轉天數	財務槓桿比率	利息支出占平均存款餘額比率
淨值比率	存貨週轉率	淨值比率	利息收入占平均授信餘額比率
借款依存度	存貨週轉天數	借款依存度	收支比率
資產報酬率	淨營業週期	資產報酬率	存放款利差比率
股東權益報酬率	固定資產週轉率	淨值報酬率	固定資產與淨值比率
稅前淨利率	速動比率	稅前淨利率	金融業務成本比率
營業毛利率	利息保障倍數	營業毛利率	應收利息與放款比率
每股盈餘	長期資金適合度	每股盈餘	利率敏感性資產與負債比率
本益比	現金流量比率 *	本益比	利率敏感性缺口與淨值比率
營業利益率	現金再投資比率 *	營業利益率	資本適足率
每股淨值		每股淨值	
現金流量允當比率		現金流量允當比率	
每股現金流量		每股現金流量	
現金股利率		現金股利率	

*依財務會計準則公報第二十八號意見書「銀行財務報表之揭露」之規定，由於銀行大部分資產及負債，均可於短期內變現或清償，無須區分流動及非流動項目，故此三項比率不適用。

爲說明製造產業之間的財務比率差異，茲以本書中所提出的財務比率，並擷取台灣經濟新報社（TEJ）既有的財務比率，以93年度機電產業與化學產業作爲比較的依據。在比率選擇上，我們須同時考慮多個層面，一則須考慮財務比率之間的關連性（如應收帳款週轉天數與應收帳款週轉率有密切的關連，存貨週轉天數亦與存貨週轉率關連密切，故僅選取應收帳款週轉率與存貨週轉率），二則須考慮財務比率計算的方便性（以TEJ既有的財務比率計算），三則須考慮衡量層面的財務比率周延性（如生產力層面中TEJ資料中只有一個每人營收額比率，不足以代表生產力的層面，故剔除此一層面），最後選定了五個層面的二十一個比率。

表 7-8 中顯示兩個產業的各項財務比率，其中第一個部分爲經營能力的五項比率。在經營能力的五項指標中，除了總資產週轉率機電產業爲 0.83 次，化學產業爲 0.82 次比較接近外，在其餘各項比率上，兩種產業的平均值差距都頗大，固定資產週轉率的差距更高達 65% 左右。再仔細觀察兩個產業的總資產週轉率，也可以發現機電產業的比率趨勢較爲集中，其標準差爲 0.31 次，最小值爲 0.24 次，最大值爲 1.75 次，全距爲 1.51 次（最大值減最小值）；而化學產業的比率趨勢則較爲分散，其標準差爲 0.53 次，最小值爲 0.08 次，最大值爲 3.39 次，全距爲 3.31 次。換言之，在兩個產業中，表中五個經營能力有關的財務比率，顯然都不相同。

這種現象不僅出現在經營能力上，在償債能力的各項財務比率，化學產業的比率值也都遠高於機電產業的比率數值；在財務結構上，獲利能力、現金流量比率上的各項比率，似乎都不太相同。如果要嚴謹的驗證兩個產業各個層面的財務比率，是否存在顯著的差異，有興趣的讀者或可採用多變量變異數分析（MANOVA）的方式，逐次檢定兩個產業各層面財務比率的差異性，並瞭解產業之間財務比率的差異程度。

如果我們仔細檢視**表 7-8**，還可發現另一個有趣的現象，即幾乎所有的財務比率都不是常態分配，且泰半呈現向右傾斜的分配型態。故許多財務比率的平均值大於中位數，只有報酬率與現金流量的部分比率呈現中位數大於平均值的向左傾斜現象。面對財務比率可能存在的非常態性，故在比較時，採取產業的中位數作爲比較基準，可能較採取產業的平均數更有意義。

二、規模因素

財務比率的計算方式，目的就是希望能夠排除規模因素對財務數字

表 7-8　93 年度機電產業與化學產業財務比率比較表

財務比率	機電產業（93年度）					化學產業（93年度）				
	平均值	標準差	最小值	中位數	最大值	平均值	標準差	最小值	中位數	最大值
經營能力										
應收帳款週轉率	4.64次	2次	1.71次	4.04次	12.84次	6.59次	12.27次	0次	4.3次	104次
存貨週轉率	5.72次	3.35次	1.55次	4.92次	18.55次	8.48次	12.09次	0次	5.05次	65.33次
固定資產週轉率	4.12次	3.78次	0.81次	2.94次	19.89次	6.81次	25.32次	0.17次	2.68次	217次
總資產週轉率	0.83次	0.31次	0.24次	0.78火	1.75次	0.82次	0.53次	0.08次	0.71次	3.39次
淨值週轉率	1.66次	0.77次	0.34次	1.55次	3.87次	1.43次	1.61次	0.13次	1.09次	12.98次
償債能力										
流動比率	161%	57.74%	68.07%	147%	338%	297%	250%	73.06%	230%	1872%
速動比率	102%	44.10%	34.63%	93.13%	279%	220%	221%	45.17%	162%	1627%
利息保障倍數	49.45	122	-19.36	11.48	776	667	3958	-100000	22.47	28458
財務結構										
淨值比率	52.90%	12.89%	28.09%	50.31%	79.4%	65.14%	15.14%	29.07%	63.56%	96.44%
負債比率	47.10%	12.89%	20.6%	49.69%	71.91%	34.86%	15.14%	3.56%	36.44%	70.93%
財務槓桿比率	101%	50.89%	25.95%	98.76%	256%	62.97%	43.23%	3.69%	57.34%	244%
長期資金適合度	307%	233%	102%	231%	1090%	569%	1591%	0%	253%	12710%
獲利能力										
資產報酬率	6.18%	7.53%	-17.68%	5.17%	20.63%	5.95%	9.17%	-80.58%	6.48%	36.1%
股東權益報酬率	10.02%	14.06%	-47.44%	11.1%	35.81%	9.17%	18.73%	-89.59%	11.18%	61.75%
稅前淨利率	6.98%	14.75%	-68.21%	7.86%	32.91%	-0.15%	61.73%	-436%	10.28%	35.72%
營業毛利率	20.53%	8.66%	5.22%	18.31%	43.43%	30.85%	19.37%	0.43%	26.02%	61.75%
每股盈餘	1.73%	2.49%	-8.02%	1.35%	9.87%	1.57%	2.09%	-2.95%	1.45%	10.45%
本益比	-126%	347%	-888%	10.96%	351%	-121%	326%	-888%	11.19%	59.97%
現金流量										
現金流量比率	20.65%	33.10%	-74.8%	17.47%	119%	37.55%	100.78%	-536%	38.52%	328%
現金流量允當比率	83.30%	133%	-38.15%	67.56%	958%	59.23%	120%	-678%	69.9%	350%
現金再投資比率	3.18%	14.75%	-44.08%	3.37%	60.58%	3.97%	14.39%	-82.16%	4.38%	35.54%

資料來源：根據台灣經濟新報社（TEJ）93 年度上市上櫃公司財務資料計算而得。

說明：此處僅在顯示財務比率分配的差異性，故所有財務比率都以原貌顯示，不進行任何的調整；其中化學產業有三項比率的最小值爲 0，這也是從 TEJ 擷取的實際財務比率資料。

的影響。**表 7-9** 顯示 93 年度機電產業上市公司與上櫃公司的各項財務比率；表中顯示，上市公司與上櫃公司的各項財務比率值之間的差異，似乎並不明顯。如在經營能力上，應收帳款週轉率上市公司的平均值為 4.78 次，上櫃公司的平均值為 4.38 次；存貨週轉率上市公司的平均值為 5.76 次，上櫃公司的平均值則為 5.66 次。在償債能力上，流動比率上市公司的平均值為 158%，上櫃公司的平均值為 167%；速動比率上市公司的平均值為 100%，上櫃公司的平均值則為 106%。在財務結構上，淨值比率上市公司的平均值為 52.88%，上櫃公司的平均值為 52.95%；財務槓桿比率上市公司的平均值為 99.83%，上櫃公司的平均值則為 102%。在獲利能力上，資產報酬率上市公司的平均值為 6.10%，上櫃公司的平均值為 6.34%；營業毛利率上市公司的平均值為 19.94%，上櫃公司的平均值則為 21.66%。

其中差異較為明顯的財務比率大致有五，主要包括利息保障倍數、長期資金適合率、每股盈餘、現金流量允當比率及現金再投資比率，但如仔細檢視這五項財務比率的內涵，這些比率在上市與上櫃公司之間，也未呈現明顯的趨勢或類型。而就**表 7-9** 的綜合比較來看，唯一比較明顯的特性，就是上市公司的財務比率分配趨勢較為分散，但上櫃公司的財務比率分配趨勢較為集中（從標準差、全距觀察可得）。故綜言之，財務比率在反映企業的營運活動，故在不同產業之間，其財務比率會隨著營運方式的不同，而呈現相當大的差異，但對相同產業不同規模的公司而言，財務比率確能排除規模因素對財務數字的影響，並讓相同產業的公司能夠比較其經營效能。

表 7-9　93 年度機電產業上市、上櫃公司財務比率比較表

	機電產業上市公司（93年度）					機電產業上櫃公司（93年度）				
財務比率	平均值	標準差	最小值	中位數	最大值	平均值	標準差	最小值	中位數	最大值
經營能力										
應收帳款週轉率	4.78次	1.81次	1.71次	4.59次	10.05次	4.38次	2.39次	2.07次	3.7次	12.84次
存貨週轉率	5.76次	3.68次	1.96次	4.68次	18.55次	5.66次	2.71次	1.55次	5.11次	11.69次
固定資產週轉率	4.22次	4.16次	0.81次	2.81次	19.89次	3.93次	3.02次	1.05次	3.2次	13.94次
總資產週轉率	0.81次	0.34次	0.24次	0.77次	1.75次	0.87次	0.25次	0.39次	0.83次	1.4次
淨值週轉率	1.60次	0.80次	0.34次	1.44次	3.76次	1.76次	0.76次	0.51次	1.69次	3.87次
償債能力										
流動比率	158%	61.21%	68.07%	141%	338%	167%	51.61%	110%	147%	267%
速動比率	100%	50.83%	34.63%	91.14%	279%	106%	28.01%	71.7%	99.65%	182%
利息保障倍數	57.31	143	-14.74	11.62	776	34.99	68.35	-19.35	11.34	295
財務結構										
淨值比率	52.88%	12.65%	31.39%	49.14%	79.4%	52.95%	13.69%	28.09%	53.23%	75.31%
負債比率	47.12%	12.65%	20.6%	50.87%	68.61%	47.05%	13.69%	24.69%	46.77%	71.91%
財務槓桿比率	99.83%	47.68%	25.95%	104%	219%	102%	57.83%	32.78%	87.87	256%
長期資金適合度	320%	247%	102%	255%	1090%	284%	209%	114%	206%	1036%
獲利能力										
資產報酬率	6.10%	7.30%	-15.18%	4.93%	20.63%	6.34%	8.14%	-17.68%	6.75%	20.25%
股東權益報酬率	10.34%	12.89%	-23.54%	7.66%	35.81%	9.44%	16.40%	-47.44%	13%	30.64%
稅前淨利率	6.41%	16.41%	-68.21%	7.38%	32.91%	8.07%	11.26%	-27.45%	8.49%	23.44%
營業毛利率	19.94%	9.04%	7.05%	18.23%	43.43%	21.66%	8.02%	5.22%	20.23%	34.78%
每股盈餘	1.88%	2.34%	-1.22%	1.23%	9.87%	1.45%	2.80%	-8.02%	1.43%	6.09%
本益比	-120%	353%	-888%	11.7%	351%	-137%	346%	-888%	9.77%	27.97%
現金流量										
現金流量比率	21.65%	35.49%	-74.8%	19.99%	119%	18.77%	28.83%	-24.11%	9.95%	71.08%
現金流量允當比率	98%	159%	-35.83%	69.88%	958%	55.43%	46.09%	-38.15%	63.37%	149%
現金再投資比率	3.51%	15.66%	-44.08%	3.79%	60.58%	2.55%	9.47%	-18.18%	3.74%	21.88%

資料來源：根據台灣經濟新報社（TEJ）93 年度上市上櫃公司財務比率資料計算而得。

第八章
財務比率趨勢分析

第一節　比率變動分析

第二節　比率趨勢分析

第三節　財務比率穩定分析

第四節　產業與規模

第一節　比率變動分析

第七章中的財務比率結構分析，雖可協助我們以簡御繁地從衆多的財務比率中濃縮成幾個重要的判斷指標，但這種分析方式，仍屬於單一年度一個時點的比率分析，無法顯示企業長期的表現結果。舉例來說，A 公司民國 93 年的營運狀況與稅後淨利，突然因爲競爭對手的公司罷工，而呈現大幅成長；如果投資人只看單一年度的財務報表，可能會誤以爲 A 公司過去的營運狀況一直如此良好，而出現投資判斷與決策上的錯誤。同樣的，B 公司也因爲上游供料公司突然出現廠房失火，導致進料價格大幅攀升，而影響當年度的營運結果及稅後淨利；投資人如果只看單一年度的財務報表，可能會誤以爲 B 公司過去的營運狀況一直不佳，而出現投資判斷與決策上的錯誤。

爲協助報表使用人建立企業完整的營運成果與獲利能力形象，實有必要提供多個時點的比率分析，藉以協助報表使用人瞭解企業過去的營運狀態，並預測企業未來可能呈現的營運成果。財務比率的趨勢分析，或可稱爲財務比率的變動分析，其目的在提供多個年度的財務比率或財務數字的比較，以協助我們瞭解企業經營的趨勢。在進行跨年度的財務數字比較時，通常可以採取兩年度的同體財務報表放在一起比較，以瞭解該公司兩年度營收結構、資產負債結構之間的變動情形。在**表 8-1** 中（沿用第七章的**表 7-3**）進行的比較分析可分爲兩個部分，其一是跨年度財務數字的比較分析，其二則是跨年度的財務比率變動分析。

以跨年度的財務數字比較分析來看，這是將 93 年度的財務報表數字減去 92 年度的財務報表數字，再除以 92 年度的財務報表數字，也就是 $(X_t - X_{t-1}) / X_{t-1}$；這不僅是變動率的計算觀念，同時也是報酬率的計算觀念。如以**表 8-1** 中 X 公司之金額變動百分比來看，公司 93 年的營業收入增加 5.23%，而營業成本則增加了 11.03%，導致年度間的營業毛利

表 8-1 92-93 年度損益科目變動分析表

損益表（單位：新台幣百萬元）	92 年度	%	93 年度	%	金額變動 %	比率變動 %
營業收入淨額	38,064	100%	40,054	100%	5.23%	
營業成本	(18,409)	48.36%	(20,439)	51.03%	11.03%	5.52%
營業毛利	19,655	51.64%	19,615	48.97%	-0.20%	-5.17%
營業費用						
推銷費用	(183)	0.48%	(434)	1.08%	137.16%	125.00%
管理費用	(440)	1.16%	(911)	2.27%	107.05%	95.69%
研究發展費用	(3,950)	10.38%	(3,518)	8.78%	-10.94%	-15.41%
營業費用合計	(4,574)	12.02%	(4,864)	12.14%	6.34%	1.00%
營業利益	15,081	39.62%	14,752	36.83%	-2.18%	-7.04%
營業外收支淨額	1,528	4.01%	(410)	1.02%	-126.83%	-74.56%
稅前淨利（損）	16,609	43.63%	14,342	35.81%	-13.65%	-17.92%
營利事業所得稅費用	(87)	0.23%	(18)	0.05%	-79.31%	-78.26%
稅後淨利	16,522	43.41%	14,324	35.76%	-13.30%	-17.62%

下跌了 0.2%；其次，公司的銷貨收入雖僅成長 5.23%，但公司的管銷費用，則出現大幅成長的現象，推銷費用成長了 137%，管理費用則成長了 107%。兩年度間的營業費用成長了 6.34%，但高科技公司賴以競爭的研發費用則下降了 10.94%，最後在稅後淨利上則較上年度下跌了 13.30%。營業收入成長受限，但營業成本的快速攀升，管銷費用的大幅成長及研發費用的變動，一則可能顯示公司正在調整其產品策略及產品研發的策略，二則可能顯示公司的營運與成長，目前正面臨一些比較不利的困境，其結果如何，仍待進一步分析；而這是我們根據公司兩年度之間的損益表，便可概略的得到公司營運狀況的變動情形。

在**表 8-1** 中，我們還可以根據同體損益表顯示的財務比率，計算兩年度間的比率變動情形。如營業成本的比重從 92 年度的 48.36% 攀升到 93 年度 51.03%，就比率上而言，上升了 5.52%；而營業毛利則由 92 年度的 51.64%，下滑至 93 年度的 48.97%，在比率上而言，下跌了 5.17%。其次，就營業費用來看，推銷費用與管理費用在比率上，分別成

長了 125% 與 95.69% ，而研發費用所占比率則較 92 年度下跌了 15.41% ；在稅後淨利上，公司 92 年度原高達 43.41% 的銷貨獲利能力，已降至 93 年度的 35.76% ，就比率上而言，下跌了 17.62% 。

表 8-2 中顯示了同體資產負債表（沿用第七章**表 7-4** 的資料）及變動率的分析。以兩年度比較資料來看，公司的流動資產金額，93 年度較 92 年度成長了 9.82% ，顯示營運資金配合營收成長，而出現增加的現象。其中 93 年度的「現金及約當現金」，較 92 年度增加 5.4% ，「存貨」項目也較 92 年度增加了 56.65% ，「預付款項及其他流動資產」則較 92 年度增加了 132.09% ；相對的，「短期投資」及「應收票據及帳款」的期末餘額，則分別較 92 年度減少了 19.96% 與 5.86% 。其次，從流動負債來看，公司 93 年度的流動負債金額，較 92 年度下跌了 17.84% ，其中「應付票據及帳款」的期末餘額較 92 年度下跌了 37.29% ，而其他流動負債的餘額則成長了 29.84% 。面對與進料有關的「應付票據及帳款」餘額減少，及與銷貨有關的「存貨」增加，「應收票據及帳款」餘額減少；投資人顯然應進一步分析公司的營運政策是否出現改變（如授信政策），以及產品銷售是否出現需求減緩的現象。

兩年度的財務報表比較，也可讓我們瞭解公司的長短期資金的獲得與資金運用狀態。如公司在 93 年度的資金，除了上年度的營運獲利之外，也增加了內部資金（增資，股本增加）的取得；而公司的資金大致用在增加「長期投資」、增加「固定資產」、減少「長期負債」及增加「現金及約當現金」等項目。如以金額而言，「長期投資」、「固定資產」及「現金及約當現金」三個項目，則屬於資金運用的大宗；由於高科技公司保有大量的「現金及約當現金」，向來具有籌資與策略的意圖，故可看出該公司取得長期資金，並將資金運用在長期發展上的軌跡。

在**表 8-2** 中，我們可以根據同體資產負債表顯示的財務比率，計算出兩年度間財務狀況的比率變動情形。如「現金及約當現金」占資產總額的比重，從 92 年度的 51.45% 下跌到 93 年度 47.89% ，就比率上而言，

表 8-2　92-93 年度資產負債科目變動分析表

資產負債表（單位：新台幣百萬元）	92 年度	%	93 年度	%	金額變動 %	比率變動 %
流動資產						
現金及約當現金	21,603	51.45%	22,770	47.89%	5.40%	-6.92%
短期投資	1,087	2.59%	870	1.83%	-19.96%	-29.34%
應收票據及帳款	3,706	8.83%	3,489	7.34%	-5.86%	-16.87%
存貨	2,076	4.94%	3,252	6.84%	56.65%	38.46%
預付款項及其他流動資產	726	1.73%	1,685	3.54%	132.09%	104.62%
流動資產合計	29,198	69.54%	32,065	67.43%	9.82%	-3.03%
長期投資	11,460	27.29%	12,052	25.35%	5.17%	-7.11%
固定資產	1,049	3.36%	2,027	4.26%	93.23%	26.79%
無形資產	280	0.67%	1,405	2.95%	401.79%	340.30%
資產總額	41,987	100%	47,550	100%	13.25%	0.00%
流動負債						
應付票據及帳款	4,181	9.96%	2,622	5.51%	-37.29%	-44.68%
其他流動負債	1,706	4.06%	2,215	4.66%	29.84%	14.78%
流動負債合計	5,887	14.02%	4,837	10.17%	-17.84%	-27.46%
長期負債	11	0.03%	0	0%	-100.00%	-100.00%
其他負債	54	0.13%	74	0.16%	37.04%	23.08%
負債合計	5,952	14.18%	4,911	10.33%	-17.49%	-27.15%
股東權益						
股本（含增資準備）	6,415	15.28%	7,693	16.18%	19.92%	5.89%
資本、法定及特別盈餘公積	116	6.22%	156	9.16%	34.48%	47.27%
累積盈餘	27,008	64.32%	30,592	64.34%	13.27%	0.03%
股東權益合計	36,035	85.82%	42,638	89.67%	18.32%	4.49%
負債及股東權益總計	41,987	100%	47,550	100%	13.25%	

下跌了 6.92%；而「應收票據及帳款」占資產總額的比重，從 92 年度的 8.83% 下跌到 93 年度 7.34%，就比率上而言，下跌了 16.87%。而「存貨」占資產總額的比重，則由 92 年度的 4.94%，上升至 93 年度的 6.84%，在比率上而言，上升了 38.46%；而「流動資產」占資產總額的比重，從 92 年度的 69.54%，下跌到 93 年度 67.43%，就比率上而言，下跌了 3.03%。如果我們不採取比率變動的分析，則可能認爲 93 年度公司在

「現金及約當現金」、「流動資產」的金額增加了，然其實由於公司的規模增大，這兩個項目占總資產的比重其實是下跌的。

金額變動的百分比分析，可以提供兩年度之間的金額變動的比率分析；而比率變動的百分比分析，則可就比率本身的變動情形，進一步瞭解比率本身是否出現結構性的改變。因此，在進行兩年度間的趨勢分析時，須同時採用兩種變動分析的方法，才能瞭解年度之間財務狀況與經營成果變動的全貌。

第二節　比率趨勢分析

一、年度間產業比較

採用跨年度的財務報表，可據以計算財務報表數值的變動率與成長率；二者的計算方式雖然相同，但在概念上卻有很大的差別。通常在財務結構、償債能力與經營能力的範疇，我們通常僅計算各項財務比率的變動率，計算成長率並無太大的意義；但在獲利能力與營收的範疇，會隨著產業生命週期出現導入期、成長期、成熟期與衰退期的循環現象，故計算各項財務比率的成長率有其意義。因此，如果要提出更長年度財務比率的比較分析時，變動率讓我們瞭解的是財務比率在各年度間的波動情形，而成長率則是讓我們瞭解單一企業或特定產業，長期的成長與發展狀況。**表 8-3** 中顯示了多個年度間台灣所有上市上櫃公司的各項成長率指標，從各項的成長指標中，不難發現台灣企業的整體營收成長與獲利狀況，正逐漸趨緩。

以 1991 年來看，當年度營收成長率高達 167.59%，營業毛利成長率也高達 234.79%，稅後淨利成長率高達 104.50%；而當年度的總資產成長率為 27.64%，折舊性固定資產成長率為 49.57%，總資產報酬成長率

表 8-3　多年度上市上櫃公司成長率指標

	1991 年	1996 年	2001 年	2002 年	2003 年	2004 年
營收成長率%	167.59	142.08	27.81	34.04	18.53	24.79
營業毛利成長率%	234.79	497.90	25.50	96.98	19.71	-10.58
營業利益成長率%	93.93	72.47	-23.87	589.18	28.27	153.75
稅前淨利成長率%	129.87	118.53	18.56	598.66	29.31	-58.25
稅後淨利成長率%	104.50	61.55	-125.25	463.86	33.80	-126.14
經常淨利成長率%	115.65	61.68	-128.31	451.27	32.45	-128.85
總資產成長率%	27.64	30.96	8.25	15.57	11.96	8.51
淨值成長率%	53.85	192.99	14.41	15.22	9.57	7.64
折舊性固定資產成長率%	49.57	39.59	17.57	38.21	129.67	5.30
總資產報酬成長率%	2.28	1.79	0.03	2.81	2.57	-128.85

資料來源：根據台灣經濟新報社（TEJ）上市上櫃公司財務資料計算而得。

亦達 2.28%。就各項成長率來看，1996 年仍可維持與 1991 年類似的營運成果與獲利水準，雖然總資產報酬的成長率已略微下降（仍較去年度爲高），但企業也樂於繼續投資在長期營運的固定資產上。在 2001 年則已出現所有產業的營收成長與獲利停滯的現象，企業對於折舊性固定資產的投資也大幅下滑，總資產報酬的成長率更降至 0.03% 的低水準。2001 年在產業營收與獲利上的低成長，也導致了 2002 年各項成長率出現大幅攀高的現象（分母變小）；2003 年雖仍維持民國 2002 年的成長水準，而 2004 年則又出現產業營收成長與獲利停滯的現象，且在折舊性固定資產成長率上，更首次降至個位數 5.30% 的水準。

雖然在 2000 年以後，整體產業的發展不如理想，但產業的生命週期不同，也會導致個別產業出現不同的結果；如**表 8-4** 顯示四個產業（塑膠、電線電纜、資訊電子及營建）六項成長率上，多個年度之間的變化。其中塑膠、電線電纜產業早在 1996 年、2001 年早就已經出現營收與獲利的下滑；在 2002 年以後，才逐漸出現正向成長的現象，直到 2004 年才又出現大幅成長的現象。而資訊電子產業在歷經 2001 年的成長下滑之後，也在 2002 年以後出現營收與獲利大幅的成長；這些產業的變動與成

表 8-4 塑膠、電線電纜、資訊電子及營建產業多年度成長率指標變動表

	1991 年	1996 年	2001 年	2002 年	2003 年	2004 年
營收成長率%						
塑膠產業	7.03	-3.75	-7.05	10.41	21.62	34.26
電線電纜產業	4.49	-4.44	-9.36	10.14	15.97	44.13
資訊電子產業	9.98	9.27	-6.76	22.95	23.85	24.07
營建產業	34.88	3.81	-8.59	3.32	-3.06	12.27
營業毛利成長率%						
塑膠產業	-9.92	-6.9	-17.89	27.7	22.54	65.86
電線電纜產業	13.75	-3.18	-26.66	36.82	10.45	44.36
資訊電子產業	23.65	6.03	-33.86	16.94	17.01	25.31
營建產業	19.13	-21.14	-42.1	-53.21	13.08	138.24
稅前淨利成長率%						
塑膠產業	-8.33	-7.81	-77.27	637.57	46.15	131.61
電線電纜產業	108.58	-45.23	-200.96	-145.78	18.39	244.69
資訊電子產業	175.81	-3.15	-77.36	46.21	47.42	29
營建產業	17.19	6.6	-8.63	-145.26	93.63	8314.52
總資產成長率%						
塑膠產業	1.81	16.84	2.58	2.9	4.09	14.02
電線電纜產業	8.16	13.18	-7.61	-13.22	5.93	0.71
資訊電子產業	9.75	27.56	5.7	10.8	9.08	10.93
營建產業	16.21	11.19	-12.04	-11.18	-2.59	9.06
淨值成長率%						
塑膠產業	6.23	10.35	-0.27	5.24	8.85	20.8
電線電纜產業	13.05	8.5	-8.63	-20.83	6.17	7.57
資訊電子產業	5.49	31.7	3.99	8.62	9.56	11.88
營建產業	30.3	11.84	-12.51	-12.68	-1.3	7.09
總資產報酬成長率%						
塑膠產業	-1.25	0.26	-4.48	2.82	2.25	9.35
電線電纜產業	1.99	-2.07	-9.65	-6.02	0.31	4.11
資訊電子產業	1.94	0.52	-7.16	1.68	2.73	2.43
營建產業	0.74	0.22	-0.15	-3.07	1.4	2.57

資料來源：引自台灣經濟新報社（TEJ）上市上櫃公司產業比率資料。

長，都和兩岸之間的轉口貿易有相當密切的關係。至於本土內需的營建產業，則在 1996 年以後就一直維持在不佳的狀態，直到 2004 年才出現景氣回轉的現象。

雖然電線電纜產業在2002年就已經出現營收正向成長的趨勢，但在獲利能力、總資產報酬率的成長率上，卻仍處與負成長的狀態。如以公司規模的成長來看（總資產成長率），塑膠產業與資訊電子產業是1991年至2004年這十四年間，仍能維持產業規模持續成長的產業；如以淨值成長率來看，塑膠產業與資訊電子產業也是過去十四年間，比較不受國內經濟不景氣衝擊的產業。如以**表8-4**中2004年來看，營建產業的成長表現似乎相當亮眼，但這只是比率計算的表象而已，這是因爲營建產業歷經多個年度的不景氣，導致分母變小，計算得出的成長率變大所致。以2004年營建產業上市上櫃五十三家公司的稅前淨利率（稅前淨利／銷貨淨額）來看，平均值只有7.32%；對照2003年營建產業上市上櫃五十三家公司的稅前淨利率平均值－0.35%，所以導致2004年計算的比率出現8314.52%成長的結果。

二、比率變動趨勢

表8-5中顯示五個構面下，各項比率各年度的比率值；以應收帳款週轉率來看，產業的應收帳款週轉率平均值，從民國1991年的15.34次，逐漸下滑至1996年的9.28次，之後，再回到2001年的10.64次，在2004年時，應收帳款週轉率才又回到13.24次的水準。如對照產業的應付帳款週轉天數與存貨週轉天數，不難發現在2004年前過去的十年間，整個產業的營收狀態其實是相當不理想的。產業的淨營運週期，也從民國1991年的151天，逐漸攀升到民國2004年的187天。

表8-5呈現不同年度各項財務比率的目的，旨在顯示財務比率在不同年度之間的波動程度。從表中不難發現，不僅在五年期間（1991年至1996年或1996年至2001年）比較的財務比率，出現相當大的不同；在兩年期間（2002年至2004年）或是隔年期間（2001年至2002年）的比較，財務比率的平均值似乎也出現相當大的差異。換言之，產業的各項

表 8-5　各構面下整體產業財務比率平均值——多年度變動趨勢

構面	比率名稱	1991 年	1996 年	2001 年	2002 年	2004 年
經營能力	應收帳款週轉率	15.34	9.28	10.26	10.64	13.24
	應收帳款週轉天數	53.26	70.26	84.56	78.91	75.71
	應付帳款週轉天數	41.64	56.12	58.25	56.57	58.89
	存貨週轉率	12.01	9.83	9.62	11.21	18.55
	存貨週轉天數	139.49	135.73	162.49	151.35	170.32
	淨營業週期	151.34	150.04	189.18	173.69	187.14
	固定資產週轉率	14.83	7.27	7.61	9.01	12.39
	總資產週轉率	1.07	1.08	0.77	0.81	0.89
	淨值週轉率	2.54	2.62	1.41	1.46	1.71
償債能力	流動比率	504.22	259.60	1940.90[a]	215.59	221.35
	速動比率	124.90	154.87	1877.68[b]	149.92	151.56
	利息保障倍數	30.06	224.14	297.29	1167.40[c]	1834.18[d]
財務結構	淨值比率	53.19	56.01	60.55	59.52	58.09
	負債比率	46.81	44.00	39.45	40.48	41.91
	財務槓桿比率	137.60	134.42	81.98	90.14	117.35
	長期資金適合度	2107.46	636.19	812.49	727.27	872.48
	借款依存度	75.10	70.92	48.82	53.69	72.97
獲利能力	資產報酬率	7.23	7.30	4.81	5.31	5.43
	股東權益報酬率	8.26	11.70	5.09	5.57	5.97
	稅前淨利率	-1.63	0.07	0.13	-4.41	-42.72
	營業毛利率	20.63	20.82	18.01	18.63	9.09
	每股盈餘	1.68	1.71	1.05	1.21	1.54
	本益比	-68.73	-102.45	-271.45	-183.88	-146.64
	營業利益率	-12.06	-18.57	-0.76	3.59	-22.97
	每股淨值	15.25	15.63	15.11	15.24	15.28
現金流量	現金流量比率	29.57	26.59	40.89	38.44	40.30
	現金流量允當比率	n.s.	51.97	42.75	57.14	244.87
	現金再投資比率	-0.36	2.45	7.77	6.43	2.80
	每股現金流量	0.75	1.55	1.98	1.80	1.50
	現金股利率	0.69	0.40	1.74	2.12	2.95

說明：平均值計算採用各公司的比率值加總後平均計算，與 TEJ 的產業比率計算方式略有不同。

n.s.：在 1991 年時，並未要求上市公司提供現金流量允當比率，故無法計算比率平均值。

a,b：比率值計算結果主要受到編號 3271 的「其樂達」公司，及編號 3311 的「閎暉」公司影響，「其樂達」公司的流動比率爲 918,645%，速動比率爲 918,481%，「閎暉」公司的流動比率爲 200,020%，速動比率爲 200,020%，這兩個異位點導致兩項比率計算

出現偏高的現象。如將其刪除，流動比率的平均值仍降爲206.86%，速動比率的平均值亦降爲143.80%；一般而言，資訊電子業的各公司，在這兩個比率值上普遍偏高。

c,d：利息保障倍數計算中，有許多公司的舉債程度甚低，導致比率值計算出現偏高的現象，如以2003年度來看，包括編號3059「華晶科」爲56,066倍，編號3034「聯詠」爲211,610倍，編號3027「盛達」爲6,855倍，編號3008「大立光電」爲230,023倍，編號2495「普安」17,217倍，編號2356「英業達」爲6,958倍，編號6131「悠克」爲8,723倍，編號8072「陞泰」75,813倍，編號9934「成霖」爲28,253倍，編號9918「欣天然」爲6,137倍。2004年度亦出現類似的現象，故導致兩年度利息保障倍數的平均值偏高。

資料來源：根據台灣經濟新報社（TEJ）上市上櫃公司財務資料計算而得。

財務比率，會隨著景氣變動與營業循環，在不同年度間呈現出波動的現象；因此，求取一個放諸四海而皆準的財務比率值，顯然並不可行。

如我們將**表8-4**與**表8-5**結合起來解讀，則可發現這些年間，不僅在國內整體產業會出現波動的現象，其實國內幾乎所有的產業都會出現類似的波動現象，只不過波動的類型不同罷了！因此在進行公司的財務比率分析時，除須瞭解國內景氣狀態外，亦須瞭解產業的生命週期與競爭情形，之後，亦須分析公司在產業價值鏈的位置與分工，才能精確解讀該財務比率的意義。

第三節　財務比率穩定分析

一、主觀分類的穩定性檢定

在第二節中，我們已經發現財務比率與成長率，在各年度間似乎會出現波動的現象，這種波動不僅出現在整個產業的分析中，也顯示在個別產業的分析中。在**表8-5**中，我們雖然發現個別財務比率在不同年度間的比值不同，然鑑於各個比率在不同年度的數值變動並不相同，故我們不易從各項財務比率的年度差異中，判斷兩個年度之間整體的財務比率是否存在著結構性的差異。為驗證財務比率在年度間是否具有足夠的穩定性，此處採用本書提出的財務比率分類架構，進行各構面財務比率的整體檢定；**表 8-6** 便以 1991 年與 1996 年兩個年度為例，進行各構面下多項財務比率的整體穩定性檢定。

表 8-6 是將各構面的多項財務比率，以多變量變異數分析，同時檢定多項財務比率在不同年度之間的整體差異；因此，計算出來的統計檢定值，便可綜合說明兩個年度間該構面下的各項財務比率，是否存在結構性的差異。在**表 8-6** 中列示了兩年度的平均值與多變量變異數分析的 F 檢定值；從表中的檢定結果可以發現，在經營能力構面的九個比率指標上，多變量變異數分析的 Wilks'Lambda 檢定值為 1.793（p value ＝ 0.075），在償債能力構面的三個比率指標上，多變量變異數分析的 Wilks'Lambda 檢定值為 2.396（p value ＝ 0.067），在財務結構構面的五個比率指標上，多變量變異數分析的 Wilks'Lambda 檢定值為 1.184（統計檢定不顯著），在獲利能力構面的八個比率指標上，多變量變異數分析的 Wilks'Lambda 檢定值為 1.791（p value ＝ 0.077），在現金流量構面的五個比率指標上，多變量變異數分析的 Wilks'Lambda 檢定值為 2.244（p value ＝ 0.063）。如果在 α 值設定為 0.05 的顯著水準下，1991 年與 1996 年兩年度間，各構面的財務比率算是沒有顯著差異；但如果我們將顯著水準放寬至 0.10 的水準，則不難發現兩年度之間的各個構面的多項財務比率，似乎存在相當程度的差異。

表 8-7 是將**表 8-6** 擴張，進一步以多變量變異數分析進行多次不同年度間、各構面下多項財務比率的檢定；結果發現，在過去 1991 年至 2004 年這十四年期間的整體比較來看，各構面下財務比率的穩定性其實並不佳。在 1991 年與 1996 年間，雖然各構面下的各項財務比率沒有顯著的差異，但在 1996 年以後的年度間比較，則多發現這些構面下的財務比率，存在著顯著的差異。如 1996 年與 2001 年的比較，在五個構面下都存在顯著的差異；在 2001 年與 2002 年前後兩年度間的比較，則發現在獲利能力

表 8-6　1991 年與 1996 年兩年度各構面財務比率 MANOVA 檢定

構面	比率名稱	1991 年	1996 年	構面	比率名稱	1991 年	1996 年
經營能力	應收帳款週轉率	15.34	9.28	獲利能力	資產報酬率	7.23	7.30
	應收帳款週轉天數	53.26	70.26		股東權益報酬率	8.26	11.70
	應付帳款週轉天數	41.64	56.12		稅前淨利率	-1.63	0.07
	存貨週轉率	12.01	9.83		營業毛利率	20.63	20.82
	存貨週轉天數	139.49	135.73		每股盈餘	1.68	1.71
	淨營業週期	151.34	150.04		本益比	-68.73	-102.45
	固定資產週轉率	14.83	7.27		營業利益率	-12.06	-18.57
	總資產週轉率	1.07	1.08		每股淨值	15.25	15.63
	淨值週轉率	2.54	2.62	Wilks'Lambda 檢定 F 值 1.791（p value = 0.077）			
Wilks'Lambda 檢定 F 值 1.793 (p value = 0.075)				現金流量	現金流量比率	29.57	26.59
償債能力	流動比率	504.22	259.60		現金流量允當比率	n.s.	51.97
	速動比率	124.90	154.87		現金再投資比率	-0.36	2.45
	利息保障倍數	30.06	224.14		每股現金流量	0.75	1.55
Wilks'Lambda 檢定 F 值 2.396 (p value = 0.067)					現金股利率	0.69	0.40
財務結構	淨值比率	53.19	56.01	Wilks'Lambda 檢定 F 值 2.244（p value = 0.063）			
	負債比率	46.81	44.00				
	財務槓桿比率	137.60	134.42				
	長期資金適合度	2107.46	636.19				
	借款依存度	75.10	70.92				
Wilks'Lambda 檢定 F 值 1.184（n.s.）							

表 8-7　各年度間比較 Wilk's λ 值

	1991vs.1996	1996vs.2001	2001vs.2002	2002vs.2004
經營能力	1.793（0.075）	7.578***	0.553（n.s.）	1.888（0.058）
償債能力	2.396（0.067）	2.631*	0.889（n.s.）	0.354（n.s.）
財務結構	1.184（n.s.）	8.960***	0.846（n.s.）	1.463（n.s.）
獲利能力	1.791（0.077）	5.275***	2.326**	4.021***
現金流量	2.244（0.063）	16.581***	2.812**	13.285***

*** 表示 $p < 0.001$，** 表示 $p < 0.01$，* 表示 $p < 0.05$；括弧內顯示的是 p value。

與現金流量兩個構面下，財務比率存在著顯著的差異。而在2002年與2004年的比較上，同樣也發現在獲利能力與現金流量兩個構面下，各項財務比率存在著顯著的差異；至於在經營能力的構面上，p值已相當接近顯著水準。這種結果顯示各項財務比率在不同年度間，可能不夠穩定，因此，我們如果僅用過去年度的財務比率標準，來衡量公司的財務狀況與經營成果，可能會出現判斷與決策上的錯誤。

二、因素分析的穩定性比較

如果我們不採前述的主觀分類架構，擬透過財務比率本身與因素軸的相關性，進行財務比率的歸納，則可採因素分析的方式，**表8-8**就是以因素分析將2004年財務比率縮減爲因素的結果。我們在原有的三十項財務比率中，加上另一項近年來國人較爲關切的研發費用率，共計構成2004年的三十一項財務比率，進行因素分析；透過varimax法轉軸後，財務比率濃縮後約可得出十個因素，累積的變異解釋量爲74.81%，其結果顯示於**表8-8**。

由於本節的目的並非在於找出財務比率的結構，而是在探討不同年度間的財務比率的穩定性，故此處並不打算對各因素進行命名，僅以因素與財務比率歸類的結果，來說明財務比率在不同年度間，在不同因素上的變化。以2004年而言，因素一包括了資產報酬率、股東權益報酬率、每股盈餘、每股淨值及現金股利率等五項比率；因素二包括了流動比率、速動比率、淨值比率、負債比率與現金流量比率等五項比率；因素三包括了應收帳款週轉天數、應付帳款週轉天數、稅前淨利率、營業利益率等四項比率；因素四包括了財務槓桿比率、借款依存度兩項比率；因素五包括了固定資產週轉率、總資產週轉率、淨值週轉率、長期資金適合度等四項比率；因素六包括存貨週轉天數、淨營業週期兩項比率；因素七包括現金再投資比率、每股現金流量等兩項比率；因素八包

表 8-8　2004 年各項財務比率的因素負荷量表

	因素 1	因素 2	因素 3	因素 4	因素 5	因素 6	因素 7	因素 8	因素 9	因素 10
應收帳款週轉率	.059	-.035	.077	-.003	-.024	.408	-.439	.246	.444	-.181
應收帳款週轉天數	-.118	-.050	-.657	-.229	-.050	.054	.058	-.122	-.240	.175
應付帳款週轉天數	-.062	-.061	-.885	.275	-.038	.142	-.026	.127	.015	-.002
存貨週轉率	-.035	-.004	.018	-.069	.128	-.053	.127	-.010	.785	.068
存貨週轉天數	-.053	-.028	-.132	.241	-.063	.905	-.070	-.148	-.016	.013
淨營業週期	-.057	-.026	-.093	.195	-.064	.914	-.063	-.177	-.038	.029
固定資產週轉率	.038	.013	-.032	-.098	.759	.075	.010	.071	-.034	.025
總資產週轉率	.289	-.111	.067	.029	.738	-.270	-.032	-.153	.227	.017
淨值週轉率	.094	-.222	.086	.181	.793	-.229	-.050	-.145	.177	-.016
流動比率	.029	.927	.043	-.005	.055	.039	-.049	-.067	-.063	.017
速動比率	.121	.905	.025	-.009	.009	-.078	.003	-.020	-.008	.104
利息保障倍數	.190	.167	-.017	.073	-.055	-.038	-.039	-.180	.288	.668
淨值比率	.343	.561	.055	-.380	-.344	-.121	.182	.147	.040	.117
負債比率	-.343	-.561	-.055	.380	.344	.121	-.182	-.147	-.040	-.117
財務槓桿比率	-.139	-.068	-.163	.924	.012	.185	-.011	-.011	-.031	.005
長期資金適合度	-.183	.354	.028	-.037	.516	.170	-.001	.215	-.118	-.124
借款依存度	-.144	-.054	-.156	.916	-.022	.208	.010	-.012	-.039	.006
資產報酬率	.889	.110	.231	-.031	.025	.031	.061	.070	-.048	.002
股東權益報酬率	.843	.077	.229	-.233	.022	-.006	-.040	.068	-.061	-.024
稅前淨利率	.117	-.005	.882	-.140	.007	.043	.006	-.077	-.107	.107
營業毛利率	.358	.197	.045	-.092	-.253	-.079	.137	.644	.026	.059
每股盈餘	.927	.033	.082	-.002	.095	.052	.068	.050	-.025	.022
本益比	.289	.089	-.012	.016	-.055	-.133	-.044	-.107	.017	-.339
營業利益率	.399	.097	.718	-.279	-.019	-.186	.054	.293	.013	-.084
每股淨值	.773	.059	.012	-.135	.029	-.065	.090	.027	.004	.135
研發費用率	-.067	.116	-.015	-.072	-.040	-.053	.103	.348	-.189	.599
現金流量比率	.156	.678	.068	-.010	-.117	.045	.434	.212	.119	-.028
現金流量允當比率	-.044	.026	.008	-.022	-.075	.154	.084	-.608	-.019	-.059
現金再投資比率	-.007	.067	-.001	-.036	-.031	-.072	.936	-.045	.038	.006
每股現金流量	.281	.088	.014	-.010	-.017	-.036	.896	.042	.083	.048
現金股利率	.629	.117	.008	-.004	.059	-.121	.122	.093	.165	-.189
累積變異解釋量	13.97%	24.03%	32.85%	40.75%	48.46%	55.69%	62.91%	67.43%	71.19%	74.81%

括營業毛利率、現金流量允當比率等兩項比率；因素九包括應收帳款週轉率、存貨週轉率等兩項比率；因素十則包括利息保障倍數、本益比及研發費用率等三項比率。

表 8-8 顯示的是 2004 年的各項財務比率在不同因素上的因素負荷量，爲便於在不同年度間進行比較，茲將各年度財務比率的因素分析結果顯示於**表 8-9**。**表 8-9** 中各年度的因素分析與轉軸，採取的方法與 2004 年完全相同。從表中可以發現，財務比率在各年度間的因素歸屬其實並不相同；如應收帳款週轉率與應收帳款週轉天數，在 1991 年與 2002 年是屬於同一個因素，但在 1996 年、2001 年及 2004 年則分屬兩個不同的因素。而應收帳款週轉天數、應付帳款週轉天數在 1996 年、2001 年及 2004 年屬於同一個因素；但在 1991 年及 2002 年則分屬不同的因素。仔細檢視各比率在不同年度間的歸屬時，不難發現其他的許多財務比率，也都或多或少存在這種因素歸屬上的差異。

在各年度間可歸屬於同一個因素的比率，大致包括存貨週轉天數、淨營業週期、流動比率、速動比率、淨值比率、負債比率、資產報酬率、股東權益報酬率、現金再投資比率及每股現金流量等財務比率。其餘的各項比率在各年間的因素歸屬，其實並不穩定。這種因素分析與歸屬呈現的現象，顯示年度之間的財務比率結構並不穩定，此一結果對於本節中前一部分有關「主觀分類的財務比率穩定性」，有相當的補充說明作用。

多變量分析的前提，就是樣本必須符合多變量常態的假設，因素分析既屬於多變量分析的方法，當然也不能例外，故在分析時，我們理應先處理樣本資料的異位點（outlier），之後再進行財務比率的因素分析，結果可能會較爲理想。不過在處理異位點時，並非全無缺點，它也可能造成樣本資料的扭曲，而影響研究現象的解釋。由於本節的目的旨在說明，不同年度間財務比率的穩定性可能不足，因此在應用過去的財務比率標準，解釋當前的財務狀況與經營成果現象時，有其解釋上的限制存

表 8-9　不同年度財務比率之因素歸屬表

	1991 年	1996 年	2001 年	2002 年	2004 年
應收帳款週轉率	6	7	9	8	9
應收帳款週轉天數	6	2	4	8	3
應付帳款週轉天數	7	2	4	2	3
存貨週轉率	5	7	5	6	9
存貨週轉天數	3	2	6	2	6
淨營業週期	3	2	6	2	6
固定資產週轉率	3	3	8	7	5
總資產週轉率	5	3	5	6	5
淨值週轉率	5	3	5	6	5
流動比率	4	6	3	4	2
速動比率	4	6	3	4	2
利息保障倍數	8	8	9	8	10
淨值比率	2	1	2	3	2
負債比率	2	1	2	3	2
財務槓桿比率	2	1	2	3	4
長期資金適合度	3	2	8	7	5
借款依存度	2	1	2	3	4
資產報酬率	1	4	1	1	1
股東權益報酬率	1	4	1	1	1
稅前淨利率	1	6	4	2	3
營業毛利率	7	4	1	1	8
每股盈餘	1	5	1	1	1
本益比	1	4	1	1	10
營業利益率	1	4	1	2	3
每股淨值	1	4	1	1	1
研發費用率	6	4	10	9	10
現金流量比率	4	5	3	5	2
現金流量允當比率	n. s.	1	2	5	8
現金再投資比率	3	5	7	5	7
每股現金流量	3	5	7	5	7
現金股利率	8	8	10	1	1
累積變異解釋量	76.87%	74.09%	79.28%	75.24%	74.81%

n.s.：1991 年並未要求上市公司提供現金流量允當比率，故資料從缺。

在，故此處不去處理複雜的財務比率資料轉換與異位點問題。財務比率的常態性轉換與異位點問題，將留待後續的章節再詳細探討。

第四節　產業與規模

本節接下來要探討的是，產業與規模因素與不同年度間財務比率之間的穩定性問題。就理論上來說，不同的產業，產業的生命週期與營業循環不同，故表現在外的財務比率理當不同。不過，此處我們關心的是，在不同年度間同一產業的各項財務比率，是否仍可維持穩定的水準。如果可以維持，則我們仍可根據產業的財務比率標準進行比較，但如果年度間的財務比率本身不夠穩定，則以過去產業的財務比率標準進行比較，就可能存在應用上的限制。在**表 8-10** 中顯示三個產業（塑膠、造紙及資訊電子）在 1996 年、2001 年及 2004 年三年間，三十項財務比率（刪除研發費用率，因為此一比率對資訊電子產業比較有關，對其他兩個產業而言，較無意義）之間的平均值。

從各項比率的平均值來看，三十項比率中除了應付帳款週轉天數、淨值比率、負債比率等三項比率，同時在三個產業間呈現比較穩定的數值外，其餘各項比率在不同的產業間，似乎都呈現相當大的變動情形。除去這三個比率後，以個別產業來看，塑膠產業在 1996 年至 2004 年的九年之間，大致維持穩定的財務比率只剩存貨週轉天數一個比率；以造紙產業來說，這九年之間只剩應收帳款週轉率、總資產週轉率、淨值週轉率及每股淨值等四項比率值，大致還可以維持在穩定的水準；至於資訊電子產業在這九年之間，則只剩固定資產週轉率、總資產週轉率、財務槓桿比率與借款依存度等四個比率值，大致還可以維持穩定的水準。換句話說，隨著景氣循環與產業發展，各個產業的財務比率在不同年度間，似乎也呈現著不穩定的現象。

表 8-10　三個產業不同年度各項財務比率的平均值

比率名稱	塑膠產業			造紙產業			資訊電子產業		
	1996 年	2001 年	2004 年	1996 年	2001 年	2004 年	1996 年	2001 年	2004 年
應收帳款週轉率	8.71	7.32	10.12	5.4	5.87	6.9	5.04	4.93	6.23
應收帳款週轉天數	41.89	49.89	36.08	67.61	62.2	52.91	72.39	74.1	58.56
應付帳款週轉天數	27.62	28.3	28.27	32.04	35.64	36.38	51.38	56.71	53.96
存貨週轉率	5.96	5.63	6.63	3.62	3.27	5.54	6.56	7.8	11.04
存貨週轉天數	61.29	64.85	55.05	100.89	111.53	65.93	55.61	46.82	33.07
淨營業週期	75.56	86.44	62.86	136.46	138.09	82.46	76.62	64.21	37.67
固定資產週轉率	2.15	1.11	2.06	1.18	1.46	2.13	3.43	2.12	2.68
總資產週轉率	0.72	0.41	0.65	0.57	0.54	0.69	0.92	0.68	0.91
淨值週轉率	1.22	0.77	1.13	1.12	0.99	1.12	1.45	1.05	1.45
流動比率	179.24	116.82	189.04	122.52	165.2	146.12	221.07	174.41	168.82
速動比率	111.79	65.17	115.38	61.48	78.21	87.01	163	133.54	129.61
利息保障倍數	7.08	1.37	20.76	0.66	0.68	9.42	10.5	3.48	22.66
淨值比率	57.57	52.5	59.25	51.14	54.84	60.94	64.46	63.9	63.35
負債比率	42.43	47.5	40.75	48.86	45.16	39.06	35.54	36.1	36.65
財務槓桿比率	73.69	90.48	68.77	95.56	82.36	64.09	55.14	56.49	57.85
長期資金適合度	227.27	215.73	274.05	138.85	195.03	228.19	275.66	241.98	213.44
借款依存度	47.43	71.45	49.63	60.94	47.25	33.98	28.02	31.7	28.7
資產報酬率	8.95	2.81	15.87	1.31	0.41	4.9	13.09	3.19	8.73
股東權益報酬率	13.28	2.66	26.44	-0.28	-1.1	7.26	19.07	3.74	13.34
稅前淨利率	12.24	1.66	24.78	-1.16	-0.79	7.47	13.24	3.8	9.79
營業毛利率	19.08	13.74	19.9	10.01	12.97	15.66	19.92	14.14	16.13
每股盈餘	1.85	0.33	5.3	-0.33	-0.18	0.96	2.89	0.45	2.19
本益比	28.07	62.93	8.06	-888	-888	16.31	15.89	110.33	15.37
營業利益率	9.46	5.28	14.33	-1.74	1.63	5.67	11.93	4.47	8.84
每股淨值	16.82	17.69	22.44	12.8	11.78	13.99	18.11	16.73	18.49
現金流量比率	52.67	37.87	75.15	37.41	45.61	25.92	70.21	49.6	47.92
現金流量允當比率	69	39.72	87.51	50.51	75.53	111.63	47.73	51.84	74.91
現金再投資比率	6.06	3.53	6.29	6.73	5.21	2.35	15.18	10.2	8.27
每股現金流量	2.73	1.93	4.1	2.12	1.71	1.2	4.17	2.81	3.39
現金股利率	1.36	2.26	6.74	0	0.45	3.45	0.07	0.66	3.43

資料來源：根據台灣經濟新報社（TEJ）上市上櫃公司財務資料計算而得。

接下來我們再進一步檢視同一個年度，相同產業但不同規模的公司，其財務比率的平均值是否相同。從理論的觀點來說，財務比率可以排除規模因素的影響，故不同規模的公司，透過比率的計算，應該可以得到一些足供比較的比率數值。**表 8-11** 顯示 2004 年四個產業（化學、機電、紡織及資訊電子）不同規模（上市 vs.上櫃）下，各項財務比率的平均值。

從**表 8-11** 中可以發現，在 2004 年四個產業中，上市公司與上櫃公司比率值相近的約有四個，分別是總資產週轉率、淨值週轉率、每股現金流量與現金股利率。除此之外，在化學產業中有存貨週轉率、淨值比率、負債比率、股東權益報酬率、營業毛利率、每股盈餘及每股淨值等七個比率，上市公司與上櫃公司的比率平均值較爲接近，其餘的十九項財務比率似乎都存在較大的差異。而在紡織產業，則只有存貨週轉率與速動比率兩項比率值，在上市上櫃公司間較爲接近，其餘的二十四項財務比率亦都存在較大的差異。產業內上市公司與上櫃公司的比率值較爲接近的，則以機電產業爲最；在三十項比率中，僅利息保障倍數、長期資金適合度、稅前淨利率、現金流量比率及現金流量允當比率等五項比率，存在較大的差異，其餘各項財務比率的平均值，上市公司與上櫃公司的差異似乎並不明顯。至於資訊電子產業則介於其間，上市公司與上櫃公司之間除前述四項比率外，還有十六項財務比率較爲接近，但仍有存貨週轉率、固定資產週轉率、利息保障倍數等十項財務比率，在上市公司與上櫃公司間呈現較大的差異。

從**表 8-10** 及**表 8-11** 中各項財務比率平均值的對照結果顯示，產業內不同規模公司的各項財務比率，常會受到產業景氣與營運狀況的影響，在各年度之間出現不穩定的現象。面對景氣循環、產業生命週期、公司規模可能對財務比率造成的影響，財務報表的使用人需瞭解財務比率分析，確有其使用上限制。故在分析公司財務報表時，除重視景氣因素、產業因素與規模因素外，亦需結合企業的營運與競爭分析，才能讓財務報表分析的結果，具有參考的意義。

表 8-11　產業不同規模下各項財務比率的平均值

	化學業		機電業		紡織業		資訊電子業	
	2004 年		2004 年		2004 年		2004 年	
比率名稱	上市	上櫃	上市	上櫃	上市	上櫃	上市	上櫃
應收帳款週轉率	6.19	7.65	4.78	4.38	11.09	7.83	5.74	6.65
應收帳款週轉天數	122.89	84.94	88.14	97.88	42.73	92.84	77.70	89.84
應付帳款週轉天數	76.63	49.13	64.89	65.58	31.10	85.77	61.24	65.29
存貨週轉率	8.34	8.61	5.76	5.66	5.07	6.57	16.21	27.90
存貨週轉天數	81.75	96.26	85.55	82.24	126.66	97.70	57.74	61.09
淨營業週期	128.01	132.06	108.80	114.55	138.28	104.78	72.20	85.65
固定資產週轉率	3.74	9.64	4.22	3.93	5.18	2.49	19.93	42.47
總資產週轉率	0.76	0.87	0.81	0.88	0.71	0.84	1.07	1.18
淨值週轉率	1.39	1.47	1.60	1.76	1.53	1.40	2.05	2.44
流動比率	318.86	275.96	158.18	166.93	200.80	137.97	227.79	238.08
速動比率	238.98	203.03	100.08	106.27	92.36	79.12	171.79	175.97
利息保障倍數	1580.17	-170.15	57.31	34.99	25.77	-8.91	2604.85	444.89
淨值比率	62.23	63.22	52.88	52.95	58.32	34.51	58.89	57.87
負債比率	32.77	36.78	47.12	47.05	41.68	65.49	41.11	42.13
財務槓桿比率	57.99	67.56	99.83	102.40	168.58	214.33	99.30	91.18
長期資金適合度	292.18	823.69	319.60	284.30	363.79	119.83	1185.09	1333.74
借款依存度	28.18	39.33	53.55	54.74	111.02	149.60	53.56	47.48
資產報酬率	7.06	4.95	6.10	6.34	0.50	-6.16	5.65	5.47
股東權益報酬率	10.06	8.35	10.34	9.44	-4.55	-148.35	5.94	4.13
稅前淨利率	10.51	-9.97	6.40	8.07	-2.49	-31.44	-56.48	3.77
營業毛利率	27.08	34.32	19.94	21.66	9.52	-5.96	-39.99	22.25
每股盈餘	1.50	1.63	1.88	1.45	0.07	-1.28	1.75	1.53
本益比	-112.25	-128.20	-120.51	-137.28	-451.39	-607.65	-180.75	-204.04
營業利益率	8.82	-7.52	7.86	8.42	0.43	-23.50	-52.55	6.18
每股淨值	15.58	14.34	15.85	14.89	11.20	7.48	16.62	13.98
現金流量比率	61.18	16.42	21.65	18.77	23.36	10.77	42.63	31.72
現金流量允當比率	81.59	39.23	98.00	55.43	494.40	73.47	58.77	40.50
現金再投資比率	5.65	2.47	3.51	2.55	1.39	-3.15	4.16	4.42
每股現金流量	2.20	1.54	1.93	1.23	0.73	0.09	1.97	1.53
現金股利率	3.88	3.46	3.33	3.50	1.33	1.55	2.92	2.79

說明：平均值係以各公司財務比率值加總後除以樣本數計算而得；由於排除異位點涉及判斷問題，故此處僅呈現產業內上市公司與上櫃公司各項財務比率值的原有狀態，計算時並未刪除異位點。

資料來源：根據台灣經濟新報社（TEJ）上市上櫃公司財務資料計算而得。

第九章

財務比率的因果關係診斷

在前述的章節中，我們探討了一般常用的財務比率，其分類結構以及跨年度財務比率的穩定性；也發現了景氣循環、產業生命週期與營業循環等諸多因素，都會對企業的財務比率造成影響。這些發現是否能幫助財務報表使用人分析企業的財務狀況、經營成果以及協助診斷企業潛在的問題，則是財務報表分析關切的重心。在本章中，我們將提出一套因果分析的流程，結合前述章節的發現，追溯各項比率與數值的因果關係，以協助讀者分析企業個體的財務狀況、經營成果及其可能存在的潛在問題。由於企業存在的目的在於營運，故我們將以企業的營運活動爲核心，結合系統觀點，與財務比率的因果關係逐一進行探討。

第一節　價值活動與營運系統

探討企業的營運活動有幾種不同的觀點，其一是從企業營業流程的角度，從購入存貨產生應付帳款，歷經銷貨完成，產生應收帳款，收到現金並償還欠款的程序性觀點，探討企業營運的效率與效果；其二是從營運活動的關連性，也就是企業內部功能之間的關連性，探討企業創造價值的活動來源。前者可由營業週期（營業循環）的觀點切入討論，而後者則需由 Michael Porter 提出的價值鏈（value chain）觀點進行探討。有關營業週期的觀點，第十章有較爲深入的討論，此處將採用價值鏈及系統的觀點，說明財務比率之間的關連性。

一、價值活動與價值鏈

Porter（1985）提出價值鏈的觀念來探討企業競爭優勢，認爲每個企業都是包含產品、生產、行銷、運輸與相關支援作業等各種不同活動的集合體，且可用一個價值鏈表示。「價值鏈」是指企業將投入過程轉換

成產出以創造顧客價值的活動鏈；投入過程包括主要活動（primary activities）及支援活動（support activities），每一項活動都在增加產品（或服務）的價值。

Porter認爲企業提供給顧客的產品或服務，其實是由一連串的價值活動組合起來所創造出來的。價值鏈所呈現的總體價值，是由各種「價值活動」（value activities）和「利潤」（margin）所構成。價值活動可分「主要活動」和「支援活動」兩大類。價值活動是構成競爭優勢所需之諸多獨立基礎，比較競爭者的價值鏈，企業就能從其中的差異看出決定競爭優勢的關鍵所在；每一項活動，都有可能促成最終產品的差異性，以提升產品價值。

價值鏈的主要活動包括研究發展（research & development）、生產（production）、行銷與銷售（marketing & sales）、售後服務（services）；它是原物料經過設計、製造、行銷、產品運送、支援與售後服務的過程。所謂研究發展包括產品（或服務）設計及生產製程的設計；它或在增加產品的功能，以提升顧客的效用，或在增加生產效率，以降低產品的生產成本。

支援活動係指那些可以讓主要活動發生作用的活動，主要包括物料管理（material management）、人力資源（human resource）、基礎設施（infrastructure）及其他（如財務管理）。所謂物料管理功能是控制原物料在採購生產與生產配銷之間的轉換過程；有效執行物料管理活動可大幅降低存貨持有成本，並降低資金需求。人力資源在確保企業有適當的人力組合，以執行創造價值的活動。基礎設施通常包括組織結構、控制系統及企業文化；強勢的高階管理者可塑造組織的基礎設施，並透過基礎設施影響各種價值創造的活動。主要活動與支援活動的相互關係，顯示如圖 9-1。

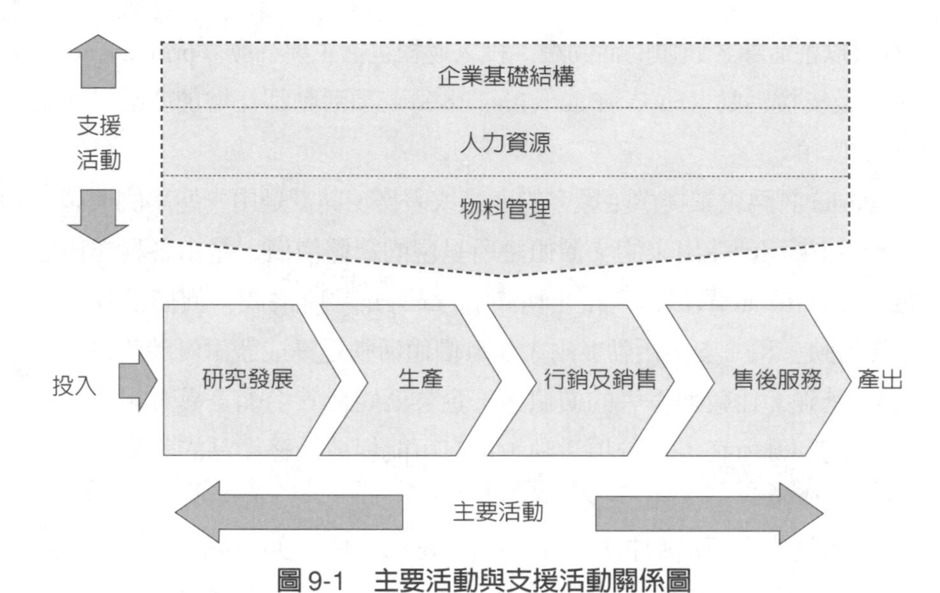

圖 9-1 主要活動與支援活動關係圖

資料來源：Porter, M. E.(1985), *Competitive Advantage- Creating and Sustaining Superior Performance,* New York: The Free Press, p37.

每一個階段的價值活動都是發展競爭優勢的基本單位，也是形成成本與創造顧客（客戶）價值的關鍵以及企業利潤的來源。Porter 認爲公司在確定了價值鏈之後，有助於其定位與策略擬定上之配合，界定價值鏈後，就能將成本與資產分配至各價值活動，公司就可以分析其成本，並和競爭者相比較，然後修正其成本或重組其價值鏈，創造出差異化競爭，獲得競爭優勢。

生產是有關產品（或服務）的創造，其價值創造主要有二，其一是來自於低成本、有效率的執行生產活動；其二則是在相同成本下，生產高品質的產品（或服務）。行銷及銷售一則是透過產品定位及廣告，增加消費者對企業產品（或服務）的認知價值；二則是透過行銷及銷售與消費者的接觸，可將消費者的需求回饋到研究發展部門，據以設計出更符合顧客需求的產品。售後服務是透過支援顧客及解決顧客問題，以創造顧客的認知價值。

要分析企業的競爭與獲利能力，就必須從企業的價值鏈進行分析。司徒達賢（1997）認爲個別產業分析的第一步是分析產業的價值鏈，任何產業都是一連串的「價值活動」所構成的。產業的最終產品之所以能對顧客產生「價值」，與其原材料、加工、運輸、通路、服務等都有關係，這些都是所謂的價值活動。這些價值活動一方面提供了附加價值，一方面也有其成本，同時也是企業競爭優勢的潛在來源。透過價值鏈活動之進行，一方面可以產生顧客認爲有價值的產品或勞務，而另一方面同時必須負擔各項價值活動所產生之所有成本。

再者，企業價值活動項目之選擇反映了業者的策略性意圖（strategic intent），不同策略意圖之同業，其產業的價值鏈不同。故在價值鏈之成本分析時，不能僅限於所謂的內部成本分析，而忽略了在整個價值鏈活動中，供應商以及顧客對利潤貢獻的廣大影響。

價值鏈中的主要活動與支援活動，顯示了企業營運活動的主從關係，如果再結合企業的規劃與管理程序，則價值活動便可轉換成爲企業的交易循環。如以製造業爲例，企業的交易循環大致可分爲八類，分別是：（1）銷貨及收款循環；（2）採購及付款循環；（3）生產及存貨循環；（4）薪工循環；（5）融資循環；（6）固定資產循環；（7）投資循環；（8）研究發展循環等八類。

其中「銷貨及收款循環」，係指取得訂單、授信管理、運送貨品、開立銷貨發票、記錄收入及應收帳款、記錄現金收入等作業活動；「採購及付款循環」係指請購、處理採購單、原物料進貨、驗收、記錄供應商負債、核准付款與記錄現金付款等作業活動；「生產及存貨循環」包括擬定生產計畫、開立用料清單、儲存材料、投入生產、計算存貨生產成本及銷貨成本等活動；「薪工循環」包括人事管理（招募、管理、訓練、退休等）、薪資計算、代扣稅款、設置薪資紀錄與分發付薪支票等；「融資循環」係指與股東權益、銀行借款、發行公司債等資金融通交易事項之授權、執行與記錄等；「固定資產循環」包括固定資產之增添、處分、維護、保管與記錄等；「投資循環」包括長（短）期投資之決策、買賣、保管、記錄及監督等；「研究發展循環」則適用於從事產品研發的公司，它包括對基礎研究、產品設計、技術研發、產品試作與測試、研發資訊及文件之記錄與保管等控制作業。這些循環是結合了交易與會計控制的觀點，將企業的價值活動進行另一種不同的歸納與分類。

二、營運系統

企業營運亦可採系統觀點觀察，所謂系統，係指「一組相互關聯的部分、要素或次級系統構成的特定個體」；因此企業的營運系統，便由許多相互關聯的次級系統構成。一般而言，系統通常具備三個部分，分別是投入、轉換及產出；而系統亦應具備以下四個特徵：

1.系統須存在一特定環境中，且系統須具備可資辨認的系統界線（system boundary）。
2.系統係由許多要素或次級系統構成。
3.各子系統之間有其相互關聯性。
4.各系統均有其中心功能或目標，且此一中心功能或目標可作爲衡量整個組織及次級系統績效的依據。

由於企業爲一開放式系統，需與外在環境保持動態的調整關係，故企業會持續地從環境取得投入的資源，透過轉換作用，將投入轉換爲產出，並以產出與環境進行交換，以獲得企業成長與重生所需的資源。然爲確保企業的營運活動能夠有效的運作，故企業亦須透過企業內部的分化（differentiation）、協調（coordination）與整合（integration），以結合生產因素及管理活動，達成企業預期的目標。

從系統的觀點來看，Michael Porter 提出的主要活動，指的就是企業賴以生存的營運系統，它是企業從外界環境取得投入資源，進行轉換作

用，並與環境交換，以獲取企業賴以成長及重生資源的主要歷程。而Michael Porter提出的支援活動，其實就是協調各項生產因素，協助提升營運效能的各種功能性管理活動。故如我們要分析企業的營運效能，就必須解構企業的營運系統，並探討各個次級系統其營運效率與效能。

此一系統觀點亦普遍存在於各種有機組織。如以人體系統爲例，人體系統係由十三個次級系統構成，分別是精神系統、皮膚系統、骨骼系統、肌肉系統、神經系統、內分泌系統、循環系統、淋巴系統、免疫系統、呼吸系統、消化系統、泌尿系統及生殖系統等。這些系統概略可區分爲三種相互支援與聯結機能，其一是人體的精神機能，也就是控制人類外顯性格、行爲與感情的「精神系統」；其二是維繫人體組織活動與發展的「生存機能」；其三是生殖機能，也就是負責生命繁衍的生殖系統。而生存系統則是由消化系統、呼吸系統、循環系統、骨骼系統、肌肉系統、泌尿系統「投入－轉換－產出」的主要活動，以及協助生存系統正常運作的皮膚系統、神經系統、內分泌系統、淋巴系統、免疫系統等「支援功能」共同構成。我們仔細觀察人體這些機能，不難發現它與企業組織有相當的相似性，如「精神系統」與企業組織的組織文化相當接近；「生殖系統」與企業延續有相當密切的關聯；而「生存系統」則是人體組織「投入—轉化—產出」的關鍵體系，也是企業營運最關切的範疇。

系統觀點對財務報表分析有兩點重要的意涵：（1）系統內各要素間相互關聯與協調性，故管理當局要改善整體營運效能，需同時從各個相關要素著手，才能獲致預期的成效；（2）系統內的投入產出關聯性，讓管理當局得以透過因果追溯關係，找出影響企業營運效能的要素。然而由於財務比率是企業營運系統兩個要素數值相除的結果，計算的兩個要素未必會侷限在一個子系統之內；如固定資產週轉率，是以銷售系統的產出值，除以生產系統的機器設備投入值計算而得，它涉及了產銷之間的協調性，無法從單一子系統計算而得。

面對企業存在諸多這種跨越單一子系統的財務指標，應用財務比率進行因果關係追溯時，我們或可採以下兩種不同的分析策略：

1.採用子系統之間的投入產出關係，先探討「生產系統」的投入與產出關係，以生產總值除以固定資產投入，之後再探討「銷售系統」的投入與產出關係，如以銷貨淨額除以生產總值。
2.根據該項財務比率的分子與分母關係，分別追溯與分子和分母相關的比率；如我們可先根據銷貨淨額，追溯銷貨相關的比率，以瞭解銷貨淨額的適切性，之後再根據固定資產，追溯固定資產相關的比率，以瞭解企業在固定資產配置上的適切性。

在前述第一種因果追溯的分析方法下，分析人員可分別找出各子系統間的投入產出指標，計算各子系統間投入產出的效率，並進行營運效能的分析。至於在第二種因果追溯的分析方法下，分析人員則須跳脫子系統原有的界線，從該數值與其他數值之間的配適性，來檢視該數值的適切性；在本章第三節「營運效能的因果關係診斷」中，將應用此一分析策略，並對因果追溯的分析途徑提出說明。

第二節　財務比率因果分析

一、企業營運效能組成因素

要分析企業的營運效能，須先解構構成營運效能的因素。一般而言，企業的整體營運效能主要是由資本結構、營運效率及市場效能等三個因素共同構成（如圖9-2）。

其中企業資金指的是自有資金與外部資金的組成方式與充裕程度；所謂內部資金係指保留盈餘及股東增資提供的資金，而外部資金指的就

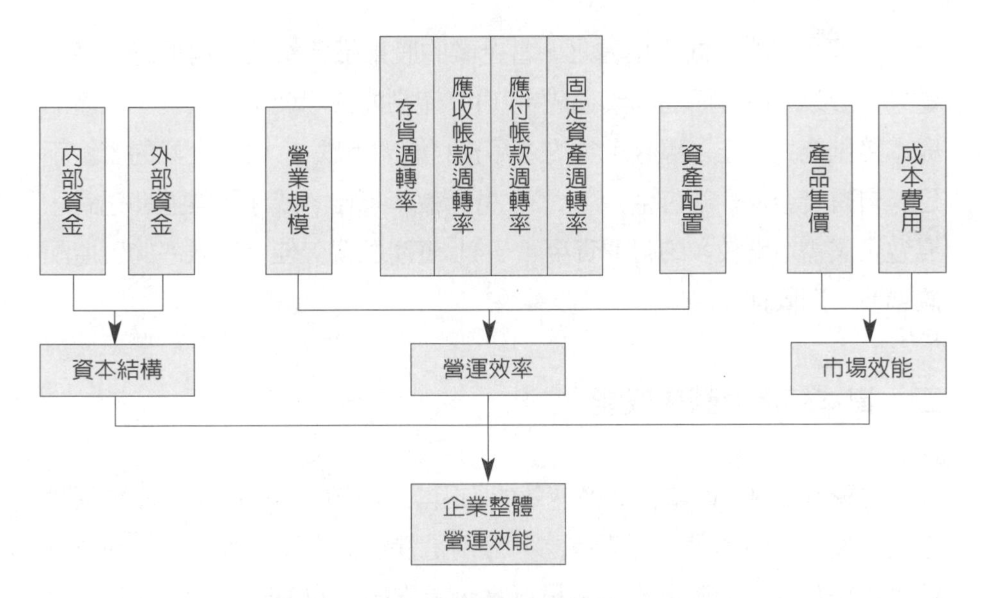

圖 9-2　企業整體營運效能組成要素圖

是負債提供的資金，特別是長期負債的資金。至於營運效率，指的就是「投入一轉化一產出」系統歷程的運作效率，它結合企業的營業規模與資產配置狀態計算而得；所謂營業規模指的是企業的銷售水準，而資產配置指的是企業如何配置其營運資產。流動資產與固定資產的配置方式不同，不僅會影響企業的效率，也同樣會影響產品的成本結構。在結合營業規模與資產配置後，營業效率通常可透過存貨週轉率、應收帳款週轉率、應付帳款週轉率、固定資產週轉率等相關指標進行衡量，也就是以淨營業循環及固定資產週轉率進行衡量。而市場效能指的就是企業產品銷售的獲利能力，它是由產品售價、成本、費用及邊際獲利構成，可具體顯示企業產品的市場競爭能力。這三個因素中，資本結構因素顯示於企業的資產負債表，分別表示企業的資金來源與資金運用；市場效能因素顯示於企業的損益表，而營運效率則須同時結合企業的資產負債表與損益表進行分析。

前述的四項影響因素，不僅可說明企業的獲利原因，亦可作爲診斷企業營運欠佳的方向。換言之，當企業的股東權益報酬率偏低時，通常是來自於以下四方面的因素造成：（1）產品的市場競爭力較弱，或產品成本控制能力欠佳，導致企業的產品獲利能力下跌；（2）企業的資金不足（自有資金及外部資金）；（3）營運效率不佳，或淨營業週期過長，導致企業需準備較多的營運資金；（4）資產配置欠佳，無效率的資產配置過多（閒置資產）。

二、資本結構與營運效能

在圖 9-2 中，影響企業營運效能的因素中，在 Michael Porter 的價值鏈上，屬於主要活動的因素有二，分別是營運效率及市場效能，而資本結構則屬於支援活動。資本結構既爲企業支援性的理財活動，爲什麼企業的資本結構會成爲影響企業整體營運效能的重要因素？這就必須從資本結構理論的觀點解釋，而過去財務槓桿對公司價值的影響，向爲財務管理中最難掌握與分析的。從資本資產訂價模式的觀點來看，風險性資產的報酬，與資產本身的風險程度有關；投資人要求的報酬，就等於是公司必須要付出的成本。因此，資金成本可作爲「市場如何看待公司持有的風險性資產」的一個指標。而權益資金成本（RE），是股權投資人在既定風險水準下要求的必要報酬率；舉債的利息成本（RD），則是債權人在既定風險水準下要求的必要報酬率。

從企業整體的觀點來看，企業資產的價值等於負債的價值加上股東權益的價值，而企業整體的資金成本，亦等於負債與股東權益的加權平均值（$WACC = \omega_E \times R_E + \omega_D \times R_D$，WACC 爲加權平均的資金成本 weighted average cost of capital，ω 爲負債與股東的相對價值權重）。負債與股東權益的價值，均可用未來預期現金流量的折現值表示；如果二者的未來現金流量或風險（反映在折現率上）沒有改變，則企業的價值就不會改變。

企業資本結構的財務理論發展，是從早期的資本結構無關論、資本結構有關論，演進到後來的資本結構換抵理論。其中資本結構無關論是 Modigliani 和 Miller 兩位教授在 1958 年提出，他們認爲在某些假設及沒有所得稅的情形下，理性的投資人可自行向銀行舉借資金，創造財務槓桿（home-made leverage）調整其投資組合，創造出與企業舉債相同的效果。既然投資人無須支付額外成本就可創製出與企業舉債相同的效果，則投資人便不可能爲不同的資本結構支付更高的價格，故公司價值不受企業的資本結構的影響。

而資本結構有關論則在某些假設及有所得稅的情形下，將舉債的所得稅影響納入考慮；由於舉債的利息費用可以產生稅盾（亦即抵稅），故舉債的稅後成本降低〔$= R_D(1 - T_C)$，T_C 爲公司營利事業所得稅率〕，導致企業總體的資金成本降低〔$WACC = \omega_E \times R_E + \omega_D \times R_D \times (1 - T_C)$〕。在資本結構有關論下，企業舉債確實可以降低公司的資金成本並創造企業價值，故企業應該儘量運用舉債帶來的利益。

至於資本結構換抵理論則對資本結構有關論提出修正，認爲公司提升舉債水準雖可創造企業價值，但超過一定的比率後，可能引發企業財務危機的成本（包括破產的直接成本及財務危機所產生的間接成本），並導致企業的價值降低。其中直接成本指的是法律及破產管理的成本（如會計師、律師費用、管理人員處理破產的時間成本），以及債券持有人出現額外損失的成本；而間接成本則包括營運中斷（如經理人可能會花費較多時間在處理資產及避免破產損失，而不是花精神在企業的營運；供應商和顧客與公司交易時，均更爲謹慎，導致銷貨收入的損失；優秀的員工擔心公司無法存續，也會流失），以及股東與債權人對公司營運出現更多的干預等。一般而言，財務危機的直接成本較容易估算，但間接成本則比直接成本難估計，且其數額通常也較直接成本更高。因此，在資本結構換抵理論的觀點下，企業的價值會等於普通股現值加上稅盾現值，再減掉財務危機成本的現值，企業價值與舉債程度的關係如**圖 9-3**。

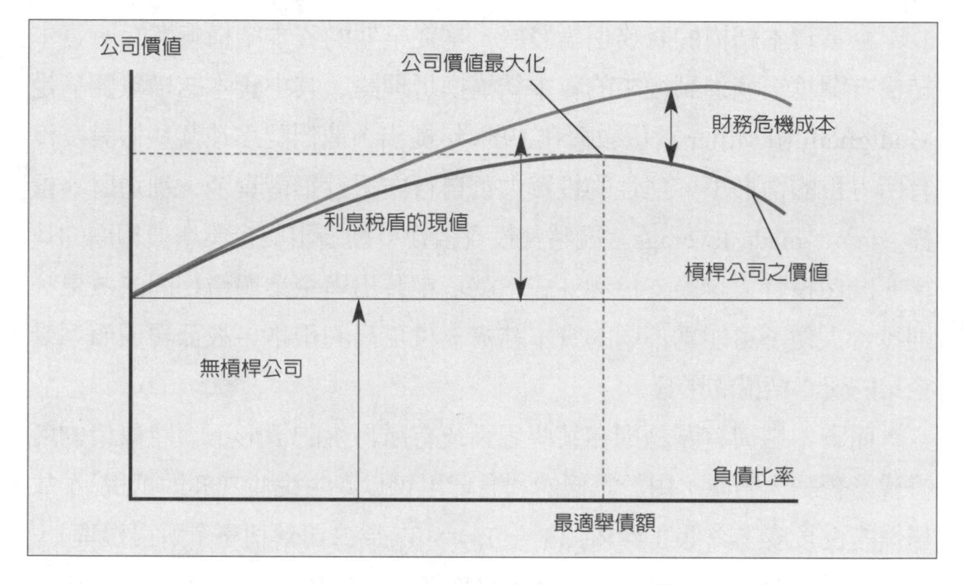

圖 9-3　資本結構與企業價值關係圖

資料來源：Ross, S. A., Westerfield, R. W. and Jaffe, J.(2005), *Corporate Finance,* 7th eds., McGraw-Hill Companies, Inc., p.443.

因此，只要公司的營運順暢，稅後的利息成本較低，故適度的舉借外部資金（舉債）確實可提升企業的價值；而企業價值的變化，也取決於利息稅盾價值及財務危機成本的相對規模。在資本結構換抵理論的觀點下，企業確實存在一個最適的資本結構，在較低的舉債資金成本下，讓企業展現更好的營運效能。

三、杜邦方程式

美國杜邦公司於 1919 年創立了「杜邦財務控制系統」（Du Pont System of Financial Control），其中用以衡量企業營運績效的「杜邦方程式」（Du Pont Equation），即為「投資報酬率」（Return on Investment, ROI），又稱「資產報酬率」（Return on Assets, ROA），其公式如下：

總資產報酬率＝淨利／資產總額＝淨利／銷貨（利潤邊際）× 銷貨／資產總額（總資產週轉率）

ROI 的公式從原本的「淨利」除以「資產總額」，加上銷貨水準後，便成功的將原有的總資產報酬率公式拆解成「利潤率」與「資產週轉率」兩個部分。同樣的，在計算股東權益報酬率（ROE）時，亦可加上銷貨水準及資產總額兩個變數，而將其拆解成為利潤邊際、總資產週轉率及權益乘數三個部分，其公式如下：

股東權益報酬率＝稅後淨利／普通股權益
＝淨利／銷貨（利潤邊際）× 銷貨／資產總額（總資產週轉率）×資產總額／普通股權益（權益乘數）

「權益乘數」主要在衡量財務槓桿程度，其值愈大，表示企業的舉債程度越高；而 ROA 與 ROE 的計算差異，主要就在於企業的資本結構，也就是舉債成本的所得稅影響。這兩個公式讓我們可以進一步拆解，檢視企業資產報酬率及股東權益報酬率的構成因素，並進一步分析企業的主要獲利來源，或其表現不良的原因，作為企業未來改進之用。

股東權益報酬率有兩種不同的分析策略，其一是考慮理財融資活動，以企業整體資金為重心的分析策略；其二是不考慮外部資金，純然以自有資金為重心的分析策略。前者就是我們熟悉的杜邦方程式「股東權益報酬率＝利潤邊際 × 總資產週轉率 × 權益乘數」，而後者的公式則為「股東權益報酬率＝利潤邊際 × 淨值週轉率」。

根據**圖 9-2** 整體營運效能與影響因素的關係架構，以及杜邦方程式提供的財務比率解構方法，我們可以依序建立原因比率與效果比率。所謂效果比率指的是可以衡量營運效能績效良窳的指標，通常指的是報酬率指標；而原因比率則是造成結果比率出現變化的財務比率，它包括了各種效率的指標。透過原因比率與結果比率之間的因果關係追溯，讓我們得以分析企業獲利或是營運欠佳的眞正原因。

第三節　營運效能的因果關係診斷

在杜邦方程式的財務比率因果關係架構下，仍可根據分析目的，建立不同的分析架構。舉例來說，原杜邦方程式的股東權益報酬率係由「邊際利潤率」、「總資產週轉率」及「權益乘數」三項比率構成，因此我們可將「股東權益報酬率」解構成爲三項比率，追溯比率異常的原因，並根據原因比率找出公司的實際問題，其關係可顯示如**圖 9-4**。

在**圖 9-4** 中顯示杜邦方程式解構成爲「邊際利潤率」、「總資產週轉率」及「權益乘數」三項比率後，分析人員可根據這三項比率的同業比較與前期自我比較的結果，找出造成比率異常的原因。一般而言，財務比率出現異常，通常是因爲構成該項比率的分子或分母數值異常所致；

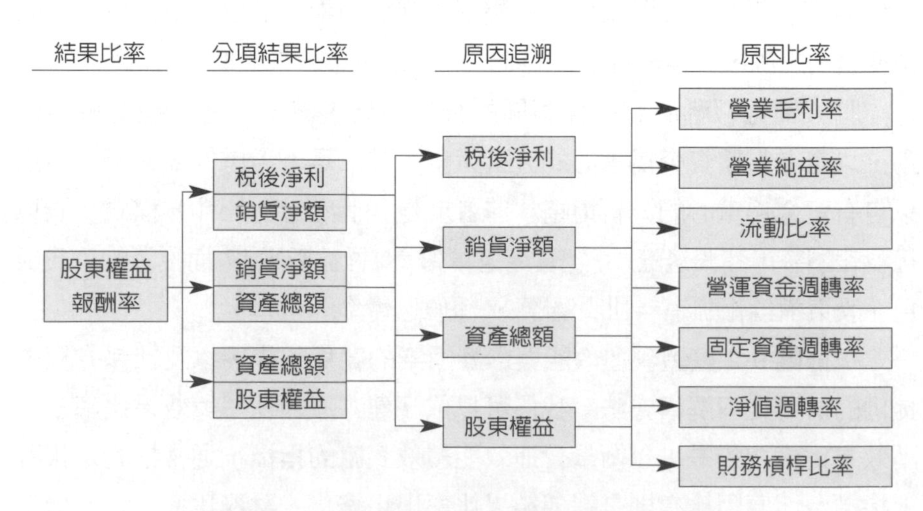

圖 9-4　杜邦方程式財務比率因果追溯關係圖

故原因追溯的重點必然是在「稅後淨利」、「銷貨淨額」、「資產總額」與「股東權益」四項數值上。在探討這些數值與公司營運的配適性之際，財務分析人員則須進一步分析「營業毛利率」、「營業純益率」、「流動比率」、「營運資金週轉率」、「固定資產週轉率」、「淨值週轉率」與「財務槓桿比率」等多項造成比率異常現象的原因比率。

其中「營業毛利率」、「營業純益率」讓我們檢視企業的營業成本與營業費用，以瞭解影響企業邊際利潤率的可能原因；而在成本結構分析時，則須進一步追溯到固定成本與變動成本的組成結構，以瞭解「市場占有率」與「銷售規模」對企業獲利的影響。其次，「流動比率」、「營運資金週轉率」、「固定資產週轉率」可讓我們檢視企業的營運資金、固定資產的營運效率，讓我們得以分析影響總資產週轉率的可能原因；至於「淨值週轉率」與「財務槓桿比率」則可讓分析人員分析資本結構，並追溯「權益乘數」異常的原因。

舉例來說，假設X公司92年度、93年度、94年度簡明資產負債資料、簡明損益資料、各項財務比率值及同業財務比率資料如**表9-1**。

此時，財務比率因果關係分析的步驟可簡述如下：

（一）結果比率比較

首先進行股東權益報酬率的比較。X公司93年度、94年度的股東權益報酬率分別爲15.66%與8.51%，而同業93年度、94年度的股東權益報酬率則爲13.15%與10.41%。93年度X公司的股東權益報酬率超過同業，但94年度X公司的股東權益報酬率則遠低於同業的10.41%。

（二）結果比率解構

將比率解構，分爲三個部分，分別是邊際利潤率、總資產週轉率及權益乘數。X公司93年度的邊際利潤率超過同業5%水準，但94年度X公司的邊際利潤率則低於同業4.5%的水準；在總資產週轉率上，X公司

表 9-1　X 公司比較資產負債表與損益表（假設）

	92 年度	93 年度	94 年度
資產			
現金	$10,000	$15,000	$20,000
應收帳款	45,000	55,000	63,000
存貨	35,000	34,000	40,200
流動資產合計	$90,000	$104,000	$123,200
固定資產	180,000	220,000	260,000
資產合計	$270,000	$324,000	$383,200
負債及股東權益			
應付帳款	$55,000	$65,000	$72,000
銀行借款	0	7,000	10,000
流動負債合計	$55,000	$72,000	$82,000
長期負債	100,000	100,000	120,000
負債合計	$155,000	$172,000	$202,000
股東權益合計	$115,000	$152,000	$181,000
銷貨淨額	$360,000	$400,000	$440,000
減：銷貨成本	288,000	324,000	369,600
營業毛利	$72,000	$76,000	$70,400
減：營業費用	36,000	42,000	48,400
稅前淨利	$36,000	$34,000	$22,000
減：所得稅（30%）	10,800	10,200	6,600
稅後淨利	$25,200	$23,800	$15,400

	93 年度		94 年度	
	X 公司	產業平均值	X 公司	產業平均值
股東權益報酬率	15.66%	13.15%	8.51%	10.14%
邊際利潤率	5.95%	5%	3.50%	4.5%
總資產週轉率 *	1.35 次	1.3 次	1.24 次	1.26 次
權益乘數	2.13 倍	2.10 倍	2.12 倍	2.05 倍
營業毛利率	19%	18%	16%	17%
營業純益率	8.5%	8%	5%	8%
營運資金週轉率 *	11.94 次	12%	12.02 次	12%
固定資產週轉率 *	2 次	1.92 次	1.83 次	1.9 次
固定比率	67.90%	65%	67.85%	65%
財務槓桿比率	113.16%	110%	111.60%	108%
淨值週轉率	2.63 次	2.35 次	2.43 次	2.20 次

* 週轉率計算時，資產負債表數字均採兩年平均值計算。

在93年度與94年度，則維持與同業相近的水準。至於在自有資金的權益乘數上，93年度爲2.13倍超過同業2.1倍的水準，94年度爲2.12倍亦高於同業2.05倍的水準。較爲異常的比率爲邊際利潤率及權益乘數，總資產週轉率的水準則與同業相近。

(三)「邊際利潤率」分析

這是分析銷貨成本與營業費用的組成結構。93年度的「營業毛利率」爲19%，高於產業均值的18%，顯示銷貨成本較產業略低；但94年度「營業毛利率」則降爲16%，低於產業均值的17%，顯示銷貨成本已大幅攀升。其次，93年度的「營業純益率」爲8.5%，高於產業均值的8%，顯示營業費用尚能有效控制；但94年度「營業純益率」則降爲5%，遠低於產業均值的8%，顯示公司的銷貨成長有限，但營業費用卻已大幅攀升。X公司93年度，94年度的銷貨成長率分別爲111%與110%，兩年間維持10%左右的成長，但兩年間銷貨成本的成長率則分別爲12.5%與14.07%，而兩年間的營業費用則更出現16.67%與15.24%的成長。

(四)「總資產週轉率」分析

X公司93年度、94年度的銷貨均維持10%的成長，而公司的資產配置是否能夠結合營業規模的擴張？以「營運資金週轉率」來看，X公司兩年間大致維持在12%左右的週轉率，與產業均值相近，固營運資金的配置尚屬恰當。而以「固定資產週轉率」來看，X公司兩年間的比率，從原有的2次降至1.83次，從高於產業均值跌至低於產業均值，這顯示固定資產的成長速度遠高於銷貨成長的速度，可能存在固定資產過度配置的現象。

（五）「權益乘數」分析

X公司93年度、94年度的權益乘數分別為2.13倍與2.12倍，均較產業均值為高，顯示公司的自有資金略微不足，對於外來資金的依賴程度較高。舉債經營在公司營運順暢時，雖有利息稅盾的優勢，但卻可能因財務槓桿比率較高，致使公司的持續擴張受到限制。

綜合前述的探討與分析，分析人員對於X公司94年度的股東權益報酬率變化，大致可歸納出以下三點：（1）這兩年間X公司的銷貨大致維持穩定的成長；為配合市場的成長，X公司也在固定資產上進行了一些投資。然而在銷售成長的過程中，公司的固定資產與銷貨水準之間的配適關係並不恰當；或者是銷售成長太慢，或者是固定資產過度投資，也有可能是公司錯估了市場成長而過度投資；（2）在市場成長的過程中，公司疏於在內部管理上的控制，導致成本與費用攀升的幅度，遠超出市場銷售的成長幅度，致使產品銷售獲利下滑；（3）公司的自有資金略微不足，可能會限制未來成長的空間；如果產品市場仍在成長期，而X公司如要獲得更穩定的持續成長，則須增加自有資金（股東權益）的比重，降低對外來資金（負債）的依賴程度。

杜邦方程式的解構，讓分析人員看到了影響股東權益報酬率的可能層面，它提供我們另一種不同的思考；我們也可根據前述的關係，將杜邦方程式轉換成以營運資金為重點的分析架構，此時，股東權益報酬率將等於：

股東權益報酬率＝利潤邊際（稅後淨利／銷貨淨額）× 營運資金週轉率（銷貨淨額／營運資金）× 自有資金支持度（營運資金／股東權益）

此時分析人員關心的是，企業的市場競爭能力、自有資金支持企業銷貨水準的能力，以及自有資金支持營運資金的能力。這種分析方式，

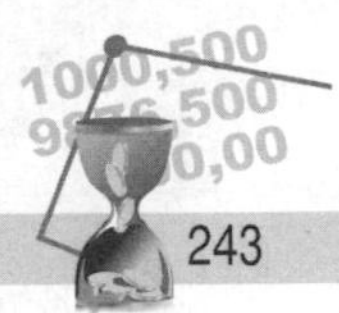

可以讓分析人員的分析焦點集中於企業自有資金是否足以支撐企業現有的營業規模，而不是從企業整體資金（內部資金與外部資金）的觀點。因此，當企業的股東權益報酬率出現異常變化時，分析人員首先應就以下三個層面進行探討，分別是產品的市場競爭力（利潤邊際）、營運資金使用效率（營運資金週轉率）、自有資金是否足以支持現有的營業規模（自有資金支持度）。在產品的市場競爭力上，分析者首先應分別探討「究竟是稅後淨利的問題？」還是「銷貨淨額的問題？」在分析稅後淨利時，我們可由售價與成本關係的「營業毛利率」，營業毛利與稅前淨利的「營業利益率」，以及檢查企業融資的「利息支出」，以瞭解企業營運獲利改變的原因。前二項財務比率均與產業內的公司競爭能力有關，故須配合同業比較與趨勢分析，而利息支出屬於融資費用，是否要與同業比較，則屬於見仁見智的問題。而在分析企業銷貨規模時，一則與過去的銷貨水準相較，以分析是否因爲銷貨水準變動所造成的影響；二則是檢視企業銷貨水準的改變，是否結合了營運資金的相對變動，此時則應就營運資金週轉率進行分析。

在營運資金週轉率的分析上，則須分就銷貨規模及營運資金進行分析。而銷貨規模與過去趨勢相較時，已經得知其變動的幅度，故此時我們應進一步將重點放在分析營運資金支撐銷貨變動的程度與有效性。在分析營運資金週轉率時，我們需進一步分析淨營運週期組成要素的營運效率，也就是分析存貨、應收帳款、應付帳款的週轉率與週轉天數。由於淨營運週期的長短與營運資金的需求程度有關，故可配合流動比率、速動比率及現金比率，以分析短期的營運資產配置狀態，以及來自營業的現金流量支撐流動負債的程度。這些財務比率的分析，都必須透過同業比較與趨勢分析，才能得知是否要進一步探究其成因，而在瞭解營運資金與銷貨水準的配適程度後，吾人則須進一步檢視自有資金的充裕程度。

營運資產與銷貨水準的配適程度不佳，有時是因爲受到自有資金的影響所致，而分析營運資金與自有資金之間的關連性，恰可瞭解自有資金是否已然充分發揮其營運效率。當企業保有的自有資金水準高，則流動資產的水準便可能偏高，如果銷貨規模未相對擴增，則必然會影響企業的營運效率。反之，當企業的自有資金水準偏低，則流動資產的水準可能偏低，如果銷貨規模擴增，則必然導致各項流動資產營運效率偏高的結果。所以我們會透過淨值週轉率、淨值比率及財務槓桿比率，以趨勢分析與同業比較的方式，瞭解自有資金的充裕程度。這種因果關係診斷的分析方式，是將企業視爲一個由各個次系統組成的營運系統，而各項生產因素與營運資金，則是各個次系統間流動的要素，透過企業財務比率與財務數字的趨勢分析與同業比較，以瞭解企業營運現象的形成原因。

由於**圖 9-4** 的杜邦方程式分析，只分析到稅後淨利、銷貨淨額、資產總額與股東權益，而企業整體資產的營運效率，同時受到分項資產配置及資產運作效率的影響。如要進一步分析企業內各項資產的配置與使用效率，則須將資產總額進一步展開，故分析人員可在杜邦方程式的架構下，進一步將代表營運效率的「總資產週轉率」展開，擴張成爲「流動資產週轉率」、「流動資產配置」、「固定資產週轉率」與「固定資產配置」等四個指標。或許有人認爲總資產（TA）雖等於流動資產（CA）加上固定資產（FA），但是總資產週轉率（Sales／TA）卻不等於流動資產週轉率（Sales／CA）加上固定資產週轉率（Sales／FA），因此這種拆解方式，與原比率相乘的計算結果未必相合。但由於分析人員關切的是造成企業財務比率異常原因的因素爲何，故如果我們將總資產週轉率結合資產配置與運用效率進行轉換，則可將總資產週轉率拆解成以下四個相乘的部分：

$$(\text{銷貨淨額}/\text{資產總額}) = [(\text{銷貨淨額}/\text{流動資產}) \times (\text{流動資產}/\text{銷貨淨額}) \times (\text{銷貨淨額}/\text{固定資產}) \times (\text{固定資產}/\text{銷貨淨額})]^{1/2}$$

前兩個相乘的比率，指的是「流動資產週轉率」乘上「流動資產比率」，而後兩個相乘的比率，指的是「固定資產週轉率」乘上「固定資產比率」。因此，此處提出的五個效果比率，其內容與杜邦方程式提出的比率架構，基本上是可以結合並行不悖的。然讀者不難發現，兩兩相乘的比率，分別都是資產的週轉比率與資產的配置狀態，故資產運用效率與資產配置之間必須配合。由於資產配置程度低，必然會導致資產的運用效率偏高，因此，分析者須留意資產運用效率與資產配置之間，可能存在著最佳的配適關係，並非單純的線性遞增或遞減關係。

因此透過資產總額的解構，旨在說明企業整體營運效能的財務比率之「股東權益報酬率」可分爲以下六個比率，分別是：「權益乘數」、「流動資產週轉率」(或營運資金週轉率)、「邊際利潤率」、「固定資產週轉率」、「流動資產比率」、「固定比率」。

「權益乘數」是在說明企業資本結構的比率，其與「財務槓桿比率」(負債總額／股東權益）的性質相同。

「流動資產週轉率」即「銷貨淨額／流動資產」，惟流動資產週轉率分析時，須結合流動資產配置狀態，以測量流動資產的適切性與營運效率，如分析人員對於營運資金有興趣，則可將流動資產轉換爲營運資金，並分析營運資金的週轉率與配置狀態。

「固定資產週轉率」即「銷貨淨額／固定資產」，同樣的，固定資產週轉率分析時，亦須結合固定資產配置狀態以測量固定資產的適切性與營運效率。

「邊際利潤率」即「淨利／銷貨淨額」，這是說明市場效能因素的比率。或許有人認爲淨利也受產品成本與費用的影響，爲何能夠將其歸屬到市場效能因素？但如果企業的產品競爭力強，則當成本與費用攀升時，企業通常也較有能力調整產品售價，以確保能獲致產品銷售的邊際利潤，而如果企業的產品競爭力差，則企業就不太有能力調整產品價格，此時成本與費用攀升只是雪上加霜，讓企業的營運更加不利而已。

因此，邊際利潤的數額，主要還是在反映產品的市場競爭能力。

至於「流動資產比率」與「固定資產比率」則是描述企業資產的配置狀態。由於「流動資產」加上「固定資產」，幾乎就等於企業的總資產，故此二者之間存在是「彼增我減」的反向關係。這兩項資產配置的比率除了會相互影響外，也會影響資產營運的效率；如固定資產（流動資產）配置較少，就可能會導致固定資產（流動資產）週轉率偏高。因此在進行因果比率關係分析時，必須同時留意資產配置狀態對營運效率可能帶來的衝擊，才能有效掌握各項比率的全面意涵，進行綜合、有意義的分析。

在**圖 9-5** 中，我們可將股東權益報酬率解構為六項財務比率，這六項比率又可根據比率的分子與分母，進行原因追溯，找到「稅後淨利」、「銷貨淨額」、「流動資產」（營運資金）、「固定資產」、「資產總額」、「股東權益」等財務數值。由於企業的財務數字需配合企業的營運狀況才有意義，故前述六項財務數字，需進一步分析，才能得知造成企業營運效能異常（好或壞）的原因為何？而在原因追溯時，如要詳細的追蹤，則可得到以下的十五個比率，這些比率包括「營業毛利率」、「營業純益率」、「存貨週轉率」、「存貨週轉天數」、「應收帳款週轉率」、「應收帳款週轉天數」、「流動比率」、「營運資金週轉率」、「營運資金比率」、「淨營運週期」、「固定資產週轉率」、「固定比率」、「長期資金適合度」、「淨值週轉率」、「財務槓桿比率」。

這些不同的財務比率，顯示企業不同層面的營運狀態與營運效率。如「營業毛利率」、「營業純益率」是探討產品成本結構的比率；「存貨週轉率」、「存貨週轉天數」、「應收帳款週轉率」、「應收帳款週轉天數」、「流動比率」、「營運資金週轉率」、「營運資金比率」、「淨營運週期」等比率，是探討流動資產與營運資金的比率；「固定資產週轉率」、「固定比率」是探討固定資產的配置與營運效率的比率；「長期資金適合率」、「淨值週轉率」、「財務槓桿比率」等比率，則是探討自有資金與外部資金妥適性的比率。這種將結果比率展開為市場效能、營運

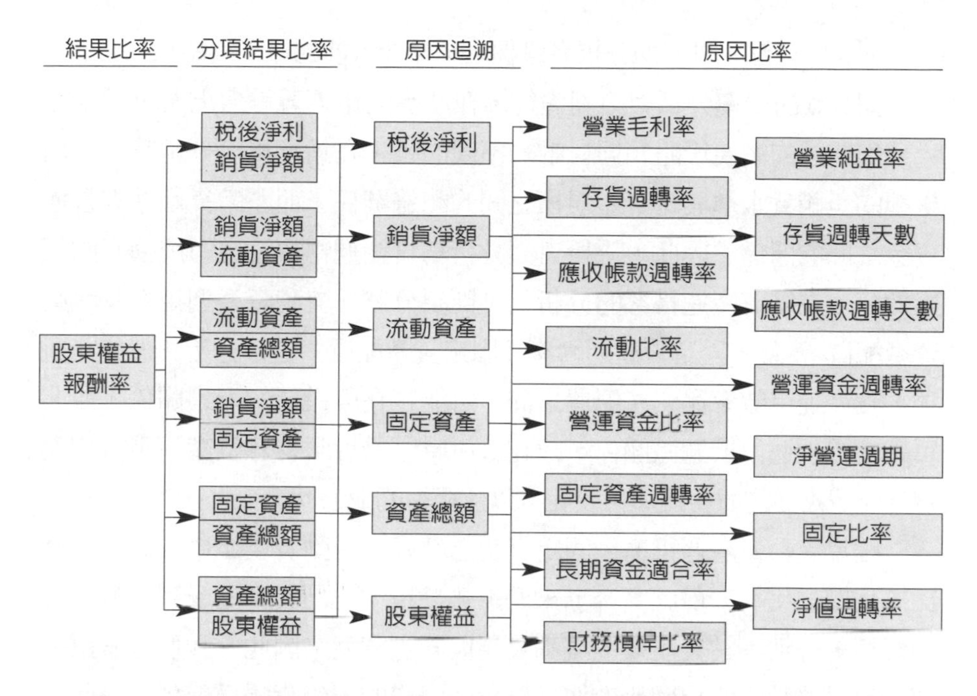

圖 9-5　股東權益報酬率解構的財務比率因果關係圖——複雜分析策略

效率與資金來源的分析方式，其分析方向端視分析人員的分析目的與分析深度而定。

一般而言，可以追溯用以解釋效果比率的原因比率，通常是從市場效能開始，先探討影響邊際利潤的因素，之後再透過銷貨淨額連結至營運效率，分析資產配置與營業效率，最後才以資產總額進一步分析長期資金來源的資本結構。在財務比率的因果分析時，雖有一定的規則可資依循，但仍須配合效果比率呈現的現象，而決定分析的方向。在追溯原因比率時，亦不侷限於本書前述所提出的常用財務比率，分析人員可根據分析的目的，而選擇兩個相關的財務報表數字進行比率分析。

所有的財務比率分析，都必須結合公司自我趨勢分析與同業標準的比較分析，因此透過結果比率、原因比率追訴、同業分析及趨勢分析，企業財務狀況與經營效能的因果性診斷，便可結合成為一張完整的財務比率網狀關係圖，以協助分析者掌握企業營運效能的原因與結果。

圖 9-5 的比率分析與追溯途徑，在產品的市場競爭力上，分析策略大致與前述的簡要策略相同；唯一不同的是，在銷貨規模分析時，我們檢視的是銷貨水準與總資產規模之間的配適關係，而非銷貨水準與營運資金之間的關係。因此，分析者須分析總資產週轉率及其組成因素的相對效率。在總資產週轉率的分析上，則須分就「流動資產週轉率及流動資產配置」，及「固定資產週轉率及固定資產配置」進行分析。然如前所述，資產運用效率與資產配置之間，可能存在著最佳的配適關係，並非單純的線性遞增或遞減關係，故在分析時，讀者須留意資產運用效率與資產配置之間的財務比率值變化，以及相對的配適狀態。

雖說流動資產週轉率、固定資產週轉率、流動資產比率及固定資產比率爲四個比率，但就內容上來看不難發現，它們其實是受到三個變數的影響，分別是銷貨規模、流動資產與固定資產。因此，我們可就這三個項目財務數字的相關比率進行分析。同樣的，銷貨規模與過去趨勢相較時，已經得知其變動的幅度，故我們應將重點放在分析流動資產與固定資產支撐銷貨變動的有效性。在分析流動資產週轉率時，我們不僅須分析流動資產組成要素的營運效率，亦須分析流動資產的配置狀態，以及配置方式是否足以應付到期的流動負債。故分析人員不僅須就存貨、應收帳款的週轉率及週轉天數進行追溯，亦須就應付帳款週轉天數、淨營運週期、現金比率、流動比率、營運資金週轉率及現金流量比率進行探討，才能據以瞭解流動資產的運用效率與配置妥適性。而固定資產的營運效率與資產配置檢視，則可透過固定資產週轉率、固定比率，以瞭解固定資產與銷貨水準之間的配適程度。這些財務比率的分析與追溯，亦均須透過同業比較與趨勢分析，才能瞭解企業資產運用效率在產業內競爭版圖上的相對變化。

最後是分析權益乘數（總資產／股東權益），由於總資產等於負債加上股東權益，故權益乘數其實是在衡量企業整體資金（內部資金與外部

資金）與自有資金之間的關係。因此在分析時，我們不僅需分析淨值比率、財務槓桿比率等，以瞭解企業自有資金的狀態，及其是否已充分利用舉債的優勢，降低企業整體的資金成本；亦須分析「長期資金適合度」，以瞭解企業長期資金與長期資產之間的配適關係；以及分析「淨值週轉率」，以瞭解企業的自有資金是否足以支撐企業的銷貨水準。同樣的，在資本結構、「長期資金與長期資產的配適關係」分析上，亦須配合趨勢分析與同業比較分析，才能掌握企業本身財務比率的變動，以及產業發展與競爭關係的對應關係。

這種因果追溯的分析方式，亦可應用在其他的報酬率分析上，如總資產報酬率的因果關係分析。「總資產報酬率」可初步解構為「邊際利潤率」與「總資產報酬率」兩項比率，而根據分析目的的不同，可展開如「固定資產」、「營運資金」及「股東權益」（自有資金）聚焦的多種分析途徑（如圖 9-6）。

在「固定資產」聚焦的分析途徑下，「總資產報酬率」可展開成為「邊際利潤率」、「固定資產週轉率」與「固定比率」；透過稅後淨利、銷貨淨額、固定資產與資產總額的四個數值，分析人員會追溯到「成本與費用結構」、「銷貨與總資產之間的配適程度」、「銷貨與固定資產之間的配適程度」及「固定資產配置合理性」。在「營運資金」聚焦的分析途徑下，「總資產報酬率」可展開成為「邊際利潤率」、「營運資金週轉率」與「營運資金比率」；透過稅後淨利、銷貨淨額、營運資金與資產總額的四個數值，分析人員可以追溯到「成本與費用結構」、「銷貨與總資產之間的配適程度」、「銷貨與營運資金之間的配適程度」及「營運資金配置合理性」。至於在「股東權益」聚焦下的分析途徑，「總資產報酬率」則可展開成為「邊際利潤率」、「淨值週轉率」與「淨值比率」；透過稅後淨利、銷貨淨額、股東權益與資產總額的四個數值，分析人員會追溯到「成本與費用結構」、「銷貨與總資產之間的配適程度」、「銷貨與自有資金之間的配適程度」及「自有資金與外部資金配置合理性」。

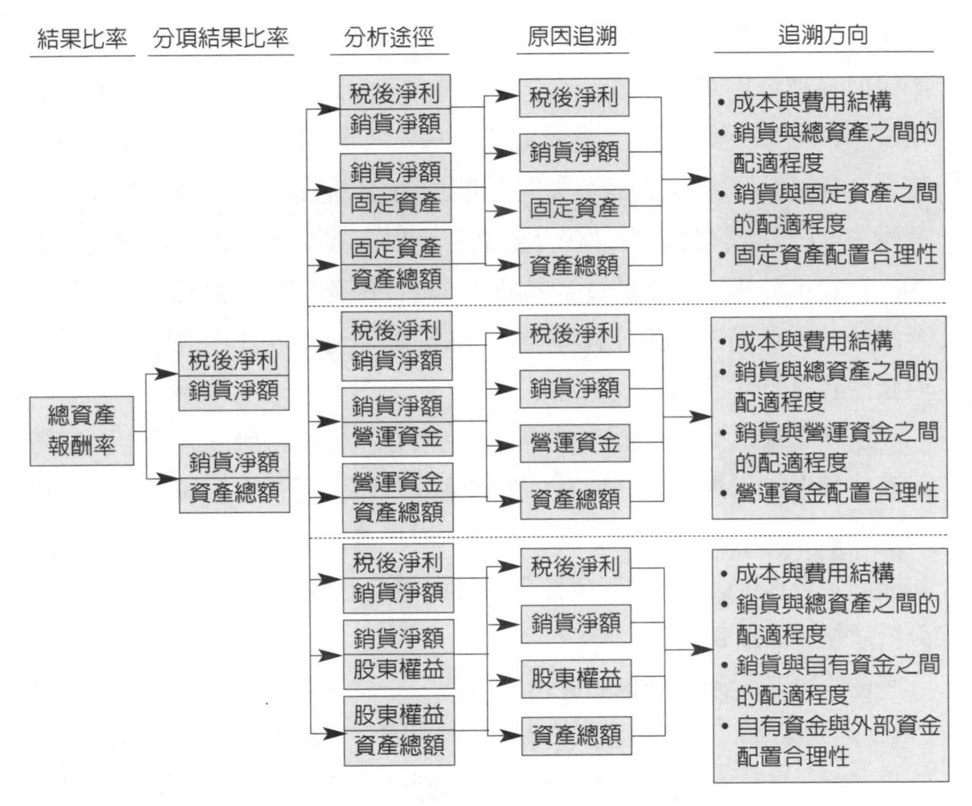

圖 9-6 總資產報酬率解構下三種不同聚焦的分析途徑

這些不同聚焦的分析途徑，表面上看起來似乎分析方法互異，然究諸實質內涵，卻不難發現這些方法都是結合「市場效能」、「資產使用效率」及「資產配置狀態」進行的因果追溯分析。故分析人員只要能夠掌握財務比率「外在效果」與「內在效率」之間的因果關係，便可透過相關比率逐一追溯，辨識出影響財務比率異常的眞正原因。

第十章 企業營運效能分析

第一節　營業週期分析

第二節　營運資金政策與閒置資金

第三節　營運槓桿與財務槓桿

第四節　投資計畫現值的損益兩平點分析

企業的獲利與成長，需建立在企業的整體營運效能，與長、短期資金的財務政策管理上。首先就獲利能力來看，企業的獲利主要透過產品與市場策略，與長、短期營運資金的管理效能三者，共同創造而成。其中產品與市場策略，與短期營運資金的管理效能，共同構成了企業的日常營運，二者由營運作業管理效能與營運資金的管理政策共同構成。至於在長期資金的管理效能上，則重在融資管理（長期資金取得與資本結構）與投資管理（投資計畫評估與管理）。一般而言，營運作業管理效能，指的就是企業組織理論與管理關切的課題與範疇；而營運資金管理政策，則是從財務層面與成本效益的分析中，以財務量化的數字，協助企業提升其日常營運的管理效能。

企業發展需要資金，資金的來源有二，其一是來自於內部股東權益的自有資金；其二是來自於外部的負債資金（長、短期融資的資金）。企業如要保留自有資金，就必須在企業獲利之後，透過股利政策，決定公司保留作為內部自有資金的成數，其餘的才發放作為股利。盈餘保留的成數高，則企業累積的內部資金較為豐沛，則未來成長發展時，比較不會受到資金的限制；反之，如果平時自有資金保留不足，則未來一旦擴展，需要大量資金時，則可能因為資金不足而限制企業的成長。企業的自有資金保留程度，與產業生命週期有關，通常成熟產業的投資機會較少，自有資金會累積的比較多，除非採取多角化措施，否則資金的運用效能必然會受到嚴重的影響。相對的，成長期的企業，其投資機會甚多，但卻常苦於自有資金不足，故往往須採取高的盈餘保留政策，將年度盈餘保留下來，供作未來發展之需。年度獲利、股利政策、產品與市場策略，與長、短期營運資金的管理效能之間的關係，可顯示如**圖 10-1**。

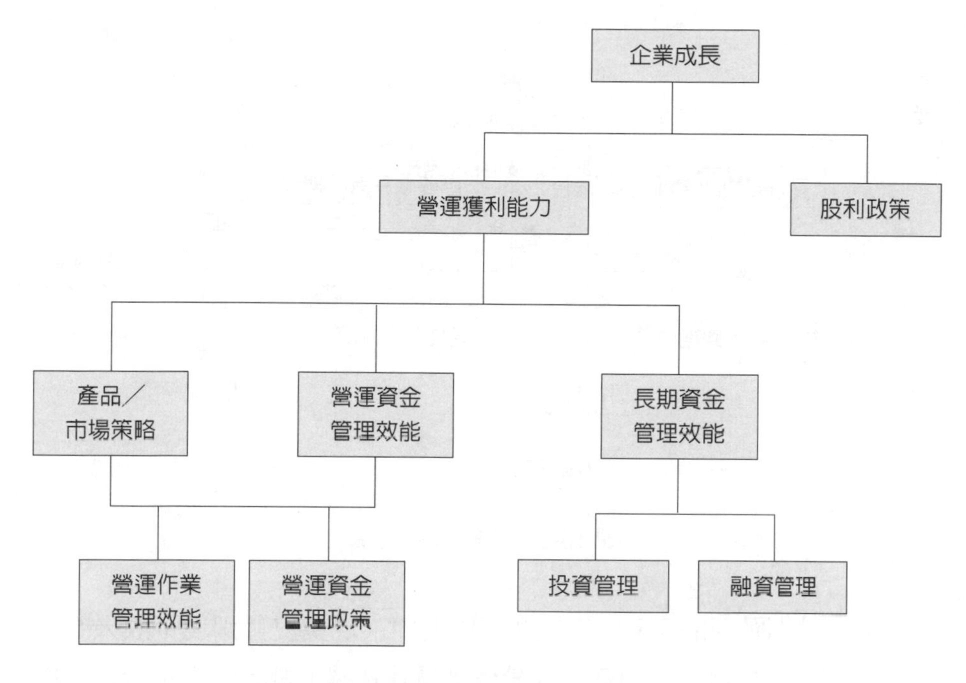

圖 10-1　企業成長影響因素關係架構圖

第一節　營業週期分析

企業的營業週期是企業從購入存貨產生應付帳款，歷經銷貨完成，產生應收帳款，收到現金並償還欠款的歷程。營業週期兩種不同的觀察方式，其一是從存貨產生、存貨消失（銷售完成）至收現的過程；其二是由欠款產生、現金支付至現金收現的過程。第一種方式由兩個流程構成，分別是存貨週轉天數（存貨購入到存貨售出的時間），以及應收帳款週轉天數（賒銷至帳款收現的時間）；因此，營運週期就等於存貨週轉天數，加上應收帳款週轉天數。如果我們從第二種觀點進行觀察，則會發現營業週期也是由兩個流程構成，分別是應付帳款週轉天數（存貨購

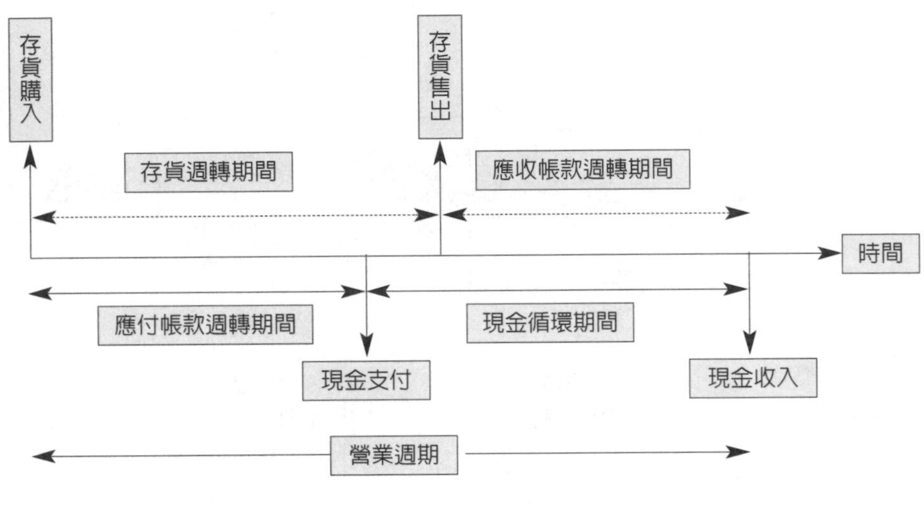

圖 10-2　企業營業週期

入到貨款支付的期間），以及現金循環期間（現金支付到現金收入的時間）；因此，營運週期也可以等於應付帳款週轉天數，加上現金循環期間。從另一個角度來說，現金循環期間其實也是顯示企業的資金積壓在存貨及應收帳款上，企業需要額外營運資金的程度；通常此一期間愈長，企業需要的額外週轉資金就愈多。營業週期的關係可顯示如**圖 10-2**。

舉例來說，A 公司 92 年度和 93 年度的期末存貨、應收帳款、應付帳款、銷貨淨額與銷貨成本資料如下：

科目	期間與報表	92 年度	93 年度
存貨	（12/31 一資產負債表）	$60,000,000	$50,000,000
應收帳款	（12/31 一資產負債表）	$50,000,000	$40,000,000
應付帳款	（12/31 一資產負債表）	$25,000,000	$35,000,000
銷貨淨額	（1/1 ～ 12/31 一損益表）		$350,000,000
銷貨成本	（1/1 ～ 12/31 一損益表）		$210,000,000

首先我們計算存貨週轉天數，A 公司的存貨週轉率等於銷貨成本（210,000,000）除以平均存貨〔（60,000,000 ＋ 50,000,000）／2〕，存貨週

轉率等於 3.82 次；存貨週轉天數等於 365 天除以存貨週轉率 3.82 次，等於 96 天，亦即公司的存貨通常需要 96 天才會銷售出去。接下來，我們計算公司的應收帳款週轉天數，A 公司的應收帳款週轉率等於銷貨淨額（350,000,000）除以平均應收帳款〔（50,000,000 ＋ 40,000,000）／2〕，得知應收帳款週轉率等於 7.78 次；應收帳款天數等於 365 天除以應收帳款週轉率 7.78 次，等於 47 天，亦即公司的應收帳款通常需要 47 天才能收現。

其次，我們從欠款償還的角度來看，首先我們要計算應付帳款週轉天數，A 公司的應付帳款週轉率，等於銷貨成本（210,000,000）除以平均應付帳款〔（25,000,000 ＋ 35,000,000）／2〕，得知 A 公司的應付帳款週轉率等於 7 次；而應付帳款天數等於 365 天除以應收帳款週轉率 7 次，等於 52 天，亦即公司的應付帳款通常要 52 天才會付出。從營業週期的角度來看，公司的營業週期天數爲存貨週轉天數 96 天，加上應收帳款天數 47 天，等於 143 大；而公司的應付帳款天數可以延遲付款的天數爲 52 天，故公司必須籌措額外 91 天的營運資金（143 大－ 52 天）。這 91 天的營運資金可以來自幾個方面，其一是透過存貨融資；其二是透過應收帳款融資；其三則是依賴企業自行籌措營運所需的其他資金。

現金循環期間又稱爲淨營業週期；淨營業週期的長短，會影響企業的營運資金投資額度。如以年度營運資金估計，存貨上會積壓約 $54,000,000 的營運資金（210,000,000 ÷ 3.82），應收帳款會積壓約 $45,000,000（350,000,000 ÷ 7.78），應付帳款可減少 $30,000,000 的營運資金（210,000,000 ÷ 7）。因此，公司目前的營業週期下，企業需要投資在營運資金的金額約需 $69,000,000（54,000,000 ＋ 45,000,000 － 30,000,000）。

現金循環期間愈短，所需的營運資金愈少，資金的壓力也就愈輕，反之，則對企業造成愈沉重的壓力。一般而言，存貨週轉天數與應收帳款週轉天數，與產業的營運型態有關，如高單價產品，其目標市場鎖定在某些特殊的族群，市場需求有限，故通常存貨週轉天數較長。如果銷售工業機具，通常消費者是工業用戶，不僅產品單價甚高，且應收帳款收現較無疑慮，銀行亦可提供融資，故應收帳款週轉天數（產品融資期間）通常會比較長，而這也是傳統產業中常見的現象。

茲節錄兩個不同產業上市公司的部分財務資料進行比較，其財務報表相關的會計科目及數字顯示如**表 10-1**。表中顯示兩家公司兩年度的比較數字，從數字中可以發現，兩家公司 93 年度的流動資產都出現了大幅增加的現象，並大幅改善了公司的流動比率。其中塑膠產業的 B 公司在 93 年度的銷貨收入出現大幅的成長，但同年度的銷貨成本，成長幅度則相對較低。但水泥產業的 A 公司，93 年度的銷貨收入與銷貨成本都呈現微幅的成長。

我們可根據上述資料計算應收帳款週轉率、應收帳款週轉天數、存貨週轉率、存貨週轉天數、應付帳款週轉率、應付帳款週轉天數，最後並計算出淨營業週期（現金循環期間）。計算營運週轉率時，需採用期初與期末的平均值計算；而計算應收帳款週轉率時，更需以銷貨淨額除以應

表 10-1　92-93 年度水泥產業與塑膠產業營運資金與銷貨數額比較表

	A 公司（水泥產業）		B 公司（塑膠產業）	
（單位：千元）	92 年度	93 年度	92 年度	93 年度
流動資產	$6,870,965	$11,534,992	$3,912,154	$5,419,842
現金及約當現金	330,846	1,318,902	438,799	139,304
短期投資	317,160	3,914,216	1,699,173	2,970,086
應收票據	1,769,756	1,749,114	221,813	20,377
應收帳款	2,665,970	2,630,879	491,719	178,894
存貨	1,316,003	1,300,221	676,808	1,434,443
其他流動資產	471,230	621,660	383,842	676,738
流動負債	$9,801,446	$6,876,444	$1,407,227	$1,709,778
短期借款及票券	1,538,328	2,051,954	629,318	617,163
應付帳款	1,389,415	1,042,637	578,266	822,466
其他流動負債	6,873,703	3,781,853	199,643	270,149
銷貨淨額	$24,284,408	$27,775,159	$5,735,272	$7,307,871
銷貨成本	$22,716,370	$25,124,542	$5,027,680	$5,922,345

資料來源：引自台灣經濟新報社（TEJ）上市上櫃公司財務資料庫。

表 10-2　水泥產業與塑膠產業營運效能比較表

2004 年相關比率	A 公司（水泥產業）	B 公司（塑膠產業）
應收帳款週轉率	6.30 次	16.01 次
應收帳款週轉天數	58 天	23 天
存貨週轉率	19.21 次	5.61 次
存貨週轉天數	19 天	65 天
應付帳款週轉率	20.66 次	8.46 次
應付帳款週轉天數	18 天	43 天
淨營業週期（現金循環期間）	59 天	45 天

收帳款及應收票據的合計數，計算出來的結果顯示如**表 10-2**。表中顯示 A 公司較 B 公司需要更長的淨營業週期，但由於 B 公司的營業規模較大，故也會積壓較多的營運資金。從表中的數字不難發現，兩個產業的應收帳款、銷售方式與付款方式都不相同，故比較的結果，亦再度顯示產業的營運流程不同，將會導致不同產業的各項財務比率呈現出不同的風貌。

產業營業週期會隨著景氣循環與產業實務發展，而出現不同的變化。如**表 10-3** 以 2004 年爲例，顯示國內各產業的應收帳款週轉天數、存貨週轉天數、應付帳款週轉天數及各產業的淨營業週期。營業週期最長的是營建產業，約需 529 天，主要是營建工程的興建與銷售耗時所致，因此營建產業就需要發展出特殊的融資方式，否則營運資金必然無法支應生產所需。營業週期較長的還包括玻璃陶瓷產業與機電產業，其中玻璃陶瓷產業的淨營業週期約爲 118 天，機電產業的淨營業週期爲 100 天，主要都是存貨銷售導致營業週期拉長所致。較爲特殊的是觀光與百貨兩個產業，其中觀光產業的淨營業週期是－ 19 天，而百貨產業的淨營業週期是 2 天；由於這兩個產業的營運方式不同，導致產業的現金流入非常快速。

從**表 10-3** 中還可以發現另一個重要的現象，那就是應付帳款週轉天數普遍都較應收帳款週轉天數爲短，除了運輸工具、營建、觀光與百貨四個產業之外。應付帳款支付的對象是上游廠商，而應收帳款收取的對

表 10-3　2004 年產業營運效能比較表

產業	應收帳款週轉天數	存貨週轉天數	應付帳款週轉天數	淨營業週期
水泥	59.48	36.78	24.97	71.29
食品	42.96	44.89	21.91	65.94
塑膠	36.08	55.05	28.27	62.86
紡織人纖	37.13	79.56	26.44	90.25
機電	83.68	81.22	64.9	100
電線電纜	51.51	67.89	29.29	90.11
化學	60.71	56.68	41.12	76.26
玻璃陶瓷	67.82	91.61	41.14	118.28
造紙	52.91	65.93	36.38	82.46
鋼鐵金屬	21.93	69.93	13.31	78.55
橡膠輪胎	52.72	60.91	31.87	81.76
運輸工具	14.53	29.47	30.59	13.41
資訊電子	58.56	33.07	53.96	37.67
營建	71.06	543.13	85.33	528.86
運輸	30.34	3.38	23.52	10.2
觀光	12.41	5.47	36.61	-18.72
百貨	20.93	20.34	39.57	1.7

資料來源：根據台灣經濟新報社（TEJ）上市上櫃公司財務資料計算。

象是下游廠商或是顧客，故這種現象其實也普遍反映了國內產業的技術密集狀態，面對上游的資本密集廠商，及下游銷售通路之間的相對談判能力（bargaining power）的差異。

產業的營業週期會隨著景氣循環、產業銷售，以及上、下游間的實務發展，而產生逐次調整的現象；如在**表 10-4** 中顯示 1991 年、1996 年、2001 年、2002 年、2003 年、2004 年之間各產業的淨營業週期變化。從表中觀察，這十四年間淨營業週期的天數較爲穩定（以 1991 年與 2004 年相較）的是觀光與食品產業；而淨營業週期天數變動最大的產業，則是營建產業與資訊電子產業。如觀光產業的淨營業週期從 1991 年的－ 19 天，歷經 1996 年的－ 50 天，2001 年的－ 20 天，最後還是回到 2004 年的－ 19 天；而食品產業的淨營業週期則由 1991 年的 74 天，歷經 1996 年的 97 天，2001 年的 79 天，最後回到 2004 年的 66 天。淨營業週期天數波動雖

表 10-4　不同年度間產業營運效能變動表

產業	1991 年	1996 年	2001 年	2002 年	2003 年	2004 年
水泥	98.73	139.64	121.65	106.17	94.47	71.29
食品	74.12	97.13	78.99	73.53	70.1	65.94
塑膠	90.62	75.56	86.44	75.76	69.41	62.86
紡織人纖	107.94	108.82	128.7	118.9	111.36	90.25
機電	159.59	134.36	143.07	120.8	103.35	100
電線電纜	120.98	154.84	119.23	96.52	106.06	90.11
化學	99.98	113.26	91.53	86.47	77.38	76.26
玻璃陶瓷	169.29	137.21	214.13	178.87	152.4	118.28
造紙	88.21	136.46	138.09	115.09	93.81	82.46
鋼鐵金屬	113.75	142.11	106.62	86.16	74.01	78.55
橡膠輪胎	98.13	112.8	114.99	103.35	90.45	81.76
運輸工具	82.45	72.96	38.42	20.94	13.22	13.41
資訊電子	117.87	76.62	64.21	46.29	40.57	37.67
營建	816.84	780.42	858.77	613.29	525.9	528.86
運輸	73.33	25.5	20.16	37.41	21.92	10.2
觀光	-19.46	-49.65	-20.46	-16.74	-17.66	-18.72
百貨	17.99	55.55	5.76	1.75	2.59	1.7

資料來源：根據台灣經濟新報社（TEJ）上市上櫃公司財務資料計算。

大，但以 1991 年與 2004 年來看，淨營業週期變動的天數，不超過 10 天。

相對的，營建產業的淨營業週期從 1991 年的 817 天，歷經 1996 年的 780 天，2001 年的 859 天，最後還是回到 2004 年的 529 天，縮減了 288 天；這種變化純然是因爲產業的銷售實務轉變，存貨銷售天數縮減所致。而資訊電子產業的淨營業週期則由 1991 年的 118 天，歷經 1996 年的 77 天，2001 年的 64 天，最後回到 2004 年的 38 天，縮減了 80 天；淨營業週期變動的原因，主要是產業收款能力大幅提升（上、下游的談判能力），以及存貨銷售的天數由 1991 年的 71 天，到 1996 年的 57 天，2001 年的 47 天，再縮減到 2004 年的 33 天，這也反映出整個產業的需求狀態。淨營業週期的縮減，對企業的營運資金需求的壓力紓解，必然會產生正面、積極的幫助。

第二節　營運資金政策與閒置資金

企業營運需因應環境的各種變動而進行調整，調整的策略與資金需求亦有不同。在因應環境的重大變動時，主要是面對產業生命週期、產品生命週期與產業競爭策略的衝擊，而採取的重大調整；它通常會反映在企業策略與長期資金的需求上。相對的，在因應環境的小幅變動時，主要是面對產品季節循環、產業競爭行爲與營運作業變動的影響，而採取的微幅調整行爲；它通常會反映在企業日常的組織管理與營運資金需求上。面對環境可能出現的變動，企業通常必須保有一定的財務餘裕（financial slack），才能因應突發狀況的財務需求。

所謂財務餘裕，指的是公司擁有的現金、有價證券、可立即出售的實體資產、舉債彈性等，可以提供財務彈性的能力或資產。如前所述，財務餘裕保留的用途有二，如爲達成策略因應，保障投資計畫能夠順利推動的財務餘裕，通常需要的資金較爲龐大，如國內的高科技電子公司，所保有大量的現金與約當現金。相對的，如爲達成管理因應，所保有企業年度營運順暢的財務餘裕，其金額通常較少；如企業爲因應季節性財務需求，所保有的閒置營運資金。財務餘裕雖具環境因應的重要功能，但仍屬於閒置資金，且與管理裁量之間的關係密不可分，故也會受到企業代理問題的影響，故亦需強化對管理當局的監督，才能提升閒置資金的營運效能。

企業的資產反映了企業的資金運用，負債及股東權益則反映了企業的資金來源；通常資產的配置與營運資金的政策有關。由於營運資金是爲因應企業營運所需，故我們可以根據流動資產與銷貨收入之間的關係，以瞭解企業的營運資金政策。企業的流動資金與長期資金都是爲了營運所需，故需與銷貨收入維持一定的關係。舉例來說，假設相同產業A、B兩家公司的資產配置與銷貨淨額顯示如下：

	A公司	B公司
流動資產	$50,000,000	$80,000,000
固定資產	$130,000,000	$140,000,000
銷貨淨額	$250,000,000	$270,000,000

以A公司而言，流動資產占銷貨淨額的比率爲20%（50,000,000 ÷ 250,000,000），流動資產的投資規模僅爲銷貨淨額的五分之一；相對的，B公司流動資產占銷貨淨額的比率爲29.63%（80,000,000 ÷ 270,000,000），流動資產的投資規模遠較A公司爲高。持有流動資產的額度，需在兩種不同的成本中進行取捨，其一是流動資產的持有成本，其二是流動資產的短缺成本。由於流動性愈高的資產，資產報酬率通常愈低，故流動資產持有的額度愈高，管理流動資產及資金運用的機會成本也相對愈高。流動資產配置需在財務餘裕與營運效率之間進行取捨，並配合企業營運，故可反映企業的營運資金政策。以B公司來說，雖然其營運資金較爲充裕，但營運效率（營運資金週轉率）則相對會較A公司爲低；相對的，A公司的營運資金週轉率雖然較高，但因保有流動資產的數量較低，故因應環境突發狀況的財務彈性，可能較B公司爲弱（如資金不足，無法因應臨時暴增的銷貨需求）。

企業的流動資產可分爲兩類，其一是永久性的流動資產，其二是波動性的流動資產。其中永久性的流動資產是因應企業年度銷售所需，故長期而言，會維持在一個穩定的水準，否則企業營運將無法繼續；如企業每年年底的資產負債表中，都會維持一定金額的流動資產。至於波動性的流動資產，則是因應企業的年度銷售週期，而彈性配置的流動資產；如企業爲因應季節性的銷貨需求，而產生短期、週期性的資金需求。因此，從企業的角度來看，永久性的資金需求實包括兩個部分，一是長期營運的固定資產需求，二是企業永久性的流動性資產需求。

面對季節性的流動資產需求，短期流動資產可以有三種不同的管理政策，一是採取寬鬆的流動資產政策，二是採取緊縮的流動資產政策，三是採取妥協的流動資產政策。在彈性寬鬆的政策下，企業會保留較多的流動資產，以因應季節性的財務需求；相對的，在緊縮的政策下，企業則僅維持基本、永久的流動資產，面對季節性的財務需求，則從貨幣市場舉借短期資金以為因應。至於在妥協的政策下，企業會選擇同時擁有永久性流動資產及部分波動性的流動資產，以期不要保留過多的流動資產，並能兼顧季節性波動的財務需求。因此，在妥協的流動資產政策下，企業如有閒置資金，會將其投入短期投資，購置有價證券，以備不時之需，但當資金不足時，則會以短期融資取得必要的資金，彌補資金缺口。這三種流動資產的管理政策，可顯示如**圖 10-3**。

閒置資金的投資，需同時兼顧資金的流動性、安全性與獲利能力，但流動性、安全性與獲利能力是不易兼顧的。在效率資本市場下，風險與報酬之間呈現正向的關係，因此，要產生較佳的獲利能力，就必須承擔相對的風險，故往往必須犧牲部分的資產安全性。閒置資金進行的短

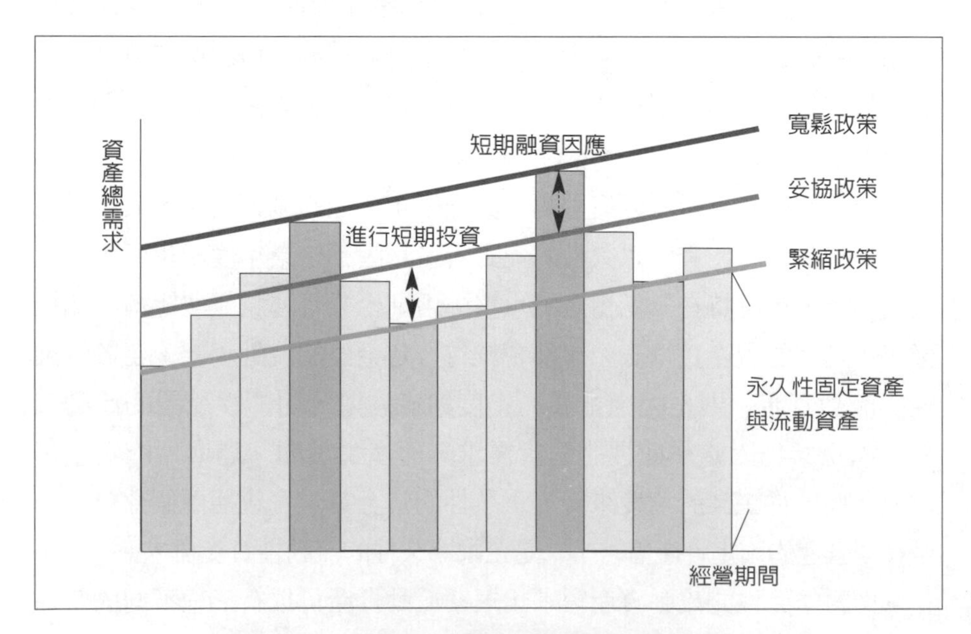

圖 10-3　季節資金需求與流動資產管理政策

期投資[1]，通常是因應短期營運波動，調節財務需求的手段，故因應營運變動爲閒置資金運用的主要目的，獲利則爲閒置資金運用的次要目的。由於獲利能力與資產的流動性常成反向關係，故企業通常無需保留過多的閒置資金，以免損及企業的獲利能力。

第三節　營運槓桿與財務槓桿

除了本書前述所提的財務比率外，讀者在上市公司的股東年報，會發現在公司「財務分析」一節中，公司在各項財務比率之外，還會提供兩個指標，那就是「營運槓桿度」（Degree of Operation Leverage, DOL）及「財務槓桿度」（Degree of Financial Leverage, DFL）；如**表 10-5** 中顯示五家不同產業的上市公司，89 年度至 93 年度之間的營運槓桿度與財務

表 10-5　不同年度選定公司之營運槓桿度與財務槓桿度

		台泥公司	味全公司	台塑公司	士林電機	亞洲化學
89 年	營運槓桿度	33.23	3.42	6.46	3.7	7.91
	財務槓桿度	-0.03	-19.6	1.91	1.2	-0.76
90 年	營運槓桿度	-4.98	5.35	7.70	4.1	5.31
	財務槓桿度	0.13	-1.53	2.87	1.4	-2.56
91 年	營運槓桿度	8.67	3.58	5.79	3.7	3.02
	財務槓桿度	-0.24	10.48	1.63	1.2	2.48
92 年	營運槓桿度	3.49	4.93	4.89	3.5	3.41
	財務槓桿度	-2.74	15.49	1.30	1.2	1.98
93 年	營運槓桿度	2.12	2.76	3.32	4.2	3.52
	財務槓桿度	1.44	1.29	1.09	1.1	1.64

資料來源：整理自證交所公開資訊觀測站中各公司 93 年度股東年報資料。

[1]短期投資係指購入具公開市場，隨時可變現，且不以控制被投資公司或與其建立密切業務關係爲目的之有價證券，定義參見商業會計處理準則第十五條第二款。或如證券發行人財務報告編製準則第八條的定義，短期投資係指購入發行人本公司以外有公開上市、隨時可以出售變現，且不以控制被投資公司或與其建立密切業務關係爲目的之證券。

槓桿度。企業的風險最終會反映在「稅後損益」的變動上，而企業的總風險亦是來自於稅後淨利的波動，而總風險可根據性質區分爲營運風險與財務風險，前者以「營運槓桿度」代表，而後者則以「財務槓桿度」作爲代表。

其中營運槓桿是在顯示銷貨收入和來自營運現金流量之關係，亦即來自營運現金流量受到銷貨的影響程度，因此它是以營業淨利變動的百分比除以銷貨收入變動的百分比計算而得。一般而言，營運槓桿係數愈大，稅前息前淨利（EBIT）的變動幅度愈大，故企業的營運風險也就愈大。營運槓桿計算公式，顯示如下：

營運槓桿＝營業淨利變動百分比（Δ EBIT／EBIT）／銷貨收入變動百分比（Δ S／S）
＝銷量 ×（售價－變動成本）／〔銷量 ×（售價－變動成本）－固定成本〕
＝（營業收入淨額－變動營業成本及費用）／營業利益
＝1＋（固定成本／來自營業的現金流量）

就意義上來說，營運槓桿的作用在衡量，在特定銷貨數量下，由於銷貨數量變動某一百分比所引起利潤變化之百分比；它是透過產品售價與產品結構的關係，以評估不同公司的潛在獲利能力。從公式中不難發現，營運槓桿度在探討銷貨收入、產品成本結構之間的關係，也就是在既定銷貨水準，與固定成本和變動成本組成方式下，當銷貨量改變時，對淨利可能造成的影響。

一般而言，營運槓桿愈高，表示銷貨變動造成營運現金流量（OCF）的變動越大（Δ OCF ＝ DOL × Δ Q）；而固定成本愈高，DOL 也就越大。假設 A 公司銷售小型汽艇，每艘小型汽艇售價 $1,200,000，其中變動成本 $600,000，固定成本爲 $15,000,000，公司小型汽艇的年銷售量爲 50 艘小型汽艇；在此一銷售水準下，來自營業的現金流量等於 $15,000,000

〔＝（1,200,000 － 600,000）× 50 － 15,000,000〕，故營運槓桿等於 2〔＝ 1 ＋ 15,000,000 ／ 15,000,000〕。在 DOL ＝ 2 時，如 A 公司的銷貨收入從 50 艘小型汽艇增加到 51 艘小型汽艇時，銷售數量變動 2%（1 ／ 50 ＝ 2%），來自營業的現金流量會變動 4%（2 × 2% ＝ 4%），而自營業的現金流量也會因為多銷售一艘小型汽艇，而增加 $600,000（15,000,000 × 4% ＝ 600,000；或是 1,200,000 － 600,000）。

但 DOL 的計算數值，會隨著銷貨水準的不同而隨之改變；通常銷售量愈大，則 DOL 值愈小，通常在損益兩平點附近的 DOL 最大。如 A 公司目前銷售 60 艘小型汽艇，來自營業的現金流量等於 $21,000,000〔＝（1,200,000 － 600,000）× 60 － 15,000,000〕，故營運槓桿等於 1.71〔＝ 1 ＋ 15,000,000 ／ 21,000,000〕。在 DOL ＝ 1.71 時，如 A 公司的銷貨收入從 60 艘小型汽艇增加到 61 艘小型汽艇時，銷售數量變動 1.67%（1 ／ 60 － 1.67%），來自營業的現金流量會變動 2.86%（1.71 × 1.67% ＝ 2.86%）。如 A 公司的銷售提升到 70 艘小型汽艇，來自營業的現金流量等於 $27,000,000〔＝（1,200,000 － 600,000）× 70 － 15,000,000〕，故營運槓桿等於 1.56〔＝ 1 ＋ 15,000,000 ／ 27,000,000〕。在 DOL ＝ 1.56 時，如 A 公司的銷貨收入從 70 艘小型汽艇增加到 71 艘小型汽艇時，銷售數量變動 1.43%（1 ／ 70 ＝ 1.43%），來自營業的現金流量會變動 2.23%（1.56 × 1.43% ＝ 2.23%）。

如果固定資產投資較大，則產品的固定成本必然上升，變動成本便會降低，損益兩平點通常會變大，導致銷售部門的壓力會增大。為減輕銷售部門的壓力，降低固定資產的投資，或可採取外包的策略，以降低固定投資對企業的衝擊，此亦為達不到銷售目標的替代方案。換言之，企業經營的固定成本愈高，其營運槓桿係數愈大，而營運槓桿係數愈大，營運風險愈高。

而財務槓桿度係指因進行借貸活動，需付出固定的利息支出，對每股盈餘造成的影響；亦即在既定稅前息前淨利下，息前稅前淨利變動某一百分比所引起每股盈餘變化之百分比。一般而言，財務槓桿度的高低取決於公司固定的財務費用，而固定財務費用的大小，則取決於公司資本結構中的負債與優先股所占的比例；通常負債與優先股所占的比例愈高，則企業的財務槓桿度愈大，其財務風險就相對愈高，反之財務風險則會降低。DFL是透過公司的財務結構與EPS的關係，以來評估企業融資行為對股東獲利的影響；其公式可顯示如下：

財務槓桿＝EPS變動百分比（Δ EPS／EPS）／營業淨利變動百分比（Δ EBIT／EBIT）
＝營業淨利／（營業淨利－利息費用）

財務槓桿主要受到兩個因素的影響，其一是稅前息前淨利，其二是利息費用。當公司的負債比率愈高，則計算所得之財務槓桿度愈大，而財務槓桿度愈大，顯示公司的財務風險愈高；反之，若公司的負債比率愈低，則財務槓桿係數愈低，財務風險也相對較小。

「營運槓桿度」是表示在某一特定銷貨水準的變動，所引起「息前稅前淨利」變化的敏感度，常用來評估企業潛在獲利能力與風險；而「財務槓桿度」係指在不考慮所得稅因素的前提下，舉債程度與利息費用的變動，如何影響「息前稅前淨利」與「淨利」之間的對應關係。由於營運槓桿＝營業淨利變動百分比（Δ EBIT／EBIT）／銷貨收入變動百分比（Δ S／S），而財務槓桿＝EPS變動百分比（Δ EPS／EPS）／營業淨利變動百分比（Δ EBIT／EBIT），因此我們可以據以計算出企業的綜合槓桿度（degree of total leverage, DTL，亦稱總槓桿）。

所謂綜合槓桿度就等於財務槓桿度乘上營運槓桿度，等於每股盈餘變動數百分比（Δ EPS／EPS）除以銷貨收入變動百分比（Δ S／S）；它可顯示企業在既定的財務結構下，銷量變動對EPS的影響程度。綜合槓桿有許多不同的組合方式，故企業可據以規劃期望之整體營運風險與槓桿作用；如高度之營業風險，可能由較低之財務風險加以中和，反之

亦然。故綜合槓桿計算的目的，主要在提供管理者瞭解企業的整體風險，並藉以作爲經營管理與財務決策參考的依據。

營運槓桿反映出產品的成本結構對銷貨數量的敏感性，此一觀念亦可應用在銷售的損益兩平點分析。損益兩平點就是銷貨收入剛好涵蓋變動成本與固定成本的一點，也就是淨利爲0的銷貨量；從資本支出計畫的角度來說，就是NPV＝0的銷貨點。其計算方式如下：

損益兩平點的銷售量＝總固定成本÷邊際貢獻（＝售價－變動成本）

其中總固定成本中包括了固定生產成本及折舊、攤銷等不耗用現金的各項支出。在討論損益兩平點時，除了會計上大家熟知的固定成本除以邊際貢獻的計算方式外，還有一種現金基礎的損益兩平點分析，這是計算營運淨現金流量爲0的銷貨量（不包括折舊、攤銷等非現金項目，只考慮現金流量）。現金基礎的損益兩平點與會計基礎的損益兩平點，二者間的主要差別在於是否計入折舊、攤銷等非現金費用，其公式如下：

損益兩平點的銷售量＝固定生產成本÷邊際貢獻（＝售價－變動成本）

現金基礎的損益兩平點是最寬鬆的損益兩平點計算方式，舉例來說，假設A公司生產小型汽艇需要投資$105,000,000的機器設備，投資設備採用直線法折舊，耐用期間爲五年，沒有殘值；小型汽艇的售價爲$1,200,000，單位變動成本爲$600,000，生產的固定成本爲$15,000,000。

首先我們計算得知公司每年折舊額爲$21,000,000（105,000,000÷5），而生產固定成本已知爲$15,000,000，故總固定成本爲$36,000,000。根據公式，會計基礎下的損益兩平點可計算得出爲60艘小型汽艇〔(15,000,000＋21,000,000)／(1,200,000－600,000)＝60〕。但如我們計算拋開折舊、攤銷等不耗用現金的各項支出時，則可得出現金基礎的損益兩平點只等於25艘小型汽艇〔15,000,000／(1,200,000－600,000)＝25〕。如果公司計算會計基礎的損益兩平點，則公司的現金流量會等於變動成本加上固定成本，再加上折舊與攤銷等非耗用現金的支出項目的總和；但如果公司計算現金基礎的損益兩平點，則現金流量只會等於變動成本加上固定成本，無法收回折舊與攤銷等非耗用現金的支出項目。

表 10-6 中顯示國內上市上櫃公司 92 年度與 93 年度間，各產業的平均營運槓桿與平均財務槓桿數值。首先從營運槓桿來看，十七個產業中只有營建產業與紡織產業兩個產業，維持在相對穩定的狀態，其餘十五個產業都出現重大的變化。由於營運槓桿的計算，主要受到成本結構（固定成本）與銷貨收入兩項因素的影響；故當市場規模與相對市佔率（銷貨收入）維持相同水準時，產業投資縮減（固定成本降低），營運槓桿數值就會變小，而產業投資增加，則營運槓桿數值就必然變大。在 92 年至 93 年間，超過十個產業的營運槓桿平均數值都降低的情況下，我們應該大致可以知道國內產業 92 年與 93 年間對景氣變化的看法與態度。

表 10-6　92-93 年度產業營運槓桿與財務槓桿比較表

產業	營運槓桿		財務槓桿		產業	營運槓桿		財務槓桿	
	92 年	93 年	92 年	93 年		92 年	93 年	92 年	93 年
水泥	-7.16*	4.99	0.59	4.68	鋼鐵金屬	12.77	7.28	15.83	4.56
食品	27.33	-28.67	1.79	0.89	橡膠輪胎	0.39	0.24	78.74	-16.57
塑膠	10.48	4.01	1.07	1.13	運輸工具	25.50	2.95	6.73	0.30
紡織人纖	45.58	56.08	2.12	8.03	資訊電子	3.85	0.80	17.92	8.73
機電	3.93	4.78	0.23	1.19	營建	3.31	3.85	43.25	40.80
電線電纜	1.57	105**	0.99	0.45	運輸	2.93	5.22	21.70	14.49
化學	7.63	3.31	3.26	2.69	觀光	-0.30	1.25	7.25	3.93
玻璃陶瓷	4.94	1.60	1.01	1.06	百貨	3.02	0.56	13.74	4.12
造紙	20.75	4.03	-2.80	0.69					

* 水泥產業 92 年出現營運槓桿平均值-7.16，主要受到環泥的營運槓桿-93.80（異位點）影響所致。

** 電線電纜產業 93 年度營運槓桿平均值高達 105，主要是受到台光的營運槓桿 1,421（異位點）影響所致。

資料來源：計算自台灣經濟新報社（TEJ）上市上櫃財務資料庫。

其次，就產業財務槓桿平均數值來看，在92年與93年間，除了塑膠、化學、玻璃陶瓷、營建四個產業的舉債程度（負債比率）大致維持相近的水準外，其餘十三個產業都出現明顯的變化（水泥、紡織兩個產業舉債程度升高，其餘十一個產業的舉債程度都趨於下降）。由於長期資金獲得與企業的投資活動有相當密切的關聯性，故此一數值也間接印證了產業營運槓桿平均數值呈現的結果。

第四節　投資計畫現值的損益兩平點分析

企業營運除需依賴營運資金外，亦需透過長期的固定資產；而通常投資計畫的執行，也會導致企業營業規模的改變，並直接影響投入的營運資金。投資計畫的分析，常採用的方法包括：收回期間法（payback period）、會計報酬率法（accounting rate of return）、淨現值法（Net Present Value, NPV）、內部報酬率法（Internal Rate of Return, IRR）及獲利指數法（Profit Index, PI）；這些方法分別採用不同的評估基礎，以協助決策人員評估投資計畫的優劣。一般而言，在資本支出計畫的評估上，學者普遍認為NPV法與IRR法，是最具理論依據且能結合貨幣時間價值的方法；而IRR法又因為在不穩定的現金流量下，可能出現多重解的問題，而略遜於NPV法。至於獲利指數法則是基於NPV法下，計算產生一個具有報酬率觀念的方法，故其可視為NPV法的延伸。

不過在這些方法的評估與比較，都只是就財務數字本身的計算進行評估，並未考慮管理者的決策意圖。舉例來說，IRR法雖然可能出現多重解的問題，但就管理人員而言，卻是一個較NPV法容易理解的評估方法；因管理當局只要比較投資計畫的IRR，並與企業要求的報酬率進行比較，即可得知資本支出計畫的可行性。再者以收回期間法而言，雖然它沒有貨幣時間價值的觀念[2]，以及可能會忽略收回期間以後的現金流量，但它對某些產業而言，卻是資本支出計畫評估一個非常好的起點。如在競爭激烈、產品生命週期快速的產業而言，管理當局可採收回期間法先行評估，以瞭解投資計畫回收所需的期間，之後，再根據此一收回期間進行判斷，產業技術在這段期間內會不會出現大幅的進步。如果技術進步非常快速，則採用固定資產的經濟壽命進行現金流量的評估，是沒有意義的，而投資計畫的收回期間就必須較短；因為只要技術出現大幅躍進的現象，原有的機器設備就必須放棄，否則根本無法生產足以因應市場競爭的產品。因此，收回期間法也可以作為投資計畫初步篩選的一個起點。

此處同樣要提出另一個協助評估投資計畫的方法，也就是投資計畫的損益兩平點分析：它可以讓我們瞭解，在既定折現率（必要報酬率）下，投資計畫必須達到多少的銷售數量，才能到達投資計畫的損益兩平點。這種計算可以讓管理當局瞭解，此一投資計畫每年至少需到達多少的銷售規模，才能符合公司要求的報酬率，故管理當局可直接從產品與市場的觀點，來思考投資計畫的可行性。

從概念上來說，計算投資計畫的損益兩平點，就必須根據投資計畫期間銷售數量的變動，同時計算年度的現金流入與現金流出，逐一計算不同銷量下，「投資計畫」產生的現金流入與現金流出現值，繪製成兩條現值線，並據以找出「現值」上損益兩平的銷售數量。而基於管理上的方便，我們可根據投資計畫的存續期間，計算出「現值」上各年度平均的損益兩平銷售量，作為管理控制的依據。其公式為：

$$Q = (OCF + FC) / (P - V)$$

---

[2]為改善收回期間法無法結合貨幣時間價值的缺點，亦有主張採用「折現收回期間法」（discounted payback period），將各期間產生的現金流量折現，以計算投資計畫的收回期間。但此法的現金流量折現，只計算到投資計畫收回的當期即告停止，並不計算收回以後各期現金流量的現值。

其中

OCF：來自營業的期間現金流量

FC：期間固定成本

P：產品單位售價

V：單位變動成本

茲以上一節的小型汽艇釋例作為說明，假設A公司生產小型汽艇需要投資$105,000,000的機器設備，投資設備採用直線法折舊，耐用期間五年，沒有殘值；小型汽艇售價為$1,200,000，單位變動成本為$600,000，生產的固定成本為$15,000,000，而公司要求的必要報酬率為20%。計算步驟如下：

1.計算在20%要求報酬率下，五年的投資計畫的年金現值；查年金現值表得到2.990。
2.計算每年應有的營運淨現金流量；以投資金額$105,000,000除以現值因子2.990，約得到$35,100,000，此一數字是確保必要報酬率能夠達成，每年應該產生的淨現金流入。
3.計算投資計畫現值基礎的損益兩平點；代入公式可得到83.5艘小型汽艇〔($35,100,000＋$15,000,000)÷($1,200,000－$600,000)〕，此一數字亦將成為管理當局確保達成投資計畫的必要報酬率時，要求銷售部門年度必須達成的銷售目標。

通常採用前一節計算得出的損益兩平點，雖然可以達到年度成本與收益的平衡，但是由於忽略了貨幣的時間價值（資金的機會成本折現問題），故計算出來的淨現值通常會小於零（NPV< 0）。如我們將資金的機會成本概念加進去，就會導致投資計畫的損益兩平點向上提升；如以前一節的釋例來看，現金基礎的損益兩平點只要25艘小型汽艇，會計基礎下的損益兩平點需要60艘小型汽艇，而考慮資金機會成本的損益兩平點

則需要83.5艘小型汽艇。一般而言，會計的損益兩平點是一個比較保守的銷售數字，無法確保投資計畫的必要獲利；如果要兼顧資金的機會成本，則以採取投資計畫「現值」的損益兩平點分析較為適宜。

財務報表分析應用

Part 3

第十一章 比率分析與統計應用

第一節　測量尺度與比率標準化

第二節　多元常態假設與驗證

第三節　透鏡模型

第四節　事件研究法

在第九章中我們雖提出了財務比率的因果診斷的分析方法，但這是屬於個體層面的因果追溯分析，並不適用於大樣本的分析與歸納。大樣本的分析歸納與企業個體的因果追溯，二者的適用目的並不相同；通常大樣本的分析歸納，在協助我們建立財務比率的因果性通則，而企業個體的因果追溯，則在協助我們找出財務現象的背後成因。就財務分析者而言，瞭解大樣本的因果通則，可以提供我們分析時的廣泛方向指引；而企業個體財務比率的因果追溯，則可幫助我們進行詳細的因果追溯，故二者不可偏廢。以下各章將分別就一般化推論通則常採用的多變量分析分法，以及財務報表分析常見的應用目的與範疇進行探討。在本章中，擬就統計分析的事前準備，與可能應用的理論模型提出扼要說明。

第一節　測量尺度與比率標準化

一、測量尺度

財務比率是一種企業財務狀態的測量，吾人可根據測量的數值高低，對應到企業財務狀態的良窳。測量尺度又稱為測量層次（levels of measurement），而多變量的統計方法對於測量尺度有其相對的要求。Stevens（1946）曾提出四種測量尺度（scale），分別是：「名義尺度」（nominal scale）、「順序尺度」（ordinal scale）、等距尺度（interval scale）及比率尺度（ratio scale）。這四種尺度具有不同的特徵，有不同的功用，亦適用不同的統計分析方法，茲分述如下：

（一）名義尺度

這是測量尺度層次中最低的一種，只要能夠分類即可，僅具有「＝」

與「≠」的數學性質；此一尺度基本的分類原則是「互斥」和「周延」。名義尺度是根據事物的特徵或屬性之不同，分別賦予一個不同的名稱，作爲一種標記，進而可將特徵或屬性相同者歸爲類別，故也稱爲「類別尺度」(categorical scale)。而「類別」是指所用以代表個體的數值，只有名義區別或分類上（classification）的意義；換言之，名義尺度的主要功用是在區分類別，給每一個類別適當名稱，藉以辨識。譬如：人之「性別」可區分爲「男性」與「女性」；婚姻狀況可區分爲「已婚」與「未婚」；或如職業分類、產業標準分類碼、球衣號碼、身分證字號等，都是應用名義尺度來分類。因此，應用名義尺度測量或描述事物的特徵時，就要設法將該事物依其特徵加以分類，並標示類別的名稱，然後給它一個代碼（code）。

（二）順序尺度

順序尺度是將事物依其特徵、屬性或程度的大小，排成順序或等級的關係，不只將對象分類，且加以排列，僅具有「＞」與「＜」的數學性質。因此，「順序」只是代表個體的數值有次序大小之關係的意義，但數值間的差距卻不一定要相等，因爲差距無法測得，故只能用相對的方式來說明（比較誰大誰小），不能進行相互的加減。如以考試爲例，第一名及第二名之間，第二名及第三名之間，雖然都只是差一名，但第一名和第二名之間的分數差距，和第二名與第三名之間的分數差距，可能並不相等。或是我們調查大學畢業生最喜歡的十種工作，高居第一名的可能有90%的大學生選擇，第二名的可能有75%的大學生選擇，但第三名的可能只有36%的大學生選擇；就名次上來看，差距只有一名，但就選擇率來看，第一、第二與第三名之間的差距卻完全不相等。或如家中的排行老大、老二、老三，或是滿意度的測量（如非常滿意－滿意－普通－不滿意－非常不滿意），都是順序尺度的應用。

（三）等距尺度

等距尺度是一組具有連續性、單位又相等的數值；等距尺度測量的對象，是依其特徵或屬性之不同分別賦予不同的數值，使這些數值不僅能夠顯示大小的順序，而且數值之間具有相等的距離。等距尺度能確定相對的距離多少，屬性間的邏輯差距，可以經由有意義的標準間距來表達；而變項之值與值間的距離是可以知道的，故具有「＋」與「－」之數學性質。等距尺度有三個主要的特徵，分別是：分數、連續性與等距，而其主要功用則在於採用連續且等距的分數，說明變項特徵或屬性的差異情形。故以「等距尺度」代表個體的數值，彼此之間的差距是有意義的，且可供作比較。如天氣溫度攝氏 40 度比攝氏 30 度高出 10 度，而這 10 度攝氏溫差與攝氏 30 度比攝氏 20 度高出 10 度的攝氏溫差完全相等；或如學生的數學考試成積，設定在 0 分至 100 分的範圍內，老師可依學生的學習表現給分，每一分的差距基本上完全相等，故從學生的分數高低，可看出學生成績高低的順序，也可以瞭解學生之間成績的差距。其他如智力測驗的智力商數、性向測驗的分數，都是等距尺度的應用。

但是，等距尺度所採用的分數，雖然可以有「0」，卻非「眞正的零點」（true zero）。如攝氏溫度零度，並不表示沒有溫度，它只是我們以水結冰的溫度，作爲溫度的比較基準值；同樣的，數學測驗 0 分，並不表示學生完全沒有數學能力，只不過是這次測驗全部答錯而已。或者如西元、民國的年代計算，元年都只是表示衡量的基準而已，並不意味著人類的歷史從那一年開始。由於沒有絕對的「零點」，以表示絕對的「有」、「無」，故我們不能以等距尺度進行「乘」、「除」倍比的計算。舉例來說，昨天的氣溫是 15℃，今天的氣溫是 30℃，我們只能說，今天比昨天熱 15℃，而不能說今天的熱度是昨天的二倍；同樣的，數學測驗成績分別得到 50 分與 10 分，並不表示考 50 分的同學，其數學能力是考 10 分同學的五倍。

（四）比率尺度

比率尺度具有等距尺度的全部特徵，而且有「絕對零點」（absolute zero），可表示絕對的「有」、「無」，故比率尺度的數值不僅可適用加減的運算，亦可作乘除運算，具有「×」與「÷」之數學性質。例如身高、體重、時間、年齡，都是比率尺度的代表；如身高200公分即為身高100公分的二倍，體重80公斤是體重40公斤的二倍，60分鐘是10分鐘的六倍，30歲是10歲的三倍。因為比率尺度有一個絕對的零點，能夠進行最多的運算，故其提供的訊息最多。一般說來，物理特徵的測量（如重量、長度等）比較可能採用比率尺度，但心理特徵的測量多以等距尺度或順序尺度為主，因為人類的心理特質很難找到眞正零點。由於財務比率在測量尺度上為比率尺度，因此它能夠適用於各種數學與統計運算。

表11-1中，歸納前述的比率特徵與數學性質，其中「v」者表示該特性或數學運算關係存在，而「×」者則表示該特性或數學運算關係不存在。四種測量尺度除具備前述的特徵與運算關係外，還有以下三種重要的關係：（1）測量尺度的層次不同，所提供的訊息亦不相同；高階的測量尺度（如比率尺度）能提供較多訊息，舉凡低階的測量尺度所能提供的訊息，高階的測量尺度均能提供。如學生考試成績得分（等距尺度），不僅據以得知其班級名次（順序尺度），也可以得知考試及格或不

表11-1　測量尺度數學特性表

尺度特徵與數學性質	類別尺度	順序尺度	等距尺度	比率尺度
區別性（distinctiveness）	v	v	v	v
幅度順序（order in magnitude）	×	v	v	v
相同間距（equal intervals）	×	×	v	v
絕對零值（absolute zero）	×	×	×	v
「=」&「≠」	v	v	v	v
「>」&「<」	×	v	v	v
「+」&「−」	×	×	v	v
「×」&「÷」	×	×	×	v

及格（類別尺度）；（2）尺度之間可以轉換，但僅限於由高階測量尺度轉換爲低階測量尺度，而低階測量尺度無法轉換爲高階測量尺度層次。如學生的考試成績，其得分高低可以轉換爲班級名次，但是班級名次卻無法轉換爲成績高低；（3）尺度的應用與資料的統計分析有關；以不同尺度測量的變項，各有其不同的、適用的統計方法。

由於財務比率本身是比率尺度，故它也可適用於等距尺度、順序尺度及類別尺度的各種統計方法。因此，除了基本的次數分配、相對比例、累加次數、累加百分比、長條圖、直方圖等技巧外，還可以應用其他不同的統計分析方法，這些不同的統計分析方法顯示如**表 11-2**。在**表 11-2** 中的分析方法主要分爲三類：

第一類是「集中趨勢分析」。包括衆數（mode）、中位數（median）、平均數（mean）及幾何平均數（geometric mean）；其中類別尺度適用衆數，而順序尺度適用中位數，等距尺度可適用平均數，比率尺度則可適用幾何平均數。

第二類是「離散趨勢分析」。類別尺度主要適用變異比率，順序尺度可適用四分間距（quartile deviation），等距尺度可適用標準差，至於比率尺度則可進一步適用變異係數。

第三類是「變項關係分析」。在兩變項（含）以上的關係分析上，類別尺度可適用交叉分析、列聯相關分析（如 λ 值、Tau-y 值等）、卡方分析（如 Phi 關聯係數 ψ、列聯係數 C 、 Cramer 關聯係數 V 等）等分析工具；順序尺度可適用等級順序相關係數（包括 Spearman 相關係數 r 、Goodman 的 Gamma 係數 G 、 Somers 的 dyx 係數）、等級順序變異數分析（Z 檢定）；至於等距尺度與比率尺度，則可適用 Pearson 積差相關係數、相關比率（eta 平方係數）ξ^2、變異數分析及多變量線性迴歸等。除此之外，順序尺度也可適用無母數統計 Mann-Whitney U 檢定及 Kruskal-Wallis 檢定；而等距尺度與比率尺度，則適用所有的 Z 檢定、T 檢定與 F 檢定，故適用所有的多變量統計分析方法。同樣的，如前所

表 11-2　測量尺度與統計分析關係表

	類別尺度	順序尺度	等距尺度	比率尺度
1.集中趨勢分析				
眾數	v	v	v	v
中位數		v	v	v
平均數			v	v
幾何平均數				v
2.離散趨勢分析				
變異比率（非眾數的次數 ÷ 全部樣本次數）	v	v	v	v
四分間距（$Q = Q_3 - Q_1$）		v	v	v
標準差			v	v
變異係數（標準差 ÷ 平均數）				v
3.變項關係分析				
交叉分析	v	v	v	v
列聯相關係數（類別 vs. 類別）或（類別 vs. 順序）	v	v	v	v
卡方檢定（類別 vs.類別）	v	v	v	v
等級順序相關係數		v	v	v
等級順序變異數分析（Z 檢定）		v	v	v
Pearson 積差相關係數（等距 vs. 等距）			v	v
相關比率（eta 平方係數）ξ^2（類別 vs.等距）或（順序 vs.等距）			v	v
變異數分析（類別 vs. 等距）			v	v
多變量線性迴歸（類別 vs.等距）或（等距 vs.等距）			v	v

述，高階的測量尺度經過轉換後，均可適用低階測量尺度的分析指標。

二、財務比率標準化

在大樣本分析時，當研究的變項對於測量單位有相當的敏感度時，通常會採取常態標準化策略（或稱無因次轉換，dimensionless transformation）。所謂常態標準化策略是指將原始資料標準化（standardization），以建立一新的標準化常態的資料矩陣，或稱爲「Z分數」（Z score），之後才進行統計分析。財務比率的原始資料，不僅各變數的衡量單位不同，變數的實際值差異亦頗大；如各種報酬率、財務槓桿比率的數值介於0與1之間，流動比率的數值可能在1至3之間，利息保障倍數的數值可能介於3到6之間，存貨週轉率、應收帳款週轉率的數值可能在4到10之間，而存貨週轉天數、應收帳款週轉天數的數值可能介於40至100之間。變數觀察值的數字差異過大，常導致多變量統計模式的係數難以比較，因此在進入進一步的統計分析處理之前，通常會先將各變數的資料標準化，其一是讓變數易於比較，其二則讓變數建立較爲一致的變動性。

在討論如何進行常態標準化之前，我們首先要說明常態分配與產業比率標準選擇之間的關連。在常態分配下，樣本資料會形成一個鐘形，以平均數爲中心左右對稱的圖形分布，而標準常態分配則是以0爲中心的鐘型對稱分配型態。分配型態所以重要，是因爲它和產業財務比率的標準選擇有關。以第三級動差（moment）的偏態（skewness）而言，財務比率可能呈現三種不同的型態，分別是左偏分配、右偏分配與對稱分配。通常分配的偏態，與樣本觀察值的異位點有關；當一項分配中有幾個極大值存在，則其算術平均數會比中位數、衆數大，並導致右偏分配的型態出現（正偏態分配）。當一項次數分配有幾個極小值存在，則算術平均數會比中位數、衆數小，並導致左偏分配的型態出現（負偏態分配），其關係如**圖11-1**所示。而在對稱的鐘型分配下，算術平均數會等於中位數、衆數，其爲無偏態，偏態係數爲零；而偏態係數越大，則表示資料的分布越偏。

在財務比率的比較分析時，我們通常會選擇兩種標準作爲比較的基礎，一是公司過去的比率值，二是產業的比率標準，通常是產業的平均數。在對稱的鐘型分配下，產業的平均數等於中位數，也等於衆數，因此我們以其作爲比較的標準並無爭議；但在右偏或左偏的分配型態下，則存在著較大的討論空間。在右偏的分配型態時，由於極大值的異位點

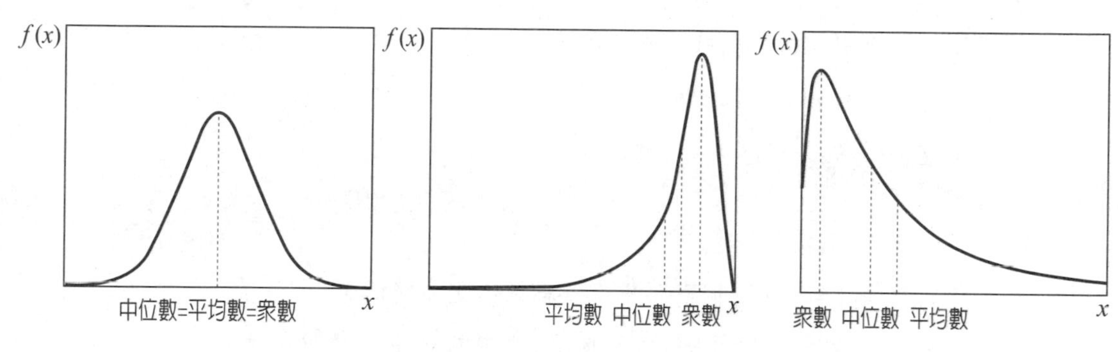

圖 11-1　對稱分配、左偏分配與右偏分配圖

存在，通常導致「算術平均數」大於「中位數」，而「中位數」會大於「眾數」；在左偏的分配型態下，由於有極小值的異位點存在，通常會導致「算術平均數」小於「中位數」，而「中位數」會小於「眾數」。中位數是位於中間位置的觀察值（排名的概念），而眾數是發生次數最多的觀察值（從眾的概念）；二者與被異位點扭曲的平均數相較，顯然更適合選爲產業財務比率比較的基準。

原始比率常態標準化的方法亦有多種，包括排序（排序名次轉換爲 0 至 100 的分數）、全距及最低值〔轉換值＝（X_i－最低值）÷全距〕、均數及標準差〔轉換值＝（X_i－平均值）÷標準差〕（陳惠玲、黃政民，1995）。原始比率常態標準化的方式，可隨著資料本身的複雜程度而略有不同。在單一年度多家公司財務比率的標準化下，此即橫斷面資料（cross-sectional data）的標準化；我們可採平均數及標準差，以原始比率值減去比率平均值，除以標準差，以進行原始比率的標準化。而經過標準化轉換後，我們可以得到平均數爲 0，標準差爲 1 的 Z 值；透過標準化的轉換，約有 99% 的樣本值會限縮在－3 與＋3 之間，所有的財務比率會放在相同的基準上，便於各種統計分析工具的後續處理。

而面對多個年度多家公司的財務比率資料時，此時的資料型態爲縱橫資料（panel data）；標準化的作法雖然與單一年度相近，但須將時間

因素納入考量。此時公式可顯示如下：

$$Z_{ij} = \frac{X_{ij} - \overline{X}_j}{S_j}$$

其中

Z_{ij}：第 i 年度第 j 個財務比率資料標準化之後的 Z 值

X_{ij}：原始資料矩陣中第 i 年度第 j 個財務比率的原始資料

$\overline{X}_j$：第 j 個財務比率各年度的平均數

S_j：第 j 個財務比率各年度的標準差

透過標準化的程序，不僅可適用於依變數及所有的自變數，除去各變數單位不同無法比較的問題，也可壓縮及平移資料，而成爲以平均數爲 0，以標準差爲該變數群的標準差而成的標準常態分配。在線性模式下，透過平移，它還可以將 y ＝ a ＋ b x，截距爲 a，斜率爲 b 的迴歸式，轉換爲 y'＝ r x'，截距爲 0，斜率爲 r 的迴歸式（b ＝ r），故標準化的財務比率資料有許多優點。但標準化的程序也有兩個常見的缺點，一是財務比率轉換之後，可能失去原有變項的變異特性，導致自變數與應變數之間的變化，變得比較不明顯；二是財務比率可經過標準化轉換進行統計分析，但在實際應用時，則仍須將其還原，才能據以預測實際財務比率可能出現的結果。

第二節　多元常態假設與驗證

大樣本的財務比率研究，常須應用多變量的統計方法。一般的參數化統計方法，在觀察資料的處理上，泰半在操作平均和差異的概念，對於資料的假設比較關心其是否符合常態性；一般而言，多變量統計常見的假設有五：

1.變數須爲單變量常態（univariate normal），或至少應爲「對稱」或「不太偏」。
2.自變數爲多元常態（multivariate normal, MVN）。
3.自變數間的非共線性（non-collinear）。
4.應變數在不同自變數水準下的變異數齊一性（variance homogeneity）。
5.模式的殘差項，須符合變異數齊一性、獨立（independent）與常態分配的特性。

這五個假設可以透過統計測試，得知資料對於多變量統計的適用性。首先以第一個假設來看，瞭解一項分配是否爲單變量常態的方式很多，常見的方式有以下七種：

1.以覆蓋常態曲線的直方圖，根據二者的結合程度，判斷資料分配的常態性。
2.以累積的常態機率圖，與實際樣本點的累積機率比較，測試資料分配的常態性。
3.分析資料分配的偏態與峰態（kurtosis）。如果偏態係數（g1）等於0，則樣本資料是對稱的；如果偏態係數大於0，則樣本資料屬於右偏型態；如果偏態係數小於0，則爲左偏型態。如果峰態係數（g2）等於0，則樣本資料屬於常態峰（mesokurtic）；若峰態係數大於0，則樣本分配屬於高狹峰（leptokurtic）；若峰態係數小於0，則樣本分配屬於低闊峰（platykurtic）。
4.繪製莖葉圖（stem & leaf plot），瞭解資料分布的常態性。
5.繪製Box-Whisker圖，瞭解樣本資料的中位數與樣本分配的對稱性。
6.以Z檢定測試樣本的常態性，此時可採用偏態係數g1除以$(6/N)^{1/2}$，如果Z值大於1.96（$p=0.05$），則應拒絕樣本資料的常態性。

7.進行 Kolmogorov-Smirnov 檢定：KS 檢定的 D 值可以檢定樣本資料的累積機率，是否顯著的背離常態分配的累積機率。

如果我們發現變數型態並不具有常態性，則通常會透過以下的步驟進行常態性轉換（劉立倫，1993）：

一、找出異位點

異位點（極大值或極小值）的存在，會導致樣本分配呈現右偏或左偏，而刪除異位點之後，便會改變樣本分配的型態。因此，我們可於樣本分析過程中，找出財務比率的異位點，之後再將其與理論分配進行比較，以決定哪些觀察值可能是異位點。

二、處理異位點

通常處理的方式有二，一是修剪（trimming），一是近似化（windsorising）。所謂「修剪」是將樣本資料與理論分配進行比對，之後再等量移去無法配合理論分配的最大、最小異位點；一般而言，當分配屬於長尾（longtailed）分配的型態時，此法將可提高參數估計的效率。所謂「近似化」是將異位點的數值，轉換成最接近的非異位點（non-outlier）數值，當樣本來自於非常態分配時，採用此法較為穩定。

三、資料的常態化轉換

當我們處理異位點之後，如樣本資料仍無法呈現常態性，則我們必須透過常態性轉換，使其轉變為常態分配的型態。常見的常態化轉換方法包括：立方（cubic）轉換、平方（square）轉換、根號（square root）轉換、對數（log）轉換、倒數（reciprocal）轉換、負倒數（negative

recoprocal）轉換、負倒數根（negative reciprocal root）轉換。各種轉換應用的目的不同，其公式與與適用範圍顯示如**表 11-3**。

樣本資料的轉換，通常是採取試誤的方法，以選擇最佳的轉換方法。如果樣本資料的常態性不能滿足，則通常只能採取無母數的統計方法，此時統計的理論分配與樣本的測量尺度，就都不重要了。雖然常態轉換已是普遍接受的作法，但異位點轉換或刪除，仍存在著許多判斷的問題，這是在常態轉換過程中必須留意的問題。

其次就多元常態的假設來看，測試多元常態性的方法有許多，常見的方法如 Royston H 檢定、Henze-Zirkler 檢定、Mardia 檢定、Hotelling T^2 檢定等；然由於偏離多元常態的可能性太多，因此在測試時，通常會採取幾種不同的方法以測試樣本資料的多元常態性[1]。這些驗證多元常態性的方法中，最常採用的是 Mardia（1970, 1980）提出的多元偏態與多元峰態的測試方法，而許多統計套裝軟體中都有此一測試方法。過去在相關的應用研究上，學者較少測量多元常態性，其中一個重要的原因就是

表 11-3　常態轉換方法表

常態轉換方式	轉換公式	轉換目的
立方轉換	X^3	縮減樣本資料極端的負偏態（左偏）
平方轉換	X^2	縮減樣本資料的負偏態
根號轉換	$X^{1/2}$	縮減樣本資料不太嚴重的正偏態（右偏） 降低殘差項的變異數不齊一性（heteroskedasticity）
對數轉換	Log（X）	縮減樣本資料的正偏態 降低應變數對自變數的變異數不齊一性
倒數轉換	1 / X	增高低闊峰分配的峰度 降低殘差項的變異數不齊一性
負倒數根轉換	$-1 / X^{1/2}$	縮減樣本資料極端的正偏態
負倒數轉換	-1／X	縮減樣本資料非常極端的正偏態

[1]參見 Andrews, D., R. Gnanadesikan & J. Warner (1973). Methods for assessing multivariate normality, vol. 3 of *proceeding of the international symposium on multivariate analysis,* ed., P. R. Krishnaiah, pp.95-116. New York: Academic Press.

沒有統計應用軟體可供驗證[2]。在測試Mardia的多元偏態與多元峰態後，配合卡方機率檢定及累積分配函數圖，便可得知是否要拒絕一組變數的多元常態性。在驗證一組變數的多元常態性時，最好能夠結合多種不同的驗證與分析方法，以有效驗證一組變數的多元常態性。

多元常態性與單變量常態性有邏輯上的關聯；如果一組變數已爲多元常態，則組內的各變數，必然呈現單變量的常態分配，但反之則不然亦即組內各變數已爲單變量常態，卻未必能確保一組變數能符合多元常態的要求。

接下來第三個重要的假設，是自變數（又稱解釋變數）間的無共線性假設；自變數間存在的高度相關性，也就是線性相依（linearly dependent），我們稱之爲「共線性」（collinearity）。在多變量線性模式之中，自變數間若具有「線性相依」的特性，則可能導致多變量統計模式出現不穩定的現象（Dobson, 1990）。如以複迴歸模式來看，自變項間存在共線性，計算得出的複迴歸模式，可能會存在以下的問題（王保進，1999）：

1. 迴歸係數信賴區間不當擴大，導致迴歸係數顯著性檢定時錯誤拒絕 H_0 的機會增加。
2. 在高度共線性的情形之下，所建立的複迴歸模式在觀察值極小的變動之下，會產生迴歸係數極大的變化，而使迴歸模式變得不穩定。
3. 可能使個別迴歸係數的正負號（與依變項的相關方向），出現與理論不符合的怪異現象。

我們可採變異數波動因素（Variance Inflation Factor, VIF），以驗證自變數共線性的程度；如果VIF值大於10，則表示自變數間存有共線性的

---

[2] 參見Looney, S. (1995). How to use tests for univariate normality to assess multivariate normality, *The American Statistician,* 39, pp.75-79.

問題（王保進，1999）。變異數波動因素計算的公式如下：

$$\text{VIF} = \frac{1}{(1 - R_i^2)}$$

$$\text{Tolerance} = (1 - R_i^2)$$

其中

R_i^2：當以第 i 個自變項為依變項，而與其他所有的自變項進行複迴歸分析時的 R^2 值

因此，當其他自變項與第 i 個自變項間存在高度相關時，則複迴歸分析的 R_i^2 值，也會偏高並趨近於 1 ，導致 VIF 值計算也會變大。而 Tolerance 值與 VIF 值之間互為倒數，故當 Tolerance 值越小，則共線性問題越嚴重。在共線性檢定時，也可採取「Condition Index」的數值，一般而言若出現大於 15 的值，則表示可能存在自變數的共線性問題；當「Condition Index」出現超過 30 的數值時，則表示自變數間存在高度的共線性，對於複迴歸模式的穩定性會造成相當嚴重的影響。

第四個假設是應變數的變異數齊一性假設。測試這個假設時，我們必須透過預測模式的殘差項（Y － Y'）與預測值（Y'）之間的散布圖；以預測值為橫軸，預測誤差為縱軸，檢視預測誤差在不同預測水準的變化。如果預測誤差會出現散布區域大小不等的現象，則表示變異數不齊一；反之，則表示支持變異數齊一性。

最後一個假設是殘差項，需符合變異數齊一性、獨立與常態分配的特性。變異數齊一性的測試方式，與第四個假設的測試方式相同。由於統計模式建構時，需確保模式變項與殘差項間的獨立性，故橫斷面資料的統計分析，獨立性測試通常沒有問題。如果讀者認為需要進一步確認，則可透過觀察殘差項與自變項的散布圖，以確定殘差項與自變項之間的獨立性。在縱橫資料的統計分析時，則需進一步測試殘差項的自我相關；我們通常會採取殘差項與預測值之間的散布圖，以及 Durbin-

Watson 檢定，以瞭解殘差項的自我相關性。 Durbin-Watson 檢定時， D 值介於 0 與 4 之間，而 D ＝ 2 時，則表示殘差項沒有自我相關。至於殘差項的常態性，通常可透過覆蓋常態曲線的直方圖，或是累積的常態機率圖，以瞭解殘差項的常態性。

第三節　透鏡模型

財務比率雖然可以顯示企業個體的財務狀態與經營成果，但它仍須透過決策者對財務比率的認知與瞭解，才能眞正影響會計資訊使用者的經濟決策。在第一章中，我們曾經提到會計溝通模型，並認爲會計資訊使用者會根據財務報表中提供的會計資訊進行決策，並產生新的經濟事項。然從心理學的觀點來看，人類接收會計資訊、應用會計資訊進行經濟決策，往往涉及了認知、判斷及決策的複雜心理過程。換句話說，決策者在獲得財務報表提供的會計資訊時，首先會透過心理認知的過程，瞭解財務報表中會計資訊所顯示的意義，以及企業的財務狀態與經營成果。之後，決策者會將此一認知結果，透過其經驗累積的先驗機率進行比對，形成其對企業獲利的判斷，最後才會出現會計資訊使用者的經濟決策，其關係可顯示如**圖 11-2**。

1972 年美國會計學會提出「會計評價基礎」（Accounting Valuation Bases）的研究報告，首次將環境心理學家 Egon Brunswik 提出的透鏡模型（lens model）引入會計研究的領域；報告中並認爲可透過此一心理認知模型，協助會計人員區別及探討攸關決策的會計資訊。而透鏡模型在會計資訊的行爲應用上，也確實產生了相當重要的影響，如在美國會計學會 1982 年發布的 SAR#17「人類資訊處理的會計應用」（Human Information Processing in Accounting）研究報告中，就曾歸納了如內部控制評估、重要性判斷、破產預測、股價預測、功能固著（functional fixa-

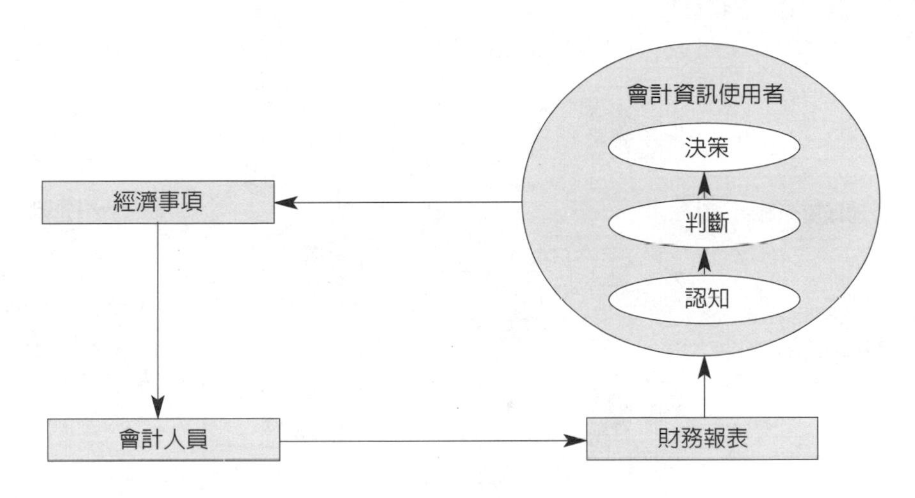

圖 11-2 會計溝通模型結合心理認知過程

tion）等多方面的相關研究。

Brunswik 提出的透鏡模型，是個人對於環境認知的模型，也是一個機率性的模型。透鏡模型有兩個基本的假設：（1）環境提供了許多線索（cues），一個人必須從環境提供的主要線索中建立其對環境的認知；（2）沒有任何單一線索可作爲眞實環境的完美預測因子（predictor），每一個線索在環境預測上，都有相當機率的正確性。Brunswik 認爲，眞實的環境通常無法直接認知（perceive），我們透過遠端線索（distal cues ，指的是客觀衡量的環境特性），來進行個人對環境的認知；而生態效度（ecological validity）指的就是眞實環境狀態與遠端線索之間的機率性正確程度（probabilistic accuracy）。同樣的，近端線索（proximal cues）則是環境觀察者對遠端線索的主觀印象，而每一個近端線索都可能受到多個遠端線索的影響。由於人類對環境的認知，主要是透過其對近端線索的解釋而得，因此，線索效用（cue utilization）指的就是認知者給予每一個近端線索的機率性權重。至於實際環境狀態與認知者認知狀態之間的配適度（match），則稱爲成就指數（achievement index）。透鏡模型的環境狀態與認知狀態關係，可顯示如**圖 11-3** 。

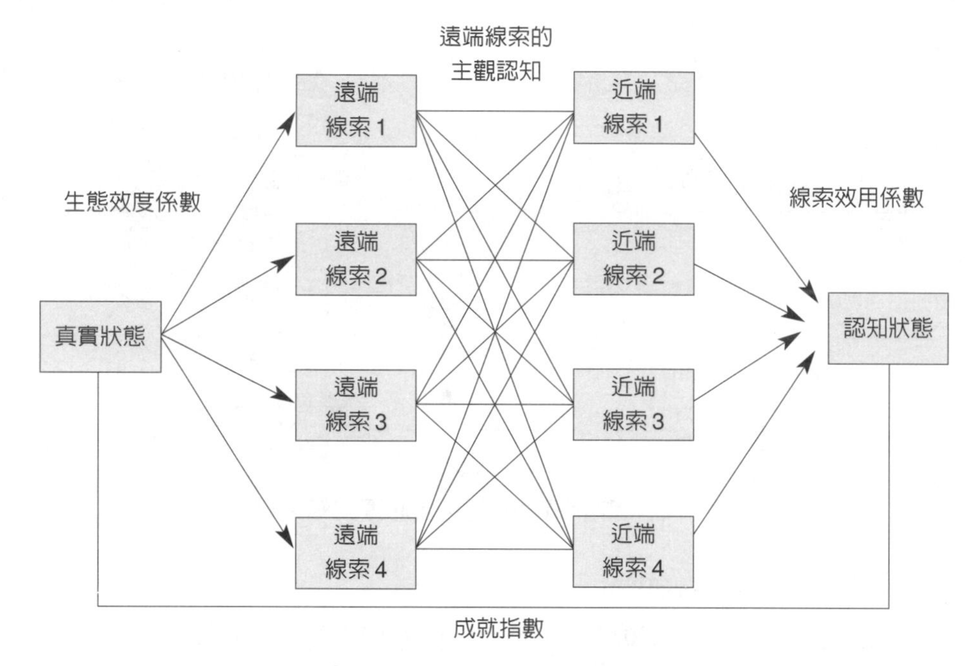

圖 11-3　Brunswik 透鏡模型

資料來源：修改自 Report of the Committee on Accounting Valuation Bases (1972), Accounting Valuation Bases, *The Accounting Review,* Supplement to Vol. XLVII, p.549.

在透鏡模型下，環境狀態可爲各種事件，如公司的獲利狀態、營運成果、內部控制狀態等各種經濟事件，此時遠端線索便是描述環境狀態各項可以客觀衡量的指標。而這些客觀的線索需要透過主觀的認知程序，才能形成認知者的機率模型。因此，在破產預測時，觀察公司營運狀況與現金流量的指標爲遠端線索，而認知者會根據本身的學習經驗，擷取自己「認爲」重要的指標，形成認知者個人對公司破產的判斷。同樣的，在內部控制狀態中，遠端線索通常指的是理論上應有的控制要素，認知者透過經驗與記憶，形成其對客觀線索的主觀解讀，並建立其在內部控制狀態的機率模型。個人的機率模型通常比較主觀，但如果我們能夠透過一群人，建立共識程度較高的機率模型，則此一機率模型的客觀性便可提升。在過去的財務與會計的理論中，並無「主觀認知」存

活的空間；而在透鏡模型中，則認爲專業與經驗有其重要性，它會影響認知者對遠端線索的認知。故心理模型的研究方式與過去財務、會計理論模型研究方式，在本質上是兩種不同的研究取向（approach），各有其研究的著眼與優點。

Brunswik 理論的基本看法認爲，感覺訊息不可能正確地反映眞實世界，它本質上是曖昧的，因此，決策者必須運用這些可能有錯的訊息，對環境的眞正性質進行機率判斷。在建構環境知覺時，決策者會將當時得到的感覺資訊與過去的經驗結合起來，並形成其對環境眞實狀態的評估。在 Brunswik 的透境模型中認爲，人類的知覺歷程，正如同是眼睛或攝影機前的透鏡；知覺歷程會接收散亂的環境訊息，經過過濾和重新組合而成爲有規則統合的知覺。線索的正確解釋與認知，和經驗與專業程度有關；如果主觀認知的近端線索，能夠正確無誤的認知遠端線索，則圖 11-3 原始的透鏡模型，便可簡化成圖 11-4 我們常見的透鏡模型。在圖 11-4 中，我們可以發現透鏡模型可分爲兩個部分，左半部爲環境模型，這是如何透過攸關資訊有效地呈現眞實的環境狀態；而右半部則爲個人判斷模型，也就是決策者如何運用資訊以形成判斷及決策的模型。

在環境模型中，訊息效度係數顯示了線索（或訊息）與環境之間的關連性；而在個人判斷模型中，訊息效用係數則顯示了訊息與決策者的判斷模型之間的關連性。這兩個模型都受到資訊集合（information set）的影響；雖然訊息之間也存在著關連性，學者仍將其視爲由多重訊息構成的線性模型[3]，環境模型與個人判斷模型分別顯示如下（Ashton, 1982）：

[3]在美國會計學會（AAA）1972 年提出的「會計評價基礎」報告中，仍將模型區分爲線性模型與非線性模型；但在美國會計學會（AAA）1982 年提出的 SAR#17「人類資訊處理的會計應用」中，Robert H. Ashton 則將模型簡化爲線性型態。而相關學者的研究（如 Wiggin & Hoffman, 1968; Slovic & Lichtenstein, 1971; Dawes & Corrigan, 1974），都顯示線性模型的預測績效與非線性模型的差異不大，因此基於成本效益比較，以及社會科學以簡御繁的原則，故透鏡模型可採線性模型的方式表示。

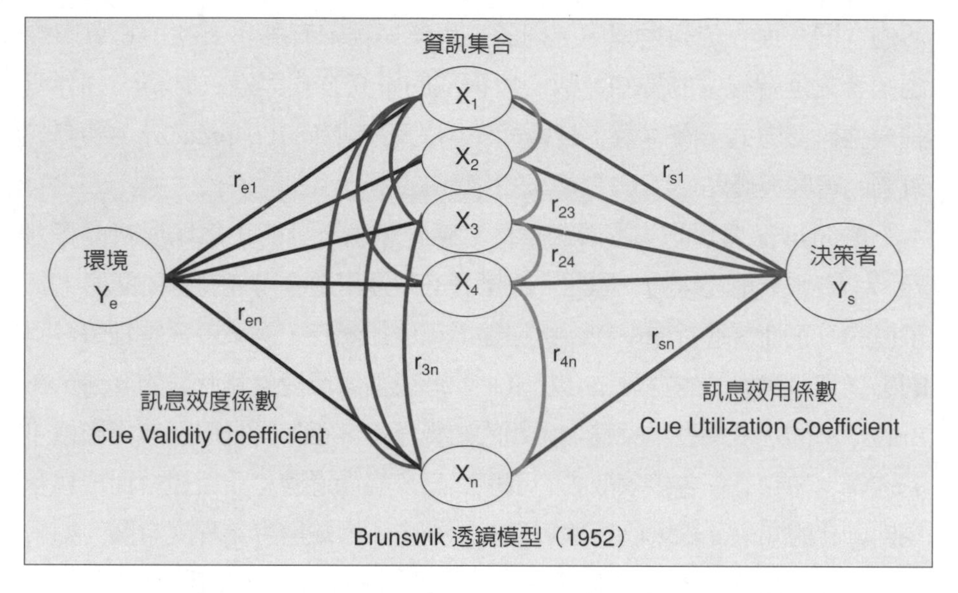

圖 11-4　Brunswik 透鏡模型——近端線索與遠端線索重合

資料來源：Ashton, R. H. (1974), The Predictive-Ability Criterion and User Prediction Model, *The Accounting Review,* p.722.

$$\tilde{Y}_e = b_{e1}X_1 + b_{e1}X_2 + b_{e1}X_3 + \cdots + b_{en}X_n$$ ……（環境模型）

$$\tilde{Y}_s = b_{s1}X_1 + b_{s1}X_2 + b_{s1}X_3 + \cdots + b_{sn}X_n$$ ……（個人判斷模型）

由 Brunswik 的觀點來看，世界是由可靠性不一的線索所「推論」而來的，而非由觀察所得的（Garling & Golledge, 1989）。Brunswik 的透鏡模型清楚地將決策人描繪爲主動的訊息處理者，他是藉由當前的訊息感覺，與過去經驗的交互作用中建構其對環境狀態的知覺。在透鏡模型的觀點下，人對環境狀態的認知，是透過感覺訊息而建立的。而感覺訊息在經過訊息儲存、轉化與輸出的過程，往往也會加入個人的價值判斷，故不僅個人認知的環境狀態與眞實環境之間存在著差距，對於相同環境狀態，也存在著個別差異。而多數環境心理學家都認爲 Brunswik 的機率模型，對環境知覺有相當大的影響（Holahan, 1982; Saegert & Winkel,

1990）。

財務報表提供的會計資訊，以及由會計資訊計算出來的財務比率，都是構成資訊集合的線索，而決策與判斷的目的不同，會計資訊使用人需要的資訊集合內涵便會不同（線索組成不同）。從透鏡模型的理論觀點來看，資訊集合旨在反映環境狀態，故我們可根據資訊集合中的線索預測環境狀態；同樣的，決策者也是根據資訊集合，進行心理認知與判斷的歷程。因此，就透鏡模型的觀點來看，其實存在兩種預測狀態（環境及個人）及兩種眞實狀態（環境 Y_e 及個人 Y_s），當預測狀態與實際狀態的接近度愈高，表示建構的線性模式愈有效度。同樣的，表達環境狀態的資訊集合（$X_{e1}...X_{en}$），與個人判斷所需的資訊集合（$X_{s1}...X_{sn}$）的重合程度愈高，則顯示資訊呈現的方式愈有效率，而一般在行爲會計的探討，都在關心決策者如何使用會計資訊，會計資訊在認知過程中的扭曲程度，以及提供何種的會計資訊，有助於決策效能的提升。

透鏡模型除可顯示環境狀態、資訊集合與個人決策之間的連結關係外，還涉及了個人的認知過程與資訊處理能力問題；而個人的感覺認知會造成資訊的扭曲，而過多資訊的害處，可能和沒有資訊同樣的糟糕。從財務比率運用的觀點來看，透鏡模型可結合多變量統計分析，這種方式有兩個好處，一則可以讓我們從大樣本的角度，擺脫個人感覺與認知的個別差異，獲得大樣本的歸納結果，二則可以透過決策者使用資訊集合得到的決策效能，協助我們檢視資訊集合是否有效的呈現環境的眞實狀態。透鏡模型雖原在探討個人對環境資訊的感覺認知，但結合組織分工與互動群體的發展，亦曾發展出群體透鏡模型的運作型態[4]，故其應用已超越個人認知、判斷與決策的層次，讓透鏡模型能夠應用在決策群體的範疇。

---

[4]可參見劉立倫（1999），〈分散式專家的層級決策體系下決策績效改善：群體透鏡模型觀點之研究〉，《中山管理評論》，七卷，三期，秋季號，頁875-906。

第四節　事件研究法

在第三章中，我們曾藉由資訊效率說明三種型態的效率市場，也說明了在效率市場假設（EMH）下，市場會立即反映各種可得的資訊，故投資人不可能透過分析資訊，而獲得超額報酬。財務比率是經由財務報表的會計數值計算而得，而財務報表又屬於公開的市場資訊，故如能經由分析財務報表而獲得超常報酬（Abnormal Return, AR），則將可能挑戰半強式效率市場的假設。過去在會計上的許多研究，都認為財務報表內的會計資訊確有其資訊內涵，故我們可透過分析會計資訊，而獲得超常報酬（也就是打敗市場）。這些採用分析會計資訊，是否能獲得市場超常報酬的方法，最常採用的就是結合資本資產訂價模式（CAPM）的事件研究法（Event Study）。

事件研究法主要在探討某一市場資訊或事件發生時，是否會影響投資人的決策，影響風險性資產的交易價格或交易數量；而股價的異常變動，必然會導致股票出現超常報酬。Dolly（1933）曾以此法探討股票分割對股價的影響，但在 1967 年則首次由 Fama, Fisher & Jenson & Roll 提出「事件研究法」，並以此法研究新訊息出現時，對股票價格的影響與調整過程。事件研究法是適用於「半強式效率市場」的研究方法，此法的目的在評估某一特定事件（新的資訊出現，如股票分割、股利發放、企業購併、盈餘宣告、信用評等）發生或公布時，資本市場或個別股票的價格反映（或報酬）是否有效率。

在研究過程中，首先須確定事件的種類及事件發生日，設定估計期及事件期的計算期間，藉以估計個別股票的市場風險（β）；其次，透過資本資產訂價模式，估計股票的預期報酬率（日報酬率、週報酬、月報酬率）；之後，再根據實際報酬與預期報酬之間的差額，計算事件期間的超常報酬與累積超常報酬（Cumulative Abnormal Return, CAR）；最後，在

藉由統計檢定來驗證此一超常報酬（或累積超常報酬）是否具有統計的顯著性。如驗證的結果發現其確具統計的顯著性，則表示市場並未立即反映該資訊內涵，導致事件日後出現一段期間的超常報酬，故可為投資人創造套利的空間。如果驗證的結果，並未發現統計上的顯著性，則表示市場已立即反映該資訊內涵，投資人無法在事件日後的一段期間，獲致超過正常報酬的投資績效，故顯示資本市場是具有資訊效率的。

一般而言，事件研究法的主要研究步驟大致有四：

一、確立事件及其發生的時間

首先要確立「事件」，如盈餘宣告、股票分割、股利發放、現金增資、企業購併、信用評等公開發布的各種事件。一般而言，研究人員在事件界定上，泰半是以影響總體市場的經濟事件為主；然鑑於台灣地區複雜的政經情勢與兩岸關係，因此，重大的軍事與政治事件，亦可能成為事件研究的選擇對象。

其次是確定「事件日」（event day）上，也就是事件宣告或事件發生的時間，它是研究中觀察「超常報酬」的基準日。而事件表達方式，事件的基準日通常設為「t＝0日」，而「－ t日」為事件日前第t個交易日，「＋t日」為事件日後第t個交易日。

二、決定估計期與事件期

在判斷市場是否出現超常報酬時，須先建立股票預期報酬，以作為比較基準，而預期報酬的推估須依據理論模型，當前最廣為學者採用的是資本資產訂價模型。應用CAPM推估預期報酬時，需先透過一段期間風險性資產與市場報酬之間的關係，以估計風險性資產的β風險，之後再應用此一β風險來推估風險性資產的預期報酬。而用以估計風險性資

產β風險的期間，我們稱為估計期。而用以驗證事件宣告（或發生）是否存在超常報酬的期間，我們稱為事件期。

由於市場資訊有時會於事件日前，提前出現「資訊洩漏」的現象，故採用事件研究法的學者，有時會將事件日前的一段期間納入事件期。此一作法的目的有二，其一是如果確實存在資訊洩漏的現象時，此一作法可以觀察到資訊洩漏造成的影響；其二是在事件日前後各納入一段期間，有助於比較事件日前、後之風險性資產的超常報酬變化。

三、計算期望報酬、超常報酬、累積超常報酬

計算期望報酬（ER）時必須依據理論模式，一般是採取資本資產訂價模式；而應用在實證上的衡量模式主要有三，分別是：平均數調整的報酬模式（mean-adjusted return model）、市場指數的報酬模式（market-adjusted return model）、市場模式（market model）。一般而言，這三種模式中以市場模式較獲學者的肯定（Brown & Warner,1985; Cambell, Lo & MacKinlay, 1997；周賓凰、蔡坤芳，1996），而市場模式也是CAPM實證應用上，最常作為計算「超常報酬」的工具。在採用市場模式時，通常是採用最小平方法（Ordinary Least Square, OLS）建立個別風險性資產的迴歸模型，以估計風險性資產的β風險（Fama, Fisher, Jenson & Roll, 1967），其公式如下：

$$R_{it} = \alpha_i + \beta_i R_{mt} + \varepsilon_{it}$$

其中

R_{it}：第i項風險性資產在第t期的報酬率

α_i：為線性關係的截距項

β_i：為線性關係的斜率，即為迴歸係數，以衡量第i項風險性資產的報酬率隨市場報酬率變動的幅度

R_{mt}：第 t 個估計期的市場報酬

ε_{it}：第 i 項風險性資產在第 t 估計期的殘差項，而此一殘差項需符合多變量統計的變異數齊一性、獨立與常態分配的條件

根據在估計期間迴歸模式估計出來的 β 值，代入事件期間，便可計算第 i 項風險性資產在每一期（t）的預期報酬（ER），其公式如下：

$E(R_{it}) = \alpha_i + \beta_i R_{mt}$

其中

$E(R_{it})$：第 i 項風險性資產報酬率的期望值

之後，再以第 i 項風險性資產在事件期的實際報酬（R_{it}），減去計算得出的預期報酬 $E(R_{it})$，便可計算得出該項風險性資產的超常報酬（AR），其公式如下：

$$AR_{it} = R_{it} - E(R_{it})$$
$$= R_{it} - (\alpha_i + \beta_i R_{mt})$$

從公式中讀者不難發現，AR_{it} 其實就是風險性資產報酬率的實際觀測值與估計值之間的殘差項。由於事件期是一段期間，而資訊宣告的市場衝擊，通常也會超過一個衡量期間，爲掌握資訊宣告對風險性資產的全部影響，故通常會計算該項風險性資產在事件期的累積超常報酬（CAR）。累積超常報酬的計算，是將第 i 項風險性資產的超常報酬 AR_{it}，按照衡量期間逐期累加（Σ）計算而得；其公式如下：

$$CAR_{it} = \sum AR_{it}$$

由於在事件研究法下探討的事件，通常會影響一群風險性資產的報酬率，也就是一個投資組合的報酬率。因此，如果我們衡量的是一群風險性資產的累積超常報酬時，我們稱其爲累積平均異常報酬（ACAR，或仍以 CAR 表示，但於計算公式中區別個別風險性資產與投資組合的不

同）；其計算公式如下：

$$CAR_{it} = (1 / N) \Sigma\Sigma AR_{it} \text{（或稱 } ACAR_{it}\text{）}$$

四、檢定超常報酬是否顯著＞0（或＜0）

統計檢定大致可分為兩個部分，一是異常報酬的檢定，二是累積超常報酬的檢定。如果市場是有資訊效率的，則每一衡量期間的異常報酬，與一段期間的累積超常報酬，都不應該顯著的異於0。檢定方式或為無母數的符號檢定法，或採傳統的T檢定，或以累積超常報酬與影響因素進行的迴歸分析，目的均在測量超常報酬、累積超常報酬的顯著性。而有時為彰顯新資訊出現，對不同投資組合可能造成的影響，亦有採取圖示方式，顯現CAR在不同測量期間的變化（橫軸為測量期間，縱軸為累積超常報酬），但這只在增強CAR的表達效果，它不能取代報酬率檢定的統計效力。

第十二章 信用評估與破產預測

第一節　財務比率與預警制度

第二節　多變量區別模型

第三節　Logit 模型與 Probit 模型

第四節　其他途徑之預測模型

第一節　財務比率與預警制度

一、企業危機與財務預警

財務危機與企業營運風險有相當密切的關聯，一般而言，企業風險是營運危機的前身，二者均根源於企業正常營運的不確定性。所謂「財務危機」，係指造成企業因財務問題無法繼續經營的危險即將發生或正在發生中。企業的風險來源主要有二，一是財務風險，二是營運風險；二者最後都會反映在企業的財務報表數字上。從透鏡理論的觀點來看，財務數字是在表達企業的經營狀態，故我們可透過財務比率以瞭解企業面臨的風險與危機。

營業活動會導致企業的資金狀態改變，而企業的財務部門必須透過事前的規劃，採取對應的資金管理活動，二者的關聯性非常密切。從企業營運與資金流動的關係來看，企業透過研發、採購、生產、銷售等主要活動，獲取企業的利潤；而支援部門則透過各種管理性的活動，協助主要營運部門進行各項活動。然無論是主要活動與支援活動，都會耗用企業的資源，故會產生營運現金流出；而企業主要的營運現金流入，則是來自於銷售活動，並形成一項主要收入對應多項支出的現象。因此，來自營業的風險與波動性，不僅會影響企業營運資金，也會影響企業因應營業風險的理財與融資活動，最後將顯示在企業的財務狀況與經營成果，其關係可參見**圖 12-1**。

造成企業危機與企業失敗的原因有許多，如 Laitinen（1991）將公司失敗區分爲三種類型：慢性失敗公司、收益失敗公司、嚴重失敗公司；劉建和（1992）將公司失敗類型分爲：生產力失敗公司、收益失敗公司、資本結構失敗公司。無論是何種失敗造成的營運失利，這些現象都

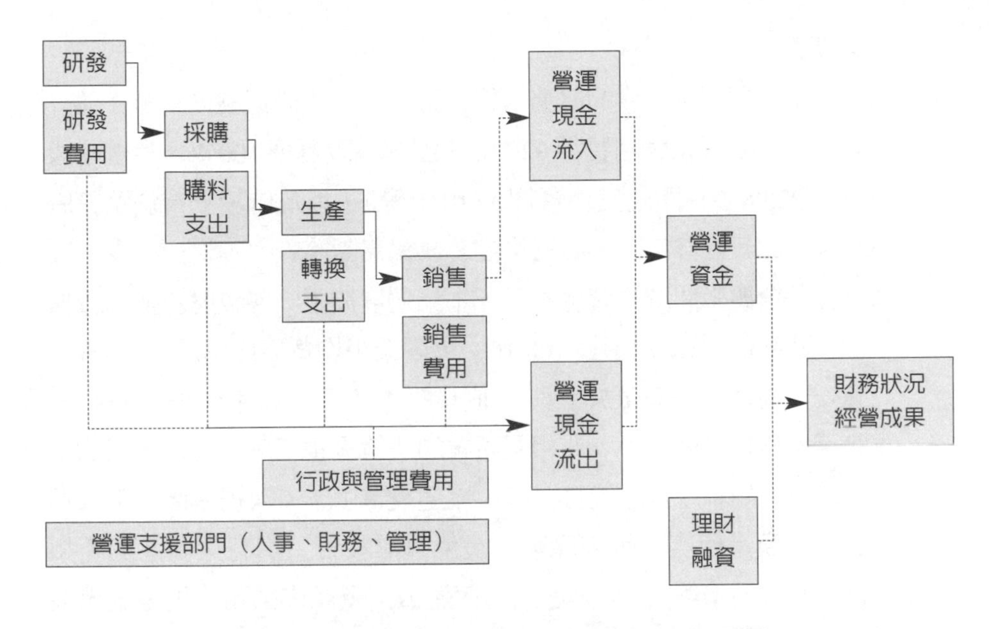

圖 12-1　營運資金流動與企業財務狀況關係圖

會反映在財務報表的數字上。台灣企業過去爆發過財務危機的亦有許多，包括如早期的廣三集團（順大裕、中企）、櫻花集團（台灣櫻花、櫻花建設）、國產汽車、長億集團、東隆五金，到近期的博達、訊碟等多家知名的企業。爆發財務危機的原因雖有不同，但大致可歸為以下幾類：

1.公司治理[1]（corporate governance）問題：管理當局不當挪用公司資金（如廣三集團、大穎企業等）與交叉持股（如宏福建設、櫻花

[1]公司治理係指「一種指導及管理並落實公司經營者責任的機制與過程，在兼顧其他利害關係人（stakeholders）之利益下，藉由加強公司績效，以保障股東權益」（參見中華公司治理協會定義）。公司治理存在的目的，旨在降低管理當局與股東之間存在的代理問題，以確保外部股東投資應得的報酬。亦有學者指出「公司治理機制是透過完整制度的設計與執行，期能提升策略管理效能與監督管理者的行為，藉以保障外部投資者（小股東與債權人）應得的報酬，並兼顧其他利害關係人的利益」（葉銀華、李存修、柯承恩，2002）。而衡量公司治理狀態的變數，通常可由董事會的組成、家族及大股東股權的結構加以衡量（Dowers, 1997）。

集團等）。

2.財務槓桿問題：高度的財務槓桿（董監事與大股東高度質押）並介入股市（如櫻花集團質押92.1%、宏福建設質押100%、皇普建設質押92.98%、國產汽車質押87.01%等），以及借殼上市快速膨脹資本（如新巨群集團、廣三集團及漢揚集團等）。

3.不當營運擴張問題：資金不足，本業過度擴張，導致財務無法負擔（如東隆五金負債比率爲168.16%，同業平均負債比率爲43.73%；峰安金屬負債比率爲70.09%，同業平均負債比率爲48.73%等）。

4.跨業多角化過度擴張：非相關產業的決策失當，導致拖垮本業的營運績效（如聯成食品投資營建、流通及電子業；漢揚集團投資漢神百貨、漢來飯店、戰神職籃；長億實業投資月眉育樂區、泛亞銀行、長生電廠等）。至於近期的博達公司及訊碟公司，則是透過海外公司交易，虛估營運績效與獲利，透過境外銀行共同隱匿實情，並導致國內投資人與債權人受害。

大體而言，影響企業生存的因素可歸納爲三，分別是：整體環境因素、產業特性因素及企業個別因素。整體環境因素與產業特性因素二者爲外在因素（external factor），其中總體環境因素屬於不可控制因素，而產業特性因素則端視企業的市場力量，而決定其相對的控制能力。至於企業個別因素則屬於企業的內部因素（internal factor），它包括了公司治理、管理能力、組織結構、資金狀態、生產技術等多項因子。從相關的研究（林炯垚，1990；陳欽賢，1993）顯示，造成企業營運困難的主因，通常是來自於錯誤的管理，而績效指標惡化正是營運困難的具體徵兆。企業危機與失敗通常爲一連續的動態過程，如陳肇榮（1983）曾以財務觀點，將企業失敗劃分爲三個階段：（1）財務危機階段；（2）財務失調階段；（3）破產倒閉階段。因此，就財務報表分析的角度而言，如何透過檢視企業的績效指標，建立企業危機的預警系統，實爲分析者進行信用風險評估必須採取的作法。

二、信用評等

信用評等（credit rating）乃是指針對受評等對象的信用狀況或償債能力之評等，其目的在協助授信機構貸款人、授信關係人及投資人，明確地瞭解企業面臨的信用風險。由於償債能力與企業獲利息息相關，因此，信用評等亦可作爲評估企業財務狀況與經營成果的指標。從企業經營來看，正常營運與財務危機，是兩種截然不同的對立狀態；但未發生財務危機並不表示就等於正常營運。信用評等制度雖強調其對企業的償債能力的評估，但其實也是在正常營運與財務危機兩種狀態之間架起一座橋樑，讓財務報表使用人能夠建立一組連續的評估，以瞭解企業的財務狀況與經營成果的變動情形。一般而言，信用評等主要功能有五，分別是：（1）可提供受評標的公司之信用風險資訊；（2）可降低金融機構之徵信成本；（3）可降低融資企業的資金成本；（4）促使企業改善其本身體質；（5）可提高金融管理效率（張大成、劉宛鑫、沈大白，2002）。由於企業的風險主要分爲營運風險與財務風險，故企業評等亦多著重於「營運風險」與「財務風險」的分析。

國外信用評等的機構有許多，如S & P（McGraw-Hill擁有100%股權）將評等主要區分爲十級，分別是AAA（最高等級，償債能力最強）、AA（次高等級，償債能力略差一點）、A（償債能力雖強，但受到環境因素影響的程度也略高）、BBB（足以償付本息，但只要經濟惡化即可能影響其獲利能力，而企業也提供了適當的保障）、BB（外界環境及企業財務狀況一旦出現意外的改變，則可能無法如期償付本息）、B（償債能力更爲脆弱，但目前仍有能力履約）、CCC（履約能力不足，依賴外界環境變動以改善履約能力）、CC（履約能力更差）、C（出現跳票跡象時）、D（已跳票或破產）。獲得AAA級，AA級，A級與BBB級的評等，則屬於投資級債券；在BBB級以下（不含）的評等，則爲我們熟知的垃圾債券（Junk Bond）。

與S & P同屬於三大評等機構的Moody與Fitch，其分類方式則略有不同；如Moody（Dun & Bradstreet擁有100%股權）採取了Aaa、Aa、A、Baa、Ba、B、Caa、Ca、C九等級的區分方式（沒有破產狀態）；而Fitch則採取相似於S & P的評等方式，但對於破產公司則提供DDD、DD、D的三種評等。除此之外，還有Duff & Phelps（美國）、日本公司債研究所（Japan Bond Research Institution, JBRI）、日本投資家服務公司（Nippon Investors Service, NIS）、CBRS（Candian Bond Rating Service，加拿大）、IDCA Banking Analysis公司（英國）、Nordisk Rating（瑞典）、KIS（Korean Investors Service公司，韓國）等重要的評等機構。

國內的信用評等，目前有中華徵信所的台灣大型企業評等、經濟新報社及中華信用評等公司（Taiwan Rating Corporation, TRC）提供的企業信用評等；而中華信評公司則與美國S & P合作，採取了類似於S & P的分類方法，此亦為國內信評參考的主要依據。就內容來說，國內這些信用評等的分析工作，雖屬於授信評估，但為正確評估對於授信案件的保障程度，信用評等之分析工作仍多兼顧營運能力與償債能力。如以中華徵信所的企業評等來說，主要在評等企業經營績效，故其指標包括了營收淨額、稅前純益、營收成長率、純益率、淨值報酬率、資產報酬率、員工平均銷貨額及員工平均純益額等八項指標，建立了AAAAA、AAAA、AAA、AA、A、BBBB、BBB、BB、B、C十等級的評等分類。而台灣經濟新報社的信用等級指標，則採用獲利能力（淨值報酬率、營業利益率、總資產報酬率）、安全性（速動比率、利息支出率、借款依存度）、活動力（收款月數、售貨月數）、規模（營業收入、總資產）等十個財務比率，建立1（低信用風險）至9（高信用風險）等級的信用評等分類。

中華信用評等公司的評等方式亦不例外，評等內容亦涵蓋受評標的公司之一切商業活動，故其評等分析並不侷限於各項財務數字的檢驗，亦包括營運層面、市場競爭狀態及經營管理策略之衡量。如在營運風險

評估上，中華信評公司考慮的產業及業務要素包括：成長潛力（如決定收入的因素、市場生命週期、景氣週期、科技變更速度）、競爭環境（如產品本質、競爭對手、進入障礙、進口競爭、法規環境）、財務特性（如營運槓桿程度、資本密集度、設備融資需求、關鍵成本要素、研發經費需求）、公司狀況（如整體市場占有率、成本控制、生產效率、生產應變能力、原料來源、研發能力、經營分散程度）、所有權（與母公司的關連程度）。

至於在財務風險，則包括會計品質（會計師簽證資料）、財務政策（如特定財務目標、會計政策、受評人發行股權或出售資產的意願與能力、現金股利政策、與母公司的關連程度）、獲利能力與盈餘保障（如稅前利息保障倍數、投入資本報酬率、營業利益率、各項業務獲利）、資本結構〔如總借款／（總借款＋股東權益）、淨借款／（淨借款＋股東權益）〕、現金流量適足性〔如來自營業的現金／總借款、（來自營業的現金＋利息支出）／利息支出、來自營業的現金／資本支出、自由現金流量／總借款〕、財務應變性（包括如貸款合約中的限制條款、已承諾而尚未使用之銀行授信額、出售資產的能力、已抵押之資產比例、母公司可能支持的程度、可出售的資產等）。透過此一信用評估，中華信評在長期信用上建立了twAAA、twAA、twA、twBBB、twBB、twB、twCCC、twCC、twD等九個主要等級（沒有twC）；在短期信用上，則建立了twA-1、twA-2、twA-3、twB、twC、twD、twR七個主要等級。在長期信用上，評等爲twBBB（含）以上的等級屬於品質較佳的等級；在短期信用上，評等爲twA-3（含）以上的等級屬於品質較佳的等級。這些等級還可透過（＋）、（－）符號的調整，在主要等級之間建立新的風險區分。

評等較佳的低風險區公司（投資級），通常表示公司的經營甚具效率，借款投資後能產生足額的現金流入以償還貸款本息。至於評等較差的高風險區公司，通常表示公司的經營較無效率，或槓桿過高，對經濟景氣的依賴程度甚高，週轉失靈發生企業財務危機的可能性亦高。對於授信機構而言，評等屬於低風險的公司，抵押資產的額度並非授信關切的重點（亦稱 Cash Flow Lending）；但對於評等屬於高風險的公司，授信機構卻極有可能扮演「當鋪」的角色（協助公司變現其資產，以應週轉所需，亦稱 Assets Lending），故應要求足額、且流動性高的抵押品。至於信用評等介於二者之間的公司，授信機構則仍須要求其提供適度抵押，以兼顧放款的安全性與獲利性。

三、評等模型與財務比率

常見的信用評等的模型，依其採用評等工具的不同，大致可分為幾類，第一種是評分模型，這是前述國內外信評機構採取的模型，在這種評分方式下，財務比率必須經過資料轉換（包括處理異位點、比率值標準化、分數轉換等過程），才能將不同單位與數值的比率值，放在同一衡量基準上比較。第二種是統計模型，這是實證研究上經常採用的模型，目的在透過大樣本的統計分析技巧，希望能以有限的變數，以線性或非線性的方式預測企業的信用與獲利狀態改變；常見的方法包括：多變量區別分析（Multiple Discriminant Analysis, MDA）、二元 Probit 模型、二元 Logit 模型、等級 Probit 模型（ordered Probit model）、等級 Logit 模型（ordered Logit model）。第三種是其他模型，這是運用其他領域的分析工具，進行企業的信用評等的分類，如類神經網路、選擇權評價模型等。這三種不同基礎的評等模型中，第一類評分模型在實務上的應用較廣，而第二類統計模型則在研究上應用較廣，第三類模型雖與研究有關，但在應用上仍屬相對少數。在本章以下的節次中，將分別說明這些方法的理論基礎與應用，故此處僅概要介紹。

在實務上，金融機構的放款亦常採用 5Cs 的信用評估方式；以授信標的之名聲（Character）、資本（Capital）、能力（Capacity）、抵押品

（Collateral）、景氣狀況（Cycle or Conditions）等五項標準進行企業的信用風險評估。

「名聲」是在衡量授信標的的信用名聲及過去的信用狀況；「資本」是衡量公司資本結構的狀況，也就是所謂的槓桿程度；「能力」是衡量債務人履行義務的能力，它反映了該債務人的獲利能力，如果債務人的賺錢能力波動性太大，可能會違約的機率也因此相對的上升；「抵押品」是授信機構的預防性措施，一旦發生違約事件，債權人可藉由處理債務人的抵押品減少自己的損失，故抵押品的市值越高，債權人所承受的風險也就越低；「景氣狀況」則是在衡量景氣狀態對於授信標的獲利能力會造成多大的影響，不同產業受景氣循環影響的程度不同，如營建、家電、觀光等產業受景氣循環的影響較大，而食品、紡織等民生產業受景氣循環的影響較小。

此時放款主管會分析授信標的這五個信用因素的狀態，透過專業判斷，主觀地衡量授信標的之信用狀態，最後給予一個信用評分。在本質上，這種評估方式屬於第一種評分模型的運用，而目前仍有許多銀行採用此法作爲放款的決策方法。而在放款時銀行通常也會考慮當前的利率水準，作爲決定放款利率的參考依據。

從相關的信用評估模型內涵來看，財務比率作爲企業預警系統的指標功能，已無庸置疑。然檢視這些應用不同技術的評等模型，不難發現它們採用的財務比率略有不同，並無一套放諸四海而皆準的財務比率指標。茲簡要摘錄部分的第一類、第二類評等模型，其驗證與採用的財務比率以供參考，內容詳如**表 12-1**。

表 12-1　相關研究驗證的財務比率彙整表

Altman（1968）	營運資金／總資產、保留盈餘／總資產、稅前息前盈餘／總資產、權益市值／負債帳面價值、總資產週轉率
Ohlson（1980）	Log（總資產／ GNP 物價水準指數）、總負債／總資產、營運資金／總資產、淨利／總資產、淨利成長率
Platt & Platt（1990）	現金流量／銷貨淨額、行業別現金流量／銷貨淨額、總負債／總資產、銷貨成長率、固定資產／總資產、短期負債／總負債、行業別現金流量／總資產
陳肇榮（1983）	流動比率、淨營運資金／總資產、固定資產／資本淨值、應收帳款／銷貨淨額、現金流入／現金流出
中華信評公司	營運槓桿程度、稅前利息保障倍數、投入資本報酬率、營業利益率、總借款／（總借款＋股東權益）、淨借款／（淨借款＋股東權益）、來自營業的現金／總借款、（來自營業的現金＋利息支出）／利息支出、來自營業的現金／資本支出、自由現金流量／總借款
台灣經濟新報社	淨值報酬率、營業利益率、總資產報酬率、速動比率、利息支出率、借款依存度、收款月數、售貨月數、營業收入、總資產
中華徵信所	營收淨額、稅前純益、營收成長率、純益率、淨值報酬率、資產報酬率、員工平均銷貨額、員工平均純益額

第二節　多變量區別模型

有關企業危機或企業破產預測之研究，自 1930 年代開始就從未間斷過：但早期係採單變量分析法，亦即僅採用單一的財務比率，根據該財務比率在一段期間之變動趨勢，而預測企業未來可能之財務狀況。如 Beaver（1966）曾採單一的財務指標，預測企業失敗與非失敗，建立了財務危機預測模型；在研究中他採用配對樣本法（paired-sample），以控

制產業別、規模因素之影響，隨機抽取1954年至1964年間，七十九家營運失敗之公司爲樣本及配對樣本，計算這些樣本公司在失敗前數年的財務比率，作爲區別指標。結果發現「現金流量／總負債」預測的效果最好，「淨利／總資產」次之；在失敗前五年可達70%的預測能力，而在失敗前一年更可達87%的正確區別力。

單變量的方法雖然簡單易懂，但是不同比率的預測方向與能力，常存在相當大的差異，甚至互相矛盾；甚者，一些不重要之單一變數，在與其他變數結合後，亦可能展現相當重要的解釋能力。而多變量區別分析便在這樣的背景下，逐漸取代單變量統計方法而廣泛應用。

多變量之區別分析是一種相依方法，其準則變數（應變數）爲事先訂定的類別或組別。若有兩個母體，設 $X_1, X_2, ...X_n$ 觀察值來自第一個母體，而 $X_{n+1}, X_{n+2}, ...X_{n+m}$ 之觀察值來自第二個母體；其中 $X_1, X_2, ...X_n, X_{n+1}, X_{n+2}, ...X_{n+m}$ 爲 $p \times 1$ 的向量。區別分析便是投影這些p維向量經由一個迴歸函數到實際值，並希望能分割這兩個母體，找到一組向量使得分離函數爲最大，達到組間變異最大，組內變異最小的方法；即以組間變異對組內變異比值最大爲原則，使各組間差異極大，以達到最佳區別力。

如銀行可根據既有授信標的之相關資料，建立授信標的信用狀態的區別函數（discriminant function）；當新的客戶進來時，銀行便可將新客戶的資料與既有的區別函數進行比較，以瞭解新客戶的信用狀態。換言之，區別分析的目的便在找到一組最能解釋兩個（或以上）群體平均分數差異的預測變數，之後，再根據區別函數將觀察值配分，將其歸屬到不同群體，並確定在兩個（或以上）群體間的平均分數間，確具統計上的顯著差異。

紐約大學的Altman（1968）是最早採用多變量區別分析，整合多重財務指標探討公司財務危機模型的先驅。Altman的研究與Beaver類似，都是按照產業別及規模大小分層抽取配對樣本；研究中利用1946年至

1965年間的美國製造業資料，共計配成三十三對，計六十六家企業。他使用了流動性（liquidity）、獲利能力（profitability）、財務槓桿（leverage）、償債能力（solvency）和活動性（activity）五大類的二十二個財務比率。最後Altman找出最具解釋力的五種財務指標，建構一個類似迴歸方程式的綜合指標模式：Z-score模型，並以歸類錯誤總和最小的一點爲Z score，也就是區別的分割點。其模式如下：

$$Z = 0.012X_1 + 0.014X_2 + 0.033X_3 + 0.006X_4 + 0.999X_5$$

其中

X_1：營運資金／總資產

X_2：保留盈餘／總資產

X_3：稅前與息前盈餘／總資產

X_4：股東權益市價／總負債帳面價值

X_5：銷貨淨額／總資產

Altman採用二分類檢定法（dichotomous classification test），依據不同年度，將各樣本之財務比率由大至小排列，從中找出使模型分類錯誤率最小的分界點（cut-off point），計算得出的Z值爲2.675。因此，對於測試的樣本而言，若Z＞2.675則屬於正常公司，若Z＜2.675則歸類爲失敗公司。

Altman建構的區別模型，採用型一、型二誤差進行檢定。在破產前一年原始樣本內的檢定，型一誤差爲6%，型二誤差爲3%，模型整體區別正確率95%。另外作者額外選取二十五個破產公司樣本作爲樣本外預測，結果正確率有94%。但如以破產前二年之資料檢驗，其區別率則降爲83%。這顯示區別模型的效果隨著時間經過而逐次遞減，亦即總體經濟環境的變化可能會影響區別模式的效果。之後Altman等人便於1977年提出一個「新Zeta模式」（Altman et al., 1977），研究中以五十三個失敗

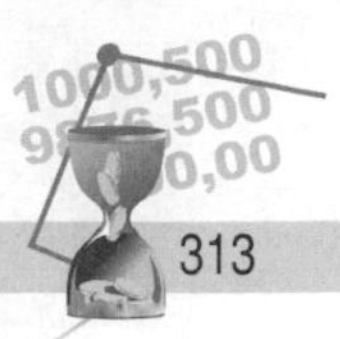

公司和五十八個正常公司爲樣本，模式中的自變數也由原有的五個增爲七個。他們認爲是隨著時間與經濟環境的改變，模式的有效性必然會受到影響，而需要更動不同的解釋變數，且基於不同期間的財務報表建構的破產預測模型，也可能導致模式出現變化。

多變量區別分析在許多研究上，雖都有不錯的區別力，然由於應用多變量區別分析時，常會面臨一些問題，導致此法應用受到限制。首先是多變量區別分析法各變數須服從多元常態分配，且失敗與未失敗公司間的樣本變異數—共變數矩陣必須相等；然而在檢驗實際資料時，絕大多數都不符合這樣的假設要求（如潘玉葉，1990；陳錦村，1994）。

如潘玉葉（1990）針對區別分析的財務比率常態性假設，以及失敗與未失敗公司群體中，變異數—共變數矩陣是否相等進行檢驗；結果發現上市公司財務比率，無法滿足區別分析中常態分配的假說，而正常與危機公司兩群體中，各項財務比率差異頗大，且分配型態也不相同。Tu, Yu-Chen（1994）檢定台灣地區公司之財務比率，於長期間是否具有穩定性，以及分配型態是否爲常態分配；結果發現財務比率屬於非常態分配以及右偏現象，而且分配形狀呈現有單峰與雙峰形狀。而傅澤偉（1994）曾對台灣上市公司的財務比率之常態性進行驗證；結果顯示以全體樣本分析時，除了負債比率呈常態分配外，其餘的十五種比率均爲非常態分配。如針對不同產業進行分析，則會因產業的同質性，導致常態分配出現的機率也會提高。

其次就是樣本與母體的相似性問題，也就是說，危機公司與正常公司在母體內的比例是不對稱的。但過去的配對研究中，雖然控制了產業與規模因素，但危機公司與正常公司常都採1:1的方式配對，這導致了過度抽樣（oversampling）的問題，致使模式的外在效度受到影響。

當區別模型違反其統計的前提假設時，將參數估計的偏差，造成顯著性檢定和歸類率估計的偏差（Eisenbeis, 1977; Amemiya & Powell, 1981）。雖有學者嘗試提出新改良技術，如Meyer & Pifer（1970）提出的

線性機率模型[2]，試圖解決資料應用的問題，但這些模式仍有其應用限制，而這也導致非線性迴歸方法的提出，以期能改善預測企業失敗之能力（Ohlson, 1980; Zmijewski, 1984）。

第三節 Logit 模型與 Probit 模型

如前所述，多元區別分析結果之有效性，除需滿足多變量統計的多元常態假設、變異數—共變異數矩陣相等的假說外，亦須考慮母體的分配情形。故為克服前述問題，Ohlson（1980）捨棄多元常態假說，以及危機公司與正常公司的變異數—共變異數矩陣相等的假說，改採 Logit 模型進行財務危機預測。為避免 1:1 配對抽樣方式，可能產生的過度抽樣問題；Ohlson 改以破產公司與未破產公司之比例，與實際母體相同之設計進行抽樣。

Ohlson 使用羅吉斯迴歸模型，利用美國 1970 年至 1976 年間的公司資料，排除零售業、運輸業和金融業，進行公司破產預測，樣本包括 105 家破產公司及 2,058 家正常公司。模型中納入的解釋變數共計九個，包括：規模〔log（總資產／GNP 物價指數）〕、財務結構（總負債／總資產）、營運資金比率（營運資金／總資產）、流動比率、總資產報酬率、營業現金流量／總資產、虛擬變數 1（負債大於資產為 1，反之為 0）、虛

[2] Meyer & Pifer（1970）曾使用線性機率模型，將分類變數應用在應變數之特殊迴歸模型；應變數為二分類變數，0 與 1，並以最小平方法來估計模型參數，可解決自變數非常態之問題，且模型使用時也無需進行資料轉換，相當容易使用。但迴歸模型之應變數呈現二分類之特性時，若透過一般最小平方法來處理，所求得的估計量雖仍滿足不偏性，但殘差項則可能存在變異數異質之問題，且無法保證估計值一定會落在單位區間內（落於 0 與 1 之外，違反機率的定義）。線性機率模型的迴歸估計值 E（Yi），不一定會落在（0, 1）之間，而學者認為這可能是模式設定（model specification）問題，因此便嘗試透過 Logit 和 Probit 兩種迴歸模式解決這個問題。

擬變數 2（稅後淨利小於 0 爲 1，反之爲 0）、淨收入的變動，結果發現「規模」、「經營績效」（資產報酬率、營運資金比率）、「財務結構」及「流動性」（營運資金／總資產、流動比率）等四類因素與危機發生的機率，具有高度的關連性。而 Logit 模式亦展現了相當不錯的預測能力，在失敗前二年之預測準確度亦可高達 90% 以上。

自從 Ohlson 改用 Logit 分析，並證實其具有良好的預測力之後，已有越來越多的財務危機預測研究，改用非線性的 Logit 或是 Probit 分析，或是同時採用多種不同的統計模型進行驗證。Logit 模型與 Probit 模型是爲了改善線性機率模型之估計值可能落於 0 與 1 之外的缺失，後續學者假設事件發生的機率服從某種累積機率分配，使模型產生之估計值會落在 0 與 1 之間，而發展出來的。目前最常應用的累積機率分配爲 Logistic 與標準常態分配。若事件發生的機率服從標準 Logistic 分配（standard Logitstic distribuition），則稱爲 Logit 模式，若事件發生的機率服從標準常態分配，則稱爲 Probit 模式。因此，Probit 模型大致上和羅吉斯迴歸模型相似，同樣可以解決自變數非常態的問題；然由於羅吉斯迴歸模型實證結果多優於 Probit 模型，故多數學者仍多採用羅吉斯迴歸模型。

Logit 模型是由 Berkson 於 1944 年所創設（Izan, 1984），前身係由線性機率模型（Linear probability model）衍生而來。其與傳統迴歸模型不同之處，在於其應變數爲離散型（discrete）的；在此二分類離散型法則中，假設事件發生則因變數爲 1，事件不發生則因變數爲 0。羅吉斯迴歸模型是一種適用於應變數爲質性（qualitative）變數的迴歸模型。相較於區別分析模型，羅吉斯迴歸模型可克服自變數須服從常態分配的假設，而且可進一步估計公司出事的機率，其估計模型如下：

$$y_i^* = \beta_0 + \sum_{j=1}^{k} \beta_j X_{i,j} + u_i$$

其中

β ：待估計參數

X ：自變數

μ_i ：隨機誤差項

y_i^* ：無法觀察到的變數（潛伏變數，latent variable）

y_i^*亦即透鏡模型中的環境眞實狀態，如企業之信用狀態；我們可利用觀察得到的虛擬變數 y_i 作爲替代變數，例如當企業違約時 $y_i = 1$，否則爲 0，如下所示：

$$y_i = \begin{cases} 1 & \text{if} \quad y_i^* > 0 \\ 0 & \text{otherwise} \end{cases}$$

根據上式，我們可以定義當 $y_i = 1$ 時的機率（P_i）如下：

$$P_i = \text{Prob}(y_i = 1) = \text{Prob}\left[\ (u_i > -(\beta_0 + \sum_{j=1}^{k} \beta_j X_{i,j})\ \right]$$

$$= 1 - F\left[-(\beta_0 + \sum_{j=1}^{k} \beta_j X_{i,j})\right] = F\left[\beta_0 + \sum_{j=1}^{k} \beta_j X_{i,j}\right]$$

其中 F 爲 μ_i 的累積機率分配函數，故其概似函數（likelihood function）可顯示如下：

$$L = \prod_{y_i=1} P_i \prod_{y_i=0} (1 - P_i)$$

在羅吉斯迴歸模型中，假設 F 函數服從 Logistic 分配，如下式所示，我們可採用最大概似法（maximize likelihood method）以估算其參數值（β_j）：

$$F(Z_i) = \frac{\exp(Z_i)}{1 + \exp(Z_i)}, \quad Z_i = \beta_0 + \sum_{j=1}^{k} \beta_j X_{i,j}$$

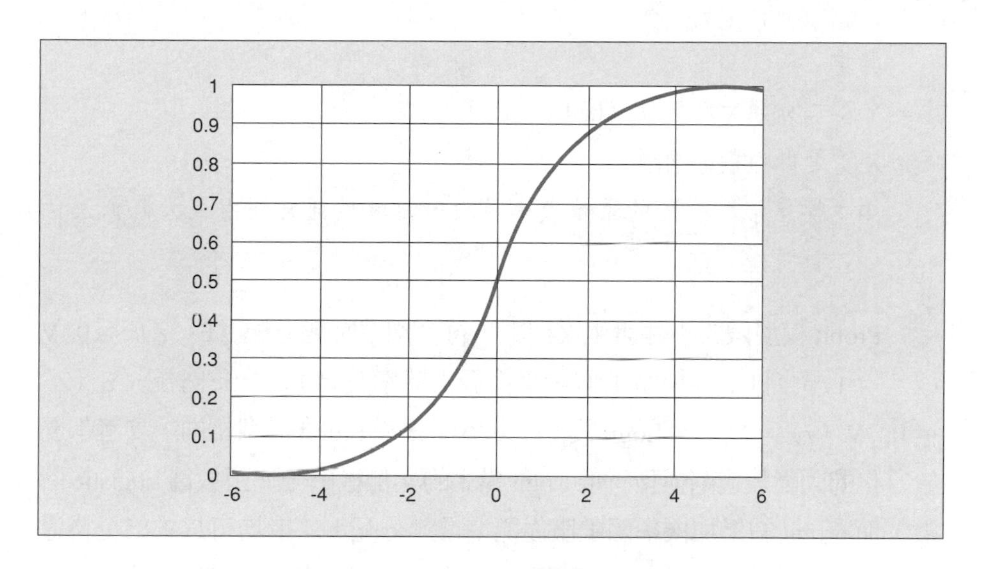

圖 12-2　Logistic 累積機率分配圖

Logistic 模型假設殘差項的累積機率分配函數爲 S 型曲線的 Logistic 分配（如**圖 12-2**），爲確保其估計機率值落於 0 與 1 之間，故需透過以下的機率轉換函數進行轉換：

$$P_i = \frac{\exp(Z_i)}{1+\exp(Z_i)}$$

至於 Probit 模式亦爲常見的二分類迴歸模式（Binary Regression model）；Kaplan & Gabriel（1979）曾假設事件發生的機率服從標準常態分配，且採累加機率來進行轉換，並由此模式求出企業違約之機率。然如前所述，二分類獨立變數的迴歸分析，必須選擇最適合的累積機率分配（CDF），如果樣本資料符合常態分配，則選擇 Probit 模型的效果會比較好，其模式如下：

$$\Pr(Y=1 \mid X=x) = \Phi(x^1 \beta)$$

其中

Y：二分類的應變項（0, 1）

X：迴歸係數的向量

Φ：標準常態分配的累積機率函數，β參數通常經由最大概似法估計得知

Probit模型假設事件發生之機率，符合標準常態分配（E（Z）＝0, V（z）＝1），而Logit模型則假設事件發生機率符合Logistic分配（E（Z）＝0, V（z）＝$\frac{\pi^2}{3}$）。Logit模型的基本形式和Probit模型相同，二者都屬於質化的因變數迴歸模型；惟Logit模式的累加機率分配函數爲Logistic函數，而probit的累加機率函數服從標準常態分配。二者均可以求出企業違約之機率，並據以評分，而切割點的決定，也都會影響到整個模式的預測能力。就理論上而言，除非樣本有極端値，否則兩模型之估計結果應相差不多。由於以累積常態機率分配轉換，在計算程序也較爲複雜，因此，一般較常採用Logitstic累積機率函數，以矯正線性型機率函數之缺點。

除了二分類的應用領域外，Logit模型與Probit模型還有適合多分類的不同應用，如Ederington（1985）曾採用非順序Logit迴歸模型（Unordered Logit Regression model）來建立多分類的信用評等模型。如果應變數爲多分類的順序尺度，尺度間有優劣或順序關係，則可採用順序Logit迴歸模型（Ordered Logit Regression model），建構出一條迴歸估計式與數個組別分界點，並依次將樣本分入各組內並決定組別。同樣的，Probit模式亦有非順序Probit迴歸模式（Unordered Probit Regression model）與順序Probit迴歸模式（Ordered Probit Regression model），適用的情形與Logit模式大致相同。然如前所述，兩種模式的最根本差異是分配的適用問題：Logit迴歸模式假設事件發生機率服從累積Logistic分配，而Probit迴歸模式假設事件發生機率服從累積標準常態分配。

第四節 其他途徑之預測模型

本節主要介紹較常見到的兩種信用評等模式（或破產預測模式），分別是選擇權評價之預測模式及類神經網路之預測模式；茲分述如下：

一、選擇權評價之預測模型

選擇權評價之預測模式是運用選擇權評價理論（Option Pricing Theory, OPT），進行企業違約破產的預測；主要有兩個模型，分別是Merton模型與KMV模型，而以KMV模型較具實用性。選擇權評價模型本質上屬於破產風險理論，而破產簡單的說，就是其資產市場價值低於負債，故一家公司在破產時會發生違約情形，而預期違約機率就是公司資產市價低於負債的機率。如選擇權運用在持有公司之破產預測上，我們會發現股東花錢購買公司股票，也是應用選擇權的觀念。他們把購入價格（股價）視作權利金，公司負債視作執行價格，負債的到期日表示選擇權之到期日；因此，公司資產市價就是選擇權標的商品之市價。在負債到期日公司的資產市價如果大於負債面額，則股東就會執行選擇權，並享有的利益是資產市價與負債面額之差。反之，在負債到期日公司的資產市價如果小於負債面額，則股東將不執行選擇權，僅損失當初購買公司股票之金額（權利金），而公司將面臨破產清算。故對股東而言，損失有下限（股票購入價格，權利金），但獲利卻無上限，其報償圖可顯示如**圖 12-3**，其中DD為違約距離（distant to default），而EDF為預期違約機率（expected default frequency）。

Merton模型是以Black & Scholes（1973）與Merton（1974）提出的選擇權評價模型為基礎，來衡量公司違約的機率。模式中認為公司舉債經營，正如股東向債權人買進買權（call option），公司的資產即是買權的

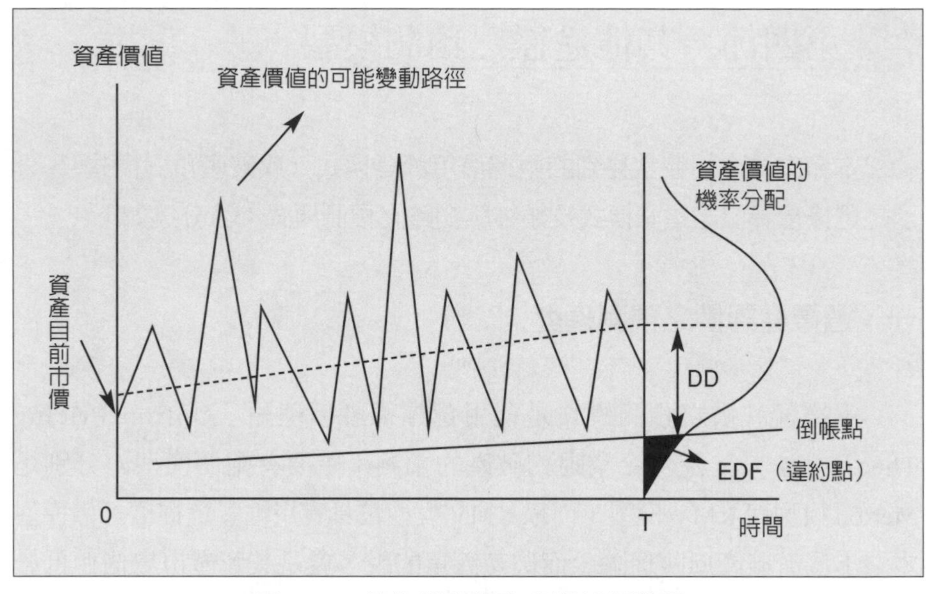

圖 12-3　違約機率與資產期望報償圖

資料來源：Crosbie, P. & Bohn, J. (2003), Modeling Default Risk, *Modeling Methodology,* Moody's KMV Corporation, p.12.

標的資產，而債權則爲履約價格。由於公司的違約機率即爲公司資產價值低於負債價值的機率，故當公司資產價值高於債權時，股東不會選擇違約，但當公司資產價值低於債權時，則股東會選擇違約。Merton 模型利用股權市價與股票報酬率波動度估計出違約機率的兩個未知變數：公司資產價值與資產變異，之後，再估算出公司的違約距離與預期違約機率。預期違約機率的概念，類似統計上的顯著水準，若公司資產市價距離違約點越近，則公司發生違約將越大，反之則越小。

所謂違約距離是公司資產價值與違約點之間的差距，係以標準化的資產變異來衡量，也就是公司資產價值與違約點（default point）之間的標準差個數。它用以計算公司資產與違約點的接近程度，而違約點爲一家公司發生違約當時公司的資產價值水準點，通常也是資產價值低於負債的那一點。由於違約距離經過標準化，故有助於與其他公司作比較；

違約距離愈大則代表資產價值距離違約點愈遠，則公司的預期違約機率即愈小。

首先說明Merton模型，其優點在於違約機率並非依據過去公司會計資料進行推估，而是動態、預測性的即時資料，以表達公司每天連續性的違約風險，具有即時預警的功能。此法把風險性公司債價值界定爲公司資產市值與股票市值之差，求出之信用價差符合期間結構等財務原則。但這個模型也有三個問題，一是模型變數（如公司資產價值和波動度）無法直接觀察得到，只能根據股價市值及股價變異加以估計，而估計方式的不同，會影響估計值的準確性（Jarrow & Turnbull, 2000）；二是對於非上市公司而言，欠缺集中市場交易的股價資訊，資產價值與資產變異將無法評估，導致模型無法估計違約機率；三是模式中也假設單一的公司債到期日[3]及資產價值變動呈常態分配，這些假設與現實狀況有些偏差，故實務上應用並不理想。

第二種模型是KMV公司（2001）發展出來的兩套違約預測模型，分別是信用監督模型（Credit MonitorTM）及非上市公司信用模型（Private Firm Model TM, PFMTM）。KMV公司位於美國舊金山，成立於1989年，於2002年4月與Moody's合併爲Moody's KMV（MKMV），爲國際著名的信用風險產品開發與顧問公司。這兩個模型都是以Merton（1974）的選擇權評價模型爲核心，再配合其信用風險資料庫發展出來的一套信用風險衡量架構。這兩種模型都必須先估計公司資產價值（VA）與其價值波動之變異數（σ_A），再用其來估計違約距離，進而求出其預期違約機率。Credit MonitorTM爲該公司著名產品，許多全球知名金融機構與國

[3]Riskmetric曾於2002年考慮負債的變異性，提出Merton模型之修正模型—Creditgrade模型；即公司之資產與負債皆具有變異性，這個特性會隨債權本身償還率的特性而有所不同。當償還率變異降低時則其公司違約機率較低，而償還率變異升高時則公司違約機率會相對提高，可以依此模型求出公司的存活機率。參見張大成、劉宛鑫、沈大白，〈信用評等模式之簡介〉，《中國商銀月刊》，91年11月號。

際公司運用此一產品在信用風險的分析上。

對於沒有股價資訊之私人企業，KMV 則發展出 PFMTM，與 Credit MonitorTM 不同的是，PFMTM 是透過有股價資訊的公司（即同儕上市公司的財務報表與市場資料），找出與公司資產價值及資產變異具相關性的財務變數，再利用迴歸式取得財務變數與資產價值資訊間的關係，之後再將非上市公司的財務資料代入迴歸式，進而得到估計的公司資產價值與資產變異。

因此，計算受評估公司的預期違約機率，主要透過以下幾個因素計算而得：公司資產價值、公司資產報酬標準差、違約點、公司資產價值之分配狀況。違約距離為衡量違約風險的重要依據，KMV 模式的計算公式如下：

$$DD = \frac{E(V) - DP}{E(V)\sigma_A}$$

其中

E（V）：估計公司之資產預期價值

DP：違約點

σ_A：資產價值變異（波動度）

而根據模型計算出之違約距離及歷史的違約機率，便可計算出公司之預期違約機率。

二、類神經網路之預測模型

類神經網路（Artifical Neural Network）分析是一套人工智慧系統（Artificial Intelligence System），其模擬人類或生物的神經系統對外來衝擊之反應。它運用大量的人工神經元（artificial neutron），從外界或其他神經元取得資訊，經過一些簡單的運算，傳送給其他神經元的方式，來

處理大量的資訊。類神經網路理論起源於1950年代，當時科學家仿造人類大腦的組織及運作方式，於1957年提出了「感知機」（Perceptron）的神經元模型，而感知機則經常拿來作爲分類器（Classifier）使用。由於感知機模型當時無法解決互斥的問題，類神經網路的理論並不成熟，加上1980年之前，專家系統（expert system）是當時最流行的人工智慧基礎，故類神經網路並未受到重視。1980年代後，由於提出了霍普菲爾（Hopfield）神經網路（1982年），而專家系統卻於此時遇到了瓶頸，類神經網路理論才逐漸受到重視。由於新的類神經網路理論架構不斷地提出，配合電腦運算速度的增加，使得類神經網路的功能更爲強大，運用層面也更爲廣泛。

要說明類神經網路的運作方式，就必須先說明人腦神經元的運作方式，人類的大腦大約由10^{11}個神經細胞（Nervc Cells）組成，而每個神經細胞又有104個突觸（Synapses）與其他細胞互相連結成一個非常複雜的神經網路。每一個神經單元是由一個細胞主體（Ccll Body）所構成，而細胞主體則具有一些分支凸起的樹狀突起（Dendrite）和一個單一分支的軸突（Axom）。樹狀突起由其他的神經單元接收訊號，而當其所接受的脈動（Impulse）超過某一特定的閥限（Threshold），這個神經單元就會被啓動，並產生一個脈動傳遞到軸突。

在軸突末端的分支稱爲胞突纏絡（Synapse），它是神經與神經的連絡點，它可以是抑制的或者是刺激的。抑制的胞狀纏絡會降低所傳送的脈動，而刺激的細胞纏絡則會加強之。當人類的感官受到外界刺激經由神經細胞傳遞訊號到大腦，大腦便會下達命令傳遞至相關的受動器（Effectors）做出反應（如四肢皮膚接觸冰、燙的物體立即躲開），這樣的傳遞過程往往需要經由反覆的訓練，才能做出適當的判斷，並記憶於腦細胞中。如果大腦受到損害（如中風），則需藉由復健方式，重複練習、重新學習而回復原有的判斷功能。

類神經網路類似人類神經結構的一個平行計算模式，通常也被稱爲平行分散式處理模式（Parallel Distributed Processing Model）或連結模式（Connectionist Model），而目前應用最爲普遍的是倒傳遞網路（Back-propagation Network, BPN）。在類神經計算模式下，每一個計算單元（人工神經元）都只是一個簡單的閥限裝置，它從別的單元接收訊號，當這些訊號超過了它的閥限，那麼它就會將訊號傳遞給其他單元，其作用關係如**圖 12-4**。類神經網路可以利用一組範例，即系統輸入與輸出所組成的資料，建立系統模型（輸入與輸出間的關係）。有了這樣的系統模型便可用於推估、預測、決策、診斷，而常見的迴歸分析統計技術也是一個可利用的範例，因此類神經網路也可以視爲一種特殊形式的統計技術。此時，知識是表現在由神經元和閥限值所形成的整個網路上，而類神經網路便是藉由不同的演算法來訓練類神經網路，使得神經網路的輸出能達到我們所要求的結果。

圖 12-4 中，X 爲神經元的輸入（input），W 爲加權值（weights），b 爲偏差值（bias），有偏移的效果，S 爲加總函數（summation function），是將各輸入值配合權值進行加總的功能。ϕ（ ）爲作用函數（activation function），通常是非線性函數，有數種不同的型式，其目的是將加總函數 S 的值對應到所要的輸出。虛線的部分即爲類神經元，而 Y 則爲輸出（output），亦即我們所需要的結果。

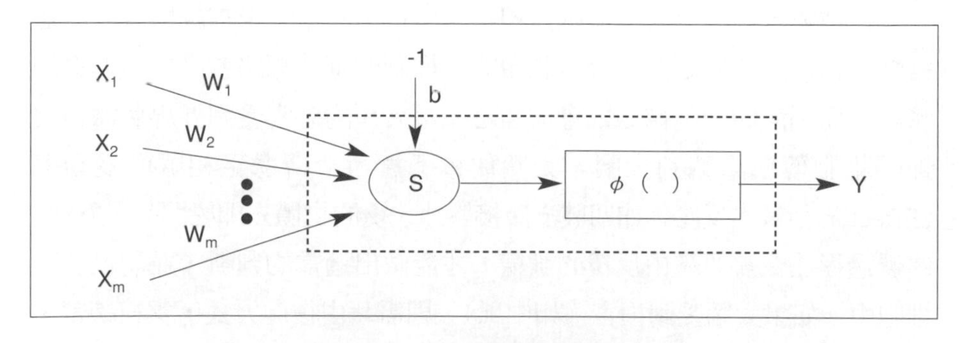

圖 12-4　人工神經元運作模型

資料來源：郭雲啓（2006），〈房屋貸款提前還款再貸款之研究〉，中原大學企管所碩士論文，頁 24。

類神經網路的訓練就是在調整加權值，使其變得更大或是更小，通常由隨機的方式產生介於＋1到－1之間的初始值。加權值越大，則代表連結的神經元更容易被激發，對類神經網路的影響也更大；反之，則代表對神經元無太大的影響。而太小的加權值通常可以移除，以節省電腦計算的時間與空間。

類神經網路模型有許多，如倒傳遞網路、機率神經網路（Probabilistic Neural Network, PNN）、適應式共振理論網路（Adaptive Resonance Theory Network, ARTN）、霍普菲爾網路（Hopfield Network, HN）、最適化應用網路（Optimization Application Network, OAN）、半徑式函數網路（Radial Basis Function Network, RBFN）；各種類神經網路中，以倒傳遞網路較為普遍應用。不同的類神經網路，其演算法均不相同，而各種類神經網路又各有其適用的領域，故須針對問題的型態選擇適當的類神經網路。

以倒傳遞類神經網路而言，這個網路由三層的類神經單元所組成，如**圖 12-5**；圖中顯示的是四個輸入與一個輸出的倒傳遞網路模型，圓圈的部分代表人工神經元。網路模型中可分為三層，第一層是由輸入單元所組成的輸入層，而這些輸入單元可接收樣本中各種不同特徵。這些輸入單元透過固定強度的加權連接到由特徵偵測單元後，再透過可調整強度的加權連接到輸出層中的輸出單元，最後，每個輸出單元對應到某一種特定的分類，這個網路是由調整加權強度的程序來達成學習的目的。

要使得類神經網路能正確的運作，則必須透過訓練（training）的方式，讓類神經網路反覆的學習，直到對於每個輸入都能正確對應到所需要的輸出。假如輸出單元的輸出值和所預期的值相同，那麼連接到此輸出單元的加權強度則不被改變。但如果應該輸出1的單元卻輸出0，那麼連接到這個單元的加權強度則會被加強。相反的，如果應該輸出0卻輸出1，那麼連接到此輸出單元的加權強度則會降低。類神經網路訓練的目的，就是讓類神經網路的輸出接近目標值；亦即相同的輸入，在觀察系統與類神經網路，得到的輸出值應該相同。

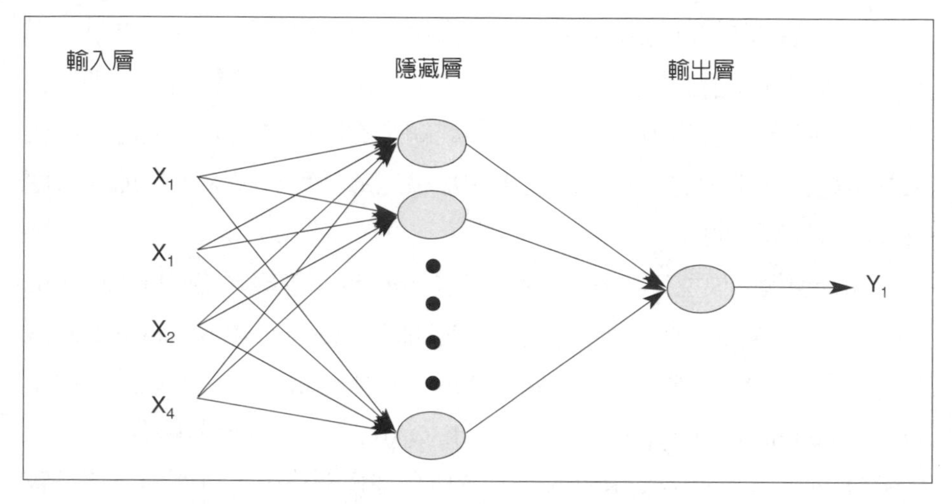

圖 12-5　四個輸入與一個輸出的倒傳遞網路模型

資料來源：郭雲啓（2006），頁 26。

因此在類神經網路學習前，我們必須建立出一個訓練樣本（training set），使類神經網路在學習的過程中有一個參考，訓練樣本的建立來自於實際系統輸入與輸出或是以往的經驗。類神經網路未訓練前，其輸出是凌亂的，隨著訓練次數的增加，類神經網路的加權值會逐漸地被調整，使得目標值與神經網路的輸出兩者誤差越來越小。當兩者的誤差幾乎不再變化時，我們稱此類神經網路已收斂（convergence），此時類神經網路便訓練完成。在測試過程中，學習率（learning rate）是一個非常重要的參數，它會直接影響收斂的速度。學習率大則收斂的速度將變得較快，學習率小收斂的速度變慢，而太大或太小的學習率都可能對訓練產生不利的影響。通常在學習過程中，我們會定義一個價值函數（cost function）作爲神經網路收斂的指標，而價值函數將會隨著網路的訓練次數越變越小，最後幾乎不再變化（收斂）。當類神經網路經由訓練樣本訓練完成後，我們必須使用另一組測試樣本（testing set），進入到類神經網路中，測試其一般化（generalization）的程度，以瞭解其與實際系統處理結果相

近的程度。

過去採用類神經網路進行信用評等的研究有許多，如 Dutta & Shekhar（1988）將其應用於債券信用評等上，柯受良（1994）將其應用在壽險公司破產預測上，郭瓊宜（1994）、許志鈞（2003）、汪忠平（1997）等，將其應用在企業財務危機預測模式上，龔志明（1999）將其應用在跨期性之財務危機預測模型上，郭敬和（2002）則採用類神經模糊理論，探討商業銀行的授信評等。

類神經網路有兩個優點，一是它不需要瞭解系統的數學模型爲何，而直接以神經網路取代系統的模型，一樣可以得到輸入與輸出之間的關係；二是類神經網路並不受限於樣本爲常態分配的假設，也無變數是否具共線性的問題，亦不需要預測破產函數的解釋變數爲線性及獨立的假設。因此我們可以將輸入變數（如財務比率、市場資料等）與輸出變數（信用品質）納入系統，透過隱藏層在爲使輸出變數變異最小的要求下，給與各輸入變數不同的權數，再經非線性轉換產生出輸出變數，以衡量其違約機率。而此一模式也有兩個缺點，其一爲模型運作時隱藏層基本上是黑箱作業，我們無法得知其運作方式；其二是投入變數與產出變數之間的因果性，較欠缺相關理論與統計基礎的支持。

第十三章

盈餘預測與證券評價

第一節　盈餘、股利與證券評價

第二節　未預期盈餘與盈餘預測

第三節　會計選擇、盈餘管理與功能固著

盈餘在於顯示企業的年度經營成果與獲利能力，對債權人與投資人各有不同的意涵。對債權人而言，債權人關心債權的保障程度與獲利能力，而稅前息前淨利（EBIT）與利息保障倍數，即在讓債權人瞭解債權的保障程度及公司的獲利能力。對投資人而言，投資人關心股權投資的獲利能力，故每股盈餘（EPS）與益本比（E／P ratio，本益比 P／E ratio 的倒數），便可顯示每股獲利及股票的投資報酬率。這些都需要藉助企業損益表的盈餘數字才能得知。

從會計溝通模型的觀點來看，公司的會計人員編製財務報表，傳達給財務報表使用人，以協助報表使用人遂行財務決策。然由於財務報表計算得出的損益數字是歷史資料，與財務決策強調的未來經濟價值並不相同，投資人如何根據歷史性的盈餘資料，形成其對未來股票價格的預期與判斷，則須藉由盈餘與股票價格之間的關連性才能銜接。

第一節　盈餘、股利與證券評價

一、盈餘、股利與股票價格

企業的稅後盈餘分爲兩個部分，其一是以股利的型態分配給股東，其二是保留盈餘的型態，作爲未來發展與成長之用，而二者都與股價有相當重要的關連。

首先就股利發放與股價的關連性來看，資產的價格係根據未來預期的折現現金流量（Discounted Cash Flow, DCF）計算而得；如股票是根據公司未來各期支付的現金股利折現，加上未來預期的股票售價折現，加總計算而得。而債券價格同樣是根據未來各期支付的利息折現，加上債券到期的本金折現，加總計算而得。當股東購入股票，並希望持有一年

時，此時股票的價值，將會等於當年度收到股利的折現值，加上下一年度出售股票價格的折現值。如股東購入股票，並希望持有兩年時，此時股票的價值，將會等於兩年度收到股利的折現值，加上兩年後預期股價的折現值。而當股東意圖長期（至第 n 期）持有股票時，則該股票價值便會等於未來多期期望股利的折現值，加上最後一期（第 n 期）股價的折現值。由於貨幣的價值會隨著折現期間的長度而逐漸遞減，當股票長期持有時，最後一期股價（或清算股利）折現後的現值價值甚低，甚至可以略而不計，故我們也可說，股票的價格主要是受到未來期望股利的折現值影響。

股利支付型態的不同，會導致股價計算的結果不同。股利支付的基本型態有三，分別是：（1）固定股利支付型態；（2）固定成長股利支付型態；（3）超額成長股利支付型態。「固定股利支付型態」係指公司每期支付固定的股利，亦即股利零成長，特別股的股利支付就是這種型態的代表；「固定成長股利型態」係指股利「每期」將以固定比率持續的成長；「超額成長股利支付型態」係指股利並非一致性成長，初期時股利成長較為快速，但之後則會逐漸下滑到固定的成長率，如同產品生命週期的成長期與成熟期關係。

在固定股利支付型態下，公司每一期發放的股利持續不變，如同特別股一樣，其股價評估可採永續年金方式進行，此時：

$$P_0 = D / R$$

其中

D：股利（每期發放的都一樣，故下標可略）

R：折現率，亦為投資人要求的報酬率

假設 A 公司的普通股每一年都會支付 \$2.50 的股利，而投資人要求的投資報酬率是 10% ，則現在購買 A 公司的股票，其股價則應為 \$250（$P_0 = 2.50 / 0.1 = 250$）。

在固定成長股利型態下，預期每年的股利會維持不變的成長率（g），則：

$P_0 = D_1 /（1 + R）+ D_2 /（1 + R）^2 + D_3 /（1 + R）^3 + \cdots$

代入股利與成長率的關係，則得到：

$P_0 = D_0（1 + g）/（1 + R）+ D_0（1 + g）^2 /（1 + R）^2 + D_0（1 + g）^3 /（1 + R）^3 + \cdots$

此一幾何級數的關係，經移項計算後，其公式則變爲：

$$P_0 = \frac{D_0(1+g)}{R-g} = \frac{D_1}{R-g}$$

至於超額成長股利支付型態，則須透過分段計算；首先計算出固定成長階段的股利與股價的關係，之後再將快速成長階段，未來各期的現金流量，加上計算得出的固定成長階段的股價，折現成爲目前的股價。假設A公司推出的產品，前三年在成長期階段，其營收與規模可獲得快速的成長，股利發放的金額也較多，但第四年以後，則產品進入成熟期，則公司的營收與股利均趨於穩定。此時當前股價（P_0）的估計方式，是先將固定成長階段的股利，折現計算成爲第三期的股價（P_3），之後，再將第三期的股價（P_3），加上第三期的股利（D_3），將其視爲第三期的現金流量，連同第二期的股利（D_2）、第一期的股利（D_1），折現計算得出當前的股價（P_0），其關係如**圖 13-1**。

其次，就企業的保留盈餘來看，通常企業保留部分的盈餘，通常目的在追求企業未來的成長與規模的擴張。而企業的內部成長率（Internal Growth Rate, IGR）告訴我們，如果企業只使用內部資金（保留盈餘與淨利），企業的營收可成長的幅度，其公式如下：

$IGR =（ROA \times b）/（1 - ROA \times b）$

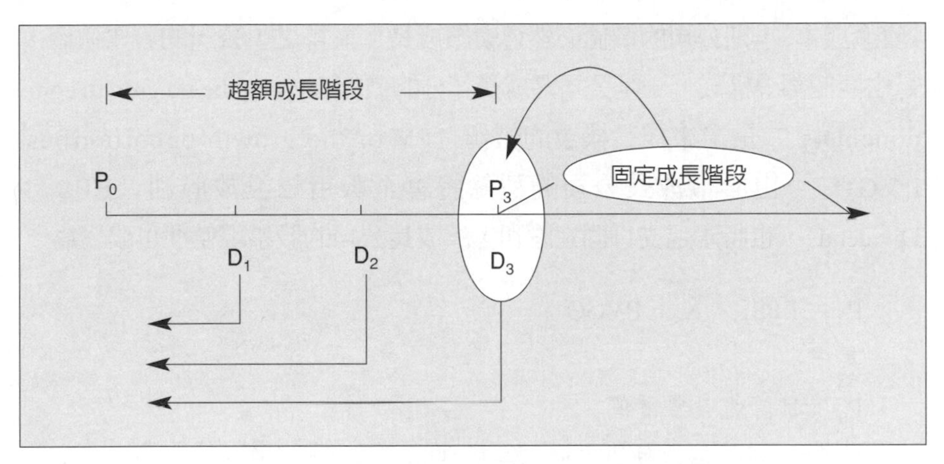

圖 13-1　超額成長股利模型的階段折現圖

其中

ROA：總資產報酬率

b：盈餘保留率（retention rate）

舉例來說，若A公司年度的總資產報酬率爲15%，而公司的股利政策係以年度盈餘的1／2作爲當年度的股利，則A公司依賴年度獲利及盈餘保留，銷貨水準可以成長的幅度爲8.11%〔(0.15 × 0.5)／(1 － 0.15 × 0.5)〕。如果A公司的股利政策係採年度盈餘的1／3作爲當年度的股利，則公司以內部資金銷貨水準可以成長的幅度則可提升至11.12%〔(0.15 × 0.667)／(1 － 0.15 × 0.667)〕，並提升以後年度的盈餘。換句話說，當年度股利發放的少，按照股利評價模式來看，會造成股價不利的影響；但盈餘保留下來之後，卻會提升企業的成長與規模，造成未來盈餘及股利的增加。故年度盈餘無論是作爲股利發放，或是作爲盈餘保留，都會對投資人的股票價格產生影響，故盈餘與股價之間有相當密切的關連。

對於一家有成長機會的公司而言，盈餘保留恰可提供內部資金供作新投資機會使用，只要投資機會的報酬率超過公司要求的必要報酬率

（資金成本），則公司的價值必然會繼續成長。換言之，公司的股票價值，是由兩個部分構成，一是公司零成長部分的價值（PV of the no growth component），二是未來成長機會的價值（PV of the growth opportunities, PVGO）。由於零成長公司的盈餘將會全數用以發放股利（EPS＝Dividend），也將永遠支付固定股利，故成長公司的股票現值便可改寫為：

$P_0 = EPS_1 / K + PVGO$

其中

P_0：目前的股票價值

EPS_1：第一期的每股盈餘（＝股利）

K：折現率

PVGO：未來成長機會的現值

故只要企業投資計畫的報酬率，超過公司的資金成本，則PVGO就會大於0；而公司保留資金持續投入有利的投資計畫時，不僅可擴展公司的規模，亦可提升公司的價值。

再者，當企業保留部分的盈餘，作為未來成長與發展之用時，股東權益增加，不僅會改變企業的資本結構（負債／股東權益），也會同步的提升企業舉債的能力。如果要企業希望維持在原有的資本結構下，則可在盈餘保留時，同步舉借外部資金（負債），以維持相同的負債比率。此時企業可運用的資金，則同時包括內部資金（保留盈餘與淨利）與外部資金，則我們可據以計算可維持成長率（Sustainable Growth Rate, SGR）。可維持成長率便是維持原有的資本結構下，同時使用內部資金與外部資金，企業的銷貨水準可成長的幅度。其公式如下：

$SGR = (ROE \times b) / (1 - ROE \times b)$

其中

ROE：股東權益報酬率

b：盈餘保留率

舉例來說，如果A公司的股東權益報酬率爲24%，公司的股利政策係以年度盈餘的1／2作爲當年度的股利，則公司在維持既有的資本結構下，銷貨水準可以成長的幅度爲13.64%〔(0.24 × 0.5)／(1 − 0.24 × 0.5)〕。但如果A公司改變其股利政策，只發放年度盈餘的1／3作爲當年度的股利，則公司的銷貨水準可以成長的幅度，便可躍升爲19.05%〔(0.24 × 0.667)／(1 − 0.24 × 0.667)〕。相較於A公司只使用內部資金能夠產生的營收成長；善用資本結構與外部資金顯然能夠創造更佳的盈餘效果。

在實務上，現行公開承銷價格的計算公式，基本上也反映了盈餘、股利與股價之間的關係。參考承銷價格的計算公式如下：

$$P = A \times 40\% + B \times 20\% + C \times 20\% + D \times 20\%$$

其中

P：參考承銷價

A：前三年度平均每股稅後純益 × 採樣上市公司最近三年度平均本益比

B：前三年度平均每股股利 × 採樣上市公司最近三年度之股利率

C：最近期之每股淨值

D：本年度預估每股股利÷金融機構一年期定存利率

從公式中不難發現，與年度盈餘、股利有關的權重，在參考承銷價的決定上，就高達80%（如A每股稅後純益與本益比、B每股股利與股利率、D預估每股股利等），而剩下的20%又與盈餘保留率有關。因此，無論是由實務的觀點或是理論的觀點來看，盈餘、股利與股價之間的關係都是牢不可破的。

二、年度盈餘與季盈餘的資訊效果

由於財務報表的資訊可以顯示公司的經營績效和財務結構，因此，財務報表使用者分析，經常需要運用各種分析工具與技術，對於財務報表資料進行分析和解釋，以評估企業目前及過去之財務結構與經營績效，俾對於未來的財務結構與經營績效作最佳的估計與預測。過去在 Beaver（1968）與 Ball & Brown（1968）的研究指出，決定股票價格的資訊中，盈餘的資訊就占了 50 %，且全年盈餘的資訊約有 85% 至 90% 在發布前就反映在股價上，亦即盈餘是決定股價的主要因素。

許多學者認為財務比率的分析過程，可以幫助投資者形成有利的投資組合，並獲取超常報酬。如 Collion & Kothari（1989）曾假設當期盈餘與未來期望股利呈一比率關係，並使用「未來股利」之折現觀念，而導出盈餘與股價之關係。 Bernard（1993）根據淨盈餘（clean surplus）之觀念，認為公司的股價主要受到兩個因素的正向影響，分別是第 t 期業主權益帳面值之成長率，以及第 t 期的股東權益報酬率。而業主權益成長率與股東權益報酬率愈高者，將會使得公司當期股價與期末股東權益的比值愈大，也就是說股價也將會愈高。而 Ou & Penman（1993）則認為，股票的眞實價值是由「盈餘」、「股利」與「折現率」三者所構成；而分析財務報表的資訊，可以協助投資人估計出股票之眞實價值（intrinsic value），並經由股票眞實價值與市場價值比較的過程，就可以形成有效的投資組合。也就是說，凡眞實價值大於市場價值者，即予買入，否則即予賣出，如此的投資策略即可獲得超常報酬。

換言之，財務報表所提供的資訊中，包括了一些重要的屬性，這些屬性確實可以作為評定公司或股票價值的依據。財務理論中較常使用的「未來股利」或「現金流量」即為這種與股票評價有關的重要屬性；若將未來股利或現金流量折現，即可估計出公司的眞實價值。然如前述文獻內容來看，除了未來股利或現金流量外，「未來盈餘」顯然也是一項影

響股票價值的重要因素。因此，根據財務報表所提供的會計資訊（財務比率），可以幫助投資者預測企業未來的盈餘，之後並可根據企業未來的盈餘來預測公司的股價。此一預測過程，是一種兩階段的預測過程；前一階段由財務報表中的會計資訊預測公司評價屬性的過程，稱爲資訊鏈（information linkage），後一階段由公司的評價屬性預測公司的價值，則稱爲評價鏈（valuation linkage）。相關學者的研究顯示，根據財務報表的資訊進行盈餘預測，並根據盈餘預測的結果形成投資組合，確實可以獲得超常報酬（陳明霞，1990；王慶昌，1992；楊淑如，1992；洪榮華，1993；Katz, Lilien & Nelson, 1985; Harris & Ohlson, 1987; OU & Penman, 1989; OU, 1990; Stober, 1992; Holthausen & Larcker, 1992; Bernard, 1993; Ou & Penman, 1993）。這些研究結果都顯示盈餘變動與股票報酬變動有關連，亦即盈餘是有資訊內涵的。

根據資訊理論的觀點，如果某一訊息具備資訊內涵，則該訊息應能改變訊息接受者對事件的預期機率分配；亦即資訊的價值在於它能夠改變決策者的信念（belief），改變決策者對事件判斷的先驗機率，並改變決策者的行動。就證券市場而言，投資人如依據財務報表的宣告資訊，改變其對股價判斷的原有信念，進行市場買賣，造成股票的價量變動，則財務報表的宣告資訊，便具有資訊內涵。透過宣告訊息的資訊內涵，財務報表資訊便可有效的連結 SFAC#2 中所提的「決策有用性」。

從投資決策的過程來看，投資人在購入股票或售出股票時，通常會根據既有的資訊形成其對股票預期獲利的判斷。那麼什麼樣的盈餘資訊才能改變投資人的先驗機率？通常必須是「非預期」的盈餘資訊，也就是這些盈餘資訊顯示了投資人沒有預期到的結果，才能改變投資人對股票預期獲利的判斷，促使投資人進一步採行投資決策。從這個觀點來看，除非盈餘宣告具有投資人原先「預期獲利」以外的「非預期」成分，否則投資人根本無需採行任何的投資決策。

因此，從在半強式效率市場假設下，只要年度盈餘具有資訊內涵，

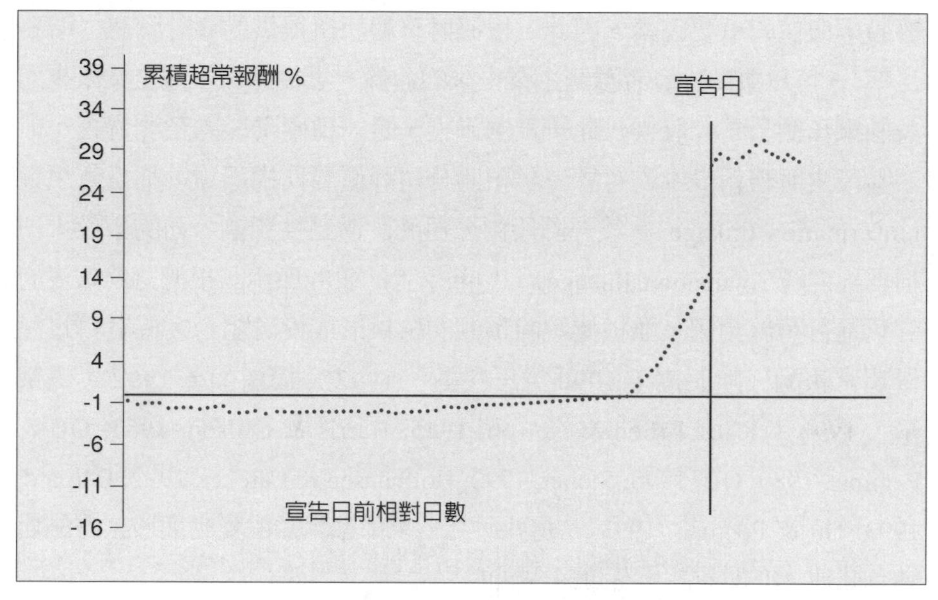

圖 13-2　效率市場下資訊宣告的市場反應圖

資料來源：Brealey, R. A. and Myers, S. C.(2003), *Principles of Corporate Finance,* 7th eds., McGraw-Hill Companies, Inc., p.354.

而市場是有資訊效率的，則盈餘宣告必將會影響證券價格；亦即盈餘宣告日當天，證券的市場價格會快速地隨著盈餘宣告的結果，而出現不同的變動。如果公司的實際盈餘較預期為佳，而市場部分投資人也可能根據相關資訊得知此一結果，此時私有資訊的交易，雖會造成股價的逐步攀升，但股票全面、大規模的反映盈餘資訊，則是在盈餘正式宣告成為公開資訊之際，其關係如**圖 13-2**。故我們可以根據盈餘宣告與股價變動之間的關連性，以瞭解年度盈餘的資訊內涵。此一關係不僅適用於年度盈餘宣告，同樣也適用於期中報表的季盈餘宣告。從理論的觀點來看，期中報表的季盈餘應該具備資訊內涵，故每一次季盈餘宣告時，理應影響證券價格。然由於企業的營業週期有淡、旺季之分，故季盈餘資訊內涵的驗證方式，必須結合時間數列的方法，排除年度營業週期淡、旺季的影響後，才能有效驗證季盈餘宣告與證券價格變動之間的關係。

第二節　未預期盈餘與盈餘預測

一、未預期盈餘

公司的盈餘宣告同時具有資訊驗證與預期未來的功能。在盈餘宣告（第 t 期）時，投資人一方面會根據公司宣告的盈餘，驗證其根據過去（第 t － 1 期）財務資訊，形成的獲利預期，另一方面也會根據公司當時宣告的盈餘，形成其對公司未來（第 t ＋ 1 期）獲利的預期。

從效率市場的觀點來看，投資人根據現有的市場資訊，形成其對公司未來發展前景的判斷與預測。如果公司宣告的盈餘結果，與投資人原有的預期相同，則投資人不會出現任何的反應，但如果公司盈餘宣告的結果與投資人原有的預期不同，則投資人便會採取市場買賣的投資行爲，以反映宣告資訊隱含的未來訊息。換句話說，在效率市場的前提下，投資人是以未預期的資訊進行市場交易，而非以預期的資訊進行交易。

就市場資訊的性質來看，公司的盈餘宣告及日常的新聞中，通常包括兩種不同性質的資訊：「預期」資訊與「非預期」的意外資訊；通常只有意外資訊（非預期資訊）才會造成股價與報酬的變化。亦即當市場出現非預期的資訊，或是公司宣告的盈餘與投資人預期不同時，投資人才會改變其過去原有的決策，進行投資標的之買賣，進而造成股價變動與報酬改變。效率市場雖在反映投資者以非預期資訊交易的結果，但仍有市場效率上的差別——當意外資訊愈容易交易，則市場就愈有效率；反之，則較無效率。由於我們無法預測意外事件的發生，故從效率市場的觀點來看，證券價格的變動是隨機的。而股票的實際報酬，因會受到意外資訊的影響，故通常不等於預期報酬；亦即實際報酬會等於預期報酬，加上非預期報酬。

對於未預期盈餘與超常報酬之間的關係，通常會採用盈餘反應係數（Earnings Response Coefficients, ERC）來衡量，而ERC亦在衡量公司盈餘宣告時，未預期盈餘對股票累積超常報酬的影響程度。兩者的基本關係如下：

CAR ＝ α ＋ β UE ＋ ε（查證期間是否有t與t－1的關係？）

其中

CAR ：公司某一期的累積異常報酬

UE ：公司某一期未預期盈餘

β ：盈餘反應係數ERC

早期的研究如Beaver, Clarke & Wright（1979）、李淑華（1993）等，都支持盈餘反應係數與累積超常報酬之間的關係。此一基本關係，隨著對於盈餘有更詳細的討論，而延伸出許多後續的探討，如Beaver, Lambert & Ryan（1987）、Easton & Zmijewski（1989）、Bandyopadhyay（1994）、Harikumar & Harter（1995）等人，都曾探討盈餘反應係數與盈餘持續性（persistence）之關係。雖然過去相關的研究顯示盈餘宣告確實具有資訊內涵，但Scott（2000）也認爲ERC與CAR之間，也可能受到六個因素的影響，而影響了ERC的解釋能力，分別是：系統風險（beta）、資本結構（capital structure）、盈餘持續性、盈餘品質（earning quality）、成長機會（growth opportunity）及價格的資訊性（the informativeness of price）。

首先就系統風險而言，由於投資人爲風險趨避者，故當公司的Beta風險愈高，則可能導致ERC與CAR之間的關連性出現偏低的現象。其次就資本結構而言，公司的財務槓桿愈高，則財務風險愈高，且盈餘資訊對債權人而言，其重要性將會超過對股東的重要性；故財務槓桿愈高，可能導致ERC與CAR之間的關連性受到影響。就盈餘持續性而言，投資人除了關心未預期盈餘之外，也關心此一未預期盈餘的持續性，不同盈餘項目的持續性不同；通常持續性較佳、影響性較長的未預期盈餘（如營收變動導致的未預期盈餘），其盈餘反應係數較高，而持續性較差、影響性僅及於當期的未預期盈餘（如利得、損失導致的未預期盈餘），其盈餘反應係數較低。就盈餘品質而言，則攸關投資人能否從當期營運績效推論出未來營運績效，也就是未來盈餘的可預測性；通常盈餘品質愈高，未來盈餘的可預測性就高，故盈餘的持續性與ERC也會相對較高。就成長機會而言，如果未預期盈餘反映的是公司未來的成長機會，則其盈餘反應係數較高；反之，則相對較低。最後，就價格的資訊性而言，股價除了反應盈餘資訊外，也反映其他公開的市場資訊，當價格變動受到其他的市場資訊的影響較多，則盈餘反應係數的影響力便相對減少。故未預期盈餘雖有助於解釋股票的累積超常報酬，但也會受到其他因素的干擾，而影響其應有的解釋能力。

二、盈餘預測

在計算未預期盈餘時，我們首先必須估計預期盈餘，之後，才能計算實際盈餘與預期盈餘之間差距的未預期盈餘。預期盈餘獲得的方式主要來自於三個方面，分別是：（1）管理當局的志願性盈餘揭露；（2）市場的分析師預測；（3）投資人的自行預測。其中分析師的財務預測，爲資本市場提升其資訊透明度的重要輔助功能，一般可取材於市場投資的相關刊物與報導，可供討論與進一步說明的空間較爲有限。但管理當局的財務預測，以及投資人自行建立預測模式，則需要進一步討論。

三、管理當局自願性揭露

市場的資訊愈充裕，透明度愈高，愈有助於資本市場提升其資訊效率。而管理當局提供的財務預測，便可降低股東與管理當局的代理問題，降低市場上資訊不對稱的現象。民國93年之前，我國對於上市、上櫃公司依照「公開發行公司公開財務預測資訊處理準則」（簡稱處理準則），可提供兩種不同方式的財務預測，其一是依規定必須提供的「強制性」揭露；其二是管理當局的「自願性」揭露[1]。然爲避免財務預測的基本假設變動，影響財務預測的準確性，造成資訊傳達上的偏誤，故「處理準則」第二十條也規定，允許已公開財務預測之公司，若稅前損益金

---

[1]依「公開發行公司公開財務預測資訊處理準則」第5條規定，公開發行公司有下列情形者，應公告申報財務預測（以下簡稱公開財務預測）：

一、股票已於證券交易所上市或於證券商營業處所買賣之公開發行公司，除本會另有規定者外，有下列情形之一者：

（一）公司依發行人募集與發行有價證券處理準則規定申報（請）募集與發行有價證券，而有對外公開發行者；並應於案件申報生效或申請核准後次一年度繼續公開財務預測。

（二）董事任期屆滿之改選或同一任期內，董事發生變動累計達三分之一以上者；並應於次一年度繼續公開財務預測。計算董事變動達三分之一時，法人董事經營權發生變動者，視爲董事變動，應合併計算。但公司法人董事經營權如未發生重大變動而改派代表人擔任董事者，免列入董事變動之計算。

（三）有公司法第185條第一項所定各款情事之一者；並應於次一年度繼續公開財務預測。

（四）依公司法、企業併購法或其他法律規定合併其他公司者；並應於次一年度繼續公開財務預測。但依企業併購法第18條第六項、第19條、或公司法第316條之二規定辦理之合併者，不在此限。

（五）依企業併購法或其他法律規定收購其他公司者；並應於次一年度繼續公開財務預測。但收購公司爲收購擬發行之新股，未超過收購公司已發行有表決權股份總數之百分之二十，且擬交付被收購公司或股東之現金或財產價值總額未超過收購公司淨值之百分之二者，不在此限。

二、股票未於證券交易所上市或未於證券商營業處所買賣之公開發行公司，依發行人募集與發行有價證券處理準則規定辦理募集與發行有價證券並對外公開發行時。

三、除本會另有規定者外，向臺灣證券交易所股份有限公司申請股票上市或向財團法人中華民國證券櫃檯買賣中心申請股票於證券商營業處所買賣者；並應於本會核備其上市或上櫃契約後之次一年度起連續三年度繼續公開財務預測。

依「公開發行公司公開財務預測資訊處理準則」第6條規定，公開發行公司自願公開財務預測者，其財務預測之編製與公告申報，應依本準則規定辦理。公開發行公司如有於新聞、雜誌、廣播、電視、網路、其他傳播媒體，或於業績發表會、記者會或其他場所公開營業收入或獲利之預測性資訊者，視爲自願公開財務預測。

額變動百分之二十以上，且影響金額達新臺幣三千萬元及實收資本額之千分之五者，公司應依規定程序更新財務預測。

仔細檢視「處理準則」第五條的條文規定，不難發現強制性財務預測主要是適用在企業股票初次上市、辦理現金增資、發行公司債或董監事異動時實施。然由於公司對於虛僞不實的盈餘預測，並無法律責任，加上國內公司多屬家族企業，公司董監事監督功能不彰，使得公司有恃無恐，導致許多居心不良的上市公司，乘機美化財務預測，造成市場搶購，之後再分批調降，認購投資人在財測幾番調整下，最後淪爲市場的財測資訊的受害者。

從實務上觀察，公布財測的背後通常都是隱藏公司的利多或是利空消息，所以當有任何一家公司宣布財測超乎預期或是要調高財測時，通常都會引來一波漲幅，此亦成爲有心人士炒作股價的一種手法，而一般民眾亦無法得知是否存在內線交易。故從財務預測制度實施以來，每年都有不少上市上櫃公司利用大幅變更財測，進而影響股價，結果不僅導致投資人權益受損，「內線交易」更是傳聞不斷。而在財務預測中先高估獲利，之後一年內辦理兩次以上財測更新的公司，亦屢見不鮮。故在相關的研究中都顯示，國內的盈餘預測多半是朝向樂觀偏誤的方向發展，亦即預測盈餘多半較實際盈餘爲高（林煜宗、汪健全，1994；吳建輝，2001）。鑑於在屬淺碟型的台灣證券市場，在相關法令配套不足的情形下，強制財務預測制度的實施實是弊多於利。故金管會於2004年底廢除了強制性編製財務預測制度，規定自2005年1月1日以後改採自願式財務預測的制度，不再要求台灣的上市、上櫃公司公布財測。

現行公開發行公司提供的自願性財務預測格式分爲兩類，一是簡式財務預測，二是完整式財務預測（處理準則第5條）。在簡式財務預測下，管理當局除需提供財務預測的編製背景、假設與估計聲明外，內容中應包括：（1）營業收入；（2）營業毛利；（3）營業費用；（4）營業利益；（5）稅前損益；（6）每股盈餘；（7）取得或處分重大資產等

七項（處理準則第十條）。至於完整式財務預測，除需包括簡式財務預測外，亦應包括前一次財務預測所含預計損益表之實際達成情形及受懲處紀錄、財務預測檢查缺失之原因及其改善情況，以及本年度財務預測達成情形等相關資訊（處理準則第十四條）。對於財務預測的更新，簡式財務預測與完整式財務預測亦有相對程度上不同的要求。而未來上市櫃公司公布財務預測的情況，大致可分爲兩種：（1）在上市櫃公司在證交所的公開資訊觀測站中自動揭露；（2）公司雖可對外發言，主動公布管理當局的財務預測，但證交所也將同步要求公司到公開資訊觀測站中，進行重大訊息的財測公布。

財務預測雖有助於降低市場的資訊不對稱，但各國證券管理機構對於財務預測的態度並不相同。如美國證管會在公開財務預測之對象、時間及相關程序方面，係採自願性的財務預測方式，並未強制要求公司揭露其財務預測；但爲鼓勵公司自願揭露財務預測，證管會也提供安全港規定[2]（Safe Harbor Rule）作爲鼓勵。依美國證管會對編製財務預測之規定，有關揭露內容、涵蓋期間及金額表達方式，與我國目前規定並無重大差異，但美國證管會並未強制公司公開之財務預測須經會計師核閱，此點與我國規定並不相同。對於財務預測更新或更正，美國並無強制性規定，完全由公司自行判斷作決策。而美國會計師公會（AICPA）訂定之審計程序指南中，包括了代編準則（Compilation Procedures）、查核準則（Examination Procedures）及依委任人與會計師雙方協議程序（Agree-Upon Procedures）等；其查核準則與我國會計研究發展基金會發布之「財務預測核閱要點」亦相當類似。

大體而言，美國企業的預測性資訊大致可分爲三類：（1）發行公司自行發布之財務預測；（2）財務展望資訊（Forward-Looking

[2]所謂安全港規定係指若公司財務預測係基於誠信原則編製，且編製時所採用之各項基本假設均屬合理，則對於預測之無法達成者，公司無需負責。

Information)，這是公司在公開每季財務報表時，發布的「營運狀況說明」(Management's Discussion and Analysis, MD&A)，說明公司的財務展望資訊——包括短期償債能力、市場的變化及營運結果的變化等；(3) 由財務分析師研究後提出的財務預測，提供投資大眾參閱或付費購買，因其非屬官方規定之編製準則，故不受財務預測法規之規範。

在英國發布財務預測，主要受到三項法令規章約束，分別是：(1) 倫敦證券交易所上市準則 (Listing Rules of the London Stock Exchange，簡稱 Yellow Book，適用於即將上市或計畫上市之公司)；(2) 商業購併法 (City Code on Takeovers and Mergers，簡稱 Blue Book，適用於上市公司)；(3) 英格蘭及威爾斯會計師審計準則 (Guidance given by the Institute of Chartered Accountants in England and Wales，在規範與審計及會計師報告有關之公報，包括財務預測)。就英國現行法令規定，對於應公開財務預測之對象及時機，並無強制規範，公司可基於自行之決策或其他相關單位之通知編製財務預測，而董事會無需負擔預測未達成之任何法律責任。

依 Yellow Book 規定，公司財務狀況或經營績效之改變，而導致上市股票產生重大影響時，公司應將此項變動儘快通知重大訊息處理中心 (Company Announcements Office, CAO)。而對於全年度實際營運結果與公司已公布之盈餘預測差異達 10% 以上者，公司亦應於年度報告對此差異提出說明。而根據英格蘭及威爾斯會計師審計準則之規定，任何給股東的文件中若包含財務預測，此項財務預測應包括銷貨收入、所得稅、非常利益前淨利、所得稅、稅後淨利、每股盈餘等預測。會計師應就財務預測所依據之會計政策及其相關計算進行核閱，並對財務預測出具是否滿意的報告，但會計師無需對財務預測的基本假設及預測是否能達成表示意見。

其他如加拿大的證管機關，於 1982 年，曾制定國家政策公報第 48 號意見書 (National Policy Statement No.48)，有限度允許上市公司在公開說明書中揭露財務預測資訊；但除了股票上市期間及證券發行說明書所必須者外，加拿大不允許公司發布財務預測，且其財務預測須經會計師確認並出具書面意見。新加坡證券交易所則規定除了在公司首次申請上市、後續現金增資發行新股及取得／處分主要資產（包括股權購併）下，須公告申報財務預測外，其餘不鼓勵上市公司自行發布估計或預測獲利情形，若公司自行披露估計或預測資訊時，則須依據健全合理假設基礎，並審慎準備相關資料。而德國法蘭克福證券交易所則依其公司法及上市公司管理法規，要求公司應提供股東包含財務預測資訊的年報及期中報告，如財務預測的揭露不完整，可依德國證券交易法判刑或處以罰鍰。至於法國巴黎證券交易所則規定，申請上市時須強制揭露未來兩年度之財務預測，對於已上市公司則採自願揭露方式，如果公司發生重大事項影響到預測資訊之允當性，應即時修正財務預測並經會計師核閱，否則亦將處以罰鍰。

至於管理當局的自願性盈餘預測的資訊效果，國外相關研究如Patell（1976）、Nichols & Tsay（1979）、Penman（1980）、Waymire（1984）、Baginski et al.（1993）、Cairney & Richardson（1999）等，均發現管理當局的自願性盈餘預測，具有訊息傳遞的功能，能夠彌補市場的資訊不對稱現象。而國內的相關研究，如吳安妮（1993）、林靜香（1994）、黃堯齊（1994）、宋義德（1996）等，則是部分研究支持，部分研究拒絕，得到相當不一致的驗證結果，這或許和台灣與美國兩地的制度環境不同有關。

四、投資人自行預測

投資人自行進行的財務預測，常見的方法大致有三，其一是自行透過基本分析進行預測，亦即對總體政經環境、產業競爭環境及公司前景進行分析，之後再對標的公司進行營收與盈餘的預測；其二是透過企業過去的盈餘數字，採取時間數列模式進行預測；其三則是採取折衷的財

務預測策略。首先就基本分析而言，基本分析是指對基本環境的分析，包括對總體經濟、政治情勢的研判，進而進入產業的研究，並分析上市公司的營運狀況。在總體經濟環境分析時，投資人通常會分析經濟成長率（成長率越高，顯示公司的營運前景較佳）、利率（以一年期定存利率爲觀察對象，若利率調升，顯示政府透過調升利率以抑制景氣過熱，加上資金成本上升，故公司營運可能受到不利的影響）、景氣對策信號（紅燈表示景氣過熱，股市漲過頭；黃紅燈表示景氣熱絡，股市穩定上漲；綠燈表示景氣及股市皆穩定；黃藍燈表示景氣及股市正在衰退；藍燈則表示景氣在谷底，股市跌過頭）、貨幣供給額（與經濟成長有關，貨幣供給額愈高，表示總體經濟情況愈佳，公司獲利前景愈佳）、痛苦指數（等於消費者物價指數加上失業率，與總體經濟情況有關，痛苦指數越高，經濟越低迷，產業不易獲利）及政府政策（如兩岸政策、公共投資政策都會影響國內的經濟發展）等。

在產業分析時，通常須進行個別產業的環境分析、產業價值鏈分析、產業結構分析、產品的市場供需分析、產業相對競爭能力分析等步驟，以瞭解產業競爭狀態與獲利前景。至於在公司價值與前景分析時，則須透過會計既有的基本報表及相關的比率分析，以瞭解公司可能的獲利狀態；如損益表（盈餘組成與持續性）、資產負債表（資產配置與營運效率）、股東權益表（自有資金狀態、股利分配率與盈餘保留率）、現金流量表（資金來源與應用）、營收成長率（年度的銷貨成長率）、盈餘成長率（年度盈餘與EPS的成長率）、總資產報酬率成長率、財務結構（負債比率，以衡量公司的財務風險）等。

整體而言，從事基本分析時，投資人不僅需要找尋相關資料，如各種經濟指標、統計數據、產業資訊、研究機構或同業報告，還需要瞭解上市公司的製程或營運的觀察，印證公司發布的營運資料（如每月發布的營業收入、費用、每季和每年的財務報表、大股東股權移轉狀況），比較預估和達成的數字，才能對上市公司的營運前景作出判斷和預估。從前述的內容來看，讀者不難發現這是一件相當複雜的工作，不易由投資人個人獨力完成，通常需要全職的專業分析人員，才能完成一份有效的基本分析。

五、時間序列預測

至於在時間序列（time series）分析下，投資人則須利用過去的營收、盈餘歷史資料，預測企業將來的營收、盈餘。所謂時間序列係一組按時間順序發生，且按照固定時間間距（time interval）記錄的事件結果，而數據記錄的時間間距相同，亦為時間序列數據最大的特點。故就定義來說，時間序列是一群可供統計分析的資料，依其發生時間的先後順序排成的序列，而每天的股票收盤價格、每月進出口貿易數字、每季的企業營收、每年的企業盈餘等，均為時間序列數據的實例。

時間序列分析屬於縱斷面的分析（longitudinal analysis），與多變量統計分析的橫斷面分析（cross-sectional analysis）性質不同。由於時間序列中之各觀測值間通常都存在相關性，且時間相隔越短之兩觀測值，其相關性越大，故其不能滿足迴歸分析中「樣本觀測值獨立」的必要假設。時間序列分析與因果關係的統計分析不同之處，在於它不需藉助其他的預測變數，僅依照變數本身過去的資料所存在的變異型態，即可建立預測模型。

時間序列模式依特性區分，可分為非隨機模式（Non-stochastic Model）和隨機模式（Stochastic Model）。非隨機模式的誤差項背後無隨機過程的假定，亦即時間序列不是由隨機過程產生。典型的非隨機模式為趨勢預測模式。而隨機模式則假定所觀察到的時間序列是一個隨機樣本，共有 T 個觀察值，抽取自一個隨機過程（stochastic process）。非隨機模式較為單純，它是用一個數學函數，配適在所觀察到的時間序列上，再用函數的特性，產生未來的預測。確定性模式（Deterministic Model）

爲非隨機模式的特例，模式中無誤差項，沒有假說檢定，與常態分配的觀念，而典型的確定性模式，就是時間序列分解模式。

所謂時間序列分解模式，是將時間序列的數值變動，分解爲四個部分的波動，分別是：長期趨勢（long-term trend, T）、季節變動（seasonal variation, S）、循環變動（cyclical fluctuation, C）及不規則變動（irregular fluctuation, R）。「長期趨勢」是指時間序列在一段較長的時間內，往往會呈現出不變、遞增或遞減的趨向；「季節變動」是時間序列在一年中或固定時間內，呈現固定的規則變動，我們可透過季節指數（seasonal index）來顯示此一固定變動的形式；「循環變動」又稱景氣循環變動（business cycle movement），係指統計觀測值會沿著趨勢線如鐘擺般地循環變動，而循環變動的週期較長（二年至十年）。隨著分析層次的不同，總體經濟的時間序列循環變動，會結合產業的時間序列之循環變動，而企業的年度營運狀態，也會受到產業的循環變動影響；「不規則變動」係指不規則因子造成統計觀測值出現不可預測的波動；通常不規則變動等於在時間序列中將長期趨勢、季節變動及循環變動等因素隔離後，所剩下的隨機差異部分。

而這四種不同型態的波動，有兩種基本的結合方式，分別是「相加模型」與「相乘模型」。在相加模型下，係假定時間序列係由四種型態的波動相加而成的，模型中各個成分彼此間互相獨立，故各種型態的波動之間不會相互影響；如以 Y 來表示時間序列，則相加模式的公式爲 $Y = T + S + C + R$。相對的，相乘模型則假設四種波動型態會相互影響，且時間序列觀測值爲四種波動相乘所造成的結果。故長期趨勢會影響循環變動趨勢，循環變動趨勢會影響季節變動趨勢，不同型態的波動之間明顯地存在相互依賴的關係；如以 Y 表示時間序列，則相乘模式的公式爲 $Y = T \times S \times C \times R$。

在兩種不同的模式下，分析時間序列亦有不同，在相加模型下，通常是從時間序列中減去某種型態造成的變動，而得出另一種型態的變

動；而在相乘模型下，則可將其他型態造成的波動，從時間序列中移除，而求算出某一特定型態的變動。由於乘法模型通常較加法模型更能正確的掌握時間序列變動的趨勢，故在時間序列分析中，泰半都採用乘法模型的假設，企業營運推估與盈餘預測亦不例外。

至於在隨機模式中，時間序列是樣本，而隨機過程則是產生樣本觀測值的母體。在隨機模型中常見的包括純隨機過程（Purly Random Processes）、隨機走勢（Random Walk）、移動平均過程（Moving Average Processes, MA）、自我迴歸過程（Autoregressive Processes, AR，如向量自我迴歸模型 VAR，自我迴歸異質條件變異數模型 GARCH 等均屬之）、混合模型（移動平均混合自迴歸過程，ARMA）、整合模型（移動平均整合自迴歸過程，ARIMA）。在這些時間序列模型中，又以自我迴歸過程、移動平均過程、混合及整合時間序列模型，在金融、財經、會計領域上應用較為廣泛。

分析時間序列的初步工作，須將時間序列繪製歷史資料曲線圖。要精確分析時間序列數據，投資人須採視覺檢查（visual inspection）的方法，從時間序列的觀測值中，找出某些現象特徵及現象，例如觀測值是否有長期上升或下降的趨勢，會不會出現季節性的變化等，之後才能利用適當時間序列分析模型，描述及分析事件產生相關過程，並進行預測。

過去在會計盈餘預測的研究上，許多研究（Brown, Richardson & Schwager, 1987；吳安妮，1993；廖仲協，1995；黃瓊慧、廖秀梅、廖益興，2004）都曾應用時間序列自我迴歸（AR）中一階自我迴歸係數 ϕ_1 等於 1 的特定模式——隨機走勢模式（random walk model）進行研究。在自我迴歸模式中，假定反應變量之誤差項具有自我迴歸之關係，認為外生變數僅受變數本身之影響，而不受其他變數的影響，故模式係由外生變數本身（Y）及誤差項（ε）所構成。AR 之一般模式，我們稱之為 p 階自我迴歸模式，通常以 AR（p）表示。當 p = 1 時，模式稱為一階自我迴歸模式 AR（1），當 p = 2 時，模式則稱為二階自我迴歸模式 AR

(2)。在一階自我迴歸模式下，當期數值（Y_t）僅受上期數值（Y_{t-1}）及誤差項（ε_t）之影響。AR（1）的模式如下：

$$Y_t = \phi_1 Y_{t-1} + \varepsilon_t$$

其中

Y_t：外生變數在第 t 期之觀察值

Y_{t-1}：外生變數在第 t－1 期之觀察值

ϕ_1：一階自我迴歸係數

ε_t：誤差項

當 $\phi_1 = 1$ 時，AR（1）模式就轉變成爲隨機走勢模式，其模式如下：

$$Y_t = Y_{t-1} + \varepsilon_t$$

由式中可知，隨機漫步模式之時間序列（Y_t）係以上期觀察值（Y_{t-1}）爲中心，再加上誤差項（ε_t）所構成；而誤差項係以 Y_{t-1} 爲中心，在（-1.96σ, 1.96σ）區間內隨機抽取一數值，加上 Y_{t-1} 的數值，而形成了 Y_t 的觀測值。故在隨機漫步模式下，序列的發展，無須遵循特定方向，但必須以上一期的觀測值爲中心，任何方向都可能成爲未來的走向[3]。

至於第三種折衷的財務預測策略，則是一種結合產業基本分析與隨機漫步模式形成的定錨與調整（anchoring and adjustment）策略。在此一策略下，投資人可根據公司去年的盈餘，作爲次年度盈餘預測的第一個定錨點，之後，再透過各證券商與專業分析機構提出的產業分析報告，進行年度盈餘預測信念的定錨點調整。

---

[3]隨機漫步模式與白噪音模式（White Noise Model）雖同屬於一階自我迴歸模式，但在概念上卻截然不同。白噪音模式是在 $\phi_1 = 0$ 時，故其自我迴歸模式模式爲 $y_t = \varepsilon_t$，亦即每一期觀測值都是以 0 爲中心的隨機模式；而隨機漫步模式則是以前一期（y_{t-1}）爲中心的隨機模式。故隨機漫步模式可能出現上升趨勢與下降趨勢，但白噪音模式則不太會偏離 0 點。

六、預測績效與預測修正

由於盈餘預測的來源多元，過去亦有學者曾就不同來源盈餘預測的品質進行比較。在國外相關的研究中，如Brown & Rozeff（1978）、Collins & Hopwood（1980）、Brown et al.（1987）、吳安妮（1993）均曾就分析師預測與統計預測模式進行比較，結果都發現財務分析師的盈餘預測結果，顯著優於相較的統計模式。至於分析師盈餘預測與管理當局的自願性財務預測相較，學者的發現則略爲分歧，如Jaggi（1980）的研究發現，管理當局的預測績效優於分析師的預測績效，Hassell & Jennings（1986）的研究發現，分析師與管理當局的預測績效在不同比較窗口下互有優劣，而Imhoff & Pare（1982）的研究則發現，分析師與管理當局的預測績效並無顯著差異。

至於國內相關的研究，結果並不一致；如許秀賓（1991）的研究，發現財務分析師的盈餘預測績效，較隨機走勢模式爲佳。洪玉芬（1993）的研究發現，同盈餘宣告日之盈餘預測時點，最佳統計預測模式之盈餘預測準確性優於財務分析師之預測，顯示分析師並未具有「同時優勢」；分析師在盈餘宣告日續後第二個月之盈餘預測準確性才優於最佳統計模式預測，代表分析師之盈餘預測確實具有「時間優勢」。而吳安妮（1993）的研究則發現，財務分析師與管理當局二者的盈餘預測績效並無差異，但二者都顯著的優於隨機走勢模式。至於廖仲協（1995）的研究則發現，管理當局的盈餘預測優於隨機走勢模式。因此，就盈餘預測的相對準確度來說，似乎還存在相當大的討論空間。

既然財務預測具有資訊內涵，那麼財務預測更新是否亦具有資訊內涵？基本上是具有資訊內涵的。國外的研究，如Imhoff & Lobo（1984）、Pownall, Wasley & Waymire（1993）等人都發現，無論是分析師修正或是管理當局修正的盈餘預測，都具有資訊內涵。而國內的研究，如陳子琦（1996）、黃煒翔（1997）等人則發現，正向財務預測修正並無

資訊內涵，而負向財務預測修正則具備資訊內涵。這種國內外有別的研究發現與結果，或許和國內外財務預測不同的制度環境有關。

第三節　會計選擇、盈餘管理與功能固著

企業的盈餘計算時，除受了收入、費用、利得、損失的認列與計算過程影響外，通常還會受到經理人在會計政策上的選擇影響。由於會計方法的選擇與變動，常會影響年度收入、費用、利得、損失的認列，故從代理行爲的角度來看，經理人有可能爲了保障個人的財富，而操弄公司採用的會計方法，以期能夠改變企業的年度盈餘，並影響市場反應。本章前述兩節的討論，基本上是從投資人的期望觀點進行探討，而本節將嘗試從管理當局的角度出發，探究經理人員在盈餘計算中的影響力，以及投資人對於盈餘數字可能存在的一些心理現象。

一、會計選擇

由於企業營運方式與資產運用的本質不同，會計上通常會同時允許多種評價方法存在，以期配合企業的營運與資產使用狀態，但不同的會計評價方法，計算得出的會計盈餘數字通常並不相同。在通貨膨脹劇烈時，存貨評價方法的先進先出法（FIFO）與後進先出法（LIFO），計算得出的銷貨成本與期末存貨，通常會出現非常大的差異。而大量使用機器設備的現代化生產事業中，不同的折舊方法，如加速折舊法與直線法，計算得出的年度折舊費用與期末資產價值，通常也會出現相當大的差異。這些會計方法的選擇，雖然應結合企業營運的狀態，但本質上它們屬於管理裁量權的範圍，可由管理當局判斷並決定之。

1978 年， Watts & Zimmerman 曾從管理當局的角度出發，提出實是性會計理論（Positive Accounting Theory, PAT），此一理論認為在現實環境中，存在著契約成本、資訊成本及代理成本問題，管理當局為避免因這些成本的發生影響到其個人財富，而產生了選擇會計原則的誘因。之後，Watts & Zimmerman（1986）則進一步將PAT的探討領域分為兩個部分，其一是探討會計方法改變與市場反應之間的關連性，其二是探討公司在會計方法上的選擇。

實是性會計研究有三個重要的假說，分別是：

（一）紅利計畫假說

紅利計畫假說（Bonus Plan Hypothesis）是建立在代理關係前提上的假說。在代理理論中，公司為避免經理人因追求本身的利益，犧牲股東的權益，產生的代理成本，故可能會採取獎勵性的薪酬計畫，採用會計盈餘作為計算經理人獎酬的基礎，以鼓勵經理人員努力工作，並減少非貨幣性財貨的消費。經理人處在這樣的獎酬環境，在個人自利動機的驅動下，便有可能採取會計調整的手段，操弄會計盈餘的計算，以期能增加個人可獲得的獎酬。基於此，Watts & Zimmerman（1986）便提出其第一個假說——紅利計畫假說：「在其他條件不變的情形下，公司訂有紅利計畫的經理人員，會選擇將未來盈餘轉移到本年度的會計方法。」

（二）債務契約假說

債務契約假說（Debt Covenant Hypothesis）係建立在債權人與經理人之間代理關係上的假說。在代理理論下，債權人為保障其債權，避免經理人員圖利股東，損及債權人的權益，通常會訂定債務契約，以會計盈餘作為計算基礎，限制管理當局的資金運用與融資行為。舉例來說，債權人可能會在債務契約中規定，公司的年度盈餘未達一定的水準不得發放股利，或是財務結構的負債比率不得高於一定的百分比，一旦超過債務契約的限制水準，企業可能立即會出現違約風險。

公司的資本結構中，當負債所占的比率愈高時，債權人愈可能基於債權保障，而設定較爲嚴格的債務契約。企業一旦違約，管理當局可能面臨高額的重新訂約、重整或破產成本，故爲避免出現違反債務契約限制所引發的違約風險，經理人便可能透過會計方法，改變帳面上的會計盈餘，以避免觸及債務契約所設定的底線。基於此，Watts & Zimmerman（1986）便提出其第二個假說——債務契約的假說：「在其他條件不變的情形下，公司的負債／權益比率愈高，經理人員愈可能選擇將未來盈餘轉移到本年度的會計方法。」

（三）規模假說

規模假說（Size Hypothesis）是從自由市場競爭機制角度出發而建立的假說。從經濟學的觀點來看，競爭市場爲最有效率的市場，故政府爲了確保競爭市場能夠有效運作，就必須隨時監督產業的競爭結構與廠商的市場競爭行爲，以確保自由市場的競爭機制仍能有效運作。當公司的規模過大，或是獲利過高時，通常容易導致政府認爲市場上可能存在著違反自由競爭的現象，因而介入調查。再者，規模愈大的公司，被期望的社會責任可能也愈高。爲避免在政治上受到注意，故規模大的公司（易引發會妨礙自由競爭機制聯想的公司），通常會選擇一些降低年度盈餘的會計方法，以期能降低潛在的政治成本。基於此，Watts & Zimmerman（1986）便提出其第三個假說——規模假說：「在其他條件不變的情形下，公司的規模愈大，經理人員愈可能選擇將本年度的盈餘轉移到未來年度的會計方法。」

而相關的研究（Hagerman & Zmijewski 1979; Bowenm Noreen & Lacey, 1981; Zmijewski & Hagerman,1981; Healy,1985; Dopuch & Pincus, 1988; 李振銘，1991；郭鳳珠，1995）顯示，管理當局確有可能在不同的會計方法中進行選擇，以期能夠滿足自我財富的最大化。這些研究假說與實證結果，無論是全部支持或是部分支持，都顯示管理當局可能會藉著會計方法的操作，進行企業盈餘的管理，以期能夠達到影響會計資訊使用者的目的。

二、盈餘管理

實是性會計理論從經理人自利動機的角度出發，探討了在經濟利益的衝突下，經理人可能出現的會計選擇，這也開啓了後續有關企業盈餘管理的探討。所謂盈餘管理（Earning Management）指的是，財務報表的提供者企圖利用一般公認會計原則所賦予的選擇彈性，及其對損益認列的自由裁量權，介入財務報導的過程，或是利用其他與經濟實質有關的方法，以達成公司管理當局預定的目標（Schipper, 1989）。

經理人為何要進行盈餘管理？Healy & Wahlen（1999）曾就盈餘管理的相關文獻進行整理，歸納盈餘管理的動機大致有三，分別是：（1）資本市場動機；（2）契約動機；（3）管制動機。其中，「資本市場動機」指的是經理人企圖操縱損益，以影響短期股價的市場表現；「契約動機」指的是股東與債權人為降低代理成本，會訂定契約以約束經理人的行為，致使經理人需要操縱企業盈餘以符合契約的要求；「管制動機」則是透過盈餘操縱，以減緩法令或政策帶來的衝擊。因此，經理人進行盈餘管理的目的，不外是影響公司的股票價格、降低公司的融資成本與債務契約約束、提升個人的紅利（現在或未來），以及避免受到管制或規避稅賦等。

盈餘管理的方法主要可歸納為以下五種，分別是：（1）會計方法的選擇；（2）應計項目的調整；（3）營業外損益的認列；（4）新會計原則的採行時機；（5）其他項目（蔡美娟，2005）。

「會計方法的選擇」指的是由一種公認會計原則改為另一種公認的會計原則，導致會計盈餘計算的方式改變，但這種方法須受財務會計準則公報第八號意見書的規範，會計原則變動應列明累積影響數，以及須在變動當年附註說明改變的性質與理由。相關的研究，如 Zmijewski &

Hagerman（1981）、Dhaliwal（1980）、Dhaliwal（1988）、Suh（1990）都發現管理當局會透過選擇會計方法，以期能影響企業的損益計算。

「應計項目的調整」指的是裁決性應計項目（Discretionary Accruals, DA），亦即管理當局利用應計基礎中可自由裁決的選擇彈性，在應收帳款、應付帳款、預收預付款、備抵壞帳及存貨等項目進行盈餘管理，這種操縱不違反一般公認會計原則，且無公開揭露之限制，故也是成本較低的一種操縱方法。相關的研究如Healey（1985）、Friedlan（1994）、Chaney & Lewis（1995）、沈維民（1997）、Teoh, Welch & Wong（1998）、陳佳芬（2003）等，均發現管理當局會透過應計項目，達到操縱損益的目的。

「營業外損益的認列」則是透過在特定時點出售投資、處分資產等方式，以控制交易的發生時點，以改變損益數字的操縱手法。由於外部使用者不易瞭解企業交易發生的實際時點，故採用此法時亦較不易被發現。相關的研究如Bartov（1993）、李國豐（1991）、管夢欣（1993）、陳怡君（2004）等，都發現管理當局會透過非常損益項目，以操縱企業的年度損益。

「新會計原則的採行時機」則是利用新會計原則發布之際，會計原則適用的緩衝時間進行操作；公司經理人可於規定期間前，提前採用新的會計原則，並於財務報表中當期認列會計原則變動的累積影響數，達到影響淨利數值的目的。相關研究如Sweeney（1994）的研究發現，當新的會計原則可增加報導盈餘時，有違約風險的公司會傾向於提前採用新的會計原則。

「其他項目」的操弄方式，則廣泛的包括各種裁決性支出（R&D支出，如Murphy & Zimmerman, 1993）、會計估計變動（Visvanathan, 1998；陳依依，1999）或是關係人交易（陳妙如，1996；Jian & Wong, 2003）等。

在國內，財務預測與盈餘管理之間，實有相當程度的關連。如我國上市公司常會運用誇大之財務預測影響股價，而當實際盈餘低於預測值時，就會運用盈餘管理來調整。相關的研究都支持上述的說法，如林嬋娟與官心怡（1996）的研究發現，經理人員預測當期末盈餘可能低於預期盈餘時，經理人員會利用裁決性應收款、存貨、處分投資、出售資產使盈餘增加。金成隆（1999）的研究顯示，財務預測誤差高估之公司，會透過調高裁決性應計項目以爲因應。而陳育成與黃瓊瑤（2001）的研究顯示，當實際盈餘與預期盈餘差距過大時，管理人員會同時操作永久性及暫時性項目以爲因應。而就盈餘管理的時機來看，由於公司的季報表通常僅由會計師核閱並未深入查核，故我國上市公司通常傾向於第一季及第三季操縱業績及盈餘，之後，再於期中報告或年報中進行盈餘預測的修正。

三、功能固著

經理人操縱損益計算，其目的在影響財務報表使用人的經濟決策；問題是，會計資訊使用人會不會受到帳面數字的影響，而忽略了企業眞實的獲利能力？這就必須從會計資訊使用者的行爲層面來探討，而功能固著（Functional Fixation 或 Functional Fixedness）現象就可解釋會計資訊使用者的行爲反應。「功能固著」一詞源自於認知心理學，指的是決策者存在著心理障礙，無法由現有的資料中形成新的想法或概念（Duncker, 1945），這是由於過去教育、環境或是文化的因素，導致個人對某項事物或工具的功能有了一些習慣性的看法，無法變通地使用它以達成或解決問題。因此，「功能固著」亦常與「不知變通」一詞連結在一起。

典型的功能固著例子，是 Maier（1931）提出的兩條繩子打結的問題。在問題中，受測者站在一間房間，而屋內天花板兩邊各垂吊著一條繩子，這兩條繩子的長度相同，但兩條繩子的距離，卻遠超過受測者兩手平伸的長度，而受測者的決策目標是要將這兩條繩子綁在一起。而受

測者面臨的問題是，這兩條繩子的長度雖然夠綁在一起，但繩子的長度卻無法讓受測者先抓著一條繩子，然後再去拉另外一條將它們綁在一起。而房間中也放置了一些物品，包括一塊薄板、幾本書、一張椅子、一把鉗子、一條延長線等物品。

爲解決這個問題，受測者必須先確定問題的型態，才能決定使用何種工具。受測者形成的問題可能包括：「兩條繩子都太短了！」、「我的手臂不夠長！」、「繩子不會自動到我這邊來！」。因此，受測者可能會使用「延長線」以延伸其中一條繩子的長度，以解決「繩子太短」的問題，或是使用椅子，受測者站在椅子上，讓手臂接觸繩子的高度升高，無形之中延伸了手臂的長度，在拉繩子的時候，得以同時碰觸到兩條繩子（解決了手臂不夠長的問題）。實驗設計人員透過不斷地調整房間內的物品，以測試受測者的思考與解決方案。而當房間最後只放著一把鉗子的時候，結果發現，60% 的受測者無法在規定的十分鐘內找到綁繩子的方法。

探討這些受測者失敗的原因，發現是因爲他們認爲鉗子只是一種和螺絲有關的工具，忽略了鉗子也有重量，它可以當鐘擺的擺錘，讓其中一條繩子擺盪向另一條繩子。而受測者可用單手拉住一條繩子，再讓另一條繩子綁著鉗子擺盪過來，如此便可解決了「繩子不會自動到我這邊來」的問題。這種將工具的用途固定於某一特定功能上的現象，便是「功能固著」。

Ijiri, Jaedicke & Knight（1966）曾將功能固著的概念應用在會計研究的領域，探討決策者面對不同的會計方法時，是否會忽略了問題與工具的關連性，仍沿用過去相同的方式進行決策。因此，Ijiri 等人所提出之功能固著，並不是「將會計資訊的用途固定在某一特定功能上」，而是「會計資訊產生的方法改變，但決策者仍將會計資訊處理固定在某一特定方式」。此種應用方式，修正了心理學上原有的功能固著概念，故 Ashton（1976）稱其爲「修正的功能固著」（Modified Functional Fixation）。

換言之，在會計應用上的功能固著現象，係指決策者不瞭解會計數字產生的方法，只是純然依賴底線（bottom line）會計數字，而不注意產生此數字的程序爲何。舉例而言，如公司存貨計價方法由 FIFO 改爲 LIFO 時，投資人是否只會以損益數字來判斷公司的經營績效，而忽略了存貨流通假設已經改變。因此，有功能固著現象的決策者，會對因會計方法變動而改變的會計數字，而認爲公司基本的經濟績效（fundamental economic performance）有所不同，即使這項變動並不會影響公司未來現金流量的水準與風險。

過去學者的研究顯示，損益計算與盈餘表達數字的改變，可能會影響決策者的經濟決策，如 Ashton（1976）探討成本方法（全部成本 vs. 變動成本）與售價決策的關連；Abdel-Khalic & Keller（1979）探討存貨評價方法與投資計畫評估的關聯，都在實驗設計中發現了決策者的功能固著現象。而在資本市場的實證中，確實也發現支持功能固著現象的研究，如陳雲儀（1987）的研究中發現，長期投資會計方法的變動與股價間有相當的關連性。如郭鳳珠（1995）的研究發現，會計變動會改變未預期盈餘與累積超常報酬之間的關連性。因爲資本市場中可能存在著這種功能固著的現象，故也導致經理人樂於採取盈餘管理的手段操縱盈餘，以期能夠達到影響會計資訊使用者的目的。

第十四章
資本結構與企業併購評價

第一節　資本結構分析

第二節　企業併購評價

在第十四章中，我們從股利政策與盈餘保留率中，看到了內部自有資金與外部舉債資金，對企業成長的影響力。由於外部資金的籌措，不僅會影響企業的財務結構，也會改變公司的獲利與財務風險，並進而影響企業價值的評估。故在本章第一節中，擬先探討企業的負債與股東權益的組成結構，與企業財務風險及企業價值之間的關係；之後，在第二節中將進一步討論企業價值的應用，也就是企業購併，以及建立在財務報表與會計資訊基礎上的各種併購評價方法。

第一節　資本結構分析

企業資本結構的組成方式不同，不僅會直接影響其資金成本，也會影響企業整體的經營效能。在第七章中，我們提出了幾個常見的財務比率，包括與資本結構直接有關的四個比率、一個長期資金與固定資產有關的比率，以及一個與長期償債能力有關的比率，分別是：

1.淨值比率＝股東權益總額（淨值）／資產總額

2.負債比率＝負債總額／資產總額

3.財務槓桿比率＝負債總額／股東權益

4.長期負債對長期資金比率＝長期負債／（股東權益＋長期負債）

5.長期資金占固定資產比率＝（股東權益淨額＋長期負債）／固定資產淨額

6.利息保障倍數（現金基礎）＝稅前息前現金流量（營業現金流量＋所得稅費用＋利息費用）／利息費用

這些比率主要在描述自有資金與外部資金的組成狀態，以及長期資金組成結構衍生的課題。為什麼投資人與債權人會關心財務結構呢？因為它會影響企業未來的現金流量與財務風險。從折現的觀點來看，如果

企業未來的現金流量改變，或是企業的風險改變，便可能直接影響企業的價值；如果財務結構改變會造成上述的影響，則其必然會對企業評價產生直接的影響。

一、財務結構與財務風險

首先就現金流量來看，在第十三章中曾經提出兩個成長率的觀念，分別是內部成長率（IGR）與可維持成長率（SGR）。「內部成長率」指的是企業按照目前的運作方式，如果只使用內部資金（年度的保留盈餘），企業的營收可以成長的幅度。「可維持成長率」指的是企業按照目前的運作方式下，企業除了使用年度的保留盈餘以備未來成長之外，在考慮維持原有的資本結構下，同時也向債權人舉借資金（同時使用內部資金與外部資金），企業的銷貨水準可成長的幅度。通常在只使用內部資金的情況下，IGR 可獲致的營收成長率較低，而在使用保留盈餘之外，再加上外部舉債的資金，SGR 通常可獲致較高的營收成長率。營收成長率攀升，必然導致營業規模擴大，而銷售規模擴大，亦將帶來生產或銷售上規模經濟，並改變企業未來的現金流量（增加）。

其次，就企業風險而言，在本書第四章中曾提出四種風險，其中又以事業風險（或稱經營風險）與財務風險較受到注意。而企業財務結構變動對股東 EPS 變動造成的風險，則爲財務風險關切的課題。企業營運必須平衡事業風險與財務風險，因此，當產業競爭劇烈、事業風險趨高時，就會避免選擇風險高的財務結構，以期能控制企業營運的總風險。一般而言，企業的財務結構改變，通常會造成企業的財務風險改變，而在財務風險的測量上，通常可用資本結構變動後，EPS 的變動程度作爲衡量依據。因此，我們可比較不同財務結構下，EPS 的變動幅度，以得知不同財務結構下的相對財務風險。

舉例來說，假設鷹翔公司現有的資產總額爲 $10,000,000，市場的借款利率爲 10% ，公司股票目前的股價爲 $25 ；公司的資金來源有三種不同的組成方式，第一種是 100% 完全由自有資金的股東權益構成，第二種是由 25% 的負債及 75% 的股東權益組成，第三種是由 50% 的負債與 50% 的股東權益組成。在第一種資本結構下， $10,000,000 的股東權益，每股 $25 的股價下，流通在外的股數應爲 400,000 股；在第二種資本結構下，股東權益僅爲 $7,500,000（$10,000,000 × 75%），在每股 $25 的股價下，流通在外的股數爲 300,000 股；在第三種資本結構下，股東權益爲 $5,000,000（$10,000,000 × 50%），在每股 $25 的股價下，流通在外的股數則爲 200,000 股。

現假定鷹翔公司有三種不同的獲利狀態，分別是 $600,000 、 $900,000 及 $1,200,000 ，而公司適用的所得稅率爲 30% 。此時在第一種資本結構下，其股東權益報酬率會分別等於 4.20% 、 6.30% 、 8.40% ，而 EPS 會分別等於 $1.05 、 $1.58 、 $2.10 ；在第二種資本結構下，其股東權益報酬率會分別等於 3.27% 、 6.07% 、 8.87% ，而 EPS 會分別等於 $0.82 、 $1.52 、 $2.22 ；在第三種資本結構下，其股東權益報酬率會分別等於 1.40% 、 5.60% 、 9.80% ，而 EPS 會分別等於 $0.35 、 $1.40 、 $2.45 ，（如**表 14-1**）。

從**表 14-1** 中不難發現，當稅前息前淨利在 $600,000 時， 100% 股東權益的財務結構下，股東權益報酬率爲 4.20% ， EPS 爲 $1.05 ；在 75% 股東權益的財務結構下，股東權益報酬率爲 3.27% ， EPS 爲 $0.82 ；在 50% 股東權益結構下，股東權益報酬率爲 1.40% ， EPS 爲 $0.35 。也就是說，當稅前息前淨利在 $600,000 時，隨著企業舉債程度的增加，股東權益報酬率與 EPS 會逐漸下滑。當稅前息前淨利增加到 $900,000 時， 100% 股東權益的財務結構下，股東權益報酬率便上升爲 6.30% ， EPS 也上升爲 $1.58 ；在 75% 股東權益的財務結構下，股東權益報酬率會上升到 6.07% ， EPS 也逐漸趨近於 100% 股東權益的 $1.52 ；而在 50% 股東權益結構下，股東權益報酬率僅達於 5.60% ， EPS 亦僅爲 $1.40 。就三種財務

表 14-1　資本結構與財務風險關係表

	資本結構 A	資本結構 B	資本結構 C
資產總額	$10,000,000	$10,000,000	$10,000,000
長期負債	$0	$2,500,000	$5,000,000
股東權益	$10,000,000	$7,500,000	$5,000,000
借款利率	10%	10%	10%
流通在外股數	400,000	300,000	200,000
每股股價	$25	$25	$25
資本結構 A（0%-100%）			
	情境一	情境二	情境三
稅前息前淨利	$600,000	$900,000	$1,200,000
利息費用	$0	$0	$0
稅前淨利	$600,000	$900,000	$1,200,000
所得稅率	30%	30%	30%
稅後淨利	$420,000	$630,000	$840,000
股東權益報酬率	4.20%	6.30%	8.40%
每股盈餘	$1.05	$1.58	$2.10
資本結構 B（25%-75%）			
	情境一	情境二	情境三
稅前息前淨利	$600,000	$900,000	$1,200,000
利息費用	$250,000	$250,000	$250,000
稅前淨利	$350,000	$650,000	$950,000
所得稅率	30%	30%	30%
稅後淨利	245,000	455,000	665,000
股東權益報酬率	3.27%	6.07%	8.87%
每股盈餘	$0.82	$1.52	$2.22
資本結構 C（50%-50%）			
	情境一	情境二	情境三
稅前息前淨利	$600,000	$900,000	$1,200,000
利息費用	$500,000	$500,000	$500,000
稅前淨利	$100,000	$400,000	$700,000
所得稅率	30%	30%	30%
稅後淨利	70,000	280,000	490,000
股東權益報酬率	1.40%	5.60%	9.80%
每股盈餘	$0.35	$1.40	$2.45

結構的比較不難發現，當稅前息前淨利逐漸攀升時，舉債與不舉債之間的差距便逐漸縮減；舉債財務結構的股東權益報酬率與EPS，或隨著企業的獲利能力增加，而呈現較爲快速的攀升。

而當稅前息前淨利增加到$1,200,000時，100%股東權益的財務結構下，股東權益報酬率會繼續穩定地上升到8.40%，EPS也會上升爲$2.10；相對的，在75%股東權益的財務結構下，股東權益報酬率會超過100%股東權益的8.4%，而達於8.87%，而EPS也同樣的會超過100%股東權益的$2.10，而達於$2.22；而在50%股東權益結構下，此一變動則更爲明顯，股東權益報酬率攀高到9.80%，而EPS遠超過100%股東權益的$2.10，而達於$2.45。就三種財務結構的比較中不難發現，當稅前息前淨利持續升高時，舉債利益便逐漸顯現，舉債財務結構的股東權益報酬率與EPS也會超過不舉債的財務結構。因此，在其他情況不變的假設下，舉債會增大EPS的變動幅度，提升企業的財務風險；而一般我們所說的財務槓桿作用，指的也就是舉債對股東權益報酬率與EPS所造成的影響。同樣的，就股東權益報酬率來看，資本結構變動也造成了類似於EPS變動的效果，顯示了資本結構變動，也會對股東權益報酬率產生相當大的影響。當我們增加負債融資的額度時，則公司的固定利息支出就會增加。如果公司的營運狀況良好，則公司在支付固定利息費用後，剩下來的都歸股東所有，但如果公司的營運狀況較差，則公司仍須支付固定利息費用，留給股東的盈餘就會減少，故財務槓桿程度讓EPS及ROE的波動幅度變大。

從**表14-1**中，我們可以發現，三種財務結構的股東權益報酬率與EPS呈現出互有領先的現象；也就是說，並非是某一種型態的財務結構，「必然」優於其他型態的財務結構，財務結構與EBIT之間，似乎存在著某種的配合關係。爲回答財務結構與EPS間是否存在著配合的問題，我們可以透過無差異點進行分析；也就是說，在多少的EBIT下，不同的財務結構之間，EPS會完全相同？我們可以透過以下的等式，找出

兩種財務結構 EPS 的無差異點與 EBIT：

〔EBIT ×（1 − 30%）〕÷ 400,000
＝〔（EBIT − 250,000）×（1 − 30%）〕÷ 300,000
70%EBIT ÷ 400,000 ＝（70%EBIT − 175,000）÷ 300,000
70,000 × EBIT ＝ 70,000,000,000
EBIT ＝ 1,000,000

故當 EBIT 等於 $1,000,000 時，100% 股權的財務結構與 25%-75% 組成的財務結構，其 EPS 是完全相同的。在 EBIT 小於 $1,000,000 時，採取 100% 股東權益的財務結構對股東較爲有利；但當 EBIT 大於 $1,000,000 時，採取 25%-75% 組成的財務結構對股東較爲有利；而 EBIT 等於 $1,000,000 時，則爲 EPS 的無差異點。同樣的，我們也可以再比較 100% 股權的財務結構與 50%-50% 組成的財務結構，或是 25%-75% 組成的財務結構與 50%-50% 組成的財務結構；最後都會發現，在企業目前的成本與收入結構下，無論財務結構如何比較，EPS 的無差異點都會落在 EBIT 等於 $1,000,000 的點上。換句話說，當企業的 EBIT 低於 $1,000,000 時，不舉債對股東較爲有利，但當企業的規模擴大，EBIT 高於 $1,000,000 時，舉債經營可以爲股東創造較高的效益。這三種不同的資本結構，不同稅前息前淨利下，EPS 的變動情形與無差異點（如**圖 14-1**）。

二、資本結構與企業價值

從資產價值的角度來看，企業價值決定於公司未來現金流量和企業風險，因此，只有兩種情況會改變企業價值，一是現金流量的風險改變，二是未來的現金流量改變。資本結構會不會影響企業價值，同樣也必須從這兩個角度進行檢視。過去 Modigliani 和 Miller 兩位學者曾提出資本結構的理論，他們認爲在「沒有公司或個人的所得稅」及「沒有破

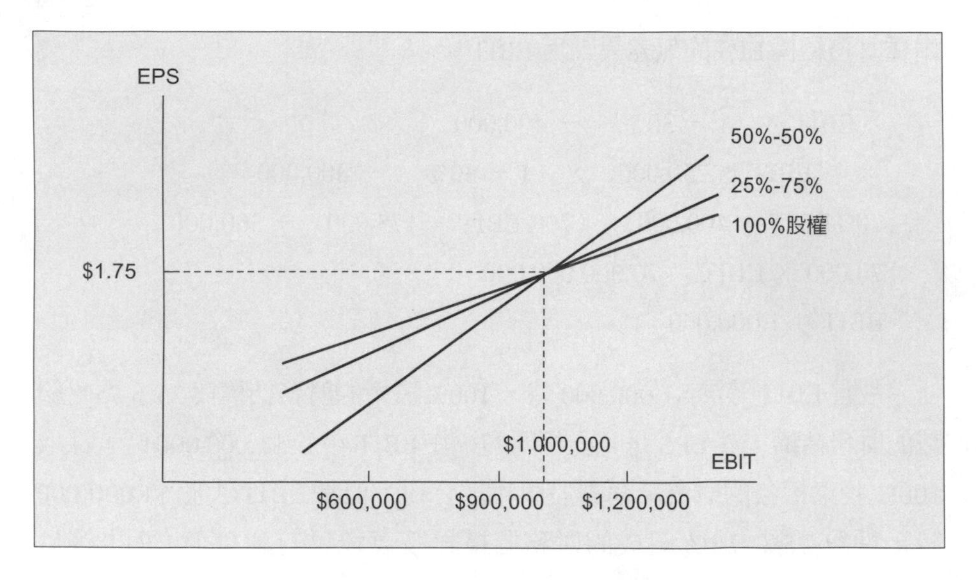

圖 14-1 EPS 無差異分析圖

產成本」的假設前提下，資本結構的改變既不會改變公司的現金流量，也不會影響公司加權平均的資金成本（Weighted Average Cost of Capital, WACC），故其不會影響企業的價值，此即是有名的「資本結構無關論」觀點。而在「有公司的所得稅，沒有個人的所得稅」及「沒有破產成本」的假設前提下，由於利息可作為所得稅的扣除項目，故假定其他條件不變，若公司增加負債時，通常可以減少所得稅費用，並導致公司的現金流量增加。再者，由於政府在利息支付上的補助（可以抵稅），降低了舉債實際支付的資金成本，故當企業的舉債程度上升時，公司加權平均的資金成本（WACC）就會相對的降低。

從企業價值的觀點來看，在有公司所得稅的情形下，企業每年利息所節省下來的稅賦金額現值，必然會造成公司價值的增加，故「有財務槓桿的企業價值」，會等於「沒有槓桿的企業價值」加上「利息稅賦節省的現值」。由於「股東權益」本身是剩餘價值（residual）的概念，故其價值等於企業價值減去負債價值之後的餘額，故此時利息稅賦節省產生的

現金流入，亦將完全由股東所享有。換言之，在 Modigliani 和 Miller 兩人的觀點下，舉債的利息費用有抵稅的效果，加上負債的資金成本較低，故企業的價值會隨著舉債程度的攀升而隨之上揚。

然從實務的觀點來看，當企業的舉債程度偏高時，可能引發企業面臨負債償還的重大問題，並出現潛在的財務危機成本，而此一財務危機的成本，通常包括經歷破產的直接成本，以及財務危機所產生的間接成本。財務危機的直接成本，指的是企業破產的法律及管理的成本（會計師、律師費用、管理人員處理破產的時間成本），以及債券持有人面臨的損失；至於財務危機的間接成本，指的則是股東、債權人與經理人爲求避免公司破產，所耗費的各種成本[1]，以及銷貨受創、優秀員工流失等相關損失等。在財務危機上的相關研究顯示，直接成本約占破產前市值的20%[2]，而通常財務危機的間接成本比直接成本更高，也比直接成本更難衡量及估計。從債權人保障債權的角度來看，當財務槓桿比率升高時，不僅公司現存的舉債空間面臨縮減，同時舉債的資金成本亦將大幅攀升，二者都會限制企業的舉債額度。

因此，當我們將舉債可能帶來的財務危機成本納入考慮後，不難發

---

[1]當公司出現財務危機時，則股東與債權人之間，便可能出現代理問題，如：（1）股東可能會接受風險高的投資專案，成功由股東享受暴利，失敗則由債權人承受惡果；（2）股東可能發放清算股利，股東先走一步，讓債權人收拾善後；（3）管理當局可能會採取各種技術性的會計調整措施（如會計變動或是刪減研發支出等），以擴增的短期績效迷惑債權人；（4）管理當局可能會先發行安全性較高的債券，之後再發行較差的次級債券；讓先前發行的債券大幅跌價，股東藉以獲利等。這種股東與債權人之間的代理問題，往往導致債權人必須花費代理成本，採取適當的限制措施，才能阻止股東的自利行爲。

[2]如 Weiss（1990）的研究顯示，根據 1980 年至 1986 年間三十一家破產公司估計，成本約占總資產帳面值的 3%，破產前市值的 20%；而在 Andrade & Kaplan（1998）的研究發現，破產成本約占破產前市值的 10% 至 20%。相關研究參見 Weiss, L. A. (1990), Bankruptcy Resolution: Direct Costs and Violation of Priority of Claims, *Journal of Financial Economics,* 27, Oct., pp.285-314. 及 Andrade, G. & S. N. Kaplan (1998), How Costly is Financial (not Economic) Distress? Evidence from Highly Leveraged Transactions that Become Distressed, *Journal of Finance,* 53, Oct., pp.1443-93.

現，舉債的稅賦抵減現值是否能夠提升企業價值，端視稅盾現值與財務危機成本現值之間的比較。如果舉債的稅盾現值超過財務危機成本的現值，則舉債對股東權益的價值提升有幫助；反之，如果舉債的稅盾現值低於財務危機成本的現值，則舉債對股東權益的價值反而會造成負面的影響。故從此一觀點來看，企業舉債之後的「股東權益價值」，將會等於「未舉債前的普通股價值」，加上「舉債後產生的稅盾現值」，再減去「舉債之後衍生之財務危機成本的現值」。企業爲追求股東價值的最大，故須在「舉債後產生的稅盾現值」與「舉債之後衍生之財務危機成本的現值」之間進行平衡；這種同時考慮節稅效果與財務危機成本的資本結構觀點，即爲大家所熟知的「資本結構抵換理論」。在這個理論下認爲，當公司的負債比率未超過最適比率時，應採負債融資；而當公司的負債比率超過最適狀態時，則應改採權益融資，不應以負債融資。

前述的分析是建構在舉債的利息費用，可產生「稅盾」的前提上；如果公司擁有租稅優惠，年度稅賦甚低或是根本無需繳稅，則調整資本結構所產生的「稅盾」優勢，便難以立足。由於國內現有許多租稅的優惠措施，如適用於一般公司的「投資於研發支出金額30%，自當年度起五年內抵減各年度應納營利事業所得稅額」，或是「投資於人才培訓支出金額30%，自當年度起五年內抵減各年度應納營利事業所得稅額」。或如適用於「促進產業升級條例」（如投資設備抵減所得稅、新興重要策略性產業[3]五年免稅、股東抵減獎勵等）和「科學園區設置管理條例」（以科學園區廠商爲主，享受租稅優惠，如五年免稅、股東抵減獎勵等）。

如以聯發科（編號2454）爲例，其93年度、94年度資產負債表中的長期負債均爲0；其93年度的股東權益占資產總額的89.67%，94年度的股東權益占資產總額的84.11%。對照公司的年度損益表來看，聯發

[3]新興重要策略性產業的範圍包括3C、精密電子元件、精密機械設備、航太、生醫及特化、綠色技術、高級材料、奈米工業及技術服務業等產業。

科93年度的所得稅（$18,292,000）占年度營收淨額的0.04%，其94年度的所得稅（$125,226,000）占年度營收淨額的0.27%，均不到0.5%。或如台積電（編號2330）為例，其93年度、94年度資產負債表中的長期負債均僅占資產總額的4%，股東權益93年度占資產總額的82%，94年度占資產總額的88%。在仔細檢視其年度損益表，則不難發現，台積電93年度完全無需繳稅，甚至可退稅（所得稅利益有$537,531,000），而其94年度的所得稅（$244,388,000）占年度營收淨額的0.09%，均不到營收淨額的0.5%。換句話說，建立在稅盾利益的資本結構理論，一旦面臨政府促產升級的各種租稅優惠措施，導致舉債的稅盾利益無從發揮，就可能出現資本結構理論修正的現象。

不同的產業之間，是否存在比較適合該產業發展的「資本結構」。**表14-2**彙整了2004年國內上市上櫃公司的負債比率（負債÷總資產）。表中列示了七個不同產業負債比率的平均數、標準差、25分位數、中位數與75分位數。表中不僅可看出各產業的負債比率並非呈現常態分配，同時也可發現產業之間負債比率的平均數與中位數亦不相同。此一現象也反映了不同產業之間，適用的財務結構與負債融資狀態可能並不相同。

表14-2　2004年不同產業間負債比率比較表

	資訊電子業	塑膠業	化學業	食品業	營建業	紡織業	觀光業
平均數	41.64%	39.05%	34.86%	43.73%	57.55%	46.84%	30.24%
標準差	16.90%	12.25%	15.14%	22.57%	19.25%	29.16%	11.49%
25分位數	29.77%	29.435%	22.16%	31.9%	52.28%	28.42%	23.49%
中位數	42.33%	37.57%	36.44%	39.07%	60.79%	45.275%	28.77%
75分位數	51.66%	46.95%	47.39%	48.75%	69.33%	54.15%	38.755%

資料來源：根據台灣經濟新報社（TEJ）上市上櫃公司財務資料計算。

第二節　企業併購評價

亞洲金融風暴之後，全球化競爭的日益激烈，全球企業併購狂潮在1990年代中期開始加速發燒。根據統計，美國在1998年至1999年間，平均每一個小時就有一件企業併購案宣布，從電信、石油、大衆傳播、國防工業、生化科技到網路公司，不一而足[4]。在1998年至2000年發生了許多膾炙人口的併購案，如1998年艾克森及美孚石油宣布了交易總值高達810億美元，也是石油界最大宗的併購案。在1999年間，如英國Vodafone電信公司以560億美元併購美國的AirTouch[5]；德國的曼納斯曼（Mannesmann）公司以350億美元併購英國的Orange電信公司。在2000年，如英國Vodafone AirTouch（VA）又以1,800億美元併購德國電信業者曼納斯曼公司[6]；2000年1月10日，時代華納公司（媒體、娛樂巨擘）與美國線上公司（American On Line, AOL，全球最大的網際網路服務公司）宣布以換股的方式完成1,500億美元的合併案，形成美國線上時代華納公司（AOL Time Warner）[7]。2000年1月17日，英國葛蘭素威康（Glaxo Wellcome）與史克美占（SmithKline Beecham）兩大藥廠亦宣布以換股方式，合併成爲全球最大藥廠[8]。2000年2月7日，美國

---

[4]參見中央日報〈企業併購風全球熱翻天〉http://www.cdn.com.tw/daily/2000/01/02/text/890102j5.htm

[5]AirTouch公司併購曾出現有趣的轉折，之前Bell Atlantic公司宣布，將以每股75美元購併美國第二大行動電話公司AirTouch時，但當天Bell Atlantic公司的股價立刻下跌5%，該合併案隨即宣告失敗。之後英國第一大電信業者Vodafone宣布，以每股89美元併購AirTouch，市場則對該購併案報以熱烈迴響，看好此一併購案，當天Vodafone的股價立即暴漲14%。

[6]參見*Financial Times,* Feb. 4, Feb. 5 & Feb. 6, 2000, p.1。

[7]參見*Financial Times,* Jan. 11, 2000, p.1, p.16 and p.18。

[8]參見*Financial Times,* Jan. 17, 2000, p.12。

輝瑞藥廠（Pfizer）亦宣布，將以840億美元收購美國華納蘭伯特藥廠（Warner Lambert），創造全球第二大製藥業者[9]。同年間，倫敦與法蘭克福兩證交所，也合併為一家總部設在倫敦，市值高達四兆一千億美元新的證交所[10]。

同樣的，在亞洲地區也發生類似的風潮，如盈科數碼動力公司（盈動）在2000年間以三百多億美元取得香港電訊公司的控制權，並成立Pacific Century Cyber Works-Hong Kong Telecom公司（PCCW-HKT），成為香港市值第三大公司，規模僅次於中國電信與匯豐銀行[11]。同樣的，我國政府為因應加入WTO（世界經貿組織）之後的全球化競爭，在極力追求國家整體競爭力下，1999年5月，政府放寬合併的相關法令政策，鼓勵民間企業運用「企業併購」方式，增強其對抗風險的能力，提升其國際競爭力，並導致國內引發一波波的併購風潮。如1999年美國紐約聯合生物醫學公司（UBI）與國內行政院開發基金共同成立的聯亞生技開發股份有限公司，在其成立之初就以5億新台幣併購了羅氏（Roche）在台灣新竹湖口的製藥廠，取得符合國際標準的錠劑、膠囊等劑型的製造證照。1999年6月間，聯電也宣布「五合一」合併案，因而掀起國內一股企業併購的風潮。2000年11月9日全球最大入口網站雅虎（Yahoo）宣布以48億元併購台灣入口網站奇摩（Kimo）；其他如2000年元大、京華與大發證券合併為元大京華證券；2000年台積電併購德碁與世大兩家晶圓代工廠；2000年聯電併購IBM與Infineon等，都是這波併購風潮下的顯著事例。而根據湯普森金融證券資訊公司及歐洲經濟暨合作發展組織出版的財經市場調查報告顯示，1999年全世界共有二十九個國

[9]此一購併案前後糾纏三個月，原美國家用品公司（American Home Products, AHP）有意與Warner Lambert合併，並已簽署合約，Pfizer藥廠除提高10%的併購價款外，並支付AHP約18億美元前所未有的高額毀約費，促使AHP放棄之前與Warner Lambert簽署的580億美元合併案。內容參見*Financial Times*, Feb. 7, 2000, p.1。

[10]參見劉星雨（2000），《巴黎瞭望》，59期，9月1日，頁21-23。

[11]參見《聯合報》，民國89年3月1日第1版。

家參與跨國併購，總件數高達五千餘件，無論是在件數上與交易市值上，都較1998年成長約50%；而1999年全球宣布的企業併購總值達三兆四千億美元，不僅打破1998年的二兆五千億美元紀錄，十年間更成長了7.3倍[12]。

由於台灣企業大都屬於不利於國際競爭的中小企業，爲了促使國內經濟與金融的轉型，因應加入世貿組織，以及促進企業再造，近年政府對於許多財經法律的增修或制訂[13]（包括證交法、金融機構合併法、金融控股公司法、企業併購法、公平交易法等多項法規），都以併購爲主軸，修正證交法。對台灣企業而言，有意跨出台灣以進行國際化，迅速取得市場、資源與客戶，併購無疑是一種速成的方式；對外資而言，台灣持續地進行自由化與法規鬆綁下，必然也會促成更多外資在台灣併購的機會。故從國際間一直延燒至台灣的併購熱潮，似乎已成爲未來台灣各企業爲增強其市場競爭力所必須考慮的一種經營策略，亦爲未來台灣企業走向國際化的思考重心。

一、企業併購意義與種類

併購係指合併（merger）與收購（acquisition）兩種財務活動的統

[12]由於歐洲經濟並未受到金融風暴影響，故當時歐洲逐漸成爲全球企業併購風氣最盛的地區。早在1995年時，美國採取併購取得股權的方式最多；但在2000年之際，英國已躍居全球第一，約占了全世界併購交易總值的三分之一，美國、德國、法國則緊隨在後，歐洲併購件數及額度皆占全球的四分之三。參見劉星雨（2000），《巴黎瞭望》，59期，9月1日，頁21-23。

[13]如2000年7月於證交法中增訂庫藏股，附認股權有價證券等機制，有助促成併購市場；2000年12月提出的金融機構合併法，促進了金融、證券、保險、信託業的整合；2001年7月完成的金融控股公司法，促成了十四家以上金控集團成立；2002年2月提出的企業併購法（促進企業併購法制，93.05.05修正補強）、證交法修正（對公開收購要約改採申報制，及對大規模收購採強制要約等制度）與公平交易法修正（提高申報門檻，對結合行爲改採異議申報制，且對法律形式上屬結合但經濟上不屬結合的態樣予以排除），這一系列的財經立法，都在促成企業併購的發展。

稱。「合併」主要的型態，可分爲吸收合併（statutory merger）和新創合併（statutory consolidation）兩種型態。前者係指兩家公司合併之後，以其中一家爲主導公司（dominate unit），另一家公司爲被動公司（passive units），被合併公司（被動公司）需申請消滅，所有的資產與負債皆由主併公司吸收。如1999年元大證券與京華證券合併，元大證券存續，京華證券消滅；或是2000年台積電合併世大積體電路，世大積體電路消滅，台積電存續，均屬吸收合併之事例。新創合併則是指合併的兩家公司將同時消滅，而另外登記成立一家新公司，新設公司需承擔兩家消滅公司所有的資產與負債。而「收購」亦有兩種主要的型態，分別是股權收購（stock acquisition）和資產收購（asset acquisition）兩種。所謂股權收購是指直接或間接購買目標公司部分或全部的股權，使得目標公司成爲收購者之轉投資事業，收購者成爲目標公司的股東，亦需承受目標公司一切的權利和義務、資產與負債；至於資產收購則指收購者只依自己需要而購買目標公司部分或全部之資產（如廠房、土地、商標、機器設備等），屬於一般資產買賣行爲，因此不需承受目標公司的負債。如2005年日盛銀行僅收購台開信託之信託部門總資產及旗下十二家分公司執照，就屬於資產收購的事例。

合併與收購在「價值」計算上略有不同，在收購時，收購公司與被收購公司通常只計算股權或資產的價值，但在合併時，則需同時計算合併公司與被合併公司的價值，以求取合理的換股比率，並進行股權交換。如再就企業權利、義務的延續性來看，吸收合併、新創合併、股權收購與資產收購四者，也可分爲兩種不同的類別；前三者都是由併購公司承接了被併購公司的權利與義務（新創合併則由新成立公司概括承受），但在資產收購時，收購公司則無需延續被收購公司原有的權利義務關係。如就股權收購與資產收購進行比較，不難發現二者在原有公司權利義務關係的延續性上並不相同（如**表14-3**）。

按照我國「企業併購法」第四條中的定義，所謂「併購」泛指公司之合併、收購及分割。其中「合併」一詞係指「……參與之公司全部消滅，由新成立之公司概括承受消滅公司之全部權利義務；或參與之其中一公司存續，由存續公司概括承受消滅公司之全部權利義務，並以存續或新設公司之股份、或其他公司之股份、現金或其他財產作爲對價之行爲」。而「收購」係指「公司依企業併購法、公司法、證券交易法、金融機構合併法或金融控股公司法規定取得他公司之股份、營業或財產，並以股份、現金或其他財產作爲對價之行爲」。至於「分割」則是指「公司依企業併購法或其他法律規定，將其得獨立營運之一部或全部之營業讓與既存或新設之他公司，作爲既存公司或新設公司發行新股予該公司或該公司股東對價之行爲」。從定義上來看，企業併購法中所界定的「合併」一詞，指的是新創合併與吸收合併，而「收購」一詞，則泛指股權收購與營業收購，但「分割」則是介於前述「合併」與「收購」主要型態之間的一種變化型態，本質上仍與「合併」與「收購」息息相關。

如就業務性質與產業關聯性來看，併購的大致可分爲水平式合併（horizontal）、垂直式（vertical）、同源式（congeneric）與複合式（conglomerate）四種不同的型態。

表 14-3　股權收購與資產收購的差異比較表

項目	股權收購	資產收購
賣方稅賦名目	股票交易稅	營所稅
公司名稱	承接	可能承接
公司一般債務	承接	不需承接
股東分散問題	承接、較複雜	較單純
公司與第三者合約	原則上承接	重新議定
銀行貸款債務	原則上承接	重新議定
勞工問題及福利	承接	無
資產帳面價值計算	原價值	收購價值
土地增值稅	遞延	當時繳納
累積虧損及稅務優惠	承接	喪失

資料來源：謝劍平（2006），《財務管理——新觀念與本土化》，4版，台北：智勝，頁629。

「水平式併購」主要在擴張規模，形成生產上的規模經濟，增加市場占有率來提升對市場的壟斷能力；如1988年，Nokia曾收購易利信（Ericsson）旗下生產微電腦的事業部，成立Nokia數據公司，1990年Nokia將Nokia數據公司賣給英國的國際電腦公司（ICL），1991年日本富士通以7.4億英鎊買下英國ICL的80%股權，使其市場占有率超過迪吉多，而僅次於IBM。

「垂直式併購」可分爲向前整合（forward integration）與向後整合（backward integration）兩種型態。前者重於掌握上游的關鍵原物料供應，以獲得穩定而便宜的供貨來源，如2000年全球最大的TFT-LCD面板製造廠三星電子（Samsung），購入三星電管（SDI）旗下TFT彩色濾光片生產線，將產業觸角往上游延伸。而後者則重在掌握（或接近）下游的銷售通路，以降低產品行銷的風險，如1996年永豐餘造紙合併中華印刷廠，就是向下游併購的事例。

「同源式併購」指的是同一「產業」中，兩家業務性質不同，且沒有業務往來的公司之結合，以追求產業某一領域的領導地位。如2000年組合國際電腦股份有限公司（Computer Associates International, Inc., CA）宣布併購Snare Networks Corporation（SNC），以大幅提升CA公司在eTrust（電子信用制度）資訊安全解決方案上的競爭能力。

「複合式併購」則是將本質上屬於不同市場或產業的兩個或兩個以上的廠商合而爲一的企業行動，也就是朝向「多角化經營」之方向前進；相關實例如2002年1月台塑集團買進八大電視台9,596張股票，持股達23%，跨足傳播事業；或如建華金控公司由華信銀行與建宏證券「異業結合」共同設立[14]等。如我們以財務觀點進行併購分類，通常爲產生整體價值而進行合併，稱之爲「營運合併」，若是爲公司間的財務互補，則稱之爲「財務合併」。

---

[14]參見 http://www.sinopac.com/

二、企業併購動機

企業進行併購的動機大致有五，分述如下：

(一) 追求企業效率

認爲企業併購可促成規模經濟（economies of scale）、範疇經濟（economies of scope）、提升管理綜效（managerial synergy）及財務綜效（financial synergy），以增進其競爭能力。其中，「規模經濟」是透過生產數量與銷售數量提升達成；「範疇經濟」是相關性產品的生產技能、設備與零附件的共享，以提升其產銷效率；「管理綜效」則重在管理知識與智能的共享，達到跨產業公司的管理效率提升（改善其他產業公司的管理效率）；至於「財務綜效」則是運用投資組合理論的風險分散觀點，以企業併購來降低公司的營運風險（或協助被併購公司取得較低資金成本的融資機會），進而造成公司整體股價的提升。

所謂「綜效」一詞指的就是 $V_{AB} > V_A + V_B$，也就是併購之後的企業價值，應大於個別公司加總的價值，亦即追求 $1 + 1 > 2$ 的效果。由於併購過程中，常需要支付額外的許多成本，故從併購的主動公司來看，併購的淨價值來說，不應只評估 $V_{AB} > V_A + V_B$，亦應扣除相關的併購溢酬（premiun）與相關併購費用，其公式如下：

$$V_{NAM} = V_{AB} - (V_A + V_B) - P_B - E_m$$

其中 V_{NAM} 爲併購創造的淨價值（net advantage of merging），P_B 爲支付給被併購公司股東的併購溢價（如高價收購），E_m 則是主併公司所支付的各項併購費用。因此，併購過程能否爲主併公司創造增量價值，主要決定於增加的價值是否大於支付的併購溢酬與費用，其公式如下：

$$V_{AB} - (V_A + V_B) > P_B + E_m$$

許多事例發現，併購過程支付過高的併購溢價，常是導致併購成效不彰的主要原因；如2000年時，AOL（美國線上）併購華納時付出超過數百億美元之溢價，並在帳上列爲無形資產（商譽），但直到2002年都無法實現其利益，最後不得不提列高達550億美元的損失。

（二）價值低估與訊號放射

認爲併購所以會產生，是因爲主併公司認爲被併公司的股價被低估（如管理當局尚未全力發揮公司潛能，或是被併購公司目前資產的重置價值遠高於其目前市價等）。在併購磋商及執行的過程中，相關訊息會逐漸釋出，促使其他投資者重新評估公司的價值。

（三）代理關係與行爲

從代理理論的觀點來看，併購是防範管理當局怠忽職守的重要手段；若管理當局績效不佳，使得公司股價遠低於其潛在價值，此時便可能導致其他公司的惡意接收，並撤換管理當局。而從併購的動機來看，併購活動本身可能就是「經理人自利主義」（managerialism）運作的結果，由於經理人的紅利報酬往往與營業規模有關，故常導致經理人積極擴張公司的規模。從資金運用的角度來看，在成熟產業中，公司的獲利能力雖然不錯，但產業欠缺適當的投資機會，導致公司保有過多的閒置資金，但管理當局卻又不願意發給股東，此時併購活動便成爲消耗多餘現金的途徑。這些都是代理關係所衍生的現象。

（四）市場競爭能力

水平併購通常可降低產業內的競爭家數，擴張企業的市場占有率；透過產銷創造出來的規模經濟，可提升產品的訂價彈性，提高公司的競爭力。然而在進行水平購併之際，需留意是否會損及自由競爭的精神；如果產業競爭結構讓產品價格機制與自由競爭行爲難以正常運作，則必然會導致政府的介入，並產生政治成本。

(五) 稅賦節省

可從兩個層面進行探討，其一是從公司的觀點來看，如果公司獲利甚高，在累進稅制下需繳交較高的所得稅，購買一家有累積損失的公司，可使得公司合併後的稅額小於合併前個別公司合計的稅額，使原公司達到避稅的作用。其二是從股東的觀點來看，在成熟、穩定獲利的產業，如果在稅制上，個人的綜合所得稅率比資本利得的稅率爲高，公司如將閒置資金發放股利，則股東繳交較多的稅額。但如果公司將這些資金保留下來併購其他公司，並將股票再發給股東，則股東便可在市場上賺取資本利得，適用較低的稅率，而達到避稅的目的。

三、企業評價方法

在併購協議過程中，企業評價與併購的交易條件，往往也是雙方最關切的課題；唯有建立在合理的企業價值評估的基礎上，併購雙方才可能達成交易。企業價值的評估需建立在財務報表的基礎上，故對於會計計算基礎的依賴程度甚高。一般而言，企業的價值大致包括使用價值與交換價值；前者如帳面價值與重置價值等，而後者如市價與折現價值等。就企業價值評估的各種方法來看，不難發現，當前使用的方法主要包括以下三類：第一類是會計價值評估法，這是建立在財務報表基礎上的評估法；第二類是折現價值評估法，這是建立在未來現金流量（或盈餘）基礎上的價值評估法；第三類是市場相對評價法，這是建立在市場價值與財務報表數值之間相對關係的價值評估法。三種方法的假設基礎不同，故計算出來的目標公司價值亦有差異，茲分述如下：

(一) 會計價值評估法

或稱資產價值評估法，此亦爲最基本的評價模式；在此法下，只要將目標公司的總資產價值，減去總負債價值，便可求算出淨資產股東權益的

剩餘價值。由於財務報表對於無形資產的評估較為保守，採此法得到的公司價值評估結果，通常不易為被併購公司接受，故此法較適用於「目標公司無法繼續經營」或是「買方只想收購賣方的資產」兩種情況。

在會計價值的計算上，通常有下列幾種不同的基礎，分別是帳面價值法、清算價值法、淨資產價值法及重置價值法。所謂「帳面價值法」，就是將目前財務報表帳面上的總資產減去總負債，剩餘的淨資產價值便是併購雙方討論、協商的價格。所謂「清算價值法」，就是假設公司沒有繼續經營價值，將資產出售，扣除負債後，以剩餘的價值作為併購雙方討論的基礎；由於已經假設目標公司沒有繼續經營價值，故目標公司擁有的無形資產如商譽、商標、專利等均不計入價值。在「淨資產價值法」下，則與清算價值法的假設不同，故無形資產的價值必須納入評估；然由於無形資產的評估方法與持續獲利期間，買賣雙方可能有不同的看法，而這通常也是併購雙方討論的重點。至於「重置價值法」，則採接近於市價交易價格的重置價值，作為資產價值與公司價值評估的依據，故在此法下，必須評估：（1）所有有形資產的重置價值；（2）所有無形資產的估計價值；（3）長、短期負債的現值，故也包括中途解約負債現值的評估。這四種方法中，前三種是建立在歷史價值的基礎上，第四種則建立在重置價值的基礎上，故評估得到的企業價值並不相同。

（二）折現價值評估法

這是將未來現金流量（或盈餘、股利）折現後，計算出來的企業價值的折現值。折現價值評估法中常見的方法包括股利折現評價法（Dividend Discount approach, DD）、現金流量評價法（Discounted Cash Flow approach, DCF）、調整現值評價法（Adjusted Present Value approach, APV）等。這些方法都需要透過折現的過程才能決定併購價格，而折現率與成長率的估計精確程度，通常會對目標公司的價值決定產生非常大的影響。

首先，在「股利折現評價法」下，股票現值的計算是根據各期支付的股利與到期值，折現後加總而得，它與第十二章提出的股票評價模式並無不同。而在「現金流量評價法」下，則是將目標公司未來預期的現金流量折現後，計算得出目標公司的併購價值，此即我們所熟知的WACC法。不過，在現金流量評價法下，較常採用的是另一種自由現金流量法（Free Cash Flow, FCF），而非WACC法。在自由現金流量法下，是假設「存續股東購入公司新發行的股份」，此時股東理應承擔當前的投資承諾，忍受投資期間現金流量的減少，並享有這些投資的報酬產出。故採用自由現金流量法時，須同時計算投資期間預期的自由現金流量折現值，加上投資獲利實現時，自由現金流量折現計算的企業價值。自由現金流量（FCF）或稱「來自資產的現金流量」（cash flow from assets），它是公司扣除成長機會（淨投資支出及相關營運資金變動）以後，可自由分配股東的現金，在快速成長的公司，其FCF較小，甚至可能出現負值。當企業採用自由現金流量折現模式時，其評價模式與股利評價模式相近，公式如下：

$$PV = \frac{FCF_1}{(1+r)^1} + \frac{FCF_2}{(1+r)^2} + \ldots + \frac{FCF_H}{(1+r)^H} + \frac{PV_H}{(1+r)^H}$$

其中

FCF_H：H期的自由現金流量

PV_H：第H期的現值

自由現金流量的計算有許多不同的方式，如Ross, Westerfield & Jordan（2006）認為自由現金流量（FCF）等於「來自營業的現金流量」（Operating Cash Flow, OCF）減去「淨資本支出」（Net Capital Spending, NCS）再減去「營運資本淨變動」（Change in Net Working Capital, CNWC），其公式如下：

FCF ＝ OCF － NCS － CNWC

其中 OCF 的計算等於稅前息前淨利（EBIT），加上無需耗用現金的費用項目，減去所得稅費用而得；NCS 的計算等於期末固定資產帳面淨額，減去期初固定資產淨額，加上年度折舊費用而得。至於 CNWC 則等於期末營運資本減去期初營運資本的數額。而 Brcaley & Myers（2000）則認爲自由現金流量，應等於來自營業的現金流量，減掉淨資本支出耗用的現金流量；至於營運資本的變動，則不在自由現金流量的計算範疇之內。其公式如下[15]：

PV（firm）＝ PV（FCF）＝ PV（Earnings － Net Investment）
＝ PV（OCF － Gross Investment）

其中盈餘計算時已扣除折舊，故淨投資額亦爲減除折舊後的淨額；透過各年度盈餘與現金流量預測和投資金額估計，便可計算得知目標公司的交易現值。茲以 Brealey & Myers（2000）的自由現金流量計算觀點說明，假設 A 公司想收購 B 公司（目標公司），根據目標公司的財務預測顯示，公司盈餘在初期成長較爲快速，前三年可維持 20% 的盈餘成長率，目標公司亦將資金投入具有長期效益的投資計畫，之後將會由於產業競爭的因素而使盈餘成長趨緩，第四年、第五年將維持 10% 的盈餘成長率，在第六年以後將步入產業成熟期，公司只能維持 8% 的年度盈餘成長率，而主併公司要求的必要報酬率爲 14%。由於初期目標公司成長較快，資金投入較多，故目標公司前四年的自由現金流量爲負值，第五年之後才會出現正的自由現金流量。B 公司未來的年度盈餘，投資淨額與盈餘成長率資料如下：

[15] 參見 Brealey, Richard A. & Myers, Stewart C. (2000), *Principles of Corporate Finance*, 6th, eds., McGraw-Hill Companies, Inc., p.78.

	第一年	第二年	第三年	第四年	第五年	第六年	第七年
年度盈餘	1 億	1.2 億	1.44 億	1.58 億	1.74 億	1.88 億	2.03 億
投資淨額	2 億	2 億	1.80 億	1.60 億	1.20 億	0.6 億	0.80 億
自由現金流量	－1 億	－0.8 億	－0.036 億	－0.02 億	0.54 億	1.28 億	1.23 億
盈餘成長率	20%	20%	20%	10%	10%	8%	8%

此時我們不難發現，此一計算其實與「股利非固定成長模式」的計算方式相近，唯一的不同只是將「股利」換爲「自由現金流量」。故我們首先應找出固定成長階段的企業價值，也就是第六年以後 8% 成長的部分，其價值爲：

PV（固定成長階段的企業價值）

$=〔1／(1+0.14)^5〕×〔1.28／(0.14-0.08)〕$

$=11.08$（億）

故 PV（目標企業價值）

＝PV（前五年現金流量價值）＋PV（固定成長階段的企業價值）

$=-1／(1+14\%)^1-0.8／(1+14\%)^2-0.36／(1+14\%)^3-0.02／(1+14\%)^4+0.54／(1+14\%)^5+11.08$

$=9.83$（億）

因此，當 A 公司要收購 B 公司時，9.83 億便可成爲雙方價格協商的起點。除了前述的計算方法外，自由現金流量還有其他的計算方法，如 Rappaport 法、Copeland 法等[16]；由於不同的企業價值計算方法假設互異，故企業價值的計算結果往往存在著很大的討論空間。

[16]在 Rappaport 法下，自由現金流量＝上期銷售額 ×（1＋銷售成長率）× 邊際利潤 ×（1－稅率）－淨投資支出；在 Copeland 法下，自由現金流量＝稅後淨利（NOPLAT）＋折舊（或攤提）－淨投資支出。從公式來看，Rappaport 法的計算邏輯與前述的方法不同，但 Copeland 法計算得出的自由現金流量則與 Brealey & Myers（2000）的自由現金流量相同。參見蔡嘉文（2003），〈金融控股公司購併行爲之價值分析——以國泰金融控股公司購併世華銀行爲例〉，中正大學企業管理研究所碩士論文，頁 56。

在「調整現值評價法」（APV）下，則是先根據現金流量計算企業價值，之後，再將併購的外溢效果納入評估，作爲併購價格協商的依據。爲有效衡量併購的外溢效果，因此APV法採取三階段的價值評估過程，在第一階段中先計算事業風險（business risk），故假定主併公司企業以100%發行新股的方式取得併購所需要的資金，以併購目標公司，並計算目標公司的併購價值；第二階段再計算併購的相關費用，與併購可能產生的財務影響；第三階段則將第一階段的併購價值，加上第二階段的外溢效果，形成併購公司調整後心目中的企業價值。

舉例來說，假定A公司目前正在洽商併購B公司的S事業部，假設其以100%發行新股方式取的資金，根據S事業部折現的自由現金流量，配合100%股權公司的資金成本率作爲折現率，得出的價值爲20.5億（第一階段）。然實際上，各公司都有其目標的資本結構，很少會以100%的股權方式取得資金，故併購的資金結構中通常都會包括部分的「負債」，故可能產生利息費用造成的稅賦減免（稅盾），故應計算新股發行成本與稅賦減免的價值；茲假設資金發行成本爲0.16億，稅賦減免的價值爲1.05億（第二階段）。根據前兩階段計算出來的結果，故第三階段「調整現值評價法」計算出來的目標公司價值等於21.39億（20.5億－0.16億＋1.05億）。此時20.34億（20.5億－0.16億）至21.39億間，都將成爲併購雙方價格協商的範疇，而這也是主併公司能夠接受的價值範圍。

（三）市場相對評價法

此法是以市場上類似於目標公司的企業作比較的對象，根據該企業的市價與相關指標，計算出一個比值，再將目標公司的相關資料與此一比值進行比較，以得出相對的企業價值。此處所謂的「類似」，係指在「營運內容」與「營運規模」的各項特徵上，與目標公司相近；然由於企業的競爭策略不同，故在實務中，往往不易同時兼顧二者，僅能在前述二者取其一。故採取此法進行企業評價時，往往還需要進行企業價值的

調整。

在市場相對價值法下，常見的評估方法包括本益比法（Price to Earnings approach）、市價淨值法（Price to Book Value approach）、市價銷售法（Price to Sales approach）、市價自由現金流量法（Price to Free Cash Flow approach）、Tobin Q 法與經濟附加價值法（Economic Value Added approach, EVA）等。

首先就「本益比法」來看，此法是先計算出「類似」比較公司的本益比（市價除以每股盈餘），再將此一本益比乘上目標公司的每股盈餘，即可得出目標公司的股價。

就「市價淨值法」來看，就是將「類似」比較公司的股價除以每股淨值，再將此一乘數（multiplier）乘以目標公司的每股淨值，即可得出目標公司的股價，這也是市場附加價值（Market Value Added, MVA）的一種衡量方式[17]，而市場附加價值（MVA）通常應該等於未來各期經濟附加價值（EVA）現值的總和。

在「市價銷售法」下，是將「類似」比較公司的股價除以每股營業額，再將此一乘數乘以目標公司的每股營業額，即可得出目標公司的股價。至於「市價自由現金流量法」，則是以「類似」比較公司的每股市價除以每股自由現金流量，之後再換算成目標公司的每股價值。

Tobin Q 係數的計算等於企業的「市場價值」（包括普通股市價、特別股市價、長期負債、短期負債等[18]）除以企業有形資產的「重置價值」。在應用時，主併公司可根據「類似」比較公司計算得出的 Tobin Q

[17]所謂市場附加價值（MVA），就是負債與權益的市場價值，減去負債與權益的帳面價值；當企業的負債市價與帳面價值差異不大時，則 MVA 將等於股東權益的市場價值，減去股東權益的帳面價值。它可採數額的方式表示，顯示股票市價與面值之間的差額；亦可採用相對比值的關係表示，顯示股票市價與面值之間的比值。通常市價面值間的比值愈大，顯示企業未來有較高的成長價值。

[18]參見 Lang, L. H. P. & R. H. Litzenberger (1989), Dividend Announcement: Cash Flow Signalling vs. Free Cash Flow Hypothesis? *Journal of Financial Economics,* 24, pp.181-191.

係數，將此一係數乘以目標公司有形資產的重置成本，即可得出目標公司整體的企業價值，此一企業價值扣除負債與特別股的部分，即爲目標公司普通股權益的價值。

至於「經濟附加價值法」（EVA），則是將稅後淨利扣除企業的資金成本後，作爲經濟附加價值計算的依據，它也是企業綜合實力的指標。它是一種經濟利潤與剩餘所得（Residual Income, RI）的概念，其計算方式如下[19]：

經濟附加價值＝稅後營業淨利－（加權平均資金成本率 × 總投入資本）

而在計算總投入資本時，除應採計股東權益與計息負債之外（＝總資產－流動負債），亦需將具有未來經濟效益的各項費用一併納入考慮（如研發費用、員工訓練費用、廣告費用、交際費用等），如此才能眞實反應企業爲獲取未來報償所從事的實際投資。由於在現有的會計原則處理中，對於這些具有長期效益的支出，都是以費用認列，故如採取EVA法時，則須將這些項目資本化，並在年度間進行攤提。如將「稅後營業淨利」除以「總投入資本」，可以得出投入資本報酬率，此時經濟附加價值便等於：

經濟附加價值＝（投入資本報酬率－加權平均資金成本率）× 總投入資本

就理論上來說，企業的價值應與企業的經濟附加價值有高度的關連性，故我們可將企業價值與經濟附加價值劃上等號，並可透過剩餘報酬率（residual rate of return）的數額，來界定企業價值與經濟附加價值之間的比值。因此，以EVA估計企業價值的方式有二，第一種方式是透過迴

[19]參見 Stewart, T. (1994). Your company's most valuable asset: intellectual capital, *Fortune*, Oct., pp.68-74.

歸分析的方式，進行產業內的參數估計，其公式如下：

（企業價值／總投入資本）＝α＋β×（投入資本報酬率－加權平均資金成本率）

第二種則是透過相對比較的關係，找出「類似」比較公司股票市價與經濟附加價值之間的比值，之後，再根據目標公司的經濟附加價值，計算出目標公司的併購價值。有關「經濟附加價值」的詳細內容，擬於下一章中再進行較爲深入的介紹，此處僅簡要敘述其與企業價值的關係，其餘部分不加贅述。除前述的方法外，在實務應用上，投資銀行亦常採用「重組價值」（value after restructuring）作爲併購企業的評價方法，也就是主併公司在併購目標公司後，將目標公司的各部門進行重組，並將其分別出售的價值，而這種方法也是前述三種評價方法的應用。

會計價值評估法、折現價值評估法與市場相對評價法三種方法的決策意義並不相同。由於財務報表資訊需建立在會計原則之上，會計原則對於資產認定的處理方式，往往也會影響財務報表的帳面值與市價之間的差距。就經濟決策的觀點來看，當前的交易價格通常可以反映了投資人對未來獲利的預期，故從市場與競爭的觀點而言，當評估方法愈接近市場價值或是重置價值，則其與經濟決策的關連性愈高。但如併購的目標公司並非上市、上櫃公司，在欠缺市場交易價格的情形下，市場相對評價法將無法適用，故只能退而求其次，採用估計未來現金流量的折現值，或是採用會計基礎價值的方式，來評估併購目標公司的價值。

然從前述的各種評價方法中，我們不難發現，併購雙方的假設基礎不同，常會導致併購價值的計算出現差異，再加上未來盈餘與現金流量估計本身可能存在的誤差，故併購評價的計算結果，常常只是作爲併購雙方價格協商的起點，而非終點。再者，由於併購活動本身牽涉甚廣，加上企業併購過程的複雜性，故在併購活動中，除需要依賴公司高階管理者明確的策略思考外，亦常需要一些併購的合作夥伴，如投資銀行、會計師事務所、法律事務所等相關機構的協助，才能達成其預期的併購目的。

第十五章
經濟附加價值及表外融資

企業的財務報表是建構在歷史成本的基礎上，歷史成本描述的是資產過去的價值，而財務資訊使用人的經濟決策，關心的卻是資產未來的價值，二者之間的差異，經常成爲「攸關性」與「可靠性」的討論課題。早在1960與1970年代間，便有學者嘗試建立不同於歷史成本的衡量基礎，如現時成本、重置成本、淨變現價值等，但最終都因爲歷史成本確實存在許多優點，而都告失敗；之後，在1990至2000年間，又因知識經濟與智慧資本的興起，導致歷史成本面臨一些新的挑戰。回顧這些對於歷史成本的討論歷程，不難發現，一方面雖彰顯了歷史成本雖有其牢不可破的優點，但也同時暴露了現行的企業財務表達，確實存在著一些值得討論的空間。在本章中將就此方面進行概略的探討，全章計分爲三個小節，第一節將探討近年來廣爲大家注意的「經濟價值分析」，第二節將說明一些常見的資產負債表外融資方法，這也是無法從資產負債表數字上直接看出內容的融資方法，最後一節則提出財務比率分析應用上的限制。

第一節　經濟附加價值分析

企業價值與績效衡量，一向爲市場參與者關切的課題。近年來由於知識經濟的興起，雖促使財務報表使用人對於無形資產價值的重視，但在傳統的財務績效衡量上，卻仍受限於一般公認會計原則（GAAP）的規範，無法認列具有長期效益的無形資產，導致企業的帳面價值與市場價值之間的歧異日漸加大。如企業的研發支出與長期的競爭獲利有關，具有長期的經濟效益，但依現行GAAP的處理，卻必須列爲年度費用；或如廣告支出常與企業形象與商譽（超額的獲利能力）有關，但在現行GAAP下，亦須以年度費用處理；再者如員工訓練費用，常與知識經濟的智慧資本有關，會影響企業長期的競爭力，在現行GAAP下亦同樣必

須作爲年度費用處理。再者，在傳統的財務績效衡量指標下，亦只計算負債資金的利息成本，忽略了權益資金的資金成本，導致企業投入資本估計失眞。

因此，如何找出與企業績效關連的指標，並有效衡量企業資源運用的整體績效，以瞭解企業眞實的價值，便成爲市場參與者共同關切的課題。而經濟附加價值（EVA）也就在這樣的背景下，於1980年代後期由Stern Steward & CO.財務顧問公司提出，並在2000年間獲得廣大的迴響。

一、剩餘利潤

傳統的會計績效衡量方法，存在幾個常見的問題，包括：（1）管理當局的裁量權：管理當局對於會計政策及衡量上，有相當程度的影響力；而管理當局的報償計畫（compensation program）通常是建立在年度盈餘的基礎上，因此也增加了管理當局操弄盈餘的可能性；（2）盈餘成長並不等於股東財富增加：從盈餘的觀點來看，只要投資報酬率爲正，盈餘就會增加；但從股東財務的觀點來看，投資在低報酬率的資本支出上（低於資金成本率），卻會減損股東財富及降低企業價值；（3）衡量偏差與誤導：過去會計衡量重視實體的有形資產，忽略有價值的無形資產，故以會計盈餘與會計報酬率來看，導致投資大型機器設備的產業（作爲資產），其會計盈餘常較投資大量研發費用的產業爲高。但如以會計報酬率（以營業淨利加上折舊，除以淨資產計算）來看，則常會發現資產隱藏愈多的產業，其會計報酬率愈高。面對傳統會計績效衡量方法可能存在的問題，故引發了學者在其他績效衡量方法上的討論。

「經濟附加價值」的觀念並非新創，早在1950年間GE公司便提出了剩餘利潤（RI）的觀念；唯於當時RI的計算仍建構在GAAP的基礎上，結合責任中心的利潤績效，作爲責任中心的績效評估之用。因此在應用RI時，須先根據全公司的加權平均資金成本，作爲責任中心的目標報酬率；之後，再依照責任中心使用的資產總額乘以前述之目標報酬率，作爲該責任中心應該完成的責任利潤（目標利潤）。故當公司稅前息前淨利超過責任利潤時（RI ＞ 0），該責任中心會出現正的利潤績效；反之，利潤績效則爲負值。

在目標利潤的決定上，可以採用公司設定的目標報酬率，也可以根據部門的資金成本率（部門營運風險不同，其資金成本率不同）；爲便於與 EVA 連結，此處暫以部門的資金成本率進行說明。舉例來說，假設某公司有兩個部門，部門 A 與部門 B，分別投入資本 5 億與 4 億，其稅前息前淨利（EBIT）分別爲 1.3 億與 1.05 億，公司的加權平均資金成本爲 20%，相關資料如**表 15-1**。

傳統上盈餘的計算，是以稅前息前淨利減去利息費用，據以得出稅前淨利與稅後淨利；這種計算方式，考慮了負債資金的資金成本，但對於權益資金的資金成本卻略而不計。而在**表 15-1**RI 的計算中，則是將稅前息前淨利，減去企業平均的資金成本（使用資本×加權平均資金成本率），同時考慮負債與權益資金的資金成本後，所餘下的數額則爲剩餘利潤。以**表 15-1** 來看，部門 A 的剩餘利潤爲 0.3 億，部門 B 的剩餘利潤爲 0.25 億，部門 A、B 剩餘利潤的差額爲 0.05 億；這 0.05 億差異的產生，則是因爲 A 部門較 B 部門多使用了 1 億的資金，而這 1 億元資金的報酬率較公司加權平均的資金成本率高出 5% 所致（1 億 × 5% ＝ 0.05 億）。

RI 的應用與投資計畫分析的淨現值法（NPV）有相當密切的關聯，如在**表 15-1** 中顯示公司管理當局目前對 B 部門正考慮兩個方案，即是否

表 15-1　部門資本投入、稅前息前淨利與剩餘利潤

	部門 A	部門 B	部門 B：投資	部門 B：撤資
資本投入	$500,000,000	$400,000,000	$470,000,000	$320,000,000
稅前息前淨利	$130,000,000	$105,000,000	$118,000,000	$92,000,000
減：資金成本	100,000,000	80,000,000	94,000,000	64,000,000
剩餘利潤	$30,000,000	$25,000,000	$24,000,000	$28,000,000

「要增加資本投入到4.7億」（部門B：投資）？或是「處分部分資產，降低資本投入數額至3.2億」（部門B：撤資）？就「投資」方案來看，使用資本增加0.7億，但稅前息前淨利僅增加0.13億，使用資本報酬率未達公司的資金成本率20%（0.13 ÷ 0.7 = 18.57%），故RI會由原有的0.25億降至0.24億。就「撤資」方案來說，部門B使用資本減少0.8億，但稅前息前淨利只減少0.13億，撤資所造成的淨利減損僅為16.25%，較公司要求的20%資金成本率為低，因此，RI會由原有的0.25億增加到0.28億。從上述的計算中，不難發現RI計算結合了資金成本率（折現率）的觀念，與NPV的計算邏輯並行不悖。

在1980年代後期，Stern Steward & CO.則將剩餘利潤的觀念，配合財務經濟理論進行修改，發展出經濟附加價值的財務績效衡量指標，並將其英文字母的名稱Economic Value Added（EVA）註冊登記；該公司宣稱EVA將可取代盈餘，成為內部管理的績效衡量指標，以及外部報導之財務績效衡量指標。在1990年以後，EVA法也廣泛受到市場重視，如瑞士信貸第一波士頓銀行（Credit Swiss First Boston）、高盛公司（Goldman Sachs）、摩根銀行（JP Morgon）等知名企業，均採用EVA作為股票投資評估的主要方法[1]，全球亦有三百家等知名企業如可口可樂、西門子等以EVA作為績效衡量與獎勵機制[2]。*Fortune*於1993年起開始報導Stern Steward & CO.提供的1000大企業的經濟附加價值；而國內《會計研究月刊》亦於2005年元月首度報導台灣50經濟附加價值的排名榜，顯示EVA法正日益受到重視。

---

[1]參見Ehrbar, A. (1998), *EVA: The Real Key to Creating Wealth,* New York: John Wiley & Sons, Inc.,

[2]參見陳依蘋（2005），〈從EVA觀點看企業價值提升〉，《會計研究月刊》，一月，230期，頁28。

二、經濟附加價值計算

EVA 法與過去 RI 的剩餘利潤衡量方式有兩點不同[3]：（1）以往 RI 的資金成本計算，是採適用全公司的加權平均資金成本（WACC）；但 EVA 的方法則是建立在財務經濟學的基礎，以資本資產訂價模型（CAPM）來評估個別事業部門的風險，並可根據該事業部門的風險程度，決定部門的資金成本；（2）過去 RI 的計算，是建立在 GAAP 的基礎之上，但 EVA 法則不然，它須將財務報表中，因採用 GAAP 而扭曲的價值調整回來。

因此，經濟附加價值的計算過程，雖仍以「稅前息前淨利」爲基礎，減去公司投入資本的資金成本，但是在適用的投入資本（invested capital）與部門資金成本率的採計上，則與過去 RI 採用的方式不同。就投入資本來說，公司的總投入資本將等於權益資金、計息負債資金，再加上約當權益準備項目（equity equivalent reserves）；而這些約當權益準備項目，係因適用一般公認會計原則，造成企業資本的潛在扭曲（potential distortion），故需於計算企業投入資本時，將其加計回來。至於在資金成本率上的討論，則可分爲兩個層面，首先就個別策略事業部門（SBU）的層面上，由於 SBU 本身具備籌資與融資的能力，故可根據 SBU 的營運風險與資本結構，決定個別 SBU 適用的資金成本率。至於在公司層次的分析上，則可根據公司的資本結構，計算出加權平均的資金成本率。故就公司層次的分析而言，假設投入資本計算並未造成 EBIT 變動下，EVA 應等於投入資本報酬率（Return on Invested Capital, ROIC）與 WACC 二者之間的差異，乘上總投入資本的數額。亦即：

---

[3] Kaplan, Robert S. & Atkinson, Anthony A. (1998), *Advanced Management Accounting*, 3rd, Prentice Hall, Inc., New Jersey, U.S.A. p.508.

EVA＝稅前息前淨利－資金成本

＝（投入資本報酬率×總投入資本）－（加權平均資金成本率×總投入資本）

＝（投入資本報酬率－加權平均資金成本率）×總投入資本

此一觀念可同時適用於稅前淨利與稅後淨利的計算情境，只不過在稅前與稅後報酬率的計算上略有不同。而在計算總投入資本時，則較為複雜，為將財務會計的利潤數字轉換為經濟利潤的概念，我們需加計「約當權益準備項目」，將其視為總投入資本的一環，並需對這些具有長期效益的項目，進行年度間的成本分攤，以正確計算企業的淨利。由於這些項目可能造成所得稅計算上的永久性差異，故採用稅後息前淨利（Earning Before Interest but After Tax, EBIAT）的計算方式，顯然較稅前息前淨利更有意義。此時，EVA 將等於稅後淨營業利益（Net Operating Profit After Tax, NOPAT），減去負債與權益的資金成本，故：

EVA＝稅後淨營業利益－（加權平均資金成本 × 總投入資本）

其中稅後淨營業利益與總投入資本均需透過財務報表，調整「約當權益準備項目」之後才能得到。故經濟附加價值的計算，大致依循以下幾個步驟：

1.計算稅後息前淨利（EBIAT），此一數字亦稱為稅後淨營業利益（NOPAT），此一盈餘需配合「約當權益準備項目」進行成本與費用的調整。

2.計算總投入資本，將不計息的流動負債從投入資本中移除，並加計及調整「約當權益準備項目」，以求算出企業的總投入資本。

3.計算投入資本報酬率，亦即以「稅後息前盈餘」除以「總投入資本」。

4.計算「加權平均資金成本率」（WACC）。在負債的資金成本率計算

上，係採稅後加權平均的資金成本率；而權益資金的資金成本計算，則依資本資產訂價模式（CAPM）計算，以 $E(R_i) = R_f + \beta_i \times (R_m - R_f)$ 的公式估計。故：

$$WACC = R_D(1 - T) \times \omega_D + R_E \times \omega_E$$

其中

R_D，R_E：負債與權益資金的稅前資金成本

ω_D，ω_E：兩種資金依市價計算的相對權重

T：公司的所得稅率

而結合總投入資本計算與調整項目後，負債資金與權益資金的數額與相對權重，將與會計基礎的帳面數值不同，故在 ω_D、ω_E 的計算上改變，也會影響原有的WACC計算結果。

5.計算經濟附加價值。計算方式大致有二，一是以稅後息前淨利減去投入資本的資金成本（＝總投入資本 × 加權平均資金成本率），得到經濟附加價值；二是以總投入資本乘以超額報酬率（＝投入資本報酬率－加權平均資金成本率），計算得出經濟附加價值。

從前述經濟附加價值的計算過程不難發現，只要企業的ROIC ＞ WACC，就會出現超額報酬率；EVA ＞ 0的結果，將導致企業價值的提升。反之，若企業的ROIC ＜ WACC，則EVA就必然會小於0，並導致企業價值下跌的現象。

EVA的計算可與「來自營業現金流量」（CFO）結合，如Biddle et al.（1999）認爲：

EVA＝來自營業現金流量＋應計調整＋稅後利息費用－加權平均資金成本＋約當權益準備項目調整

其中

來自營業現金流量＋應計調整＝淨利（NI）

來自營業現金流量＋應計調整＋稅後利息費用

＝稅後淨營業利益（NOPAT）

來自營業現金流量＋應計調整＋稅後利息費用－加權平均資金成本

＝剩餘利潤（RI）

從計算中不難發現，NI與NOPAT僅計算負債資金的資金成本，易產生「免費權益資金」的錯誤認知；而RI則同時計算負債資金與權益資金的加權平均資金成本，故可避免「免費權益資金」的誤解。

三、「約當權益準備項目」調整

傳統的企業獲利指標計算，是根據穩健的一般公認會計原則計算而得；計算的過程採用應計基礎而非現金基礎，且未描繪企業永續經營的價值。為避免適用傳統會計原則所造成的價值扭曲，故在EVA法下，須將會計淨利（accounting profit）轉換為經濟淨利（economic profit），將會計帳面價值（Accounting BV）轉換為經濟帳面價值（Economic BV）；而這種調整則需透過「約當權益準備項目」逐一計算。重要的調整項目包括：研發成本（與長期獲利能力有關，應資本化並分期攤銷）、行銷成本（與超額獲利能力有關，應資本化並分期攤銷）、員工訓練費用（應資本化並分期攤銷）、存貨計價方法（稱為後進先出準備，LIFO Reserve，將其一律改為先進先出法）、遞延所得稅（改採現金流量的觀點，以NOPAT加減本期與前期遞延所得稅的變動）、營業租賃（將其視為資本租賃，計算出之利息費用將調整NOPAT）、商譽（商譽不攤銷，其攤銷費用加回NOPAT）、折舊（採用償債基金法提列折舊，故資產價值亦隨折舊攤銷而減少）、壞帳（經理人員可操縱，故將應計基礎改為現金基礎；備抵壞帳應加回總投入資本，而前後期備抵壞帳之差額亦應計入

NOPAT)、在建工程(沒有經濟效益，應由總投入資本中剔除)、停業部門損益、非常損益及會計變動累積影響數(NOPAT計算應排除這些項目，且其資產與負債，亦應從總投入資本中扣除)，以及其他資產負債表外融資項目(營業租賃以外的表外融資項目)等。

由於會計價值計算與經濟價值計算的差異之處甚多，故「約當權益準備項目」的調整，便在充分反映交易的經濟實質，減少因適用會計原則所造成的價值扭曲，並意圖避免經理人員可能出現的反功能決策。然由於Stern Steward & CO.提出的會計調整項目，便高達一百六十四項，在實務運作上非常複雜，故Stewart(1996)認為可透過以下四個原則進行測試，以決定某一會計項目是否需要調整：

1.調整後的經濟附加價值，金額是否重要？此即重要性原則的適用。
2.調整項目資料是否客觀且易於取得？
3.實際計算人員是否瞭解此一方法？
4.管理人員是否可能會影響計算結果？這是慮及反功能決策。

如果上述四個答案均為「是」，則應進行會計項目的調整，否則則可暫時略而不計，以降低調整過程的複雜性。Stern Steward & CO.認為計算稅後淨營業利益(NOPAT)與總投入資本(IC)有兩種方式，一種是營運法(Operating Approach)，另一種是融資法(Financing Approach)。在營運法下，「總投入資本」是從資產層面進行調整，以淨營運資金(net working capital，流動資產減去流動負債)加計長期資產及相關調整項後而得；「稅後淨營業淨利」則依損益表計算順序，從銷貨收入開始，減去相關成本與費用，並調整「約當權益準備項目」所造成的損益計算變動，扣除實際支付的所得稅後而得。至於在「融資法」下，「總投入資本」是從負債及股東權益的層面進行調整，除計算計息負債與負債調整項外，並計算「約當權益準備項目」，將其納入約當權益項下計算而得；而「稅後淨營業淨利」則是從稅後淨利開始，調整「約當權益準備項目」

造成的稅後營業淨利影響計算而得。而這兩種方法計算出來的數字結果，並無不同。

茲以 Dierks & Patel（1997）提出的計算釋例說明在這兩種計算方法下，NOPAT 與 IC 計算上的差異，此一計算釋例曾經王泰昌、劉嘉雯（2000）改編。此處引述王泰昌、劉嘉雯（2000）改編後的釋例，讀者可根據本書在上一段中，對於營運法及融資法的描述，自行對照內容，便可瞭解兩種方法在計算基礎上的差異。（參考**表 15-2** 至**表 15-7**）

表 15-2　假設的資產負債表

資產負債表					（單位：千元）
資產			負債及股東權益		
現金	$ 35		短期負債（10%）	$ 100	
應收款（淨額）	190		應付帳款	150	
存貨	190		應付所得稅	20	
其他流動資產	95		其他流動負債	200	
總流動資產		510	總流動負債		$ 470
固定資產淨額		530	長期負債（8%）	$ 150	
商譽		75	其他長期負債	120	
其他長期資產		120	遞延所得稅負債	70	340
			總負債		810
			股東權益		425
總資產		$ 1,235	總負債及淨值		$ 1,235

資料來源：王泰昌、劉嘉雯（2000），〈經濟附加價值（EVA®）的意義與價值〉，《中華管理評論》，Vol. 3，No. 4，頁 15-31。

表 15-3　假設的損益表

損益表		（單位：千元）
銷貨收入淨額		$ 2,000
銷貨成本		1,670
銷貨毛利		330
減：銷管費用	$ 185	
折舊	20	
商譽攤銷	15	
其他營業費用	50	
總營業費用		270
營業利益		60
利息費用		22
其他收入		12
稅前淨利		50
減：所得稅（40%）		20
稅後淨利		$ 30

資料來源：王泰昌、劉嘉雯（2000）。

在「營運法」下，總投入資本及稅後淨營業利益，計算過程分別顯示如下：

表 15-4　營運法下的總投入資本

	單位（千元）	
現金		$ 35
應收款淨額		190
存貨		190
後進先出準備（LIFO reserve）		10
其他流動資產		95
流動資產		520
應付帳款	$ 150	
應付所得稅	20	
其他流動負債	200	
不付息之流動負債（NIBCL）		370
淨營運資金		150
固定資產淨額	$ 530	
營業租賃之現值	50	
調整後的固定資產		580
商譽	75	
累積已攤銷的商譽	50	
調整後的商譽		125
其他長期資產		120
運用資本（營業法）		$ 975

資料來源：王泰昌、劉嘉雯（2000）。

表 15-5　營運法下的稅後淨營業利益

	單位（千元）	
銷貨收入淨額		$ 2,000
銷貨成本		1,670
銷貨毛利		330
減：銷管費用	$ 185	
折舊	20	
其他營業費用	50	
後進先出準備之增加	(2)	
利息費用－營業租賃	(4)	249
淨營業利益		81
其他收入		12
稅前淨營業利益		93
所得稅費用	$ 20	
減：遞延所得稅之增加	5	
加：利息費用之節稅效果	10	
實際支付之所得稅		25
稅後淨營業利益（營運法）		$ 68

資料來源：王泰昌、劉嘉雯（2000）。

在「融資法」下，總投入資本及稅後淨營業利益的計算過程，分別列示如下：

表 15-6　融資法下的總投入資本

	單位（千元）	
短期負債（10%）		$ 100
長期負債（8%）		150
營業租賃之現值		50
其他長期負債		120
總負債及租賃		420
股東權益		425
加：約當權益		
累積已攤銷的商譽	$ 50	
後進先出準備（LIFO reserve）	10	
遞延所得稅負債	70	
約當權益總數		130
調整後的股東權益		555
運用資本（融資法）		$ 975

資料來源：王泰昌、劉嘉雯（2000）。

表 15-7　融資法下的稅後淨營業利益

	單位（千元）	
稅後淨利		$ 30
加：權益調整		
遞延所得稅之增加	$ 5	
商譽之攤銷	15	
後進先出準備之增加	2	
約當權益總數		22
調整後之淨利		52
利息費用	$ 22	
利息費用－營業租賃	4	
	26	
利息費用之節稅效果	10	
稅後利息費用		16
稅後淨營業利益（融資法）		$ 68

資料來源：王泰昌、劉嘉雯（2000）。

與 RI 觀念相近的績效衡量指標，除了經濟附加價值的概念外，還有由 McKinsey & Company 提出的經濟績效（Economic Performance, EP）指標。經濟績效的衡量與 EVA 相當類似，係以「投入資本」乘上「投資報酬率」與「資金成本率」之間差額計算而得，其公式如下[4]：

經濟績效 EP ＝（投資報酬率－資金成本率）× 投入資本

四、EVA 法的實證與應用

吳啓明（2005）曾針對台灣 50 指數成分股票公司，計算 EVA 及其他衡量營運效率的指標。台灣 50 指數（TSEC Taiwan 50 Index）是台灣證券交易所於 2001 年 10 月推出，挑選我國集中交易市場中具有代表性的五十家知名度高的大型公司股票編製而成。在台灣 50 成分股中，主要區分為

[4] 參見 Brealey, Richard A & Myers, Stewart C., (2000), *Principles of Corporate Finance,* 6th, McGraw-Hill Companies, Inc., U.S.A. p.328.

傳產、電子及金融三大產業；其中傳統產業有台塑、中鋼等十五家公司，而電子產業則包括台積電、聯電、中華電等二十四家公司，至於金融產業則包括國泰金控、富邦金控、台新金控等十一家公司。

在研究中，吳啓明及相關研究團隊應用了EVA的計算指標和相關的效率指標，進行一年期（2003年第四季至2004年第三季）、三年期及五年期的比較；相關應用的指標包括經濟附加價值（EVA）、投入資本報酬率（ROIC）、銷售利潤率（PM）、資本週轉率（Turnover）、固定資產週轉率（FATO）、現金週轉天數（CCC）、再投資率（Reinv）、加權平均資金成本（WACC）、新增投入資本報酬率（IROIC）及經濟附加價值變動數（△EVA）。各項指標的相關計算公式如下：

EVA＝（投入資本報酬率－加權平均資金成本）× 投入資本 IC

ROIC＝稅後淨營業利潤÷ 投入資本

PM＝稅後淨營業利潤÷ 銷貨淨額

Turnover＝銷貨淨額÷ 投入資本

FATO＝銷貨淨額 ÷ 固定資產淨額

CCC＝應收帳款週轉天數＋存貨週轉天數－應付帳款週轉天數

Reinv＝投入資本變動數÷ 營運現金流量

$WACC = K_d \times (1 - T) \times D / (D + E) + K_s \times E / (D + E)$

IROIC＝稅後淨營業利益變動數 ÷ 投入資本變動數

△EVA＝（新增投入資本報酬率－增額加權平均資金成本）×投入資本變動數

結果發現2004年間單一年度，EVA排名前十名的企業分別是台積電、中華電、台塑化、中鋼、友達、台化、台塑、奇美電、聯發科及南亞；其中傳統產業占了六家，電子產業占了四家，金融產業的EVA均未擠入前十名（國泰金控排名第十一）。以EVA的正負數值來看，五十家公司中有四十家公司的EVA爲正值，有十家的EVA爲負值（包括寶成、台達電、南科、大同、統一等十家公司）；而在EVA正值的公司中，最大的台積電EVA數額，亦為最小的裕隆公司EVA數額的208倍。至於在三年期的EVA計算上，EVA為正值的公司僅約二十家，而EVA為負值的公司，則擴增至十七家（有十三家資料不全無法計算）；如以五年期的EVA計算，EVA為正值的公司亦為二十一家，而EVA為負值的公司，則有十六家（有十三家資料不全無法計算）。如以一年期、三年期、五年期的EVA一起比較，不難發現僅編號2412的中華電、2330的台積電、2002的中鋼與3045的台灣大等四家公司，大致仍能維持相當不錯的EVA外，其餘多數公司的EVA均不太理想。

在台灣50成分股中，以投入資本與相對的EVA創造值來看，2004年單一年度電子產業投入了43%的資本，創造出60%的EVA，投入資本報酬率約為150%；傳統產業投入了24%的資本，創造出27%的（EVA），投入資本報酬率約為110%；但金融產業投入了33%的資本，卻只創造出13%的EVA，投入資本報酬率僅為39%，顯示金融產業的營運效能亟待提升。

除了前述的研究發現之外，相關的研究也顯示EVA應該是相當有意義的營運績效指標；如Stewart（1990）的研究發現，經濟附加價值（EVA）與市場附加價值（MVA）之間存在著高度的關聯性，而Stern Stewart Management Services（1993）也認為EVA是影響股票報酬最重要的指標。在Lehn & Makhija（1997）的研究發現，EVA對股票報酬的解釋能力，遠超過傳統的資產報酬率、股東權益報酬率及銷貨報酬率等；或如Chen & Dodd（1997）的研究發現，EVA較傳統的績效指標（EPS、資產報酬率、股東權益報酬率）更能解釋股票報酬的變動。這些都顯示EVA可能具有經濟決策的意涵，有助於評估企業的經營效能。

以經濟附加價值作為績效衡量的指標，推動時往往必須結合內部的獎酬計畫，才能影響內部的管理行為。如Wallace（1998）的研究顯示，結合內部獎酬計畫推動EVA的公司，公司內部不僅會重視資金成本，增

加公司的舉債程度，也會提升營業效率，增進資金的使用效能（如縮短應收帳款收現天數、拉長應付帳款付現天數等）。

而國內亦有類似的EVA研究，但結果則較不一致；如張耿豪（1998）比較EVA法與傳統財務方法下，資訊係數的差異，結果發現EVA法得到的結果，較其他財務指標為佳。在許乃立（2001）的研究中，也發現在台灣半導體產業中，EVA法的財務指標，較傳統財務績效評估指標更能解釋股票報酬的變動；同樣的，在吳慧娟（2001）、徐昌榮（2003）的研究中也發現類似的結果。而在張仲岳、邱世宗（2000）的研究中，則發現依現行一般公認會計原則編製的財務資訊，其與股價的攸關性高於EVA法下的財務資訊；而在許文綺（2001）、邱俊仁（2005）的研究中，也獲致了類似的研究結果。

第二節　資產負債表外融資

從資產負債表的結構來看，負債與股東權益顯示了企業資金的來源，而資產則顯示了企業資金的配置，故當企業取得資產營運時，便應同步記錄取得資產所動用的資金。企業取得資產營運，依其是否顯示在資產負債表上分為兩類，一是資產負債表內融資（on-balance sheet financing），二是資產負債表外融資（off-balance sheet financing）。所謂「資產負債表內融資」，指的是企業透過負債或股東權益以取得營運所需的資金，並以負債或權益的方式，顯示在企業的資產負債表上；而動用資金所取得的資產，亦將同時顯示在企業的資產負債表上。至於「資產負債表外融資」則正好相反，它是指企業取得營運所需的資產或資金，卻無需在資產負債表中列示負債與股東權益的增加，無需顯示相關的利息費用，亦無需顯示對應的資產增加，此亦稱「表外融資」或「帳外融資」。

採取「資產負債表外融資」大致有四個好處：（1）是透過低列負

債，使得財務槓桿比率（負債／股東權益）降低，可擴增企業的舉債能力；（2）是低列負債與相關的利息費用，可提升利息保障倍數（稅前息前淨利／利息費用），造成企業償債能力甚佳的錯覺；（3）是降低營運資產的認列數額，可提升企業營運效率（資產週轉率）；（4）是在杜邦方程式下，低列營運資產，有助於提升股東權益報酬率。由於低列資產、低列負債與股東權益，都可能造成財務比率的計算出現差異，因此，面對同一產業，兩家分別使用「資產負債表外融資」及「資產負債表內融資」的企業而言，計算得出的財務比率便可能出現極大的差異。爲避免僅因帳面顯示的融資方式不同，而產生營運效率與效能不同的誤解，故在計算財務比率時，應調整其投入資本的數額，才能正確顯示企業的營運效率與效能。

資產負債表外融資中，常見且較爲重要的方式，大致有以下六種，分別是：（1）營業租賃與售後租回（sale and leaseback）；（2）應收帳款讓售或證券化（sale or securitization of receivables）；（3）供需（Take-or-Pay, TOP）契約或購量（throughput）契約；（4）關係企業借款保證；（5）財務子公司（finance subsidiary）；（6）特殊目的個體（Special Purpose Entity, SPE）。茲分述如下：

一、營業租賃與售後租回

按照我國財務會計準則公報第二號「租賃會計處理準則」的規定，租賃可分爲營業租賃與資本租賃兩種類型，其對資產認定與會計處理並不相同。就承租人而言，資本租賃須符合下列條件之一者：（1）租賃期間屆滿時，租賃物所有權無條件轉移給承租人；（2）租賃期滿，承租人得以優惠承購權購入租賃標的物；（3）租賃期間超過租賃標的物預估剩餘經濟耐用年限之75%（舊品租賃，如租賃前原使用期間已逾總估計使用年數四分之三以上者，則不適用）；（4）租賃開始時按各期租金及優

惠承購價格或保證殘值所計算之現值總額，達租賃資產公平市價減出租人得享受之投資扣抵後餘額90%以上者（舊品租賃，如租賃前原使用期間已逾總估計使用年限四分之三以上者，亦不適用）。

其中有關現值總額之計算，係以租賃開始日財政部公布之非金融業最高借款利率與出租人隱含利率之較低者為準。但隱含利率無法知悉或推知者，則以非金融業最高借款利率為準。若資產租賃完全不符合上述四個條件者，承租人便應將資產租賃視為營業租賃。在資本租賃情況下，承租人需同時承認租賃資產與租賃負債，並依利息法定期認列利息費用及提列折舊費用。而在營業租賃下，承租人無需認列租賃資產與租賃負債，僅將每期的租賃支出視為租金費用。

至於售後租回，指的是財產所有人在出售該財產之後，隨即自買方（出租人）手中租回原有資產，並由承租人持續使用，不再交回給出租人。這種交易方式存在於許多營運資產上，如美商花旗銀行原在台北市台塑集團總部大樓旁邊的花旗大樓，便是先採售後租回方式，之後才搬遷到其他辦公據點；而達美樂披薩店的冰櫃與烤箱，也都是採用售後租回的資產租賃方式，再者如長榮航空公司亦曾於2004年4月13日公告，六架波音747-400型飛機及三架波音777-300ER型客機，採用「售後租回」的資產租賃方式。

對賣方來說，採用「售後租回」的資產租賃運作模式，就資金運用上有以下四個好處：（1）可實現不動產的處分利益，增加現金流量，可將閒置資金投入企業研發；（2）租賃支出高於折舊費用，可列入經常性費用，具有所得稅減免的利益；（3）採營業租賃方式，可降低不動產的管理成本；（4）如產品結構的固定成本較高時，採售後租回，可降低營運成本，且較不會面臨營運上的規模經濟問題；如國內航線的噴射客機而言，其維修成本是按照起落次數計算，飛機購價加上維修成本，常導致單位成本過高，航空公司面對的平均載客率壓力過大，採用「售後租回」方式，可將單位營運成本降至最低。

如以企業競爭的角度來看，承租人採取「售後租回」的資產租賃策略，還可獲致三個實質的好處：（1）有助於「專注」於核心事業（core business）的發展，不必把資金放在非核心事業；（2）可改善公司財務結構，不必把資金壓在不動產上，降低公司的負債比率；（3）將償還銀行借款後多餘的現金，用在事業的擴充或投資在回報率較高的新事業。

由於資本租賃金額往往過於龐大，企業一旦將其資本化，往往會大幅增加承租人認列之資產與負債。故資本租賃與營業租賃相較，資本租賃會造成資產週轉率、資產報酬率及財務槓桿比率，出現較爲不利的影響；然就現金流量來說，資本租賃雖會增加理財活動的現金流出，但卻可減少營業活動的現金流出，並產生較營業租賃爲高的營運活動現金流量。

營業租賃雖未認列資產與負債，然就長期租約的資產營運歷程來看，企業確實擁有這些租賃資產的控制權與使用權，故其應屬於企業使用資本的一環，而這也就是經濟附加價值 EVA 法下，認爲應該將營業租賃納入總投入資本計算的原因。面對不同公司可能存在的各種租賃型態，財務報表使用人應瞭解資產租賃型態對比率分析的衝擊，並將其放在相同的比較基礎上，才不致受到資產租賃型態的表象差異影響，誤以爲公司間的營運效能確有不同。

二、應收帳款讓售或證券化

應收帳款可藉由讓售或證券化，作爲企業融資的手段。在讓售應收帳款的過程中，須將應收帳款售予一既存的融資公司或銀行，而證券化交易則須將應收帳款信託給某一特殊目的機構。讓售應收帳款可分爲有追索權與無追索權兩種情況；在無追索權的情形下，買受人自行承擔收款與信用風險，故無所謂資產負債表外融資的問題。但在有追索權的情形下，買受人得向出售帳款公司追索，收款與信用風險均由出售公司承擔，此時應收帳款讓售只是一種融資的手段，故存在資產負債表外融資

的問題。按照現行財務會計準則的處理規定（如140號公報），無論是公司單獨成立新的公司，或是特殊目的的子公司（SPE），只要資產之所有權合法的由賣方移轉到買方，便符合所有權移轉的法律要件。

應收帳款證券化[5]係屬金融資產證券化的一種，原始債權人將債權資產設定質權給受託機構（trustee），由受託機構發行附有質權擔保的新債券發行證券，透過承銷商賣給投資人。國內首宗的應收帳款證券化，是由台灣土地銀行申請募集發行，金管會於2004年9月16日核准的「世平興業應收帳款證券化受益證券」。這也是首次以企業應收帳款債權作擔保，委託受託機構循環發行資產擔保之短期商業本票（ABCP）。

世平公司的應收帳款證券化係由台灣工業銀行、法國興業銀行主辦（arranger），世平公司將商品出售給各個消費廠商後取得應收帳款（包括新台幣與美元的應收帳款爲標的），委託台灣土地銀行擔任受託機構，發行優先順位受益證券金額爲新台幣7.17億元的證券化商品，並透過承銷商中華票券公司銷售給投資大衆。受託機構的角色主要爲受託管理資產，並代表投資人擁有金融資產，管理現金之取得與分發，並賺取管理費用。而這些應收帳款亦將移轉至受託公司，不屬於一般債權人（general creditors）的求償範圍。

以融資方式相較，如採取傳統的融資性商業本票（Commercial Paper II, CPII）或公司債，公司雖可取得資金，但同時也會增加負債。相較而言，此種資產負債表外的證券化融資，則可避免負債增加，不會影響財務結構比率，並能改善財務結構，增加企業舉債能力，降低舉債成本。舉例來說，假設A公司94年度將18.32億應收帳款證券化，公司帳面上尚餘4.51億的商譽，實現的可能性堪虞；其資產負債表相關科目的數字如表15-8。

---

[5]「證券化」一詞係指企業或金融機構將資產負債表中之資產、負債或淨值等項目轉換爲證券型態，並加以銷售的一種交易過程。參見陳萬金（2002），〈金融資產證券化對整體金融市場之影響〉，《台灣金融財務季刊》，第3輯，第3期，頁43-61。

表 15-8 調整後資產負債表－應收帳款證券化

單位（百萬元）	GAAP 下編製餘額	融資調整項	調整後餘額
現金	203		203
應收帳款	2,353	1,832	4,185
存貨	2,919		2,919
商譽	451	451*	0
固定資產	6,435		6,435
資產總額	12,361		13,742
流動負債	4,725		4,725
長期負債	2,292	1,832	4,124
負債總額	7,017		8,849
股東權益	5,344	451	4,893
長期負債對股東權益比率	43%		84%**

* 剔除商譽的目的，以計算股東權益最保守的狀態下，負債對有形股東權益的比率值。

** 剔除商譽後，負債對有形股東權益的比率值。

表中顯示兩種不同融資途徑對財務槓桿比率的影響，在對應收帳款證券化的情形下，公司應收帳款餘額爲 23.53 億，長期負債餘額爲 22.92 億，透過應收帳款證券化公司取得了 18.32 億的資金，此時長期負債對股東權益的比率爲 43% 。如果公司不採取此一證券化方法，改採長期融資方式取得資金，則應收帳款將增加 18.32 億，長期負債亦將增加 18.32 億，成爲 41.24 億的餘額，此時負債對有形股東權益的比率值將會攀升到 84%（如果記入商譽，比率值亦將高達 77%）。因此，在分析公司的財務狀況時，分析者需瞭解應收帳款的可能融資手段，並進行適度的分析調整，才能達到預期的分析目的。

三、供需契約或購量契約

所謂供需契約，這是公司爲確保長期原料或營運所需之重要投入不虞匱乏，所簽訂的不提貨亦須付款，且價格在簽約時即確定的契約。在

國際許多產業的交易，如能源、造紙、金屬產業常採取這種合約方式，而台電向印尼、馬來西亞採購天然氣，就是採取這種交易合約。在這種合約下，買方承諾定期採購一定數量的能源，以換取原物料獲得的選擇機會（option）；如果買方因實際用量未達合約量，或是未能履行提貨承諾，買方還是依約必須支付契約規定的最低數額。而購量契約與供需契約相當類似，唯一的不同是需求的對象為「服務量」而非「原物料」；在購量契約下，買方如因實際使用的服務量未達合約量，或是未能履行使用承諾，買方還是依約必須支付契約規定的最低數額。而買方所以願意如此，主要在保有買方對使用服務設施的選擇權。

舉例來說，若A公司與上游供應商簽有供需契約，公司94年度的資產負債表如**表15-9**。

公司與上游廠商簽訂的原物料的供需合約中，承諾未來三年公司最低的購入契約額，每年為5億，若公司適用的折現率為8%，則此一購入承諾的現值為5億 × 2.577（三年期8%年金現值）＝12.885億。若將此一購入承諾的負債計入，則固定資產需增加12.885億，長期負債亦增加12.885億；而長期負債與股東權益的比率，將會由原有的45.76%（1,160 ÷ 2,535），大幅增至96.61%（2,449 ÷ 2,535）。故分析人員對於公司存在的這種契約，必須同時調整固定資產與長期負債，以計算正確的財務比率。

表15-9　調整後資產負債表－供需契約

單位（百萬元）	帳列數	調整	調整後		帳列數	調整	調整後
現金及約當現金	$ 50	0	$ 50	應付帳款	$ 745	0	$ 745
應收帳款	545	0	545	長期負債	1,160	1,289	2,449
存貨	630	0	630	負債總額	$ 2,105		3,394
固定資產	3,215	1,289	4,504	股東權益	2,535	0	2,535
資產總額	$ 4,440		$5,729	負債與股東權益	$ 4,440		$5,729

四、關係企業借款保證

這包括了母公司對合資企業、對投資的聯屬公司的借款保證。企業會透過合資企業或是投資聯屬公司，以取得產業競爭的優勢，如控制原物料供應、分享生產技術、產能調節或是接近顧客等。在合資時，母公司多半會替合資的子公司進行債權擔保；而依會計處理準則規定，如果沒有一家公司的股權超過50%（且不具實質的控制權），則投資公司便無需編製合併報表，則此一負債也不會顯示在投資公司的資產負債表中。

舉例來說，三家國際企業A、B、C，共同出資3億美元成立合資企業，A、B、C公司各出資1億美元，各家股權比率各占33.3%，沒有一家公司能控制此一合資企業。成立之初，合資公司也向銀行舉借15億美元，並由A公司擔保合資企業借款的40%；由於A、B、C三家公司均爲國際企業，故銀行鑑於母公司的國際信譽，也樂於將資金借給此一合資企業。合資公司15億的負債，而依現行的會計處理，三家公司均無需編製合併財務報表，僅由A公司在其財務報表的附註中揭露即可。

財務分析人員面對這種關係企業的借款保證時，則需將其加回保證公司的負債額度內，才能正確得知實際的負債，並計算與負債相關的財務比率。如果前述三家公司都沒有提供這種借款保證，則它們也不會在財務報表的附註中揭露；此時，財務分析人員在得知此一情形後，便應將合資公司的15億借款，依三家公司的股權比率，每家公司分配5億，計入投資母公司的負債額度內，以計算正確的財務比率。

與關係企業保證借款有關的課題是「或有負債」（contingent liability）；而或有負債（如法律訴訟、擔保等）通常只會附註揭露，不會顯示在資產負債表的負債數字內。因此，分析人員應評估或有負債的額度與可能性，如有必要則應於計算相關比率時，將其納入負債進行評估。或有負債的存在不僅會影響企業的負債，也可能會影響企業的資產；舉例來說，面臨訴訟案件求償的客戶，是否有能力支付到期貨款，顯然就會

影響被分析公司的流動資產品質，必導致相關的財務比率值出現改變。

五、財務子公司

企業有時會爲了銷售的目的，成立獨立的財務子公司，並以財務子公司舉借資金，並將資金貸給向母公司購買商品的顧客，以促進母公司產品的市場銷售情況。如汽車公司在銷售汽車時，都會透過財務子公司對顧客進行融資，此一做法有助於母公司的汽車銷售，降低資金積壓成本，改善母公司的現金流量，以及縮短營業週期。依現行會計處理（94號公報），如果母公司擁有該子公司50%以上的股權，則子公司的資產、負債結合母公司的資產負債狀態，編製合併財務報表；但對於股權比率不超過50%的子公司，則無需編製合併報表，僅需依權益法處理即可，母公司亦無需認列子公司的負債。

由於採取權益法處理，有助於母公司達到壓縮負債的目的，故從財務分析的角度來看，母公司應將財務子公司的負債，依股權比率加計至母公司的資產負債表中。如A公司擁有財務子公司45%的股權，而該財務子公司擁有10億的負債，則母公司的長期資產與長期負債，均應依45%的股權比率加上4.5億，以計算正確的財務比率。

六、特殊目的個體

或稱特殊目的工具（Special Purpose Vehicle, SPV），這是在2001年12月Erron公司提出破產保護申請後，大家必須瞭解的一種企業個體；當時Erron公司除虛估交易外，也設立了數百家的SPE以隱藏負債，導致投資大眾無從得知Erron公司實際的財務狀況。SPE的出現，是建立在七○年代所出現的抵押證券（mortgage-backed securities）的基礎上，它是爲了單一的金融目的而建立的企業個體，持有轉入（向發起公司承購）

金融資產的所有權，發行受益憑證，收取處分所持有資產的現金所得，並將分配所得收益給受益憑證持有人。SPE 通常沒有全職的雇員或獨立的管理階層，其運作亦由某一受託人對其進行監督。

SPE 成立的目的主要在隔離特定金融資產的財務風險，如前述所提及的應收帳款融資、不動產租賃及買賣、放款、權益證券或債券等，均可透過 SPE 執行。如以租賃爲例，資產的出租人可以爲了某項特定資產的承租人設立一個 SPE，接著承租人可以利用售後租回的方式，將資產轉出公司的財務報表。或以大型工程建造爲例，工程建設本身需要大筆資金，而承攬公司又不想承擔所有的負債，故其會將大型工程的所有權分割，將所有權分別移轉給不同的 SPE，而該 SPE 又會以該工程資產作爲擔保，對投資大眾發行債券以募集所需的資金，並由工程收益來償付債券持有人。

而根據財務會計準則公報（140 號：金融資產移轉及管理與負債消滅的會計處理；94 號：母子公司合併報表等）對於特殊目的個體的規定，若一家公司持有特殊目的個體的權益不超過 50%，又該 SPE 的資本至少有 3% 是來自於獨立的第三者，則該公司就不需將 SPE 的財務狀況合併編列報表，這種規定無疑提供許多公司資產負債表外融資的機會。由於 SPE 的負債無需顯示於母公司的財務報表內，故可降低母公司資產負債表內的資產負債比率，並於融資與償債能力上，取得較佳的信用評等。隔離 SPE 的資產負債，必然會扭曲母公司在資產負債方面相關的財務比率，故如分析人員得知有 SPE 的存在，則應依母公司在 SPE 的股權比率進行資產負債的調整（如財務子公司的處理方式）。

SPE 的應用通常會與金融資產證券化聯結在一起，而企業一旦運用 SPE 時，往往也會涉及複雜的國際操作，如 2006 年發生的中信金控入主兆豐金控事件[6]，除涉及惡意購併（hostile takeover）的操作外，更運用了幾種複雜的財務操作，包括結構債、稅務套利[7] 及 SPE。SPE 應用並非全然不好，它的成立確存在著企業風險管理的功能，如壽險保單證券

化[8]與災難債券[9]（Catastrophe Bond）；二者都是應用特殊目的個體、國際稅務套利的複雜結構，在國際資本市場進行風險移轉。這種複雜的跨國管理結構與資金流動，與以往我們理解的企業運作與資金管理方式截然不同，因此也格外值得我們留意。

---

[6]中信金控於94年8月開始透過關係企業購入兆豐金股票；並同步的透過中信銀的香港分行，以授信名義募集5億美元資金，並以此資金向巴克萊資本銀行購入3.9億美元的結構債。此一結構債號稱連結台、港、日、韓的一籃子股票，不過卻高度集中並連結到兆豐金控的股票（高達99%）；故巴克萊銀行便購入兆豐金控股票44萬張，占兆豐金控股權的5%，從表面上來看，這是外資購入兆豐金控的股票。95年2月間，中信金將此一結構債轉讓給的一家「紅火」公司（在英屬維京群島註冊，資本額僅1美元），取回3.9億的投資額；之後，紅火公司便要求巴克萊銀行贖回結構債，獲利2,700萬美元（近9億台幣）。結構債贖回後，巴克萊銀行便售出連動標的之44萬張兆豐金股票，並轉由中信金控同步接走。

[7]這是利用國家之間稅率的差異進行套利，套利時通常會選擇國際稅務天堂（這些地方對於公司境外之一切商業活動、交易或投資利得完全免稅）設置公司，如巴哈馬、美國德拉瓦州（有「世界公司首都」之稱號（Corporation Capital of The World），美國《財星》雜誌前500大公司（Fortune 500）有一半以上的公司都在此成立公司登記）、英屬維京群島、英屬開曼群島、英屬百慕達群島、新加坡、香港、模里西斯、薩摩亞、聖文森（群島，三十二個小島構成）等地，往往就是國際稅務套利最常發生的地方。

[8]保單資產證券化是保單貼現的延伸，保單貼現讓罹患重症者得以藉由銷售個人的壽險保單給第三者，換取該保單面額相當比例的資金，俾採用較先進的醫療照顧，或使有生餘年的生活過得更好。透過保單貼現公司，被保險人可以得到高於解約金的價值，用來解決資金需求或從事新的財務計畫；保單貼現公司則在保單交易買賣間，獲得佣金收入；而投資人則重在獲得投資金額與死亡理賠間的差額。

[9]保單資產證券化的流程中有七個關鍵角色，分別是出售保單者、保單貼現公司（Life Settlement Provider）、醫療評鑑機構（Medical Examiner）、信評與信用增強機構、SPE、受託機構及保單貼現出資人。其中保單貼現公司負責完成整個保單貼現交易流程，包括資料收集、聯繫醫療機構、決定貼現金額、訂定貼現契約及協助移轉保單受益權及維持保單狀況正常。醫療評鑑機構根據被保險人過去的醫療記錄及以生命表爲基礎，計算出被保險人的生命預期。信評與信用增強機構，則重在信用評估及補強信用（若未來預期的現金流量不足，保護投資人的機制），有助於降低投資人的風險貼水。SPE在收購保單貼現公司的證券化商品，並將其重新包裝出售，其公司總部通常設在國際租稅天堂；而受託機構則是受託管理資產抵押證券之抵押標的，以保護投資人的權益。

災難債券屬於保險連動型債券，債券發行與一般債券相同，但對於未來債券利息與本金

第三節　財務比率分析應用的限制

財務比率應用時，有其比較上的限制，常見的應用限制包括以下六項：

一、比率分析的解釋性

財務比率根據分析目的的不同，存在著多重的解釋意義；如高的「流動比率」顯示公司的短期償債能力甚佳，相對的，它也可能表示公司存在著閒置資金的現象。同樣的，高的「固定資產週轉率」雖然顯示公司的資產營運效率甚佳，但從反面的觀點來看，也可能表示公司的長期資金不足，無法滿足固定資產營運的需求。而在進行財務比率分析時，也常會發現財務比率之間存在著衝突的現象；如固定資產比重高，雖不利於固定資產週轉率，但在來自營業的現金流量上，卻常會出現有利的結果。

由於在目前諸多的比率中，我們很難以單一或少數的比率，就能達到「決定性」的預期分析目的。因此，財務分析人員最好採取因果性的

償付與否，則視災難損失的狀況而定；亦即當災害損失超過特定金額或特定事件時，發行公司有權要求債券持有人放棄（或遞延）利息或本金。過去保險公司爲規避災難發生的風險，往往需透過費率較高的再保市場；然災難一旦發生，卻往往發現再保公司因同屬國內，導致風險根本無法移轉，故導致災難債券的產生。

災難債券的發行需透過五個關鍵角色，分別是產險公司、特殊目的個體、信評及信用增強機構、受託機構及投資人；其中最關鍵的角色就是SPE，其公司總部通常設在國際租稅天堂，以掌握租稅優勢。SPE兼具再保險人及債券發行人雙重身分，一方面擔任產險公司的再保公司，另一方面則發行災難債券。在未發生災難時，SPE會以再保保費及債券資金兩項收入，透過資金的投資運用，作爲償付到期時的債券本息；一旦災難發生，則SPE減付的債券投資本息，便可充作賠償產險公司的依據。而我國在921地震後，中央再保險公司曾於2003年成立Formosa Re Ltd（SPE）在海外發行災難債券，便採取了類似的發行與管理架構。

追溯方式，從財務比率探討企業的營業活動與投資／理財活動。唯有將產業的競爭行爲納入考慮，才能賦予財務比率生動的解釋意義。

二、會計政策的影響

會計處理方法的不同，不僅常會導致公司之間失去合理的比較基礎，同時也會公司影響本身的自我比較。如在通貨膨脹劇烈的時期，存貨流通假設中採取先進先出法（FIFO）與後進先出法（LIFO），相關比率計算的結果往往差異甚大；同樣的，大量使用高度自動化的廠房設備時，折舊方法選定的不同，也會大幅改變資產價值、淨利計算及現金流量。再者，公司也可能會在不同年度間，調整其會計政策，這常會導致前後年度的財務比率喪失比較性。

三、會計年度不同

公司常會配合年度營業循環的選擇會計期間，以期能獲致最佳的帳面結果。舉例來說，公司可以選擇銷售旺季結束時，作爲會計年度結束的期間；此時公司的存貨水準會降低，應收帳款餘額及銀行存款餘額都會增加，帳面可以展現出較佳的結果。但如果公司選擇在出貨的淡季結帳，則公司的存貨水準、應收帳款及銀行存款餘額，就可能造成財務比率計算出現不利的結果。故財務分析人員在進行營運績效分析時，須瞭解會計期間選擇，也可能影響公司之間的比較結果。

四、非常項目

從理論的觀點來看，企業營運上認定的非常項目，應具備性質特殊、且不經常發生兩種特性；然在企業盈餘的計算過程中，這些非常項目的稅後影響數，卻仍爲盈餘組成的一部分。故在企業營運效能分析時，除非財務分析人員能有效的將企業盈餘分解，瞭解盈餘組成的內涵，否則財務比率使用的盈餘數字，將難以有效反映企業未來的獲利能力。

五、標竿選擇

在財務比率橫斷面的比較時，常須選擇產業標準或競爭對手作爲比較的依據。然就實際產業的經營與競爭觀察，不難發現公司爲分散風險，泰半會朝向多角化的方向發展，且很少有兩家公司立足的產業與產品線完全相同。對於這些多角化的公司而言，單一產業的經營風險與競爭壓力，通常只是公司整體營運風險的一小部分（風險已分散），故在財務比率的分析比較時，往往會面臨到產業標準（跨不同產業）或是競爭標竿（產品線不相同）不易獲致的現象。

六、跨國企業比較

跨國企業通常以全球觀點，進行全球的產銷配置與資金調度。各國會計實務不同，適用的會計準則亦有差異，故導致全球競爭和國際競爭的公司，彼此之間甚難進行比較。如2005年12月間美國證管會要求在美國發行ADR的台灣上市公司「聯華電子」重編2002年、2003年、2004年這三年美國地區的財務報表，就顯示了這種會計實務上的差異[10]。台灣會計準則是用權益法，來檢視聯電在2000年進行五合一所延伸的商譽問題；而美國的財務會計準則公報則認爲應採購買法，並應檢視商譽是

[10]參見2005年12月15日自由電子報，相關標題如「美要求重編財報 聯電股價重挫」與「聯電主動告知要重編」等，網址：http://www.libertytimes.com.tw/2005/new/dec/15/today-e1.htm

否存在的問題，故引發了計算上的差異。聯電 2002 年、2003 年、2004 年依美國會計準則編製的淨損益分別為新台幣 2.94 億元、104.76 億元、虧損 47.49 億元；而重編之後的淨損益，則變為虧損新台幣 2.22 億元、123.31 億元、虧損 142.37 億元。再者如 Mercedes-Benz 公司 1993 年在紐約股市申請上市，它也是第一家在美國上市的德國公司；但同樣的，上市後須遵循美國的 GAAP，須沖銷一些在德國會計原則下允許的準備帳戶，導致 1994 年 Mercedes-Benz 公司原列 6.36 億的淨利，立即變成 7.84 億美元的損失。這些都說明了各國會計實務的不同，可能導致在跨國公司比較上的困難。

而我國目前會計準則的發展，除必須考慮國內經濟事務運作與發展外，亦須參考美國財務會計準則委員會（FASB）制定的「財務會計準則公報」（SFAS），以及國際會計準則委員會（IASB）制定的國際會計準則（IAS）／國際財務報告準則（IFRS），而這正是國際化下不可避免的趨勢；可以預期的是，未來各國的會計準則公報與國際會計準則的接軌，必然會日益增多，連結也將日益密切。

重要參考文獻

一、中文部分

王慶昌（1992），〈上市公司財務比率與股票報酬關係〉，國立台灣大學財務金融研究所碩士論文。

王保進（1999），《視窗版 SPSS 與行爲科學研究》，台北：心理出版社。

王泰昌、劉嘉雯（2000），〈經濟附加價值（EVA®）的意義與價值〉，《中華管理評論》，11 月，第 3 卷，4 期，頁 15-31。

汪忠平（1997），〈以類神經網路建立財務危機預測模式——考慮總體經濟因素與其穩定性因素〉，東吳大學企管研究所碩士論文。

汪怡娟（2003），〈環保支出資訊揭露及揭露品質決策因素之研究〉，成功大學會計研究所碩士論文。

李振銘（1991），〈我國股票上市公司自願性會計原則變動誘因之研究〉，政治大學會計研究所碩士論文。

李國豐（1991），〈我國上市公司以營業外損益操縱盈餘之探討〉，政治大學會計研究所未出版之碩士論文。

李淑華（1993），〈公司規模對異常報酬及盈餘反應係數之影響〉，台灣大學會計學研究所碩士論文。

沈維民（1997），〈探討企業如何透過會計方法選用和應計項目認列以達成盈餘管理之目的〉，《管理評論》，第 16 卷，1 期，頁 11-37。

宋義德（1996），〈管理當局自願性財務預測準確度及資訊內涵之研究〉，政治大學會計研究所碩士論文。

金成隆（1999），〈台灣上市公司盈餘／股價關聯性之研究〉，《中山管理評論》，第 7 卷，1 期，頁 81-100。

林炯垚（1990），《財富管理——理論與實務》，台北：華泰書局。

林煜宗、汪健全（1994），〈財務分析師與管理當局盈餘預估準確性之比較〉，《證券市場發展季刊》，22 期，頁 205-215。

林靜香（1994），〈我國財務預測報告資訊內涵之研究〉，國立政治大學會計研究所碩士論文。
林嬋娟、官心怡（1996），〈經理人員盈餘預測與盈餘操縱之關聯性研究〉，《管理與系統》，1月，頁27-42。
林欣吾（2001），〈知識經濟時代傳遞知識的橋樑——知識密集型服務業（KIBS）〉，《台灣經濟研究月刊》，第24卷，2期，頁35-41。
吳安妮（1993），〈台灣經理人員主動揭露盈餘預測資訊內涵之實證研究〉，《會計評論》，27期，頁76-107。
吳安妮（1993），〈財務分析師、管理當局及統計模式預測準確度之比較研究〉，《管理評論》，第12卷，1期，頁1-48。
吳思華、黃宛華、賴鈺晶（1999），〈智慧資本衡量因素之研究——以我國軟體業為例〉，《中華民國科技管理研討會論文集》，國立中山大學企業管理學系主辦。
吳慧娟（2001），〈經濟附加價值、盈餘與股票報酬攸關性之實證研究〉，中山大學財務管理研究所碩士論文。
吳建輝（2001），〈券商分析師盈餘預測之績效評估〉，台北大學會計研究所碩士論文。
吳啓銘（2005），〈台灣50 EVA排名〉，《會計研究月刊》，230期，1月號，頁32-51。
邱俊仁（2005），〈台灣半導體產業經濟附加價值之研究——以台積電為例〉，世新大學經濟學系碩士論文。
周賓凰、蔡坤芳（1996），〈台灣股市日資料特性與事件研究法〉，《證券市場發展季刊》，第9卷，2期，頁1-28。
洪玉芬（1993），〈財務分析師與統計模式盈餘預測準確性之比較——預測時點之實證研究〉，台灣大學會計研究所碩士論文。
洪榮華（1993），〈台灣地區股票上市公司盈虧預測模式之建立與其資訊價值〉，國立政治大學企業管理研究所博士論文。
柯受良（1994），〈類神經網路在壽險業破產預測的研究〉，台灣大學財務金融研究所碩士論文。
徐昌榮（2003），〈經濟附加價值之資訊內涵——以中鋼為例〉，中山大學企業管理研究所碩士論文。
翁霓、張伊易（2003），〈環保事件對股價行為影響之研究——以台塑汞污泥事件為例〉，《東吳經濟商學學報》，42期，頁75-104。
陳肇榮（1983），〈運用財務比率預測企業財務危機之實證研究〉，政治大學管理科學研究所碩士論文。

陳雲儀（1987），〈會計原則變動對市場股價之影響〉，國立政治大學會計研究所碩士論文。

陳明霞（1991），〈盈餘成長預估、價格盈餘比率與投資組合績效，不同投資區間下之實證結果〉，國立中央大學財務管理研究所碩士論文。

陳欽賢（1993），〈財務危機預警專家系統〉，淡江大學管理科學研究所碩士論文。

陳錦村（1994），〈商業銀行財務比率之特性分析〉，《基層金融》，28 期，3 月，頁 47-87 。

陳子琦（1996），〈強制性財務預測資訊特質與內涵之研究〉，政治大學會計研究所未出版碩士論文。

陳妙如（1996），〈公司上市前後財務狀況及經營績效變動與盈餘操縱之研究〉，國立台灣大學會計研究所碩士論文。

陳育成、黃瓊瑤（2001），〈台灣資本市場盈餘預測與盈餘管理關聯性之研究〉，《證券市場發展季刊》，10 月，第 13 卷，2 期，頁 97-121 。

陳佳芬（2003），〈新上市公司盈餘管理與續後績效之實證研究〉，逢甲會計與財稅所未出版碩士論文。

陳怡君（2004），〈財務危機公司盈餘管理方式之研究〉，中原大學會計研究所未出版碩士論文。

陳宥杉（2004），〈綠色環保壓力對企業競爭優勢影響之研究——以國內資訊電子相關產業爲例〉，政治大學企管研究所博士論文。

許秀賓（1991），〈財務分析師盈餘預測相對準確性決定因素之實證研究〉，政治大學會計研究所碩士論文。

許乃立（2001），〈台灣半導體產業經濟附加價值之研究〉，台灣科技大學管理研究所碩士論文。

許文綺（2001），〈經濟附加價值與股票報酬關係之研究〉，東海大學企業管理研究所碩士論文。

許志鈞（2003），〈企業財務危機預警模式——基因演算法、倒傳遞網路與遞迴網路之應用〉，台北大學企管研究所碩士論文。

郭瓊宜（1994），〈類神經網路在財務危機預警模式之應用〉，淡江大學管理科學研究所未出版碩士論文。

郭鳳珠（1995），〈會計變動與盈餘資訊內含之研究〉，台灣大學會計研究所碩士論文。

郭敬和（2002），〈商業銀行授信評等之研究——類神經模糊理論之應用〉，靜宜大學會計研究所碩士論文。

張耿豪（1998），〈經濟附加價值資訊內涵之研究——以台灣上市公司爲例〉，交通大學未出版碩士論文。

張仲岳、邱世宗（2000），〈經濟附加價值與公司股價之關聯性研究〉，第九屆會計理論與實務研討會。

張大成、劉宛鑫、沈大白（2002），〈信用評等模型之簡介〉，《中國商銀月刊》，11月號。

黃堯齊（1994），〈強制性與自願性會計資訊揭露之信賴度研究——以盈餘預測資訊爲探討對象〉，政治大學會計研究所碩士論文。

黃煒翔（1997），〈企業盈餘預測變動宣告之資訊效果〉，中興大學企業管理研究所碩士論文。

黃瓊慧、廖秀梅、廖益興（2004），〈股價是否充分反應當期盈餘對未來盈餘之意涵——以台灣上市公司之季盈餘序列遵循 AR（1）爲例〉，《當代會計》，第5卷，1期，頁25-56。

楊淑如（1992），〈股票基本分析指標獲利性之研究——公司因素〉，國立台灣大學財務金融研究所碩士論文。

廖仲協（1995），〈強制性財務預測、盈餘操縱及股票投資報酬之實證研究〉，政治大學會計研究所未出版碩士論文。

管夢欣（2003），〈長期性資產出售交易與盈餘操縱行爲之關聯性實證研究〉，國立台灣大學會計學研究所碩士論文。

潘玉葉（1990），〈台灣股票上市財務危機預警分析〉，淡江大學管理科學研究所博士論文。

鄭傑珊（2003），〈企業揭露環境資訊影響因素探討〉，東吳大學會計研究所碩士論文。

劉建和（1992），〈財務危機診斷的理論探討與實證研究〉，國立台灣大學商學研究所碩士論文。

謝劍平（2006），《財務管理——新觀念與本土化》，4版，台北：智勝文化。

蔡美娟（2005），〈股價回升公司盈餘管理之研究——以低於面額上市公司爲例〉，中原大學會計研究所碩士論文。

蕭運炎（2005），〈我國上市公司年報環境資訊揭露之探討〉，東吳大學會計研究所碩士論文。

譚浩平（2001），〈十條法則透視電子商務〉，http://www.bnext.com.tw/special mag/2000_06_16/2000_06_16_34.html

龔志明（2000），〈財務危機預測模型之跨期性研究〉，中山大學財務管理研究所碩士論文。

二、英文部分

Abdel-Khalik, A. R. & Keller, T. F.(1979), Earnings or Cash Flows: An Experiment on Functional Fixation and the Evaluation of the Firm, AAA Studies in Accounting Research.

Abraham de Moivre (1730), *Miscellanea Analyticade seriebus et quadraturis,* Londini: Excudebant J. Tonson & J. Watts.

Altman, E. I.(1968), Discriminant analysis and the prediction of corporate bankruptcy, *Journal of Finance,* 23, pp.589-609.

Altman, E, Haldeman, R. G, Narayanan, P.(1977), ZETA analysis: A new model to identify bankruptcy risk of corporations, *Journal of Banking and Finance,* 1, 1, pp.29-54.

Amemiya, T., and Powell, J. L.(1981), A comparison of the Box-Cox maximum likelihood estimator and the non-linear two-stage least squares estimator, *Journal of Econometrics,* 17, pp.351-381.

Ashton, R. H. (1976), Cognitive changes induced by accounting changes: Experimental evidence on the functional fixation hypothesis, *Journal of Accounting Research* (Supplement), pp.1-17.

Baginski, S. P., Conrad, E. J. and Hassell, J. M.(1993), The effects of management forecast precision on equity pricing and on the assessment of earnings uncertainty, *Accounting Review,* 68, pp.913-927.

Bandyopadyyay, S. P.(1994), Market Reaction to Earnings Announcements of Successful Efforts and Full Cost Firms in the Oil and Gas Industry, *Accounting Review,* 69, pp.657-674.

Barber, B. M. and Odean T.(2001), All that glitters: The effect of attention and news on the buying behavior of individual and institutional investors, Working paper, Graduate School of management, University of California, Davis.

Ball, R and Brown, P.(1968), An Empirical Evaluation of Accounting Income Numbers, *Journal of Accounting Research,* 6, 2, pp.159-178.

Bartov, E.(1993), The Timing of Asset Sales and Earnings Manipulation, *Accounting Review,* 66, pp.840-855.

Beaver, W. H.(1966), Financial Ratios as Predictors of Failure, Empirical Research in Accounting; Selected Studies, Supplement to Journal of Accounting Research, 4, pp.71-111.

Beaver, W. H.(1968), The Information Content of Annual Earnings Announcements, *Journal of Accounting Research,* 6, 3, pp.67- 92.

Beaver, W. H., Clarke, R. and Wright, W. F.(1979), The association between unsystematic security percentage change in price and the magnitude of earnings forecast errors, *Journal of Accounting Research,* 17, pp.316-340.

Beaver, W. H., Lambert, R. A. and Ryan, S. G.(1987), The information content of Security Price: A Second Look, *Journal of Accounting and Economics,* 9, pp.139-58.

Berkowitz, S.(2001), Measuring and Reporting Human Capital, *The Journal of Government Financial Management,* Fall, pp.13-17.

Bernard, V.(1993), Accounting-based Valuation Methods: Evidence on the Market-to-Book Ratios, and Implications for Financial Statement Analysis, Unpublished working paper, University of Michigan.

Berendt, A.(1998), Hatching the multimedia master plan, *Telecommunications,* 32, 5; May, International Edition, pp.42-49

Biddle, G. C., Bowen, R. M. & Wallace, J. S.(1999), Evidence on EVA, *Journal of Applied Corporate Finance,* 12, 2, pp.69-79.

Blacconiere, W. & Northcut, D.(1997), Environmental Information and Market Reactions of Environmental Legislation, *Journal of Accounting, Auditing and Finance,* 12, 2, pp.149-178.

Blacconiere, W. & Patten, D.(1994), Environmental Disclosures, Regulatory Costs, and Changes in Firm Value, *Journal of Accounting and Economics,* 18, 3 , pp.357-377.

Black, A.(1998), The Transforming Power Of SHV, *In Search of Shareholder Value,* Great Britain, Price Waterhouse, pp.72-101.

Black; A. et al. (1998), SHV at war mergers and acquisitions, *In Search of Shareholder Value,* Great Britain, Price Waterhouse, pp.104-119.

Black; A. et al.(1998), Sector Appeal, In *Search of Shareholder Value,* Great Britain, Price Waterhouse, pp.146-189.

Black, F. and Scholes, M.(1973), The Pricing of Options and Corporate Liabilities, *Journal of Political Economy,* 81, pp.637-654.

Brav, A., Geczy C. and Gompers P. A.(2000), Is the abnormal return following equity issuances anomalous, *Journal of Financial Economics,* 56, pp.209-249.

Brealey, R. A. & Myers, S. C.(2000), *Principles of Corporate Finance,* 6th, eds., McGraw-Hill Companies, Inc.

Breeden, D. T.(1979), An intertemporal asset pricing model with stochastic consumption and investment opportunities, *Journal of Financial Economics,* 7, pp.265-296.

Breeden, D.T., Gibbons, M. R. and Litzenberger, R.H.(1989), Empirical tests of the consumption- oriented CAPM, *Journal of Finance,* 44, 2, pp.413-444.

Bowen, R. M., Noreen, E. W. and Lacey, J. M.(1981), Determinants of Corporate Decision to Capitalize Interest, *Journal of Accounting and Economics,* 3, pp.151-179.

Brown, L. D. and Rozeff, M. S.(1978), The superiority of analysis forecasts as measures of expectations: evidence from earnings, *Journal of Finance,* 33, 1, pp.1-16.

Brown, L. D., Richardson, G. D. and Schwanger, S.J.(1987), An Information Interpretation of Financial Analyst Superiority in Forecasting earning, *Journal of Accounting Research,* 25, pp.49-69.

Brown, M. G.(1999), Human Capital's Measure for Measure, *The Journal for Quality and Participation,* Sep./Oct. , pp.28-31.

Brown, S., and Warner, J.(1985), Using Daily Stock Returns: The Case of Event Studies, *Journal of Financial Economics,* 14, pp. 3-31.

Brunswik, E.(1952), *The conceptual framework of psychology,* Chicago: University of Chicago Press.

Cairney, T. and Richardson, F.(1999), The credibility of management forecasts of annual earnings, Working paper, Florida Atlantic University.

Cambell, J. Y., Lo, A. W. and MacKinlay, A. C.(1997), *The Econometrics of Financial Markets,* New Jersey: Princeton University Press.

Carroll, A. B.(1979), A three-dimensional conceptual model of corporate performance, *Academy of Management Review,* 4, 4, pp.497-505.

Chaney, P. K. and Lewis, C. M. 1995, Earnings Management and Firm Valuation under

Asymmetric Information, *Journal of Corporate Finance,* 1, pp.319-345.

Chen, S.(1997), Economic value added (EVA(TM)): An empirical examination of a new corporate performance measure, *Journal of Managerial Issues,* Fall, 9, 3, pp.318-341

Chen, S. & Dodd, J.(1997), Economic Value Added: an empirical examination of a new corporate performance measure, *Journal of Managerial Issues,* 9, 3 , pp.318-333.

Chris, L.(1995), Where's the money coming from?, *Communications International,* 22, 3; Mar., pp.53-55

Collins, D. & Kothari, S.(1989), An analysis of Intertemporal and Cross-Sectional Determinants of Earnings Response Coefficients, *Journal of Accounting and Economics,* 11, pp.143-181.

Collins, W. A. and Hopwood, W. S.(1980), A multivariate analysis of annual earnings forecasts generated from quarterly forecasts of financial analysts and univariate time-series models, *Journal of Accounting Research,* Autumn, pp.390-406.

Collins, D. & Kothari, S.(1989), An analysis of Intertemporal and Cross-Sectional Determinants of Earnings Response Coefficients, *Journal of Accounting and Economics,* 11, pp.143-181.

Collis, D. J., Bane, P. W. & Bradley, S. P.(1997), Winners and Losers: industry structure in the converging world of telecommunications, computing, and entertainment., *Competing in the age of digital convergence,* pp.159-200.

Committee on Human Resource Accounting: Report(1973), *Accounting Review* (Supplement), pp.169-185.

Das, S.(1998), *Risk Management and Financial Derivatives-A Guide to the Mathematics,* McGraw-Hill.

Davenport, T. O.(1999), *Human Capital: What It Is and Why People Invest It,* San Francisco: Jossey-Bass.

DeBondt, W. F.M. and Thaler, R. H.(1985), Does the Stock Market Overreact?, *Journal of Finance,* 40, pp.793-805.

De Long, J. B. et al.(1990), Noise trader risk in financial markets, *Journal of Political Economy,* 98, pp.703-738.

Dhaliwal, D. S.(1988), The Effect of The Firm's Business Risk on the Choice of Accounting Methods, *Journal of Business Finance and Accounting,* 15, pp.289-302.

Dhaliwal, D. S.(1980), The Effect of the Firm's Capital Structure on the Choice of

Accounting Methods, *Accounting Review,* 55, pp.78-84.

Dierks, P.A. and Patel, A.(1997), What is EVA, and how can it help your company?, *Management Accounting,* 79, pp.52-58.

Dhillon, U. & Johnson H.(1991), Changes in the Standard and Poor's 500 list, *Journal of Business,* 64, pp.75-85.

Dobson, A. J.(1990), *An Introduction to Generalized Linear Models,* Chapman and Hall, London.

Doupch, N. and Pincus, M.(1988), Evidence on The Choice of Inventory Accounting Methods: LIFO vs. FIFO, *Journal of Accounting Research,* 26, pp.28-59.

Duncker, K.(1945), On Problem Solving, *Psychological Monographs,* 58, 5, Whole No.270.

Dutta, S. & Shekhar, S.(1988), Bond-rating: a non-conservative application of neural networks. Proceedings of the IEEE International Conference on Neural Networks II, pp. 443-450.

Earle, N. & Keen, P.(2000), *From com to profit: Inventing Business Models that Deliver Value and Profit,* Jossey-Bass, San Francisco, pp.142-160

Easton, P. & Zmijewski, M.(1989), Cross-Sectional Variation in the Stock Market Response to Accounting Earnings Announcements, *Journal of Accounting and Economics,* 11, pp.117-141.

Ederington, Louis H.(1985), Classification models and bond ratings, *Financial Review,* 20, pp.237-262.

Edwards, K. D.(1995), Prospect theory: a literature review, *International Review of Financial Analysis*, 5, pp.19-38.

Edvinsson, L. & Malone, M. S.(1997), *Intellectual Capital,* London: Piatkus.

Eisenbeis R. A.(1977), Pitfalls in the application of discriminant analysis in business, finance, and economics, *The Journal of Finance,* June, pp.875 -900.

Engebretson, J.(1998), The rise of the carrier's carrier, *Telephony,* Sep. pp.18-26.

Fama, E.(1970), Efficient capital market: a review of theory and empirical work, *Journal of Finance* 25, 2; May, pp.383-417.

Fama, E. F. & French, K. R.(1993), Common risk factors in the returns on stocks and bonds, *Journal of Financial Economics,* 33, pp.3-56.

Flamholtz, E. G.(1985), *Human Resource Accounting,* San Francisco: Jossey-Bass.

Flamholtz, E. G.(1987), Valuation of human assets in a securities brokerage firm: An empirical study, *Accounting, Organizations and Society,* 12, 4, pp.309-318.

Friedlan, J. M.(1994), Accounting Choices by Issuers of Initial Public Offerings, *Contemporary Accounting Research,* 1, pp.1-31.

Friedman, B., Hatch, J. and Walker, D. M.(1998), *Delivering on The Promise: How to Attract, Manage, and Retain Human Capital,* New York: The Free Press.

Gervais, S. and Odean T.(2001), Learning to be overconfidence, *Review of Financial Studies,* 14, 1, pp.1-27.

Gupta, R. K. et al.(Jul 1995), Who are the real wealth creators?, *Fortune,* 134, 11, pp. 107-113.

Hagerman, R. L. and Zmijewski, M.(1979), Some Economic Determinants of Accounting Policy Choice, *Journal of Accounting and Economics,* 1, pp.141-161.

Handy, C.(1994). *The Empty Raincoat: Making Sense of the Future,* London: Hutchinson.

Harikumar, T. & Harter, C.(1995), Earnings Response Coefficient and Persistence: New Evidence using Tobin's q as a Proxy for Persistence, *Journal of Accounting, Auditing & Finance,* 10, 2, pp.401-420.

Harris, T, and Ohlson, J.(1987), Accounting disclosures and the market's valuation of oil and gas properties, *Accounting Review,* 62, 4, pp.651-670.

Hassell, J. and Jennings. R. 1986. Relative forecast accuracy and the timing of earnings forecast announcements, *Accounting Review,* 51, 1, pp.58-75.

Haugen, R. A.(1999), *The new finance: The case against efficient markets,* 2nd eds., Prentice Hall.

Healy, P. M.(1985), The Effect of Bonus Schemes on Accounting Decisions, *Journal of Accounting and Economics,* 8, pp.85-107.

Healy, P. M, and Wahlen, J. M.(1999), A Review of the Earnings Management Literature and Its Implications for Standard Setting, *Accounting Horizons,* 13, pp.365-383.

Hingorani, A.(1997), Investor behavior in mass privatization: The case of the Czech voucher scheme, *Journal of Financial Economics,* Jun., 44, 3, pp.349-412.

Holahan, C. J.(1982), *Environmental psychology.* New York: Random House.

Holthausen, R. and Larcker, D.(1992), The Prediction of Returns Using Financial Statement Information, *Journal of Accounting and Economics,* 15, pp.373-411.

Imhoff, E. A and Lobo, G. J.(1984), Information content of analysts composite forecast revisions, *Journal of Accounting Research*, 22, pp.541-554.

Imhoff, E. and Pare, P.(1982), Analysis and comparison of earnings forecast agents, *Journal of Accounting Research,* 20, 2, pp.429-439.

Ijiri, Y., Jaedicke, R.K. & Knight, K. E.(1966), The Effects of Accounting Alternatives on Management Decisions. In: Research in Accounting Measurement Jaedicke, R.K. (editor). Florida: American Accounting Association, pp. 186-199.

Izan, H.(1984), Corporate Distress in Australia, *Journal of Banking and Finance,* June, pp.303-320.

Jaggi, B. and Lau, H.(1974), Toward a model for human resource valuation, *Accounting Review,* April, pp.321-329.

Jaggi, B.(1978), Further evidence on the accuracy of management forecasts vis-à-vis analysts' forecasts, *Accounting Review,* 55, 1, pp.96-101.

Janowiak; R.(1997), Communications in the next millennium, *Telecommunications,* Mar., 31, 3; International Edition; pp. 47-52.

Jensen, M. C. and Meckling, W. H.(1976), Theory of the Firm: Managerial Behavior Agency Costs and Ownership Structure, *Journal of Financial Economics,* 3, pp.305-360.

Jensen, M. C. (1983), Organization Theory and Methodology, *Accounting Review,* 58, pp. 319-339.

Jensen, M. C.(1978), Some anomalous evidence regarding market efficiency, *Journal of Financial Economics,* 6, 2/3, pp. 95-101.

Jian, J. M. and Wong, T. J.(2003), Earnings Management and Tunneling through Related Party Transactions: Evidence from Chinese Corporate Groups, EFA 2003 Annual Conference Paper, No. 549.

Kahneman, D. and Tversky A.(1979), Prospect theory : An analysis of decision under risk, *Econometrica,* 47, 2, pp.263-291.

Kapland, R.S and Gabriel, U.(1979), Statistical Models of Bond Ratings: A Methodological Inquiry, *Journal of Business,* 52, pp.231-261.

Katz, S. K., Lilien, S. and Nelson, B.(1985), Stock Market Behavior Around Bankruptcy Model Distress and Recovery Predictions, *Financial Analysts Journal,* Jan./Feb., pp.70-74.

Laitinen, Erkki K.(1991), Financial Ratios and Different Failure Processes, *Journal of*

Business Finance and Accounting, Sep., 18, pp.649-674.

Lehn, K. and Makhija, A.(1997), EVA and MVA as performance measures and signals for strategic change, *Strategy and Leadership,* 24, 3, pp.34-38.

Libert, B. D.(2001), Human Capital or Expense? *Chain Store Age,* Jun., pp.68-69.

Lieber, R. B.(1996), Who are the real wealth creators? *Fortune,* Dec. 9, 134, 11; pp. 107-115.

Lintner, J.(1965), The Valuation of Risk Assets and the Selection of Risky Investments in Stock Portfolios and Capital Budgets, *Review of Economics and Statistics,* 47, February, pp.13-37.

Loughran T. and Ritter, J.(1995), The New Issues Puzzle, *Journal of Finance,* 50, pp.23-51.

MacDonald, B. and Colombo, L.(2001), Creating Value through Human Capital Management, *Internal Auditor,* Aug., p.4.

Maier, N. R. F.(1930), Reasoning in humans: I. On direction, *Journal of Comparative Psychology,* 10, pp.115-143.

Mardia, K.V.(1970), Measures of multivariate skewness and kurtosis with applications, *Biometrika,* 57, pp.519-530.

Mardia, K.V.(1980), Tests of univariate and multivariate normality, in: P.R. Krishnaiah, ed. *Handbook of Statistics* (North-Holland Publishing Company), 1, pp. 279-320.

Maier, N. R. F.(1931), Reasoning in humans: II The solution of a problem and its appearance in consciousness, *Journal of Comparative Psychology,* 12, pp.181-194.

Merton, R. C.(1974), On the Pricing of Corporate Debt: The Risk Structure of Interest Rates, *Journal of Finance,* 29, 2, pp.449-470.

Meyer, P. and Pifer, H.(1970), Prediction of bank failures, *The Journal of Finance,* Sep., pp.853-868.

Milano, G. V.(2001), EVA and the New Economy, The EVA Challenge:implementing value added change in an organization, Canada, John Wiley & Sons, Inc.

Mitchell, J.(2001), *Investing in Human Capital,* Upside, Foster City 13, 1, p.1.

Mossin, J.(1966), Equilibrium in a Capital Asset Market, *Econometrica,* 34, 4, Oct., pp.768-783.

Morse, W. J.(1973), A note on the relationship between human assets and human capital, *The Accounting Review,* Jul., pp. 589-593.

Morse, W. J. (1975), Toward a model for human resource valuation: A comment,

Accounting Review, Apr., pp.345-347.

Murphy , K. J. and Zimmerman, J. L.(1993), Financial Performance Surrounding CEO Turnover, *Journal of Financial Economics,* 16, pp.273-315.

Nichols, D. R. and Tsay, J. J.(1979), Security price reactions to long-range executive earnings forecasts, *Journal of Accounting Research,* 17, pp.140-155.

Odean, T.(1998), Are investors reluctant to realize their losses? *Journal of Finance,* 53, 5, pp.1775-1798.

Odean, T.(1999), Do Investors Trade Too Much, *American Economic Review,* 89, pp. 1279-1298.

Ogan, P.(1976), A human resource value model for professional service organizations, *Accounting Review,* Apr., pp.306-320.

Ohlson, J. A.(1980), Financial Ratios and the Probabilistic Prediction of Bankruptcy, *Journal of Accounting Research,* 18, 1, pp.109-131.

Oliver, R. W.(2001), The Return on Human Capital, *Journal of Business Strategy,* Jul./Aug., pp.7-10.

Ou, Jane A.(1990), The Information Content of Non-earnings Accounting Numbers as Earnings Predictors, *Journal of Accounting Research,* 28, 1, Spring, pp.44-163.

Ou, Jane A. and Penman, S.(1989), Financial Statement Analysis and the Prediction o f Stock Returns, *Journal of Accounting and Economics,* Nov., pp.295-329.

Ou, Jane A. and Penman, S.(1993), Financial Statement Analysis and the Valuation of Market-to-Book Ratios, Unpublished working paper, Santa Clare University.

Patell, M. J.(1976), Corporate forecasts of earnings per share and stock price behavior-empirical tests, *Journal of Accounting Research,* 14, 2, pp.246-76.

Patten, D. & Nance, J.(1998), Regulatory Cost Effects in A Good News Environment : The Intra-Industry Reaction to The Alaskan Oil Spill, *Journal of Accounting and Public Policy,* 17, 4/5, pp.409-429.

Pearson, S.(1994), Relationship management: Generating business in the diverse, European *Business Journal*, 6, 4, pp.28-40.

Penman, H. S.(1980), An empirical investigation of the voluntary disclosure of corporate earnings forecasts, *Journal of Accounting Research,* 18, 1, pp.132-160.

Platt, H.D. and Platt, M. B.(1990), Development of A Class of Stable Predictive Variables:The Case of Bankruptcy Prediction, *Journal of Business Finance and*

Accounting, 17, 1, pp.31-49.

Porter, M.(1985), *Competitive Strategy: Creating and Sustaining Superior Performance,* New York: The Free Press.

Pownall, G., Wasley, G. and Waymire, G.(1993), The stock price effects of alternative types of management earning forecasts, *Accounting Review,* 68, 4, pp.896-912.

Ross, S. A.(1976), The Arbitrage Theory of Capital Asset Pricing, *The Journal of Economic Theory,* 13, 3, December, pp.341-360.

Roll, R. and Ross, S.(1980), An empirical investigation of the arbitrage pricing theory, *Journal of Finance,* Dec., pp.1073-1103.

Ross, J., et al.(1997), *Intellectual capital: Navigating in the new business landscape,* Houndsmills: Macmillan Business.

Ross, S. A., Westerfield, R. W. & Jordan, B. D.(2006), *Corporate Finance-Fundamentals,* 7th eds., McGraw-Hill Companies, Inc.

Saegert, S., & Winkel, G. H.(1990), Environmental psychology, *Annual Review of Psychology,* 41, pp.441-477.

Schipper, K.(1989), Commentary on Earnings Management, *Accounting Horizons,* 3, pp.91-102.

Scott, W. R.(2000), *Financial Accounting Theory,* Canada: Prentice Hall.

Sharpe, W. F.(1964), Capital Asset Prices: A Theory of Market Equilibrium Under Conditions of Risk, *Journal of Finance,* 19, 3, September, pp.425-42.

Shleifer, A. (2000), *Inefficient Market,* Oxford: Oxford U. Press.

Shleifer, A. and Vishny, R.(1997), The limits to arbitrage, *Journal of Finance,* 52, pp.35-55.

Shleifer, A. and Summers, L. H.(1990), The Noise Trader Approach to Finance, *Journal of Economic Perspectives,* 4, pp.19-33.

Shefrin, H.(2000), *Beyond Greed and Fear,* Boston, MA: Harvard Business School Press.

Smithson, C. and Minton, L.(1996), Value-at-Risk, *Risk,* 9, February, pp.25-27.

Statman, M., Thorley, S. and Vorkink, K.(2003), Investor overconfidence and trading volume, Working paper, Santa Clara University.

Stern, J. M; Stewart, G B. III (1993), Stock price a poor measure for executives, *Pensions & Investments,* May 17, 21, 10; p.14.

Stern Stewart Management Services(1993), *The Stern Stewart Performance 1000 Database*

Package: Introduction and Documentation, New York: Stern Stewart Management Services.

Stevens, S. S.(1946), On the theory of scales of measurement, *Science,* 103, pp.677-680.

Stewart, G B. III(1995), EVA works - But not if you make these common mistakes, *Fortune,* May 1, 131, 8; pp.117-120

Stewart, G. B.(1990), *The Quest For Value: the EVATM management guide,* New York: Harper Business.

Stewart, G. B.(1991), *The Quest for Value: A Guide for Senior Managers,* New York: HarperCollins, Publishers Inc.

Stewart, G. B.(1993), EVATM: Fact and fantasy. *Journal of applied corporate finance,* pp.6-19.

Stewart, B.(1996), *The Quest for Value: A Guide for Senior Managers,* New York: Harper Business.

Stewart, T. A.(1997), *Intellectual capital,* London: Nicholas Brealey Publishing.

Stober, T.(1992), Summary Financial Statement Measures and Analysts' Forecasts of Earnings, *Journal of Accounting and Economics,* 15, pp.347-372.

Suh, Y. S.(1990), Communication and Income Smoothing Through Accounting Method Choice, *Management Science,* 36, pp.704-723.

Sweeney, A. P.(1994).Debt-covenant violations and managers' accounting responses, *Journal of Accounting and Economics,* 17, May, pp.281-308.

Teoh, S. H., Welch, I. and Wong, T. J.(1998), Earnings Management and the Underperformance of Seasoned Equity Offerings, *Journal of Financial Economics,* 50, pp. 63-99.

Thaler, R. H.(1999), The end of behavioral finance, *Financial Analysts Journal,* Nov./Dec., pp.18-27.

Tong, W. H. S.(1992), An Analysis of the January Effect of the United State, Taiwan and South Korean Stock Market, *Asia Pacific Journal of Management,* 9, pp.189-207.

Treynor, J. L.(1961), Toward a Theory of Market Value of Risky Assets, unpublished manuscript.

Tully, S.(1994), America's best wealth creators, *Fortune,* Nov. 28, 130, 11, pp.143-152.

Tversky, A. and Kahneman, D.(1974), Judgment under uncertainty: Heuristics and Biases, *Science,* 185, pp.1124-1131.

Visvanathan, G.(1998), Deferred Tax Valuation Allowance and Earning Management, *Journal of Financial Statement Analysis,* Summer, pp.6-15.

Wallace, J.(1998), EVA Financial Systems: Management Perspectives, *Advances in Management Accounting,* 6, pp.1-15.

Waller, W. S. and Felix, W. L.(1984), The Auditor and Learning from Experience: Some Conjectures, *Accounting Organizations and Society,* 9, 3/4, pp.383-406

Watts, L. W. and Zimmerman, J. L.(1978), Toward a Positive Accounting Theory of Determination of Accounting Standards, *Accounting Review,* 53, pp.112-134.

Watts, L. W. and Zimmerman, J. L.(1986), *Positive Accounting Theory,* Englewood Cliffs, NJ: Prwntice-Hall.

Waymire, G.(1984), Additional evidence on the information content of management earnings forecasts, *Journal of Accounting Research,* 22, 2, pp.703-718.

Woods, B.(2001), Harvesting Your Human Capital, *Chief Executive,* Jul., pp.12-18.

Yaniv, I.(1997), Weighting and trimming: Heuristics for aggregating judgments under uncertainty, *Organizational Behavior and Human Decision Processes,* 69, pp.237-249.

Zemke, R.(2001), Dumping Human Assets, *Training,* Aug., p.14.

Zimmerman, E.(2001), What Are Employees Worth? *Workforce,* Feb., pp.32-36.

Zmijewski, M. and Hagerman, R.(1981), An Income Strategy Approach to The Positive Theory of Accounting Standard Setting/Choice, *Journal of Accounting and Economics,* 3, pp.129-149.

Zmijewski, M. E.(1984), Methodological Issues Related to the Estimation of financial Distress Prediction Models, *Journal of Accounting Research,* Supplement, 22, pp.59-82.

國家圖書館出版品預行編目資料

財務報表分析 ：理論與實務 = Financial statement analysis : where theory meets practice / 劉立倫著. -- 初版. -- 臺北縣深坑鄉：揚智文化, 2007 [民 96]
面； 公分（財務會計叢書；1）
參考書目:面
ISBN 978-957-818-814-3(平裝)

1.財務報表

495.4 96006452

財務會計叢書 1

財務報表分析——理論與實務

作　　者 / 劉立倫
出 版 者 / 揚智文化事業股份有限公司
發 行 人 / 葉忠賢
總 編 輯 / 閻富萍
執行編輯 / 鄭美珠
地　　址 / 台北縣深坑鄉北深路三段 260 號 8 樓
電　　話 / (02)2664-7780
傳　　真 / (02)2664-7633
E-mail / service@ycrc.com.tw
郵撥帳號 / 19735365
户　　名 / 葉忠賢
印　　刷 / 鼎易印刷事業股份有限公司
ISBN / 978-957-818-814-3
初版一刷 / 2007 年 5 月
定　　價 / 新台幣 500 元